高等学校"十三五"规划教材

线性代数

邵建峰 刘彬 编

化学工业出版社
·北京·

本书是按照教育部高等学校数学与统计学教学指导委员会制定的《工科类本科数学基础课程教学基本要求》编写而成的。全书共分七章，主要内容包括行列式、矩阵的基本概念及其运算，矩阵的初等变换与初等矩阵，n 维向量空间，线性方程组解的结构与求解方法，矩阵的特征值与特征向量，以及矩阵的对角化，二次型及其标准化，线性空间与线性变换等。在第二、三章，我们介绍了 MATLAB 软件与编程方法。书后附有课程实验与应用案例附录。

在本书前六章的每一章中专门开辟了一节，介绍本章学科知识的实际应用。相信通过这些案例介绍，将加强不同数学学科之间的内在联系，阐述数学学科知识应用的广泛性。同时，通过这些实际应用性例子的介绍，能够拓展学生的学习思路，增强对线性代数课程的学习兴趣。

在课程实验部分，设计了两个单元的 MATLAB 系列实验与练习。在附录中，给出了几个带有一定综合性的线性代数应用案例并讨论了其建模与编程求解方法。

本书可作为高等院校理工科与经济管理类等专业线性代数课程的教材，也可作为工程技术人员的自学用书。

图书在版编目（CIP）数据

线性代数/邵建峰，刘彬编．—北京：化学工业出版社，2017.9（2024.1重印）
高等学校“十三五”规划教材
ISBN 978-7-122-30401-8

Ⅰ.①线…　Ⅱ.①邵…②刘…　Ⅲ.①线性代数-高等学校-教材　Ⅳ.①O151.2

中国版本图书馆 CIP 数据核字（2017）第 191838 号

责任编辑：唐旭华　郝英华
责任校对：宋　玮　　　　装帧设计：张　辉

出版发行：化学工业出版社（北京市东城区青年湖南街 13 号　邮政编码 100011）
印　　装：三河市延风印装有限公司
710mm×1000mm　1/16　印张 17¼　字数 364 千字　2024 年 1 月北京第 1 版第 8 次印刷

购书咨询：010-64518888　　　　售后服务：010-64518899
网　　址：http://www.cip.com.cn
凡购买本书，如有缺损质量问题，本社销售中心负责调换。

定　　价：35.00 元

前　言

线性代数是大学数学教育中一门重要的基础课程，是理工科大学生学科知识结构中的一个重要环节。本书的编写是按照《工科类本科数学基础课程教学基本要求》来实施的。首先考虑到作为高等院校理工科与经济管理类等专业线性代数课程教材，课内学时一般在 40 学时左右，所以在编写过程中充分考虑到理工科大学生的知识基础要求，内容上以基本概念与基本方法为核心，力求做到重点突出，简明扼要，清晰易懂，便于教学。

目前大学教育的一个重要任务就是对大学生创新思维与应用能力的培养。在计算机与“互联网＋”时代，怎么有效地开展大学教育，尤其数学等基础学科的教育，似乎碰到了一些瓶颈问题：比如高等数学与线性代数等课程的知识有什么作用，尤其是它与当前一些最新的科技发展领域有什么样的联系？这些在数学基础课程教学中通常很难体现。

已有的同类教材中有不少在理论体系的简洁性方面达到了一个非常高的水平，如果缩减课本中的任何内容，其逻辑体系就不完整，甚至影响到读者的理解。同时，从很多教材中我们也很难看到数学的不同学科之间，数学与专业学科之间存在哪些内在的知识联系，更不用说进一步了解该课程具有什么样的实际应用性。

如果对课程知识的新颖性与实用性，对它与其它学科，尤其是与当前最新的科技发展领域的联系无法了解并有所感受，学生对该学科的学习兴趣就会大大降低。所以一本大学教材，特别是数学类的基础课教材，不应局限在以传授本学科的基本理论与方法作为其唯一目的，而应该力求以教材为载体，向学生传授最新的课程内外的知识。新知识的传授更要兼具对学生的创新思维与应用能力的培养。

因此，本书的编写思想和目标是：不仅要包括本学科基础知识，同时也力求包含一定的学科外知识，尤其是应用性的知识；而且能够把教学基本目标与创新思维和应用能力培养“有机地”结合在一起，形成一本有自身特色、对读者有一定启发性、带有新思想与新知识传授的一本教材。然而在本书编写中要去实现这些想法，编者确实也面临了很大的挑战。为此在编写过程中，我们至少是从两个方面做出了努力与改革尝试：

第一，介绍学科知识的广泛应用。在某个具体学科中，介绍一两个应用性例子，这往往易于做到，但是要介绍该学科中每个概念有什么应用意义与价值，它们与实际问题有什么联系，这对于数学课程来说通常是很难实现的。为了介绍线性代数学科知识的广泛应用性，我们在每一章中专门增加了一节来介绍本章概念与方法的应用。这些应用案例或者是跨学科的，或者是与某些科技应用领域相联系的。

比如在第一章增加了行列式几何意义与应用举例一节。除了介绍二、三阶行列式的几何意义外，还讨论了多项式的结式以及怎么用结式行列式判断多项式方程根的类型与判别两个多项式是否有重根等问题。本节的探讨中，涉及高等数学学科中的向量运算与导数方程等知识，一定程度上体现了两个学科之间的联系。在第二章矩阵概念应用举例一节，我们介绍了二维图像增强，还讨论了一个空中交通线路问题。图像增强需要运用概率统计中的基本方法，而后者也可以推广到矩阵在图论应用中的一个著名案例，即哥尼斯堡七桥问题。在第三章中介绍了药方配制、种群基因间的距离以及保密通讯中的密码设计问题。在第四章中，介绍了化学方程式配平，电路网络分析与坐标测量。在第五章中探讨了生态系统的变化趋势，一阶常系数线性微分方程组求解与Fibonacci数列通项公式推导问题。在第六章则介绍了一类资金使用的优化问题，二次曲线和二次曲面的化简与类型判别，以及二次型在不等式证明与多元多项式因式分解方面应用的例子。

通过这些来自于不同实际领域、不同学科背景下的若干应用案例介绍，我们试图向读者传播这样的思想：首先，不同的数学学科之间有着不可分割的内在联系；其次，数学学科知识的应用是“无处不在”的，其应用的广泛性是毋庸置疑的；同时，希望通过这些实际应用例子的介绍，能够拓展学生的学习思路，增强对线性代数课程的学习兴趣。

在本书编写中我们也参考了一些国内外有影响、优秀的教材。经过比较权衡，最终采用了在每一章中单独增加一节来专门介绍本章知识的应用性这一模式。增加的应用举例一节带有*号，表明该节内容不一定要在课堂教学中全部讲解，也可以留作学生课外自学之用。这样既不影响受教学时数限制下的日常教学，同时又能使学生及时地获得学科应用知识与数学思想的渗透。

第二，工程软件应用能力培养。为了把线性代数课程教学与学生能力的培养更紧密地结合起来，增强学生运用数学知识与数学软件的能力，在本书第二、三章，以循序渐进的方式，简要地介绍了工程数学软件MATLAB在线性代数运算方面的基本功能与编程实现方法，力求解决在大学生中常见的学习、运用软件入门难的问题。

在本书的每一个章节，如果所涉及的线性代数课程中的基本问题用单纯分析方法去解决（手工推导与计算）比较复杂与困难，我们就适时地介绍使用软件编程方法去解决问题的思想。尽力实现课程内容与软件使用方法的“无缝连接”，使学生感受到数学软件不是可有可无，或者只是起到一个锦上添花的作用，而是对传统分析方法必要的扩展与补充。

MATLAB与很多流行软件一样，入门不易进阶更难。怎样使得学习者能达到软件使用与编程的更高水平，我们在书后增加了“课程实验”部分，不仅是对课程基础知识的巩固与提高，同时也会进一步加强学生运用MATLAB编程方法解决实际问题的能力。按照课程内容与问题的难易，实验部分又被分为两个小节，以便获得更好的递进学习效果。

把数学实验的思想引入到数学基础课程教学中，把课程教学、实验教学和应用性教学有机地结合在一起，逐步培养学生应用数学知识、运用计算机方法和使用已有的软件来解决实际问题的能力，这样的教学环节其重要性是毋庸置疑的。

在书后的附录部分，我们进一步给出了几个带有一定的综合性与复杂性的应用案例。在这些案例中，将把数学知识运用、应用性问题系统求解与软件使用的水平推进到一个更高的层次。

本书共分七章，外加课程实验与一个附录。前七章主要介绍了行列式、矩阵、n 维向量、线性方程组、特征值与特征向量、二次型、线性空间、线性变换的基本概念，以及行列式计算，矩阵运算，线性方程组求解，特征值与特征向量计算和二次型标准化方法等线性代数传统内容。在第二、三章末尾，简要介绍了工程数学软件 MATLAB 的基本功能与编程方法。在前六章的每一章中，专门增加了本章知识的应用案例介绍一节。在实验部分给出了两个单元的上机练习指导；在附录中，我们介绍了几个综合应用案例与 MATLAB 编程求解。对每章配备的习题，以及编程实验部分的自我练习，书后给出了部分习题参考答案或解答。

本书是在原有同名教材基础上的一本新编教材。邵建峰、刘彬、王成、殷翔等参加了原教材的编写，后经多次的再版修订。这次再由邵建峰、刘彬对原教材做了系统和仔细的增删修改与审定工作，尤其在增强教材特色方面做了相当大的改变。施庆生、刘国庆，马树建老师对新版书编写提出了很多建议，石玮、鲁晓磊老师等审阅了部分书稿。本书的出版得到了南京工业大学教务处新教材建设立项支持和化学工业出版社的大力帮助。在此谨对在本书编写与出版过程中给予支持和帮助的有关部门表示感谢！

由于时间仓促和编者水平所限，书中错漏之处难免存在，还望使用本书的老师与学生批评指正。

编者

2017 年 6 月

目　录

第一章　行列式

行列式是线性代数中的一个基本工具。在初等数学里已经介绍过二阶、三阶行列式，现在为了研究 n 元线性方程组，需要进一步讨论 n 阶行列式。本章将在二、三阶行列式的基础上，给出 n 阶行列式的定义并讨论其性质与计算。作为行列式的初步应用，还将解决一类 n 元方程组的求解问题。最后，讨论行列式知识的有关应用。

第一节　n 阶行列式

在讨论一般 n 阶行列式之前，先简单回顾一下二、三阶行列式。

一、二、三阶行列式

在初等数学中，二、三阶行列式的概念是在线性方程组的求解中提出的。例如，对于一个二元线性方程组

$$\begin{cases} a_{11}x_1+a_{12}x_2=b_1 \\ a_{21}x_1+a_{22}x_2=b_2 \end{cases} \tag{1.1}$$

利用消元法，在两个方程的两边分别同乘以 a_{22} 或 a_{12}，方程成为

$$\begin{cases} a_{11}a_{22}x_1+a_{12}a_{22}x_2=b_1a_{22} \\ a_{12}a_{21}x_1+a_{12}a_{22}x_2=b_2a_{12} \end{cases}$$

当 $a_{11}a_{22}-a_{12}a_{21}\neq 0$ 时，两式相减消去变量 x_2 而求得 x_1 的解；同理也可求得 x_2 的解。其一组解为

$$x_1=\frac{b_1a_{22}-b_2a_{12}}{a_{11}a_{22}-a_{12}a_{21}}, \quad x_2=\frac{b_2a_{11}-b_1a_{21}}{a_{11}a_{22}-a_{12}a_{21}} \tag{1.2}$$

从二元线性方程组解的形式可以发现，如果引入记号

$$D=\begin{vmatrix} a & b \\ c & d \end{vmatrix}=ad-bc \tag{1.3}$$

则式(1.2) 可表示为

$$x_1=\frac{\begin{vmatrix} b_1 & a_{12} \\ b_2 & a_{22} \end{vmatrix}}{\begin{vmatrix} a_{11} & a_{12} \\ a_{21} & a_{22} \end{vmatrix}}\triangleq\frac{D_1}{D}, \quad x_2=\frac{\begin{vmatrix} a_{11} & b_1 \\ a_{21} & b_2 \end{vmatrix}}{\begin{vmatrix} a_{11} & a_{12} \\ a_{21} & a_{22} \end{vmatrix}}\triangleq\frac{D_2}{D}$$

其中分母 D 是方程组的系数行列式，而 D_1, D_2 是用方程组右端的常数列分别替换系数行列式的第一列和第二列所得到的行列式。

我们把按照式（1.3）来规定其值的，由 a,b,c,d 四个数构成的两行、两列的式子

$$\begin{vmatrix} a & b \\ c & d \end{vmatrix}$$

称为二阶行列式。用二阶行列式来表示二元线性方程组的解，其形式确实简洁明了。

【例 1.1】 求解线性方程组

$$\begin{cases} x_1+2x_2=0 \\ 3x_1+4x_2=1 \end{cases}$$

解 由于方程组的系数行列式 $D=\begin{vmatrix} 1 & 2 \\ 3 & 4 \end{vmatrix}=4-6=-2\neq 0$，又用方程组右端的常数列分别替换系数行列式的第一列和第二列，有

$$D_1=\begin{vmatrix} 0 & 2 \\ 1 & 4 \end{vmatrix}=-2, \qquad D_2=\begin{vmatrix} 1 & 0 \\ 3 & 1 \end{vmatrix}=1$$

所以方程组的解为

$$x_1=\frac{D_1}{D}=1, \qquad x_2=\frac{D_2}{D}=-\frac{1}{2}$$

类似地，如果在求解三元方程组

$$\begin{cases} a_{11}x_1+a_{12}x_2+a_{13}x_3=b_1 \\ a_{21}x_1+a_{22}x_2+a_{23}x_3=b_2 \\ a_{31}x_1+a_{32}x_2+a_{33}x_3=b_3 \end{cases}$$

的过程中引入下列三阶行列式的记号，并规定其值

$$\begin{vmatrix} a_{11} & a_{12} & a_{13} \\ a_{21} & a_{22} & a_{23} \\ a_{31} & a_{32} & a_{33} \end{vmatrix}=a_{11}a_{22}a_{33}+a_{12}a_{23}a_{31}+a_{13}a_{21}a_{32} \\ -a_{13}a_{22}a_{31}-a_{11}a_{23}a_{32}-a_{12}a_{21}a_{33} \tag{1.4}$$

则当三元线性方程组的系数行列式

$$D=\begin{vmatrix} a_{11} & a_{12} & a_{13} \\ a_{21} & a_{22} & a_{23} \\ a_{31} & a_{32} & a_{33} \end{vmatrix}\neq 0$$

时，用消元法求解这个方程组同样可得

$$x_1 = \frac{D_1}{D}, \ x_1 = \frac{D_2}{D}, \ x_1 = \frac{D_3}{D} \tag{1.5}$$

式中，$D_j(j=1,2,3)$ 是用常数项 b_1, b_2, b_3 替换 D 中的第 j 列所得的三阶行列式，即

$$D_1 = \begin{vmatrix} b_1 & a_{12} & a_{13} \\ b_2 & a_{22} & a_{23} \\ b_3 & a_{32} & a_{33} \end{vmatrix}, \ D_2 = \begin{vmatrix} a_{11} & b_1 & a_{13} \\ a_{21} & b_2 & a_{23} \\ a_{31} & b_3 & a_{33} \end{vmatrix}, \ D_3 = \begin{vmatrix} a_{11} & a_{12} & b_1 \\ a_{21} & a_{22} & b_2 \\ a_{31} & a_{32} & b_3 \end{vmatrix}$$

在式（1.4）中三阶行列式的展开式可以用所谓**主、副对角线法则**得到

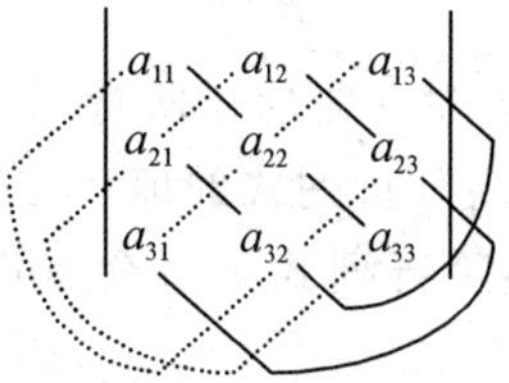

其中每一条实线上的三个元素的乘积带正号，而每一条虚线上的三个元素的乘积带负号。所得六项的代数和就是三阶行列式的值。

【**例 1.2**】 计算行列式

$$D = \begin{vmatrix} 1 & 0 & 1 \\ -1 & 2 & 3 \\ 3 & 1 & 1 \end{vmatrix}$$

解 $D = 1 \times 2 \times 1 + 1 \times (-1) \times 1 + 0 \times 3 \times 3 - 1 \times 2 \times 3 - 1 \times 3 \times 1 - 0 \times (-1) \times 1$
$= -8$

但是需要指出的是：主、副对角线法则不易于向一般的 n 阶行列式推广。例如，在下列 4 阶行列式中

$$D = \begin{vmatrix} a_{11} & a_{12} & a_{13} & a_{14} \\ a_{21} & a_{22} & a_{23} & a_{24} \\ a_{31} & a_{32} & a_{33} & a_{34} \\ a_{41} & a_{42} & a_{43} & a_{44} \end{vmatrix}$$

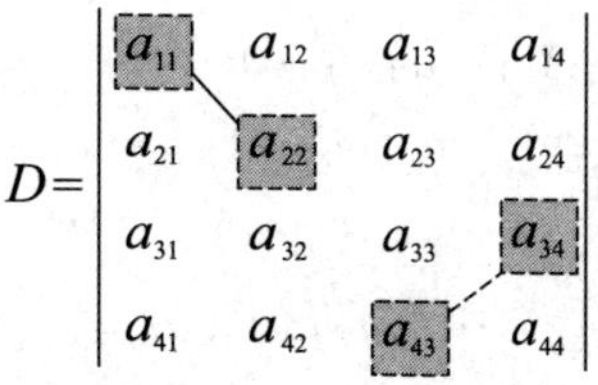

$a_{11}a_{22}a_{34}a_{43}$ 这一项是来自于不同行与不同列的 4 个元素的乘积，但是其中元素 a_{11}, a_{22} 在主对角线方向上，而 a_{34}, a_{43} 则在副对角线方向上，该项应该带有什么符号？这用主、副对角线法则就不好确定了。

事实上，二、三阶行列式还有这样一个规律，它们都可以按第一行展开得到行列式的值。例如对三阶行列式有

$$D = \begin{vmatrix} a_{11} & a_{12} & a_{13} \\ a_{21} & a_{22} & a_{23} \\ a_{31} & a_{32} & a_{33} \end{vmatrix} = a_{11}A_{11} + a_{12}A_{12} + a_{13}A_{13} \tag{1.6}$$

式中A_{11}, A_{12}, A_{13}分别是第一行元素a_{11}，a_{12}，a_{13}的代数余子式，即

$$A_{11}=(-1)^{1+1}\cdot\begin{vmatrix} a_{22} & a_{23} \\ a_{32} & a_{33} \end{vmatrix}=a_{22}a_{33}-a_{23}a_{32}$$

$$A_{12}=(-1)^{1+2}\cdot\begin{vmatrix} a_{21} & a_{23} \\ a_{31} & a_{33} \end{vmatrix}=-(a_{21}a_{33}-a_{23}a_{31}) \tag{1.7}$$

$$A_{13}=(-1)^{1+3}\cdot\begin{vmatrix} a_{21} & a_{22} \\ a_{31} & a_{32} \end{vmatrix}=a_{21}a_{32}-a_{22}a_{31}$$

这一展开的规律启示我们：对一般的n阶行列式，可以像式(1.6)、式(1.7)那样，用低阶行列式的值去定义高阶行列式的值。这样的定义方式具有内在的一致性。对于用这种方法定义的各阶行列式必然会有许多共同的性质和统一的计算方法。

二、 *n* 阶行列式

现给出n阶行列式的归纳式定义。

定义 1.1 由$n\times n$个数a_{ij} ($i,j=1,2,\cdots,n$) 组成的具有n行n列的式子

$$D=\begin{vmatrix} a_{11} & a_{12} & \cdots & a_{1n} \\ a_{21} & a_{22} & \cdots & a_{2n} \\ \cdots & \cdots & \cdots & \cdots \\ a_{n1} & a_{n2} & \cdots & a_{nn} \end{vmatrix}=|a_{ij}|_{n\times n}$$

叫做 ***n* 阶行列式** (Determinant)，并且规定其值为：

(1) 当$n=1$时，$D=|a_{11}|=a_{11}$；

(2) 当$n\geqslant 2$时，$D=a_{11}A_{11}+a_{12}A_{12}+\cdots+a_{1n}A_{1n}=\sum_{j=1}^{n}a_{1j}A_{1j}$ (1.8)

其中$A_{1j}=(-1)^{1+j}M_{1j}$，而

$$M_{1j}=\begin{vmatrix} a_{21} & \cdots & a_{2\,j-1} & a_{2j+1} & \cdots & a_{2n} \\ a_{31} & \cdots & a_{3j-1} & a_{3j+1} & \cdots & a_{3n} \\ \cdots & \cdots & \cdots & \cdots & \cdots & \cdots \\ a_{n1} & \cdots & a_{nj-1} & a_{nj+1} & \cdots & a_{nn} \end{vmatrix}$$

并称M_{1j}为行列式D的元素a_{1j}的**余子式** (Cofactor)，A_{1j}为行列式D的元素a_{1j}的**代数余子式** (Algebraic Cofactor)。

由行列式的定义，它的值为n^2个元素a_{ij}($i,j=1,2,\cdots,n$)的乘积构成的和式，称该和式为**行列式的展开式**。显然其有下面的性质：

性质 n阶行列式D的展开式中有n！个项，每项都是来自于行列式的不同行

不同列的 n 个元素的乘积。

证 对该性质不难用数学归纳法给予证明。

(1) 当 $n=1$ 时，结论显然成立；

(2) 假设对 $n-1$ 阶行列式结论也成立。则对 n 阶行列式 D，由式 (1.8)

$$D=a_{11}A_{11}+a_{12}A_{12}+\cdots+a_{1n}A_{1n}=\sum_{j=1}^{n}a_{1j}A_{1j}$$

和归纳假定可知，行列式 D 的第一行每个元素 a_{1j} 的代数余子式 A_{1j} 均为 $n-1$ 阶行列式，因而它的展开式中有 $(n-1)!$ 个项，而且每一项都是来自于除第一行和第 j 列以外的 $n-1$ 个不同行、不同列的元素的乘积。将 D 的第一行 n 个元素的所有代数余子式 A_{1j} 代入展开式 (1.8) 中，易知这样产生的所有项都互不相同，并且可得到：n 阶行列式 D 的展开式中确实有 $n\times(n-1)!=n!$ 个项，且每项都是来自于不同行、不同列的 n 个元素的乘积。

综合上述，性质得证。

此外，我们实际上还可证明：在行列式的展开式中带正号的项和带负号的项各占一半。(证明过程留给读者)

【例 1.3】 计算 n 阶**上三角行列式** (Upper triangular determinant)

$$D_n=\begin{vmatrix} a_{11} & a_{12} & \cdots & a_{1n} \\ 0 & a_{22} & \cdots & a_{2n} \\ \cdots & \cdots & \cdots & \cdots \\ 0 & 0 & \cdots & a_{nn} \end{vmatrix}$$

解 由行列式定义，按第一行展开时，元素 $a_{12},a_{13},\cdots,a_{1n}$ 的余子式皆等于零。所以

$$D_n=a_{11}\times(-1)^{1+1}\times M_{11}=a_{11}\times M_{11}$$

并且元素 a_{11} 的余子式 M_{11} 仍然是上三角的，以此类推，得

$$D_n=a_{11}a_{22}\cdots a_{nn}$$

特别地，对下列（主）**对角行列式** (Diagonal determinant)，也有

$$\overline{D_n}=\begin{vmatrix} a_{11} & 0 & \cdots & 0 \\ 0 & a_{22} & \cdots & 0 \\ \cdots & \cdots & \cdots & \cdots \\ 0 & 0 & \cdots & a_{nn} \end{vmatrix}=a_{11}a_{22}\cdots a_{nn}$$

【例 1.4】 计算 n 阶行列式

$$D_n=\begin{vmatrix} 0 & 0 & \cdots & 0 & a_{1n} \\ 0 & 0 & \cdots & a_{2(n-1)} & a_{2n} \\ \cdots & \cdots & \cdots & \cdots & \cdots \\ 0 & a_{(n-1)2} & \cdots & a_{(n-1)(n-1)} & a_{(n-1)n} \\ a_{n1} & a_{n2} & \cdots & a_{n(n-1)} & a_{nn} \end{vmatrix}$$

解 这是依照副对角线的 n 阶下三角行列式。由 n 阶行列式的定义，可以得到

$$D_n = a_{1n} \times (-1)^{1+n} \times M_{1n}$$

注意到上式右端中元素 a_{1n} 的余子式 M_{1n} 是位于原行列式左下角的那个 $n-1$ 阶行列式，而且有与 n 阶行列式 D_n 同样的形式，反复利用行列式定义去展开，有

$$\begin{aligned} D_n &= (-1)^{1+n} \cdot (-1)^{1+(n-1)} \cdots (-1)^{1+2} \cdot a_{1n} a_{2(n-1)} \cdots a_{(n-1)2} a_{n1} \\ &= (-1)^{n-1} \cdot (-1)^{(n-1)-1} \cdots (-1)^{2-1} \cdot a_{1n} a_{2(n-1)} \cdots a_{n1} \\ &= (-1)^{\frac{n(n-1)}{2}} a_{1n} a_{2(n-1)} \cdots a_{n1} \end{aligned}$$

值得注意的是这个 n 行列式 D_n 的值并不总等于 $(-1)a_{1n}a_{2(n-1)}\cdots a_{n1}$！

【例 1.5】 计算 4 阶行列式

$$D = \begin{vmatrix} 1 & 1 & 0 & 2 \\ -1 & 0 & 1 & 0 \\ 1 & 0 & 3 & 1 \\ 0 & 1 & 0 & 0 \end{vmatrix}$$

解 按定义展开

$$\begin{aligned} D &= a_{11}A_{11} + a_{12}A_{12} + a_{13}A_{13} + a_{14}A_{4n} \\ &= 1 \times \begin{vmatrix} 0 & 1 & 0 \\ 0 & 3 & 1 \\ 1 & 0 & 0 \end{vmatrix} - 1 \times \begin{vmatrix} -1 & 1 & 0 \\ 1 & 3 & 1 \\ 0 & 0 & 0 \end{vmatrix} + 0 - 2 \times \begin{vmatrix} -1 & 0 & 1 \\ 1 & 0 & 3 \\ 0 & 1 & 0 \end{vmatrix} \\ &= 1 \times 1 - 0 + 0 - 2 \times 4 = -7 \end{aligned}$$

我们还看到，该行列式的第 4 行中的零元素比第 1 行中的零元素还要多。如果能够按照第 4 行去展开，那计算不是更加简单吗？事实上，若按行列式的第四行元素去展开行列式，就得到

$$D = 1 \times (-1)^{4+2} \times \begin{vmatrix} 1 & 0 & 2 \\ -1 & 1 & 0 \\ 1 & 3 & 1 \end{vmatrix} = -7$$

这与按 n 阶行列式定义计算的结果是一致的。

行列式不但可以按第一行元素展开，而且也可以按第一行以外的任一行或者任一列去展开，其结果都是相同的，即有

定理 1.1 n 阶行列式 D 等于它的任一行（列）元素与它们所对应的代数余子式乘积之和，即

$$D = \sum_{k=1}^{n} a_{ik}A_{ik} = a_{i1}A_{i1} + a_{i2}A_{i2} + \cdots + a_{in}A_{in}, \quad \forall i = 1, 2, \cdots, n \qquad (1.9)$$

或

$$D=\sum_{k=1}^{n}a_{kj}A_{kj}=a_{1j}A_{1j}+a_{2j}A_{2j}+\cdots+a_{nj}A_{nj}\,,\qquad \forall j=1,2,\cdots,n \tag{1.10}$$

第二节　n 阶行列式的性质

由行列式的定义可知，当行列式阶数 n 较大时，直接用定义计算行列式较为烦琐。下面介绍行列式的一些性质，以此简化行列式的计算。

设 n 阶行列式

$$D=\begin{vmatrix} a_{11} & a_{12} & \cdots & a_{1n} \\ a_{21} & a_{22} & \cdots & a_{2n} \\ \cdots & \cdots & \cdots & \cdots \\ a_{n1} & a_{n2} & \cdots & a_{nn} \end{vmatrix}$$

把 D 中的行与列互换，所得到的行列式记为 D'（或 D^{T}），即

$$D'=\begin{vmatrix} a_{11} & a_{21} & \cdots & a_{n1} \\ a_{12} & a_{22} & \cdots & a_{n2} \\ \cdots & \cdots & \cdots & \cdots \\ a_{1n} & a_{2n} & \cdots & a_{nn} \end{vmatrix}$$

称行列式 D'为行列式 D 的**转置行列式**（Transposed determinant）。

性质 1.1　行列式与它的转置行列式相等。

证　对行列式的阶数作数学归纳法。

（1）当 $n=2$ 时，命题显然成立；

（2）现假设对 $n-1$ 阶行列式命题成立，下证对 n 阶行列式命题也成立。事实上，若将 D 和 D'分别按第一行和第一列元素展开，有

$$D=\sum_{k=1}^{n}a_{1k}A_{1k}=\sum_{k=1}^{n}a_{1k}\cdot(-1)^{1+k}M_{1k} \tag{1.11}$$

$$D'=\sum_{k=1}^{n}a_{1k}B_{k1}=\sum_{k=1}^{n}a_{1k}\cdot(-1)^{k+1}N_{k1} \tag{1.12}$$

式中，A_{1k}，M_{1k}是D 的第一行元素的代数余子式和余子式；B_{k1}，N_{k1}是 D'的第一列元素的代数余子式和余子式。

M_{1k}，N_{k1}都是 $n-1$ 阶行列式，而且显然可看出 N_{k1}是 M_{1k}的转置行列式。由归纳法假设知 $N_{k1}=M_{1k}$，$\forall k=1,2,\cdots,n$ 成立，从而由式(1.11)、式(1.12)得 $D=D'$，即命题对 n 阶行列式也成立。

综合上述，命题得证。

性质 1.1 说明行列式中行和列的地位是对称的，行列式关于行成立的性质对于列也同样成立。反之亦然。

性质 1.2 互换行列式中两行（或互换两列），行列式变号。

证 设行列式

$$D=\begin{vmatrix} \cdots\cdots & \cdots\cdots & \cdots & \cdots\cdots \\ a_{i1} & a_{i2} & \cdots & a_{in} \\ \cdots\cdots & \cdots\cdots & \cdots & \cdots\cdots \\ a_{j1} & a_{j2} & \cdots & a_{jn} \\ \cdots\cdots & \cdots\cdots & \cdots & \cdots\cdots \end{vmatrix}\begin{matrix} \\ i\text{ 行} \\ \\ j\text{ 行} \\ \\ \end{matrix}$$

互换第 i 行与 j 行（$1\leqslant i, j\leqslant n, i\neq j$），得

$$\overline{D}=\begin{vmatrix} \cdots\cdots & \cdots\cdots & \cdots & \cdots\cdots \\ a_{j1} & a_{j2} & \cdots & a_{jn} \\ \cdots\cdots & \cdots\cdots & \cdots & \cdots\cdots \\ a_{i1} & a_{i2} & \cdots & a_{in} \\ \cdots\cdots & \cdots\cdots & \cdots & \cdots\cdots \end{vmatrix}\begin{matrix} \\ i\text{ 行} \\ \\ j\text{ 行} \\ \\ \end{matrix}$$

下面用数学归纳法证明 $\overline{D}=-D$。

（1）当 $n=2$ 时

$$D=\begin{vmatrix} a_{11} & a_{12} \\ a_{21} & a_{22} \end{vmatrix}=a_{11}a_{22}-a_{12}a_{21}$$

$$\overline{D}=\begin{vmatrix} a_{21} & a_{22} \\ a_{11} & a_{12} \end{vmatrix}=a_{21}a_{12}-a_{22}a_{11}$$

显然 $\overline{D}=-D$。

（2）假设对阶数小于 n 的行列式，结论皆成立，下证对 $n(\geqslant 3)$ 阶的行列式命题结论也成立。

注意到行列式 D 与 $\overline{D}$ 中除去第 i 行与第 j 行的位置互换外，其余各行均相同。取定一个 $k(k\neq i,j)$，并将行列式 D 与 $\overline{D}$ 都按第 k 行展开，由第一节定理 1.1 的结论，得到

$$D=\sum_{l=1}^{n}a_{kl}A_{kl}=\sum_{l=1}^{n}a_{kl}\cdot(-1)^{k+l}M_{kl} \tag{1.13}$$

$$\overline{D}=\sum_{l=1}^{n}a_{kl}B_{kl}=\sum_{l=1}^{n}a_{kl}\cdot(-1)^{k+l}N_{kl} \tag{1.14}$$

式中，A_{kl}，M_{kl}是D的第k行元素的代数余子式和余子式；B_{kl}，N_{kl}是$\overline{D}$的第k列元素的代数余子式和余子式。

M_{kl}，N_{kl}都是$n-1$阶行列式，而且N_{kl}与M_{kl}除去两行的元素互换外，其余各行都相同。由归纳法假设知$N_{kl}=-M_{kl}$，$\forall l=1,2,\cdots,n$成立，从而由式(1.13)、式(1.14)知$\overline{D}=-D$，即命题对n阶行列式也成立。

综合上述，命题得证。

推论 1.1　如果行列式中有两行（列）元素对应相等，则此行列式为零。

性质 1.3　行列式中的某一行（列）中所有的元素都乘以同一数k，等于用数k乘此行列式，即

$$\begin{vmatrix} a_{11} & a_{12} & \cdots & a_{1n} \\ \cdots & \cdots & \cdots & \cdots \\ ka_{i1} & ka_{i2} & \cdots & ka_{in} \\ \cdots & \cdots & \cdots & \cdots \\ a_{n1} & a_{n2} & \cdots & a_{nn} \end{vmatrix} = k\cdot\begin{vmatrix} a_{11} & a_{12} & \cdots & a_{1n} \\ \cdots & \cdots & \cdots & \cdots \\ a_{i1} & a_{i2} & \cdots & a_{in} \\ \cdots & \cdots & \cdots & \cdots \\ a_{n1} & a_{n2} & \cdots & a_{nn} \end{vmatrix}$$

证　将等号左右两边的行列式分别记为$\overline{D}$与D，并将行列式$\overline{D}$按第i行展开，得

$$\overline{D}=ka_{i1}A_{i1}+ka_{i2}A_{i2}+\cdots+ka_{in}A_{in}$$

$$=k(a_{i1}A_{i1}+a_{i2}A_{i2}+\cdots+a_{in}A_{in})=kD$$

推论 1.2　行列式中某一行（列）中所有元素的公因数k，可以提取到行列式符号的前面来。

推论 1.3　如果行列式中某行（列）的元素全为零，则此行列式为零。

推论 1.4　如果一个行列式的两行（列）元素对应成比例，则此行列式为零。

性质 1.4　如果行列式中某行（列）的各元素都是两数之和，则这个行列式就可拆分为两个行列式之和。即

$$\begin{vmatrix} a_{11} & a_{12} & \cdots & a_{1n} \\ \cdots & \cdots & \cdots & \cdots \\ b_1+c_1 & b_2+c_2 & \cdots & b_n+c_n \\ \cdots & \cdots & \cdots & \cdots \\ a_{n1} & a_{n2} & \cdots & a_{nn} \end{vmatrix} = \begin{vmatrix} a_{11} & a_{12} & \cdots & a_{1n} \\ \cdots & \cdots & \cdots & \cdots \\ b_1 & b_2 & \cdots & b_n \\ \cdots & \cdots & \cdots & \cdots \\ a_{n1} & a_{n2} & \cdots & a_{nn} \end{vmatrix} + \begin{vmatrix} a_{11} & a_{12} & \cdots & a_{1n} \\ \cdots & \cdots & \cdots & \cdots \\ c_1 & c_2 & \cdots & c_n \\ \cdots & \cdots & \cdots & \cdots \\ a_{n1} & a_{n2} & \cdots & a_{nn} \end{vmatrix}$$

证　与性质 1.3 的证明类似，将等式左边的行列式按第i行展开即可。

性质 1.5 把行列式的某一行（列）的元素的 $k(k\in\mathbf{R})$ 倍加到另一行（列）上去，行列式的值不变。即

$$\begin{vmatrix} \cdots & \cdots & \cdots & \cdots \\ a_{i1}+ka_{j1} & a_{i2}+ka_{j2} & \cdots & a_{in}+ka_{jn} \\ \cdots & \cdots & \cdots & \cdots \\ a_{j1} & a_{j2} & \cdots & a_{jn} \\ \cdots & \cdots & \cdots & \cdots \end{vmatrix} \begin{matrix} \\ i\text{ 行} \\ \\ j\text{ 行} \\ \\ \end{matrix} = \begin{vmatrix} \cdots & \cdots & \cdots & \cdots \\ a_{i1} & a_{i2} & \cdots & a_{in} \\ \cdots & \cdots & \cdots & \cdots \\ a_{j1} & a_{j2} & \cdots & a_{jn} \\ \cdots & \cdots & \cdots & \cdots \end{vmatrix}$$

证 由性质 1.4 和推论 1.4 即可证得。

性质 1.6 行列式 D 的某一行（列）的元素与另一行（列）对应元素的代数余子式乘积之和等于零。即

$$\sum_{k=1}^{n}a_{ik}A_{jk}=a_{i1}A_{j1}+a_{i2}A_{j2}+\cdots+a_{in}A_{jn}=0,\ \forall i\neq j$$

或
$$\sum_{k=1}^{n}a_{ki}A_{kj}=a_{1i}A_{1j}+a_{2i}A_{2j}+\cdots+a_{ni}A_{nj}=0,\ \forall i\neq j$$

证 作行列式（把原行列式中的第 j 行元素也换为与第 i 行相同的元素）

$$\overline{D}=\begin{vmatrix} \cdots & \cdots & \cdots & \cdots \\ a_{i1} & a_{i2} & \cdots & a_{in} \\ \cdots & \cdots & \cdots & \cdots \\ a_{i1} & a_{i2} & \cdots & a_{in} \\ \cdots & \cdots & \cdots & \cdots \end{vmatrix} \begin{matrix} \\ i\text{ 行} \\ \\ j\text{ 行} \\ \\ \end{matrix}$$

首先由性质 1.2 的推论可知，当 $i\neq j$ 时，$\overline{D}=0$；

再将它按第 j 行展开（注意到行列式 $\overline{D}$ 与行列式 D 仅有第 j 行的元素不同，因而它们第 j 行的元素的代数余子式一定是相同的），则又有

$$\overline{D}=\sum_{k=1}^{n}a_{ik}A_{jk}$$

两种算法，所得结果应该是一致的。从而有

$$\sum_{k=1}^{n}a_{ik}A_{jk}=0\quad,\ i\neq j$$

命题得证。

本章第一节中定理 1.1 与性质 1.6 的结论可以合并为统一的一个式子

$$\sum_{k=1}^{n} a_{ik}A_{jk} = \delta_{ij} \cdot D \tag{1.15}$$

式中**克罗内克**（Kronecker delta）函数是

$$\delta_{ij} = \begin{cases} 1, & i=j \\ 0, & i \neq j \end{cases}$$

上述结论非常重要，它是证明许多其它命题的基础。对行列式的列来说也有同样的性质成立。而克罗内克函数 δ_{ij} 在电子电路或数字信号处理等学科中，也经常用到。

第三节　行列式的计算

现在我们利用行列式的定义与性质，来计算行列式的值。

【例 1.6】 计算行列式

$$D = \begin{vmatrix} 3 & 1 & 1 & 1 \\ 1 & 3 & 1 & 1 \\ 1 & 1 & 3 & 1 \\ 1 & 1 & 1 & 3 \end{vmatrix}$$

解　这个行列式的特点是各行元素的和都是 6，所以可以把第 2,3,4 行同时加到第 1 行上去，提出公因子 6，然后各行再减去第一行。

$$D \xlongequal{r_1+r_2+r_3+r_4} \begin{vmatrix} 6 & 6 & 6 & 6 \\ 1 & 3 & 1 & 1 \\ 1 & 1 & 3 & 1 \\ 1 & 1 & 1 & 3 \end{vmatrix} = 6 \times \begin{vmatrix} 1 & 1 & 1 & 1 \\ 1 & 3 & 1 & 1 \\ 1 & 1 & 3 & 1 \\ 1 & 1 & 1 & 3 \end{vmatrix}$$

$$\xlongequal[r_4+(-1)r_1]{\substack{r_2+(-1)r_1 \\ r_3+(-1)r_1}} 6 \times \begin{vmatrix} 1 & 1 & 1 & 1 \\ 0 & 2 & 0 & 0 \\ 0 & 0 & 2 & 0 \\ 0 & 0 & 0 & 2 \end{vmatrix}$$

至此，利用行列式性质将它化为了通常我们所希望得到的**上三角行列式**，于是

$$D = 6 \times 1 \times 2^3 = 48$$

【例 1.7】 计算 4 阶行列式

$$D = \begin{vmatrix} 2 & 0 & -1 & 3 \\ -1 & 3 & 3 & 0 \\ 1 & -1 & 2 & 1 \\ 3 & -1 & 0 & 1 \end{vmatrix}$$

解 与例 1.6 不同，这个行列式的元素没有多少规律性。这时可以利用行列式的性质 1.5，在行列式的某一行（列）中“制造”出许多零来。具体说来，我们可把行列式第三行元素的 -2 倍，1 倍和 -3 倍分别加到行列式的第一行、第二行和第四行上去，并且把变化后的行列式按照其第一列来展开，则有

$$D \xlongequal[r_4+(-3)r_3]{\substack{r_1+(-2)r_3\\ r_2+1\times r_3}} \begin{vmatrix} 0 & 2 & -5 & 1 \\ 0 & 2 & 5 & 1 \\ 1 & -1 & 2 & 1 \\ 0 & 2 & -6 & -2 \end{vmatrix} = 1\times(-1)^{3+1}\begin{vmatrix} 2 & -5 & 1 \\ 2 & 5 & 1 \\ 2 & -6 & -2 \end{vmatrix}$$

$$= 2\times\begin{vmatrix} 1 & -5 & 1 \\ 1 & 5 & 1 \\ 1 & -6 & -2 \end{vmatrix} \xlongequal{\substack{r_2+(-1)r_1\\ r_3+(-1)r_1}} 2\times\begin{vmatrix} 1 & -5 & 1 \\ 0 & 10 & 0 \\ 0 & -1 & -3 \end{vmatrix}$$

$$= 2\times 1\times(-30) = -60$$

把行列式化为上三角行列式，或者在行列式的某一行（列）中“造零”，这是计算低阶数值行列式时常用的方法。至于对一般的字母符号行列式的计算问题，情况又会有所不同。

【例 1.8】 计算行列式

$$D = \begin{vmatrix} a^2 & (a+1)^2 & (a+2)^2 & (a+3)^2 \\ b^2 & (b+1)^2 & (b+2)^2 & (b+3)^2 \\ c^2 & (c+1)^2 & (c+2)^2 & (c+3)^2 \\ d^2 & (d+1)^2 & (d+2)^2 & (d+3)^2 \end{vmatrix}$$

解 把第一列的负 1 倍加到第二、第三、第四列后，再把第二列的负 2 倍加到第三列、负 3 倍加到第四列，即有

$$D = \begin{vmatrix} a^2 & 2a+1 & 4a+4 & 6a+9 \\ b^2 & 2b+1 & 4b+4 & 6b+9 \\ c^2 & 2c+1 & 4c+4 & 6c+9 \\ d^2 & 2d+1 & 4d+4 & 6d+9 \end{vmatrix} \xlongequal{\substack{c_3+(-2)c_2\\ c_4+(-3)c_2}} \begin{vmatrix} a^2 & 2a+1 & 2 & 6 \\ b^2 & 2b+1 & 2 & 6 \\ c^2 & 2c+1 & 2 & 6 \\ d^2 & 2d+1 & 2 & 6 \end{vmatrix} = 0$$

【例 1.9】 计算 $n+1$ 阶的行列式

$$D = \begin{vmatrix} x & a_1 & a_2 & \cdots & a_n \\ a_1 & x & a_2 & \cdots & a_n \\ a_1 & a_2 & x & \cdots & a_n \\ \cdots & \cdots & \cdots & \cdots & \cdots \\ a_1 & a_2 & a_3 & \cdots & x \end{vmatrix}$$

解 注意到该行列式每行元素之和结果都是一样的，所以我们利用行列式性质 1.6，把行列式的第 $1\sim n$ 列的各列元素的 1 倍都加到最后一列上去，行列式的值不

改变。即

$$D \xlongequal{c_{n+1}+c_1+c_2+\cdots+c_n} \begin{vmatrix} x & a_1 & a_2 & \cdots & x+\sum\limits_{i=1}^{n} a_i \\ a_1 & x & a_2 & \cdots & x+\sum\limits_{i=1}^{n} a_i \\ a_1 & a_2 & x & \cdots & x+\sum\limits_{i=1}^{n} a_i \\ \cdots & \cdots & \cdots & \cdots & \cdots \\ a_1 & a_2 & a_3 & \cdots & x+\sum\limits_{i=1}^{n} a_i \end{vmatrix}$$

从最后一列提取公因式，有

$$D=(x+\sum_{i=1}^{n} a_i)\times \begin{vmatrix} x & a_1 & a_2 & \cdots & 1 \\ a_1 & x & a_2 & \cdots & 1 \\ a_1 & a_2 & x & \cdots & 1 \\ \cdots & \cdots & \cdots & \cdots & \cdots \\ a_1 & a_2 & a_3 & \cdots & 1 \end{vmatrix}$$

再把最后一列的 $-a_i(i=1,2,\cdots,n)$ 倍分别加到它前面的每个第 i 列上去，则得

$$D \xlongequal[i=1,2,\cdots,n]{c_i-a_i\cdot c_{n+1}} \left(x+\sum_{i=1}^{n} a_i\right)\times \begin{vmatrix} x-a_1 & a_1-a_2 & a_2-a_3 & \cdots & 1 \\ 0 & x-a_2 & a_2-a_3 & \cdots & 1 \\ 0 & 0 & x-a_3 & \cdots & 1 \\ \cdots & \cdots & \cdots & \cdots & \cdots \\ 0 & 0 & 0 & \cdots & 1 \end{vmatrix}$$

行列式已经化为了上三角形式，于是

$$D=\left(x+\sum_{i=1}^{n} a_i\right)\times \prod_{i=1}^{n}(x-a_i)$$

【例 1.10】 计算 n 阶行列式

$$D_n=\begin{vmatrix} 1 & 2 & 2 & \cdots & 2 \\ 2 & 2 & 2 & \cdots & 2 \\ 2 & 2 & 3 & \cdots & 2 \\ \cdots & \cdots & \cdots & \cdots & \cdots \\ 2 & 2 & 2 & \cdots & n \end{vmatrix}$$

解　先把第二行的负 1 倍加到第三行及其以后的各行上去，再从第二行提取公因子 2，然后把第一行的负 1 倍加到第二行，则有

$$D_n=\begin{vmatrix}1&2&2&\cdots&2\\2&2&2&\cdots&2\\0&0&1&\cdots&0\\\cdots&\cdots&\cdots&\cdots&\cdots\\0&0&0&\cdots&n-2\end{vmatrix}=2\times\begin{vmatrix}1&2&2&\cdots&2\\1&1&1&\cdots&1\\0&0&1&\cdots&0\\\cdots&\cdots&\cdots&\cdots&\cdots\\0&0&0&\cdots&n-2\end{vmatrix}$$

$$=2\times\begin{vmatrix}1&2&2&\cdots&2\\0&-1&-1&\cdots&-1\\0&0&1&\cdots&0\\\cdots&\cdots&\cdots&\cdots&\cdots\\0&0&0&\cdots&n-2\end{vmatrix}=2\times(-1)\times(n-2)!=-2(n-2)!$$

【例 1.11】 证明 n 阶范德蒙（Vandermonde）行列式

$$D_n=\begin{vmatrix}1&1&1&\cdots&1\\a_1&a_2&a_3&\cdots&a_n\\a_1^2&a_2^2&a_3^2&\cdots&a_n^2\\\cdots&\cdots&\cdots&\cdots&\cdots\\a_1^{n-1}&a_2^{n-1}&a_3^{n-1}&\cdots&a_n^{n-1}\end{vmatrix}$$

$$\begin{aligned}=&(a_2-a_1)(a_3-a_1)(a_4-a_1)\cdots(a_n-a_1)\\&(a_3-a_2)(a_4-a_2)\cdots(a_n-a_2)\\&\cdots\\&(a_n-a_{n-1})\end{aligned}$$

$$=\prod_{1\leqslant j<i\leqslant n}(a_i-a_j)$$

证 对阶数 n 用数学归纳法。

(1)当 $n=2$ 时，

$$D_2=\begin{vmatrix}1&1\\a_1&a_2\end{vmatrix}=a_2-a_1$$

结论成立。

(2) 假设对 $n-1$ 阶行列式结论成立，要证对 n 阶范德蒙行列式结论也成立。

为此，设法把 D_n 降阶，将 D_n 从最后一行开始，自下而上每一行减去上一行的 a_1 倍（注意，为什么必须是这样做呢?），这种方法我们通常称之为**辗转相减法**，并由此得到

$$D_n=\begin{vmatrix}1&1&1&\cdots&1\\0&a_2-a_1&a_3-a_1&\cdots&a_n-a_1\\0&a_2(a_2-a_1)&a_3(a_3-a_1)&\cdots&a_n(a_n-a_1)\\\cdots&\cdots&\cdots&\cdots&\cdots\\0&a_2^{n-2}(a_2-a_1)&a_3^{n-2}(a_3-a_1)&\cdots&a_n^{n-2}(a_n-a_1)\end{vmatrix}$$

将上面的行列式按第一列展开，然后把每列的公因子（a_i-a_1）（$i=2,\cdots,n$）提取出去，就有

$$D_n=(a_2-a_1)(a_3-a_1)(a_4-a_1)\cdots(a_n-a_1)\begin{vmatrix}1 & 1 & \cdots & 1\\ a_2 & a_3 & \cdots & a_n\\ \cdots & \cdots & \cdots & \cdots\\ a_2^{n-2} & a_3^{n-2} & \cdots & a_n^{n-2}\end{vmatrix}$$

上式右端的行列式是 $n-1$ 阶的范德蒙行列式，由归纳法假设，它等于 $\prod\limits_{2\leqslant j<i\leqslant n}(a_i-a_j)$，所以

$$\begin{aligned}D_n&=(a_2-a_1)(a_3-a_1)(a_4-a_1)\cdots(a_n-a_1)\prod_{2\leqslant j<i\leqslant n}(a_i-a_j)\\&=\prod_{1\leqslant j<i\leqslant n}(a_i-a_j)\end{aligned}$$

综合上述，结论得证。

第四节 克莱姆(Cramer)法则

本节讨论有 n 个未知量也有 n 个方程的线性方程组

$$\begin{cases}a_{11}x_1+a_{12}x_2+\cdots+a_{1n}x_n=b_1\\ a_{21}x_1+a_{22}x_2+\cdots+a_{2n}x_n=b_2\\ \cdots\cdots\cdots\cdots\cdots\cdots\\ a_{n1}x_1+a_{n2}x_2+\cdots+a_{nn}x_n=b_n\end{cases}\tag{1.16}$$

称上式为 **n 元线性方程组**。这是我们前面讨论的二元、三元线性方程组的更一般情形。

若右端的常数 $b_1,b_2,\cdots,b_n$ 不全为零，则称式（1.16）为**非齐次线性方程组**；而当 $b_1,b_2,\cdots,b_n$ 全为零，则称式（1.16）为**齐次线性方程组**。记

$$D=\begin{vmatrix}a_{11} & a_{12} & \cdots & a_{1n}\\ a_{21} & a_{22} & \cdots & a_{2n}\\ \cdots & \cdots & \cdots & \cdots\\ a_{n1} & a_{n2} & \cdots & a_{nn}\end{vmatrix}$$

称 D 为线性方程组的**系数行列式**，又记

$$D_j=\begin{vmatrix}a_{11} & \cdots & b_1 & \cdots & a_{1n}\\ a_{21} & \cdots & b_2 & \cdots & a_{2n}\\ \cdots & \cdots & \cdots & \cdots & \cdots\\ a_{n1} & \cdots & b_n & \cdots & a_{nn}\end{vmatrix},\ j=1,2,\cdots,n$$

D_j 是用方程右端的常数项 $b_1,b_2,\cdots,b_n$ 来替换系数行列式 D 中的第 j 列的元素而得到的行列式。

定理 1.2 ［**克莱姆**(Cramer)**法则**］如果线性方程组（1.16）的系数行列式 $D\neq 0$，则方程组有唯一解

$$x_1=\frac{D_1}{D},\ x_2=\frac{D_2}{D},\ \cdots,\ x_n=\frac{D_n}{D} \tag{1.17}$$

证 先证式（1.17）是方程组（1.16）的解。为此只要验证式（1.17）满足方程组（1.16）中的每一个方程，即要证对任意 $i(1\leqslant i\leqslant n)$ 有

$$a_{i1}\frac{D_1}{D}+a_{i2}\frac{D_2}{D}+\cdots+a_{in}\frac{D_n}{D}=b_i$$

或

$$a_{i1}D_1+a_{i2}D_2+\cdots+a_{in}D_n=b_i\cdot D \tag{1.18}$$

现将每个 $D_j\,(j=1,2,\cdots,n)$ 按第 j 列展开为

$$D_j=\begin{vmatrix} a_{11} & \cdots & b_1 & \cdots & a_{1n} \\ a_{21} & \cdots & b_2 & \cdots & a_{2n} \\ \cdots & \cdots & \cdots & \cdots & \cdots \\ a_{n1} & \cdots & b_n & \cdots & a_{nn} \end{vmatrix}=b_1A_{1j}+b_2A_{2j}+\cdots+b_nA_{nj}$$

注意到系数行列式 D 与行列式 D_j 仅第 j 列的元素不相同，所以在上述展式中，D_j 的第 j 列元素的 n 个代数余子式 $A_{1j},A_{2j},\cdots,A_{nj}$ 也就是系数行列式 D 的第 j 列对应元素的代数余子式。

再将这些展开式代入式(1.18）的左边，即有

$$\begin{aligned} & a_{i1}D_1+a_{i2}D_2+\cdots+a_{in}D_n \\ =& a_{i1}(b_1A_{11}+b_2A_{21}+\cdots+b_nA_{n1}) \\ &+a_{i2}(b_1A_{12}+b_2A_{22}+\cdots+b_nA_{n2}) \\ &+\cdots \\ &+a_{in}(b_1A_{1n}+b_2A_{2n}+\cdots+b_nA_{nn}) \end{aligned}$$

把上面的和式按照常数项 $b_1,b_2,\cdots,b_n$ 重新整理，得

$$\begin{aligned} & a_{i1}D_1+a_{i2}D_2+\cdots+a_{in}D_n \\ =& b_1(a_{i1}A_{11}+a_{i2}A_{12}+\cdots+a_{in}A_{1n}) \\ &+b_2(a_{i1}A_{21}+a_{i2}A_{22}+\cdots+a_{in}A_{2n}) \\ &+\cdots \\ &+b_i(a_{i1}A_{i1}+a_{i2}A_{i2}+\cdots+a_{in}A_{in}) \\ &+\cdots \\ &+b_n(a_{i1}A_{n1}+a_{i2}A_{n2}+\cdots+a_{in}A_{nn}) \\ =& b_i\cdot D \end{aligned}$$

式中最后一个等式应用了本章第二节中式(1.15)关于行列式展开的结论。

再证方程组解的唯一性。

设 $x_1=\lambda_1, x_2=\lambda_2, \cdots, x_n=\lambda_n$ 为方程组（1.16）的任一解，我们证明必有

$$\lambda_1=\frac{D_1}{D},\ \lambda_2=\frac{D_2}{D},\ \cdots,\ \lambda_n=\frac{D_n}{D} \tag{1.19}$$

因为 $\lambda_1, \lambda_2, \cdots, \lambda_n$ 是式（1.16）的一个解，所以它满足式（1.16），即

$$a_{i1}\lambda_1+a_{i2}\lambda_2+\cdots+a_{in}\lambda_n=b_i,\ i=1,2,\cdots,n$$

从而由行列式的性质 1.3 和性质 1.5 知

$$\lambda_1 \cdot D=\begin{vmatrix} a_{11}\lambda_1 & a_{12} & \cdots & a_{1n} \\ a_{21}\lambda_1 & a_{22} & \cdots & a_{2n} \\ \cdots & \cdots & \cdots & \cdots \\ a_{n1}\lambda_1 & a_{n2} & \cdots & a_{nn} \end{vmatrix}$$

再把从第 2 列开始的每一个第 j 列的 λ_j 倍（$j=2,\cdots,n$）都加到第一列上去，有

$$\lambda_1 \cdot D \xlongequal[j=1,28,\ \cdots,n]{c_1+\lambda_j c_j} \begin{vmatrix} a_{11}\lambda_1+a_{12}\lambda_2+\cdots a_{1n}\lambda_n & a_{12} & \cdots & a_{1n} \\ a_{21}\lambda_1+a_{22}\lambda_2+\cdots a_{2n}\lambda_n & a_{22} & \cdots & a_{2n} \\ \cdots & \cdots & \cdots & \cdots \\ a_{n1}\lambda_1+a_{n2}\lambda_2+\cdots a_{nn}\lambda_n & a_{n2} & \cdots & a_{nn} \end{vmatrix}$$

$$=\begin{vmatrix} b_1 & a_{12} & \cdots & a_{1n} \\ b_2 & a_{22} & \cdots & a_{2n} \\ \cdots & \cdots & \cdots & \cdots \\ b_n & a_{n2} & \cdots & a_{nn} \end{vmatrix}=D_1,\quad 即\quad \lambda_1=\frac{D_1}{D}$$

同理可证 $j=2,\cdots,n$ 时，$\lambda_j \cdot D=D_j$，即 $\lambda_j=\frac{D_j}{D}$。所以方程组（1.16）的解是唯一的。证毕。

【例 1.12】 求解线性方程组

$$\begin{cases} x_1+\ x_2+2x_3+3x_4=1 \\ 3x_1-\ x_2-\ x_3-2x_4=-4 \\ 2x_1+3x_2-\ x_3-\ x_4=-6 \\ x_1+2x_2+3x_3-\ x_4=-4 \end{cases}$$

解　方程组的系数行列式

$$D=\begin{vmatrix} 1 & 1 & 2 & 3 \\ 3 & -1 & -1 & -2 \\ 2 & 3 & -1 & -1 \\ 1 & 2 & 3 & -1 \end{vmatrix}=-153\neq 0$$

由克莱姆法则知它有唯一解。又因为

$$D_1=\begin{vmatrix}1&1&2&3\\-4&-1&-1&-2\\-6&3&-1&-1\\-4&2&3&-1\end{vmatrix}=153,\quad D_2=\begin{vmatrix}1&1&2&3\\3&-4&-1&-2\\2&-6&-1&-1\\1&-4&3&-1\end{vmatrix}=153$$

$$D_3=\begin{vmatrix}1&1&1&3\\3&-1&-4&-2\\2&3&-6&-1\\1&2&-4&-1\end{vmatrix}=0,\qquad D_4=\begin{vmatrix}1&1&2&1\\3&-1&-1&-4\\2&3&-1&-6\\1&2&3&-4\end{vmatrix}=-153$$

所以方程组的解是

$$x_1=\frac{D_1}{D}=-1,\quad x_2=\frac{D_2}{D}=-1,\quad x_3=\frac{D_3}{D}=0,\quad x_n=\frac{D_n}{D}=1$$

在上面的解题过程中，为了避免四阶行列式的复杂计算，也可以利用国际知名的数学与工程软件 MATLAB 来计算这些行列式的值（关于 MATLAB 及其基本使用方法可以参见第二章的第八节）。例如对行列式 D_1，在 MATLAB 的命令窗口输入：

≫D1＝det(［1 1 2 3；－4 －1 －1 －2；－6 3 －1 －1；－4 2 3 －1］)

％矩阵记号［…］可参见第二章

回车，即可得到其值。

线性方程组（1.16）每个未知数的值都等于零的解称为**零解**。反之，至少有一个未知数不等于零的解称为**非零解**。

任何齐次线性方程组总是有解的，因为它至少有零解。那么齐次线性方程组在什么情况下才有非零解呢？

由克莱姆法则可知，方程个数与未知量个数相等的齐次线性方程组，当它的系数行列式 $D\neq0$ 时，方程组有唯一零解，所以齐次线性方程组有非零解的必要条件是系数行列式 $D=0$。以后还可以证明 $D=0$ 也是齐次线性方程组有非零解的充分条件。

【例 1.13】 讨论 λ 为何值时，线性方程组

$$\begin{cases}\lambda x_1+x_2+x_3=1\\x_1+\lambda x_2+x_3=\lambda\\x_1+x_2+\lambda x_3=\lambda^2\end{cases}$$

有唯一解，并求出其解。

解 方程组的系数行列式

$$D=\begin{vmatrix}\lambda&1&1\\1&\lambda&1\\1&1&\lambda\end{vmatrix}=(\lambda-1)^2(\lambda+2)$$

由此可知，当 $\lambda\neq1$ 且 $\lambda\neq-2$ 时，方程组有唯一解，又

$$D_1=\begin{vmatrix}1&1&1\\ \lambda&\lambda&1\\ \lambda^2&1&\lambda\end{vmatrix}=-(\lambda-1)^2(\lambda+1),\quad D_2=\begin{vmatrix}\lambda&1&1\\ 1&\lambda&1\\ 1&\lambda^2&\lambda\end{vmatrix}=(\lambda-1)^2$$

$$D_3=\begin{vmatrix}\lambda&1&1\\ 1&\lambda&\lambda\\ 1&1&\lambda^2\end{vmatrix}=(\lambda-1)^2(\lambda+1)^2$$

此时方程组的唯一解是

$$x_1=\frac{-(\lambda+1)}{\lambda+2},\quad x_2=\frac{1}{\lambda+2},\quad x_3=\frac{(\lambda+1)^2}{\lambda+2}$$

两点注意：

(1) 上面解题过程中要计算 4 个带有符号参数 λ 的 3 阶行列式的值，工作量也不小，对此同样可以利用 MATLAB 来计算这些行列式的值。例如对系数行列式 D，在 MATLAB 的命令窗口输入

```
≫syms  t                              %  将符号参数λ换为英文字母符号t
≫D=det([t 1 1; 1 t 1; 1 1 t])          %  矩阵记号[…]可参见第二章
≫D=factor(D)                           %  因式分解
```

即得 D=(t+2)*(t-1)^2。

(2) 对于例 1.13 中的方程组，当 $\lambda=1$ 时，方程组的系数行列式 $D=0$，方程组与下列方程同解

$$x_1+x_2+x_3=1$$

从而方程组有无穷多组解；而当 $\lambda=-2$ 时，原方程组即为

$$\begin{cases}-2x_1+x_2+x_3=1\\ x_1+(-2x_2)+x_3=-2\\ x_1+x_2+(-2x_3)=4\end{cases}$$

这是个**不相容方程组，即矛盾方程组**（把第一、第二个方程加到第三个方程上去，得到的是一个矛盾方程），所以方程组此时无解。

值得指出的是，在实际生产决策过程中由于数据统计误差等原因，使得某种决策方案所对应的线性方程组为矛盾方程组，这是经常会发生的。因而矛盾方程组往往也是需要求解的，这就是所谓的**“最小二乘解”**。需要了解这方面知识的读者，可参见本书附录部分的案例二。在该案例中，还同时介绍了**“多项式曲线拟合”**问题。

克莱姆法则是线性方程组理论中的一个重要结果，它不仅给出了线性方程组(1.16)有唯一解的条件，解的具体表达式，并且还揭示了方程组的解与系数和常数项之间的关系，这在更一般问题的研究中将起到很重要的作用。

当然，从前面的例子我们也看到，用克莱姆法则求解有 n 个方程 n 个未知量的线性方程组时，需要计算 $n+1$ 个 n 阶行列式，这个计算量是很大的。所以在实际求解高阶线性方程组时，一般不用克莱姆法则。

此外，在实际问题中还会碰到系数行列式 $D=0$，以及方程个数 m 与未知数个数 n 不相等的线性方程组。在第四章中，我们将对最一般形式的线性方程组作进一步的研究。

第五节* 行列式的几何意义与应用举例

关于行列式概念产生的历史，据说在中国古代，用筹算法表示联立一次方程组未知量的系数时，就有了行列式的萌芽——排列的方式。之后日本人吸收了这种思想，在 1683 年，日本学者关孝和（Seki Takakusu）对行列式的概念和它的展开已经有了清楚的叙述。而到 18 世纪初，瑞士数学家克莱姆（G. Gramer）和法国数学家拉普拉斯（P. S. Laplace）建立了行列式理论。

本节首先介绍行列式的几何意义，然后给出几个行列式应用的重要例子。

一、 行列式的几何意义

设有 2 阶行列式

$$D=\begin{vmatrix} a_{11} & a_{12} \\ a_{21} & a_{22} \end{vmatrix} \triangleq |\boldsymbol{\alpha} \quad \boldsymbol{\beta}|$$

式中，$\boldsymbol{\alpha}=\begin{pmatrix} a_{11} \\ a_{21} \end{pmatrix}$，$\boldsymbol{\beta}=\begin{pmatrix} a_{12} \\ a_{22} \end{pmatrix}$是行列式的两个列的元素所构成的 2 维（列）向量（参见图 1.1。有关 n 维向量的一般概念可以参见本书第三章）。

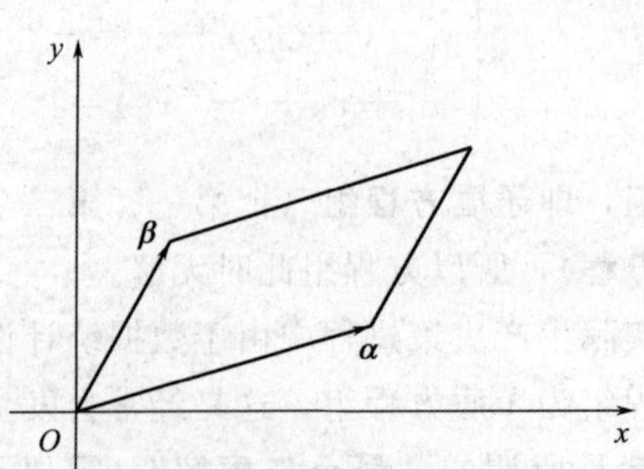

图 1.1 行列式的两个列向量构成一个平行四边形

定理 1.3　2 阶行列式 D 的值，大小即为以向量 α,β 为边的平行四边形面积。

证明　我们可以利用高等数学中向量代数的有关知识来证明。因为

$$\boldsymbol{\alpha}=a_{11}\boldsymbol{i}+a_{21}\boldsymbol{j},\ \boldsymbol{\beta}=a_{12}\boldsymbol{i}+a_{22}\boldsymbol{j}$$

其中$\boldsymbol{i},\boldsymbol{j}$是两个坐标轴上的单位向量。又$\boldsymbol{i}\times\boldsymbol{i}=\boldsymbol{j}\times\boldsymbol{j}=\boldsymbol{0}$，$\boldsymbol{j}\times\boldsymbol{i}=-\boldsymbol{i}\times\boldsymbol{j}$。则有

$$\begin{aligned}\boldsymbol{\alpha}\times\boldsymbol{\beta}&=(a_{11}\boldsymbol{i}+a_{21}\boldsymbol{j})\times(a_{12}\boldsymbol{i}+a_{22}\boldsymbol{j})\\&=a_{11}a_{12}(\boldsymbol{i}\times\boldsymbol{i})+a_{11}a_{22}(\boldsymbol{i}\times\boldsymbol{j})+a_{21}a_{12}(\boldsymbol{j}\times\boldsymbol{i})+a_{21}a_{22}(\boldsymbol{j}\times\boldsymbol{j})\\&=a_{11}a_{22}(\boldsymbol{i}\times\boldsymbol{j})+a_{21}a_{12}(\boldsymbol{j}\times\boldsymbol{i})\\&=(a_{11}a_{22}-a_{21}a_{12})(\boldsymbol{i}\times\boldsymbol{j})\end{aligned}$$

由高等数学中向量积的定义知，向量 $\boldsymbol{\alpha}$ 与 $\boldsymbol{\beta}$ 叉乘的模 $|\boldsymbol{\alpha}\times\boldsymbol{\beta}|=|\boldsymbol{\alpha}||\boldsymbol{\beta}|\sin(\boldsymbol{\alpha},\boldsymbol{\beta})$，就等于以向量 $\boldsymbol{\alpha},\boldsymbol{\beta}$ 为边的平行四边形的面积，且 $|\boldsymbol{i}\times\boldsymbol{j}|=1$。从而

$$|\boldsymbol{\alpha}\times\boldsymbol{\beta}|=|(a_{11}a_{22}-a_{21}a_{12})(\boldsymbol{i}\times\boldsymbol{j})|=|a_{11}a_{22}-a_{21}a_{12}|$$

又二阶行列式

$$D=\begin{vmatrix}a_{11}&a_{12}\\a_{21}&a_{22}\end{vmatrix}=a_{11}a_{22}-a_{21}a_{12}$$

所以 2 阶行列式 D 的大小，即为以行列式的两个列向量 $\boldsymbol{\alpha},\boldsymbol{\beta}$ 为边的平行四边形面积。得证。

而且不难看到，当向径 $\boldsymbol{\alpha},\boldsymbol{\beta}$ 为**逆时针顺序**时，叉乘向量 $\boldsymbol{\alpha}\times\boldsymbol{\beta}$ 的方向与（$\boldsymbol{i}\times\boldsymbol{j}$）的方向一致，从而必有 $a_{11}a_{22}-a_{21}a_{12}>0$，即绝对值

$$|a_{11}a_{22}-a_{21}a_{12}|=a_{11}a_{22}-a_{21}a_{12}$$

这时，行列式 D 的值就等于该平行四边形的面积。

另外我们也可以利用行列式的性质来证明上述结论。其证明过程在理解上稍有一点难度，在此从略。

对 3 阶行列式

$$D=\begin{vmatrix}a_{11}&a_{12}&a_{13}\\a_{21}&a_{22}&a_{23}\\a_{31}&a_{32}&a_{33}\end{vmatrix}\triangleq\begin{vmatrix}\boldsymbol{\alpha}\\\boldsymbol{\beta}\\\boldsymbol{\gamma}\end{vmatrix}$$

式中，$\boldsymbol{\alpha}=(a_{11}\quad a_{12}\quad a_{13})$，$\boldsymbol{\beta}=(a_{21}\quad a_{22}\quad a_{23})$，$\boldsymbol{\gamma}=(a_{31}\quad a_{32}\quad a_{33})$是行列式的三个（3 维的）行向量。

由行列式性质与高等数学中（三个）向量混合积的有关结论，与定理 1.3 推证过程类似地可以得到：3 阶行列式 D 值的大小即为以向量 $\boldsymbol{\alpha},\boldsymbol{\beta},\boldsymbol{\gamma}$ 为边的平行六面体的体积。并且当向量 $\boldsymbol{\alpha},\boldsymbol{\beta},\boldsymbol{\gamma}$ **符合右手法则**时，行列式 D 的值的就等于以这个平行六面体的体积。

推广到更一般的 n 阶行列式

$$D=\begin{vmatrix} a_{11} & a_{12} & \cdots & a_{1n} \\ a_{21} & a_{22} & \cdots & a_{2n} \\ \cdots & \cdots & \cdots & \cdots \\ a_{n1} & a_{n2} & \cdots & a_{nn} \end{vmatrix}$$

其值大小即可理解为在 n 维空间 $\mathbf{R}^n$ 中以它的 n 个行（列）向量为边所构成的 n 维空间中超几何体的体积。

二、 多项式方程的重根与公共根

【例 1.14】 已知两个多项式方程 $x^3-2x+a=0$，$x^2-bx+1=0$，问当参数 a,b 满足什么关系时它们有公共根？

解 对这个问题如果采用通常先求出两个方程的根，然后再来判断它们有否有公共根的方法显然不可行。

现在用构造方程组和判定方程组是否有解的方法来解决它。事实上，这两个多项式有公共根，等价于下列方程组

$$\begin{cases} x^4 \qquad -2x^2+ax \qquad =0 \\ \qquad x^3 \qquad -2x+a=0 \\ x^4-bx^3+x^2 \qquad =0 \\ \qquad x^3-bx^2+x \qquad =0 \\ \qquad\qquad x^2-bx+1=0 \end{cases}$$

有解。注意到两个给定多项式方程的次数分别为 $m=3$ 次和 $n=2$ 次，所以对第一个$m=3$次的方程两边累次同乘 x，将它重复写了 $n=2$ 次；而对另外一个 $n=2$ 次方程两边累次同乘 x，并重复写了 $m=3$ 次。

设这样构成的方程组其解为 x，并记 $x^4\triangleq x_4$，$x^3\triangleq x_3$，$x^2\triangleq x_2$，$x^1\triangleq x_1$，$x^0\triangleq x_0$（$=1$），则如此构成的 $m+n=5$ 元齐次线性方程组

$$\begin{cases} x_4 \qquad -2x_2+ax_1 \qquad =0 \\ \qquad x_3 \qquad -2x_1+ax_0=0 \\ x_4-bx_3+x_2 \qquad =0 \\ \qquad x_3-bx_2+x_1 \qquad =0 \\ \qquad\qquad x_2-bx_1+x_0=0 \end{cases} \tag{1.20}$$

它有非零解$(x_4,x_3,x_2,x_1,x_0)=(x^4,x^3,x^2,x,1)$。而该齐次方程组的系数行列式

$$D=\begin{vmatrix} 1 & 0 & -2 & a & 0 \\ 0 & 1 & 0 & -2 & a \\ 1 & -b & 1 & 0 & 0 \\ 0 & 1 & -b & 1 & 0 \\ 0 & 0 & 1 & -b & 1 \end{vmatrix}=\begin{vmatrix} 1 & 0 & -2 & a & 0 \\ 0 & 1 & 0 & -2 & a \\ 0 & -b & 3 & -a & 0 \\ 0 & 1 & -b & 1 & 0 \\ 0 & 0 & 1 & -b & 1 \end{vmatrix} \tag{1.21}$$

$$=\begin{vmatrix}1&0&-2&a\\-b&3&-a&0\\1&-b&1&0\\0&1&-b&1\end{vmatrix}=\begin{vmatrix}1&0&-2&a\\0&3&-a-2b&ab\\0&-b&3&-a\\0&1&-b&1\end{vmatrix}$$

$$=\begin{vmatrix}3&-a-2b&ab\\-b&3&-a\\1&-b&1\end{vmatrix}=\begin{vmatrix}0&-a+b&ab-3\\0&3-b^2&-a+b\\1&-b&1\end{vmatrix}$$

$$=\begin{vmatrix}-a+b&ab-3\\3-b^2&-a+b\end{vmatrix}=ab^3-5ab+a^2-2b^2+9$$

所以由克莱姆法则一节的相关结论可知，若两个方程有公共根，则上述系数行列式值必为零，即参数 a,b 要满足关系

$$ab^3-5ab+a^2-2b^2+9=0 \tag{1.22}$$

形如式（1.21）的行列式（请大家注意其构成的方法）通常称之为两个多项式的**结式**（resultant）。可以证明任意两个多项式的结式等于零是这两个多项式有公共根的充要条件。

举一个具体的、比较简单的例子来说明一下结式的作用。问一元二次方程

$$ax^2+bx+c=0 \tag{1.23}$$

其中($a\neq0$)，什么时候有**重根**?

这个结果当然简单易知。但换个思考问题的方法，该方程有重根等价于它与其左端的导函数构成的方程 $2ax+b=0$ 有公共根。此时就有结式

$$D=\begin{vmatrix}a&b&c\\2a&b&0\\0&2a&b\end{vmatrix}=\begin{vmatrix}a&b&c\\0&-b&-2c\\0&2a&b\end{vmatrix}=a(-b^2+4ac)$$

因为 $a\neq0$，结式为零，即

$$\Delta=b^2-4ac=0 \tag{1.24}$$

你如果还有兴趣，也完全可以将它推广到一元三次以上的多项式方程什么时候有重根等类似的问题上去。甚至还可以把结式的作用更加以推广。

【例 1.15】 多项式方程 $x^5-3x^4+3x^3+x^2-4x+2=0$ 有没有重根？进一步地，能否回答它有几个实根，几个虚根？

解 首先，5 次以上的多项式方程没有统一的求根公式，求其根是有一定理论难度的问题。

其次，因为该多项式方程是实系数多项式方程，所以若其有虚数根，则其虚根一定是成对共轭出现的（这个结论的证明留给读者去做）。

现在仍然用构造结式的方法去探讨这一问题。记方程中的 $n=5$ 次多项式

$$f(x)=x^5-3x^4+3x^3+x^2-4x+2(=0)$$

其导数多项式为

$$f'(x)=\underline{0x^5}+5x^4-12x^3+9x^2+2x-4(=0)$$

由它们的系数可以构成下列 $2n=10$ 阶的行列式

$$S=\begin{vmatrix} 1 & -3 & 3 & 1 & -4 & 2 & 0 & 0 & 0 & 0 \\ 0 & 5 & -12 & 9 & 2 & -4 & 0 & 0 & 0 & 0 \\ 0 & 1 & -3 & 3 & 1 & -4 & 2 & 0 & 0 & 0 \\ 0 & 0 & 5 & -12 & 9 & 2 & -4 & 0 & 0 & 0 \\ 0 & 0 & 1 & -3 & 3 & 1 & -4 & 2 & 0 & 0 \\ 0 & 0 & 0 & 5 & -12 & 9 & 2 & -4 & 0 & 0 \\ 0 & 0 & 0 & 1 & -3 & 3 & 1 & -4 & 2 & 0 \\ 0 & 0 & 0 & 0 & 5 & -12 & 9 & 2 & -4 & 0 \\ 0 & 0 & 0 & 0 & 1 & -3 & 3 & 1 & -4 & 2 \\ 0 & 0 & 0 & 0 & 0 & 5 & -12 & 9 & 2 & -4 \end{vmatrix} \tag{1.25}$$

注意到这是把多项式函数 $f(x)$ 及其导数的系数行向量一起重复了 $n=5$ 次，而且每重复一次在系数前面就多添上一列零元素。这样构成的行列式叫做**西尔威斯特(Sylvester)结式**，它比形如式（1.21）的结式有更好的特性。

若记该结式行列式中最前面 2 行与最前面 2 列的元素构成的 2 阶子行列式为 S_2，则显然有

$$S_2=\begin{vmatrix} 1 & -3 \\ 0 & 5 \end{vmatrix}=5$$

而结式的最前面 4 行与前 4 列的元素构成的 4 阶子行列式

$$S_4=\begin{vmatrix} 1 & -3 & 3 & 1 \\ 0 & 5 & -12 & 9 \\ 0 & 1 & -3 & 3 \\ 0 & 0 & 5 & -12 \end{vmatrix}=6$$

同理结式的前面 6 阶、8 阶及 10 阶的子行列式的值分别为

$$S_6=-156,\ S_8=-800,\ S_{10}=S=0$$

于是得到**结式的（偶数阶的）子式序列**为

$$(S_2,S_4,S_6,S_8,S_{10})=(5,6,-156,-800,0)$$

首先，因为该结式行列式的值 $S_{10}=S=0$，所以上述多项式方程 $f(x)=0$ 与其导数方程 $f'(x)=0$ 必有公共根，即原多项式方程必有重根；其次，上述结式子式序列数组的符号数（正数、负数与零的符号数分别为 1，-1 与 0）构成的数组为

$$F=(1,1,-1,-1,0)$$

其前面的非零元素长度为 $l=4$，而且该符号数组的**变号数**（正、负改变的次数）为 $\boldsymbol{v=1}$，于是有结论表明：**上述多项式方程有 $\boldsymbol{v=1}$ 对不同虚根，有 $\boldsymbol{l-2v=2}$ 个不同实根**。

又因为原多项式方程是 $\boldsymbol{n=5}$ 次的方程，它应该总共有 5 个根，所以还可以推知，该方程的 2 个不同实根中有一个是 2 重根，另外一个是单根。此外方程还有一对共轭虚根。

上述方法可以推广到任意次数的实系数甚至复系数的多项式方程根的情况分类问题。多项式方程有否公共根以及高阶的、符号系数多项式方程根的情况分类问题，这在符号运算与计算机机器证明等科学领域中有非常重要的作用。

从实际计算方面来说，结式行列式的阶数比较高，求值一般会比较复杂。这样的问题则可以交给 MATLAB 去完成。对此可以参见第二章第八节和第三章第九节中关于 MATLAB 使用介绍及编程计算的相关内容。

习题一

1. 填空题

（1）$D=\begin{vmatrix}0&0&0&a\\b&0&0&0\\0&c&0&0\\0&0&d&b\end{vmatrix}=$____。　　（2）$D=\begin{vmatrix}1&0&0&0\\0&2&5&0\\0&0&3&0\\0&0&6&4\end{vmatrix}=$____。

（3）设 $\begin{vmatrix}a&3&1\\b&0&1\\c&2&1\end{vmatrix}=1$，则 $\begin{vmatrix}a-3&b-3&c-3\\1&1&1\\5&2&4\end{vmatrix}=$____。

（4）设行列式 $A=\begin{vmatrix}1&1&1&2\\1&2&1&2\\1&-2&-2&3\\2&1&-1&0\end{vmatrix}$，则 $A_{21}+A_{22}+A_{23}+A_{24}=$____。

（5）设三阶行列式 $|\boldsymbol{A}|=|\boldsymbol{\alpha}_1,\boldsymbol{\alpha}_2,\boldsymbol{\alpha}_3|=2$，其中 $\boldsymbol{\alpha}_1,\boldsymbol{\alpha}_2,\boldsymbol{\alpha}_3$ 为行列式的 3 个列（向量），则行列式 $|\boldsymbol{B}|=|\boldsymbol{\alpha}_1+\boldsymbol{\alpha}_2+\boldsymbol{\alpha}_3,\ \boldsymbol{\alpha}_1+2\boldsymbol{\alpha}_2+4\boldsymbol{\alpha}_3,\ \boldsymbol{\alpha}_1+3\boldsymbol{\alpha}_2+9\boldsymbol{\alpha}_3|=$________。

2. 选择题

（1）行列式 $\begin{vmatrix}a&0&0&b\\0&a&b&0\\0&b&a&0\\b&0&0&a\end{vmatrix}$ 的值为（　　）。

(A) 0　　(B) a^4+b^4　　(C) $(a^2+b^2)(a^2-b^2)$　　(D) $(a^2-b^2)^2$

(2) n 阶行列式 $\begin{vmatrix} 0 & \cdots & 0 & 1 \\ 0 & \cdots & 2 & 0 \\ \cdots & \cdots & \cdots & \cdots \\ n & \cdots & 0 & 0 \end{vmatrix}=$（　）。

(A) $n!$　　(B) $-n!$　　(C) $(-1)^{\frac{n\cdot(n-1)}{2}}n!$　　(D) $(-1)^n n!$

(3) 多项式函数 $f(x)=\begin{vmatrix} x & -x & 1 & 0 \\ 1 & x & 2 & 3 \\ 2 & 3 & x & 2 \\ 1 & 1 & 2 & x \end{vmatrix}$ 中 x^3 的系数是（　）。

(A) 0　　(B) 1　　(C) -1　　(D) 2

(4) 设 a,b 为实数，且 $\begin{vmatrix} a & 1 & -b \\ -b & a & 1 \\ -a^2 & 0 & 1 \end{vmatrix}=0$，则（　）。

(A) $a=1$ 或 $b=0$　　(B) $a=-1$ 或 $b=1$

(C) $a=-1$ 或 $b=0$　　(D) $a=1$ 或 $b=1$

(5) 设多项式 $f(x)=\begin{vmatrix} x-1 & x+1 & x-1 \\ 2(x+1) & 2x+1 & 2(x+1) \\ 3(x-1) & 3x+2 & 4x-3 \end{vmatrix}$，则方程 $f(x)=0$ 的根的个数为（　）。

(A) 0　　(B) 1　　(C) 2　　(D) -1

3. 计算行列式

(1) $\begin{vmatrix} \cos\alpha & -\sin\alpha \\ \sin\alpha & \cos\alpha \end{vmatrix}$　　(2) $\begin{vmatrix} a+bi & b \\ 2a & a-bi \end{vmatrix}$

(3) $\begin{vmatrix} 1 & \omega & \omega^2 \\ \omega^2 & 1 & \omega \\ \omega & \omega^2 & 1 \end{vmatrix}\left(其中\ \omega=-\frac{1}{2}+\frac{\sqrt{3}}{2}i\right)$

(4) $\begin{vmatrix} 1 & x & x \\ x & 2 & x \\ x & x & 3 \end{vmatrix}$

(5) $\begin{vmatrix} 0 & 0 & 0 & a_{14} \\ 0 & 0 & a_{23} & a_{24} \\ 0 & a_{32} & a_{33} & a_{34} \\ a_{41} & a_{42} & a_{43} & a_{44} \end{vmatrix}$　　(6) $\begin{vmatrix} a & 1 & 0 & 0 \\ -1 & b & 1 & 0 \\ 0 & -1 & c & 1 \\ 0 & 0 & -1 & d \end{vmatrix}$

4. 计算行列式

(1) $\begin{vmatrix} a & b & a+b \\ b & a+b & a \\ a+b & a & b \end{vmatrix}$　　(2) $\begin{vmatrix} 1 & -2 & 1 & 0 \\ 0 & 3 & -2 & -1 \\ 4 & -1 & 0 & -3 \\ 1 & 2 & -6 & 3 \end{vmatrix}$

(3) $\begin{vmatrix} 1 & 2 & 0 & 0 \\ 3 & 4 & 0 & 0 \\ 0 & 0 & -1 & -3 \\ 0 & 0 & 3 & 1 \end{vmatrix}$　　(4) $\begin{vmatrix} 3 & 4 & 4 & 4 \\ 4 & 3 & 4 & 4 \\ 4 & 4 & 3 & 4 \\ 4 & 4 & 4 & 3 \end{vmatrix}$

(5) $\begin{vmatrix} 1 & 2 & 3 & 4 \\ 2 & 3 & 4 & 1 \\ 3 & 4 & 1 & 2 \\ 4 & 1 & 2 & 3 \end{vmatrix}$　　(6) $\begin{vmatrix} 1+x & 1 & 1 & 1 \\ 1 & 1+x & 1 & 1 \\ 1 & 1 & 1+x & 1 \\ 1 & 1 & 1 & 1+x \end{vmatrix}$

5. 证明

(1) $\begin{vmatrix} a^2 & ab & b^2 \\ 2a & a+b & 2b \\ 1 & 1 & 1 \end{vmatrix}=(a-b)^3$

(2) $\begin{vmatrix} ax+by & ay+bz & az+bx \\ ay+bz & az+bx & ax+by \\ az+bx & ax+by & ay+bz \end{vmatrix}=(a^3+b^3)\begin{vmatrix} x & y & z \\ y & z & x \\ z & x & y \end{vmatrix}$

(3) $\begin{vmatrix} 1 & 1 & 1 \\ a & b & c \\ a^3 & b^3 & c^3 \end{vmatrix}=(a+b+c)(b-a)(c-a)(c-b)$

(4) $\begin{vmatrix} 1+x & 1 & 1 & 1 \\ 1 & 1-x & 1 & 1 \\ 1 & 1 & 1+y & 1 \\ 1 & 1 & 1 & 1-y \end{vmatrix}=x^2y^2$

6. 已知

$$\begin{vmatrix} x & y & z \\ 0 & 2 & 3 \\ 1 & 1 & 1 \end{vmatrix}=1$$

求下列各行列式的值：

(1) $\begin{vmatrix} x-1 & y-1 & z-1 \\ 1 & 3 & 4 \\ 1 & 1 & 1 \end{vmatrix}$　　(2) $\begin{vmatrix} x & y & z \\ 3x & 3y+4 & 3z+6 \\ x+1 & y+1 & z+1 \end{vmatrix}$

7. 计算 n 阶行列式

(1) $\begin{vmatrix} 0 & 1 & 0 & \cdots & 0 \\ 0 & 0 & 2 & \cdots & 0 \\ \cdots & \cdots & \cdots & \cdots & \cdots \\ 0 & 0 & 0 & \cdots & n-1 \\ n & 0 & 0 & \cdots & 0 \end{vmatrix}$　　(2) $\begin{vmatrix} x & y & 0 & \cdots & 0 & 0 \\ 0 & x & y & \cdots & 0 & 0 \\ \cdots & \cdots & \cdots & \cdots & \cdots & \cdots \\ 0 & 0 & 0 & \cdots & x & y \\ y & 0 & 0 & \cdots & 0 & x \end{vmatrix}$

(3) $\begin{vmatrix} x_1-m & x_2 & \cdots & x_n \\ x_1 & x_2-m & \cdots & x_n \\ \cdots & \cdots & \cdots & \cdots \\ x_1 & x_2 & \cdots & x_n-m \end{vmatrix}$

(4) $\begin{vmatrix} 1 & 2 & 3 & \cdots & n-1 & n \\ 1 & -1 & 0 & \cdots & 0 & 0 \\ 0 & 2 & -2 & \cdots & 0 & 0 \\ \cdots & \cdots & \cdots & \cdots & \cdots & \cdots \\ 0 & 0 & 0 & \cdots & n-1 & -(n-1) \end{vmatrix}$

(5) $\begin{vmatrix} 1-a_1 & a_2 & 0 & \cdots & 0 & 0 \\ -1 & 1-a_2 & a_3 & \cdots & 0 & 0 \\ 0 & -1 & 1-a_3 & \cdots & 0 & 0 \\ \cdots & \cdots & \cdots & \cdots & \cdots & \cdots \\ 0 & 0 & 0 & \cdots & 1-a_{n-1} & a_n \\ 0 & 0 & 0 & \cdots & -1 & 1-a_n \end{vmatrix}$

8. 证明

(1) $\begin{vmatrix} x & -1 & 0 & \cdots & 0 & 0 \\ 0 & x & -1 & \cdots & 0 & 0 \\ \cdots & \cdots & \cdots & \cdots & \cdots & \cdots \\ 0 & 0 & 0 & \cdots & x & -1 \\ a_n & a_{n-1} & a_{n-2} & \cdots & a_2 & x+a_1 \end{vmatrix} = x^n + a_1x^{n-1} + a_2x^{n-2} + \cdots + a_{n-1}x + a_n$

(2) $\begin{vmatrix} \cos\theta & 1 & 0 & \cdots & 0 & 0 \\ 1 & 2\cos\theta & 1 & \cdots & 0 & 0 \\ 0 & 1 & 2\cos\theta & \cdots & 0 & 0 \\ \cdots & \cdots & \cdots & \cdots & \cdots & \cdots \\ 0 & 0 & 0 & \cdots & 2\cos\theta & 1 \\ 0 & 0 & 0 & \cdots & 1 & 2\cos\theta \end{vmatrix} = \cos(n\theta)$

(3) $\begin{vmatrix} 1+a_1 & 1 & \cdots & 1 \\ 1 & 1+a_2 & \cdots & 1 \\ \cdots & \cdots & \cdots & \cdots \\ 1 & 1 & \cdots & 1+a_n \end{vmatrix} = a_1a_2\cdots a_n\left(1+\sum_{i=1}^{n}\frac{1}{a_i}\right)$

9. 利用 n 阶范德蒙行列式计算

(1) $\begin{vmatrix} 1 & 1 & 1 & 1 \\ 2 & 3 & 4 & 5 \\ 1 & 4 & 9 & 16 \\ 1 & 8 & 27 & 64 \end{vmatrix}$　　(2) $\begin{vmatrix} a & b & c \\ a^2 & b^2 & c^2 \\ b+c & c+a & a+b \end{vmatrix}$

10. 用克莱姆法则解下列线性方程组

(1) $\begin{cases} x+y+z=1 \\ x+2y+z-w=8 \\ 2x-y-3w=3 \\ 3x+3y+5z-6w=5 \end{cases}$　　(2) $\begin{cases} x_1+x_2+5x_3+7x_4=14 \\ 4x_1+6x_2+7x_3+x_4=0 \\ 5x_1+7x_2+x_3+3x_4=4 \\ 7x_1+x_2+3x_3+5x_4=16 \end{cases}$

11. 求参数 k 的值，使下列齐次线性方程组有非零解

$$\begin{cases} kx+y+z=0 \\ x+ky-z=0 \\ 2x-y+z=0 \end{cases}$$

12*. 求三次多项式（可以利用 MATLAB 软件来计算有关行列式）

$$f(x)=a_0+a_1x+a_2x^2+a_3x^3$$

使得 $f(-1)=0$，$f(1)=4$，$f(2)=3$，$f(3)=16$。

13*. 已知多项式方程 $x^3-2x+a=0$ 有重根，求实系数 a 的值。

第二章　矩阵

矩阵是线性代数中最重要的一个基本概念。它是研究线性变换、线性方程组、二次型等代数问题的主要工具，它在多元函数微分学、微分方程、解析几何等数学的许多其它分支中有很重要的作用。自然科学、工程技术和国民经济等许多领域中的实际问题都可以用矩阵概念来描述，并且用相关的矩阵理论与方法去解决。

本章介绍矩阵的有关概念、矩阵的基本运算、可逆矩阵、分块矩阵与分块矩阵的运算以及矩阵的初等变换等，最后简要介绍数学与工程软件 MATLAB。

第一节　矩阵的概念

本节我们来阐述矩阵概念的产生，介绍若干种特殊的矩阵并给出矩阵的一个应用案例。

一、高斯消元法与矩阵

在很多实际问题中，我们常常会碰到具有 m 个方程 n 个未知数的最一般形式的线性方程组：

$$\begin{cases} a_{11}x_1+a_{12}x_2+\cdots+a_{1n}x_n=b_1 \\ a_{21}x_1+a_{22}x_2+\cdots+a_{2n}x_n=b_2 \\ \cdots\cdots\cdots\cdots\cdots\cdots\cdots\cdots \\ a_{m1}x_1+a_{m2}x_2+\cdots+a_{mn}x_n=b_m \end{cases} \tag{2.1}$$

在初等数学中，常用消元法解二元、三元一次方程组。消元法的基本思想是通过消元变形把已知方程组化成容易求解的同解方程组。在解未知数较多的方程组时，需要使消元法步骤规范而又简便。下面通过例子说明消元法的具体做法，并从消元过程引入矩阵的概念。

【例 2.1】 解线性方程组

$$\begin{cases} 2x_1+x_2+5x_3+4x_4=7 \\ x_1+x_2+2x_3+x_4=3 \\ x_1+2x_2+x_3-x_4=2 \end{cases} \tag{2.2}$$

解　将第一个方程与第二个方程交换位置，得

$$\begin{cases} x_1+x_2+2x_3+x_4=3 \\ 2x_1+x_2+5x_3+4x_4=7 \\ x_1+2x_2+x_3-x_4=2 \end{cases}$$

把第一方程的两端乘以(−2)，(−1)，并分别加到第二个、第三个方程上去，得

$$\begin{cases} x_1+x_2+2x_3+\ \ x_4=3 \\ \ -x_2+\ \ x_3+2x_4=1 \\ \ \ \ \ x_2-\ \ x_3-2x_4=-1 \end{cases}$$

再把第二个方程加到第三个方程上去，又在第二个方程两端同乘以（−1），则得

$$\begin{cases} x_1+x_2+2x_3+x_4=3 \\ \ \ \ \ x_2-x_3-2x_4=-1 \end{cases} \tag{2.3}$$

容易证明这个方程组与原方程组是同解的。形如式(2.3)的方程组称为**阶梯形方程组**。在这个方程组中，未知数 x_3,x_4 可以任意取定它们的值[比如设为 $k_1,k_2(k_1,k_2\in \boldsymbol{R})$]，从式(2.3)的第二个方程求出 x_2 的值，代入第一个方程中又得到 x_1 的值。这样得到的一组 x_1,x_2,x_3,x_4 即为原方程组(2.2)的解。

在上述对方程组（2.2）的消元变形过程中，实际上对方程组施行了下列三种变换：

（1）交换两个方程在方程组中的位置；

（2）一个方程的两端同乘以一个不等于零的数；

（3）一个方程的两端乘以同一个数后加到另一个方程上去。

称这三种变换为线性方程组的**初等变换**。

不难看出，对方程组施行初等变换后得到的是原方程组的同解方程组。对方程组施行初等变换的目的是逐步消去位于后面方程中的未知元，使其成为易于求解的**阶梯形方程组**。

对方程组施行初等变换，实际上可以通过只对方程组中未知量的系数与常数项进行相应的运算而实现。因此可以把方程组的系数与常数项放在一起排成一个矩形数表，例如由上述方程组的系数与常数项排成的数表有 3 行 5 列，即

$$\left(\begin{array}{cccc:c} 2 & 1 & 5 & 4 & 7 \\ 1 & 1 & 2 & 1 & 3 \\ 1 & 2 & 1 & -1 & 2 \end{array}\right)$$

这个数表就是一个矩阵，又称它为非齐次线性方程组的**增广矩阵**（Augmented matrix）。

方程组的初等变换就可以简化为对数表的运算，而且对方程组的初等变换与对数表施行相应的变换过程相似，作用相同，其结果也是等价的。因而在前述例 2.1 中，对方程组施行的初等变换可用矩阵方法表述如下

$$\left(\begin{array}{cccc:c} 2 & 1 & 5 & 4 & 7 \\ 1 & 1 & 2 & 1 & 3 \\ 1 & 2 & 1 & -1 & 2 \end{array}\right) \longrightarrow \left(\begin{array}{cccc:c} 1 & 1 & 2 & 1 & 3 \\ 2 & 1 & 5 & 4 & 7 \\ 1 & 2 & 1 & -1 & 2 \end{array}\right)$$

$$\longrightarrow\left(\begin{array}{cccc:c}1&1&2&1&3\\0&-1&1&2&1\\0&1&-1&-2&-1\end{array}\right)\longrightarrow\left(\begin{array}{cccc:c}1&1&2&1&3\\0&1&-1&-2&-1\\0&0&0&0&0\end{array}\right)$$

由最后一个矩阵不难写出与该矩阵对应的线性方程组，并进而求出原方程组的解。可见，用矩阵来表述方程组的消元求解过程更加简便。

定义 2.1 由 $m\times n$ 个数排成的 m 行 n 列的矩形数表。

$$\begin{pmatrix}a_{11}&a_{12}&\cdots&a_{1n}\\a_{21}&a_{22}&\cdots&a_{2n}\\\cdots&\cdots&\cdots&\cdots\\a_{m1}&a_{m2}&\cdots&a_{mn}\end{pmatrix}$$

称为一个 $\boldsymbol{m\times n}$ **矩阵**（Matrix），其中 $a_{ij}\,(i=1,2,\cdots,m;j=1,2,\cdots,n)$ 表示矩阵中第 i 行第 j 列位置上的数，称为**矩阵的元素**（Entry of a matrix）。元素为实数的矩阵称为**实矩阵**。元素为复数的矩阵则称为**复矩阵**。

矩阵数表外面用圆括号（也可以用方括号）括起来。通常用大写英文字母 A，B 等表示矩阵，即矩阵可简记为

$$\boldsymbol{A}=(a_{ij})_{m\times n}\quad\text{或}\quad\boldsymbol{A}=[a_{ij}]_{m\times n}$$

括号右下角的 $m\times n$ 表示矩阵是 m 行 n 列的矩阵。

二、几种特殊的矩阵

下面介绍一些常用的矩阵。

1. 行矩阵、列矩阵与方阵

仅有一行的矩阵称为**行矩阵**(Row matrix)(也称为**行向量**)，记为

$$\boldsymbol{A}=(a_1,a_2,\cdots,a_n)\ \text{或}\ \boldsymbol{A}=(a_1\ \ a_2\ \ \cdots\ \ a_n)$$

仅有一列的矩阵称为**列矩阵**（Column matrix）（也称为**列向量**），记为

$$\boldsymbol{A}=\begin{pmatrix}b_1\\b_2\\\vdots\\b_m\end{pmatrix}$$

行数与列数相等的矩阵称为**方阵**（Square matrix）。例如

$$\boldsymbol{A}=\begin{pmatrix}a_{11}&a_{12}&\cdots&a_{1n}\\a_{21}&a_{22}&\cdots&a_{2n}\\\cdots&\cdots&\cdots&\cdots\\a_{n1}&a_{n2}&\cdots&a_{nn}\end{pmatrix}$$

为 $n\times n$ 方阵，常称为 **n 阶方阵或 n 阶矩阵**，简记为 $\boldsymbol{A}=(a_{ij})_n$。

按方阵 $\boldsymbol{A}$ 的元素的排列方式所构成的 n 阶行列式称为**方阵 A 的行列式**，记为 $|\boldsymbol{A}|$ 或 $\det\boldsymbol{A}$。在 n 阶方阵 $\boldsymbol{A}$ 中，元素 $a_{11},a_{22},\cdots,a_{nn}$ 所在的对角线称为**主对角线**（Main diagonal of a quare matrix）。主对角线上的元素称为**主对角元**。

2. 零矩阵、对角矩阵

若一个矩阵的所有元素都为零，则称这个矩阵为**零矩阵**（Zero matrix 或 Null matrix）。例如，一个 $m\times n$ 的零矩阵可记为

$$\boldsymbol{O}_{m\times n}=\begin{pmatrix}0 & 0 & \cdots & 0\\ 0 & 0 & \cdots & 0\\ \cdots & \cdots & \cdots & \cdots\\ 0 & 0 & \cdots & 0\end{pmatrix}_{m\times n}$$

在不会引起混淆的情况下，也可记为 $\boldsymbol{O}$。

主对角元以外的元素全为零的方阵称为**对角矩阵**（Diagonal matrix）。如

$$\boldsymbol{A}=\begin{pmatrix}a_{11} & & & \\ & a_{22} & & \\ & & \ddots & \\ & & & a_{nn}\end{pmatrix}$$

为 n 阶对角矩阵，其中未标记出的元素全为零，即 $a_{ij}=0,i\neq j,i,j=1,2,\cdots,n$。对角矩阵常记为 $\boldsymbol{A}=\mathrm{diag}(a_{11},a_{22},\cdots,a_{nn})$。

主对角元全相等的对角矩阵称为**数量矩阵**(Scalar matrix)。例如

$$\boldsymbol{A}=\begin{pmatrix}c & & & \\ & c & & \\ & & \ddots & \\ & & & c\end{pmatrix}_n$$

为一 n 阶数量矩阵。特别地，当数量矩阵主对角元 c 等于 1 时，这样的矩阵称为**单位矩阵**（Identity matrix）。n 阶单位矩阵一般记为 $\boldsymbol{E}_n$（或 $\boldsymbol{I}_n$），即

$$\boldsymbol{E}_n=\begin{pmatrix}1 & & & \\ & 1 & & \\ & & \ddots & \\ & & & 1\end{pmatrix}_n$$

3. 上(下)三角矩阵

主对角线下(上)方的元素全为零的方阵称为上(下)**三角矩阵**(Upper(Lower) triangular matrix)。例如

$$A=\begin{pmatrix} a_{11} & a_{12} & \cdots & a_{1n} \\ & a_{22} & \cdots & a_{2n} \\ & & \ddots & \vdots \\ & & & a_{nn} \end{pmatrix}$$

为 n 阶上三角矩阵。而

$$B=\begin{pmatrix} a_{11} & & & \\ a_{21} & a_{22} & & \\ \vdots & \vdots & \ddots & \\ a_{n1} & a_{n2} & \cdots & a_{nn} \end{pmatrix}$$

为 n 阶下三角矩阵。

4. 对称与反对称矩阵

在方阵 $\boldsymbol{A}=(a_{ij})_n$ 中，如果 $a_{ij}=a_{ji}$ $(i,j=1,2,\cdots,n)$，则称 $\boldsymbol{A}$ 为**对称矩阵**(Symmetric matrix)。如果 $a_{ij}=-a_{ji}$ $(i,j=1,2,\cdots,n)$，则称 $\boldsymbol{A}$ 为**反对称矩阵**(Skew symmetric matrix)。例如

$$\boldsymbol{A}=\begin{pmatrix} 0 & 1 & 3 \\ 1 & -2 & -5 \\ 3 & -5 & 4 \end{pmatrix}, \quad \boldsymbol{B}=\begin{pmatrix} 0 & -1 & 2 \\ 1 & 0 & 3 \\ -2 & -3 & 0 \end{pmatrix}$$

分别是对称矩阵和反对称矩阵。

矩阵 $\boldsymbol{A}=(a_{ij})_{m\times n}$ 与 $\boldsymbol{B}=(a_{ij})_{p\times q}$，如果满足 $m=p$ 且 $n=q$，则称这两个矩阵 $\boldsymbol{A},\boldsymbol{B}$ 为**同规模**（或**同类型**）**的矩阵**（Matrices of the same type）。

定义 2.2 两个同规模的矩阵 $\boldsymbol{A}=(a_{ij})_{m\times n}$ 与 $\boldsymbol{B}=(b_{ij})_{m\times n}$，如果它们的对应元素相等，即 $a_{ij}=b_{ij}(i=1,2,\cdots,m;j=1,2,\cdots,n)$，则称**矩阵 $\boldsymbol{A}$ 与矩阵 $\boldsymbol{B}$ 相等**，记为 $\boldsymbol{A}=\boldsymbol{B}$。

第二节 矩阵的运算

要深入探讨矩阵概念的作用，就需要研究矩阵的运算、性质等理论。到 1858 年，英国数学家哈密尔顿（W. R. Hamilton）和凯莱（A. Cay-ley）的著作中最早出现了矩阵的运算。本节我们来介绍矩阵的加法、数乘与矩阵的乘法等运算。

一、 矩阵的加法

定义 2.3 设 $\boldsymbol{A}=(a_{ij})_{m\times n}$ 与 $\boldsymbol{B}=(b_{ij})_{m\times n}$ 是两个同规模的矩阵，那么矩阵 $\boldsymbol{A}$ 与 $\boldsymbol{B}$ 的和（Addition of matrices ）记为 $\boldsymbol{A}+\boldsymbol{B}$，规定为

$$\boldsymbol{A}+\boldsymbol{B}=\begin{pmatrix} a_{11}+b_{11} & a_{12}+b_{12} & \cdots & a_{1n}+b_{1n} \\ a_{21}+b_{21} & a_{22}+b_{22} & \cdots & a_{2n}+b_{2n} \\ \cdots & \cdots & \cdots & \cdots \\ a_{m1}+b_{m1} & a_{m2}+b_{m2} & \cdots & a_{mn}+b_{mn} \end{pmatrix}$$

由定义不难证明，矩阵的加法满足下列运算规律：

性质 2.1　设 $\boldsymbol{A},\boldsymbol{B},\boldsymbol{C}$ 是同规模的矩阵，则

(1) $\boldsymbol{A}+\boldsymbol{B}=\boldsymbol{B}+\boldsymbol{A}$（加法交换律）；

(2) $(\boldsymbol{A}+\boldsymbol{B})+\boldsymbol{C}=\boldsymbol{A}+(\boldsymbol{B}+\boldsymbol{C})$（加法结合律）；

(3) $\boldsymbol{A}+\boldsymbol{O}=\boldsymbol{A}$，其中 $\boldsymbol{O}$ 是与 $\boldsymbol{A}$ 同规模的零矩阵。

二、数乘矩阵

定义 2.4　数 k 与矩阵 $\boldsymbol{A}=(a_{ij})_{m\times n}$ 的数量乘积矩阵，简称为**数乘矩阵**（Scalar multiplication of matrices），记为 $k\boldsymbol{A}$，规定为

$$k\boldsymbol{A}=\begin{pmatrix} ka_{11} & ka_{12} & \cdots & ka_{1n} \\ ka_{21} & ka_{22} & \cdots & ka_{2n} \\ \cdots & \cdots & \cdots & \cdots \\ ka_{m1} & ka_{m2} & \cdots & ka_{mn} \end{pmatrix}$$

由定义可知，数乘矩阵是用数 k 乘矩阵的每一个元素。需要注意的是，**在矩阵为方阵时，数乘矩阵与数乘矩阵的行列式是不同的**。另外常简记

$$(-1)\boldsymbol{A}=-\boldsymbol{A},\quad -(-\boldsymbol{A})=\boldsymbol{A}$$

$-\boldsymbol{A}$ 又叫做 $\boldsymbol{A}$ 的**负矩阵**。由此，两个矩阵的减法运算可定义为

$$\boldsymbol{A}-\boldsymbol{B}=\boldsymbol{A}+(-\boldsymbol{B})$$

不难证明，矩阵的数乘满足下列运算规律：

性质 2.2　设 $\boldsymbol{A},\boldsymbol{B}$ 是同规模的矩阵，k,l 是常数，则

(1) $1\boldsymbol{A}=\boldsymbol{A}$；

(2) $k(l\boldsymbol{A})=(kl)\boldsymbol{A}$；

(3) $k(\boldsymbol{A}+\boldsymbol{B})=k\boldsymbol{A}+k\boldsymbol{B}$；

(4) $(k+l)\boldsymbol{A}=k\boldsymbol{A}+l\boldsymbol{A}$；

(5) $k\boldsymbol{A}=\boldsymbol{O}$，当且仅当 $k=0$ 或 $\boldsymbol{A}=\boldsymbol{O}$。

三、矩阵的乘法

矩阵的乘法，是因为研究 n 维向量线性变换的需要而规定的一种矩阵之间的乘法运算。矩阵乘法的特殊性决定了矩阵运算必然会具有一些特殊的性质。

定义 2.5　设 $\boldsymbol{A}=(a_{ij})_{m\times s}$ 是 $m\times s$ 矩阵，$\boldsymbol{B}=(b_{ij})_{s\times n}$ 是 $s\times n$ 矩阵，那么规定矩阵 $\boldsymbol{A}$ 与 $\boldsymbol{B}$ 的**乘积**（product of matrices）$\boldsymbol{AB}$ 是一个 $m\times n$ 矩阵 $\boldsymbol{C}=(c_{ij})_{m\times n}$，其中

$$c_{ij}=a_{i1}b_{1j}+a_{i2}b_{2j}+\cdots+a_{is}b_{sj}=\sum_{k=1}^{s}a_{ik}b_{kj} \tag{2.4}$$

记为 $\boldsymbol{C}=\boldsymbol{AB}$。式(2.4)表明，乘积矩阵 $\boldsymbol{AB}$ 的 i 行 j 列位置上的元素是 $\boldsymbol{A}$ 的第 i 行与 $\boldsymbol{B}$ 的第 j 列对应元素乘积之和。

【例 2.2】　设

$$\boldsymbol{A}=\begin{pmatrix}2 & 0 & -1\\ 1 & -1 & 3\end{pmatrix},\quad \boldsymbol{B}=\begin{pmatrix}-1 & 0\\ 0 & 2\\ 1 & 1\end{pmatrix}$$

求 $\boldsymbol{AB}$,$\boldsymbol{BA}$。

解 按照矩阵乘法的定义，不难得到

$$\boldsymbol{AB}=\begin{pmatrix}-3 & -1\\ 2 & 1\end{pmatrix},\ \boldsymbol{BA}=\begin{pmatrix}-2 & 0 & 1\\ 2 & -2 & 6\\ 3 & -1 & 2\end{pmatrix}$$

【例 2.3】 设

$$\boldsymbol{A}=(a_1 \quad a_2 \quad \cdots \quad a_n),\ \boldsymbol{B}=\begin{pmatrix}b_1\\ b_2\\ \vdots\\ b_n\end{pmatrix}$$

求 $\boldsymbol{AB}$,$\boldsymbol{BA}$。

解 按照矩阵乘法，可得

$$\boldsymbol{AB}=(a_1b_1+a_2b_2+\cdots+a_nb_n)=a_1b_1+a_2b_2+\cdots+a_nb_n$$

$$\boldsymbol{BA}=\begin{pmatrix}b_1a_1 & b_1a_2 & \cdots & b_1a_n\\ b_2a_1 & b_2a_2 & \cdots & b_2a_n\\ \cdots & \cdots & \cdots & \cdots\\ b_na_1 & b_na_2 & \cdots & b_na_n\end{pmatrix}$$

从本题的结果可见，上述行矩阵与列矩阵相乘的结果是 1×1 的矩阵，也就是一个数。而次序反过来，列矩阵与行矩阵相乘的结果是个 $n\times n$ 的矩阵，不过这个矩阵的各行或各列元素都是对应成比例的。

这个基本结论是很多矩阵应用的基础。比如，在信息处理中常常把一个复杂的矩阵分解为若干个像上述矩阵那样简单的矩阵之和；而在最优化学科中，矩阵的“低秩修正”问题，正是通过上述类型的特殊矩阵来实现的。

【例 2.4】 设 $\boldsymbol{A}=(a_{ij})_{m\times n}$ 是任意矩阵，而

$$\boldsymbol{B}=\begin{pmatrix}b_1 & & & \\ & b_2 & & \\ & & \ddots & \\ & & & b_m\end{pmatrix}\triangleq \mathrm{diag}(b_1,b_2,\cdots,b_m)$$

是 m 阶对角矩阵，求 $\boldsymbol{BA}$。

解 由矩阵乘法，显然有

$$\boldsymbol{BA}=\begin{pmatrix}b_1 & & & \\ & b_2 & & \\ & & \ddots & \\ & & & b_m\end{pmatrix}\begin{pmatrix}a_{11} & a_{12} & \cdots & a_{1n}\\ a_{21} & a_{22} & \cdots & a_{2n}\\ \cdots & \cdots & \cdots & \cdots\\ a_{m1} & a_{m2} & \cdots & a_{mn}\end{pmatrix}$$

$$=\begin{pmatrix}b_1a_{11} & b_1a_{12} & \cdots & b_1a_{1n}\\ b_2a_{21} & b_2a_{22} & \cdots & b_2a_{2n}\\ \cdots & \cdots & \cdots & \cdots\\ b_ma_{m1} & b_ma_{m2} & \cdots & b_ma_{mn}\end{pmatrix}$$

即对任意矩阵 A 左乘一个对角矩阵，其结果就是**把对角矩阵的主对角线上的元素分别乘到矩阵 A 的各行对应元素上去**。特别的，假如该对角矩阵就是一个单位矩阵，则用单位矩阵左乘任意矩阵 A，其结果仍然等于矩阵 A 本身。

建议大家自己去考虑，对任意矩阵 A 用一个 n 阶的对角矩阵右乘它，又能得到什么样不同的结果呢？

矩阵乘法定义的提出完全是来自于实际问题的需要，因而矩阵乘积运算在很多实际问题中都有非常广泛的应用。例如，设有两个线性变换

$$\begin{cases} z_1 = a_{11}y_1 + a_{12}y_2 + a_{13}y_3 \\ z_2 = a_{21}y_1 + a_{22}y_2 + a_{23}y_3 \end{cases} \tag{2.5}$$

与

$$\begin{cases} y_1 = b_{11}x_1 + b_{12}x_2 \\ y_2 = b_{21}x_1 + b_{22}x_2 \\ y_3 = b_{31}x_1 + b_{32}x_2 \end{cases} \tag{2.6}$$

它们的系数矩阵分别是

$$A = \begin{pmatrix} a_{11} & a_{12} & a_{13} \\ a_{21} & a_{22} & a_{23} \end{pmatrix}, \quad B = \begin{pmatrix} b_{11} & b_{12} \\ b_{21} & b_{22} \\ b_{31} & b_{32} \end{pmatrix}$$

若想得到用变量 x_1, x_2 来表示变量 z_1, z_2 的关系，只要把式(2.6)代入到式(2.5)之中，即有

$$\begin{cases} z_1 = (a_{11}b_{11} + a_{12}b_{21} + a_{13}b_{31})x_1 + (a_{11}b_{12} + a_{12}b_{22} + a_{13}b_{32})x_2 \\ z_2 = (a_{21}b_{11} + a_{22}b_{21} + a_{23}b_{31})x_1 + (a_{21}b_{12} + a_{22}b_{22} + a_{23}b_{32})x_2 \end{cases} \tag{2.7}$$

从变量 x_1, x_2 到变量 z_1, z_2 的线性变换式(2.7)的系数矩阵为

$$C = \begin{pmatrix} a_{11}b_{11} + a_{12}b_{21} + a_{13}b_{31} & a_{11}b_{12} + a_{12}b_{22} + a_{13}b_{32} \\ a_{21}b_{11} + a_{22}b_{21} + a_{23}b_{31} & a_{21}b_{12} + a_{22}b_{22} + a_{23}b_{32} \end{pmatrix}$$

$$= \begin{pmatrix} a_{11} & a_{12} & a_{13} \\ a_{21} & a_{22} & a_{23} \end{pmatrix} \begin{pmatrix} b_{11} & b_{12} \\ b_{21} & b_{22} \\ b_{31} & b_{32} \end{pmatrix}$$

这个系数矩阵恰好是矩阵 A 与 B 的乘积，即有 $C = AB$。这个结论请大家去验证。

关于矩阵乘积，需要注意以下几点。

1. 不是任何两个矩阵都可以相乘

从矩阵乘法的定义可见，只要当**左边的矩阵的列数等于右边矩阵的行数**时，这两个矩阵的乘积才有意义。这种关系可用下图来表示

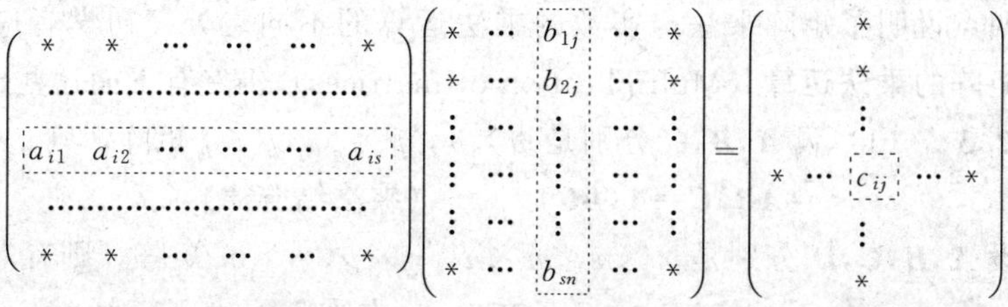

$$\begin{pmatrix} * & * & \cdots & \cdots & \cdots & * \\ \cdots & \cdots & \cdots & \cdots & \cdots & \cdots \\ a_{i1} & a_{i2} & \cdots & \cdots & \cdots & a_{is} \\ \cdots & \cdots & \cdots & \cdots & \cdots & \cdots \\ * & * & \cdots & \cdots & \cdots & * \end{pmatrix} \begin{pmatrix} * & \cdots & b_{1j} & \cdots & * \\ * & \cdots & b_{2j} & \cdots & * \\ \vdots & & \vdots & & \vdots \\ \vdots & & \vdots & & \vdots \\ * & \cdots & b_{sn} & \cdots & * \end{pmatrix} = \begin{pmatrix} * & & \vdots & & * \\ & & \vdots & & \\ * & \cdots & c_{ij} & \cdots & * \\ & & \vdots & & \\ * & & \vdots & & * \end{pmatrix}$$

$\qquad\qquad m \times s$ 矩阵 $\qquad\qquad\qquad s \times n$ 矩阵 $\qquad\qquad m \times n$ 矩阵

2. 矩阵的乘法不满足交换律

从矩阵乘法的规定，AB 有意义，但 BA 不一定有意义。当 AB, BA 都有意义

时，两个不同次序的乘积矩阵也不一定有相同的规模，因而更谈不上相等。即使 $\boldsymbol{AB}$ 与 $\boldsymbol{BA}$ 两者都有意义并且也有相同的规模，乘积矩阵往往也是不相等的。

例如

$$\boldsymbol{A}=\begin{pmatrix}2 & 1\\ -1 & 0\end{pmatrix},\quad \boldsymbol{B}=\begin{pmatrix}1 & -1\\ -1 & 1\end{pmatrix}$$

则有

$$\boldsymbol{AB}=\begin{pmatrix}1 & -1\\ -1 & 1\end{pmatrix},\quad \boldsymbol{BA}=\begin{pmatrix}3 & -1\\ -3 & -1\end{pmatrix}$$

显然 $\boldsymbol{AB}\neq\boldsymbol{BA}$。

可见，矩阵乘积的结果是跟乘积的次序有关的。如果两个矩阵的乘积满足 $\boldsymbol{AB}=\boldsymbol{BA}$，则称 $\boldsymbol{A},\boldsymbol{B}$ 是**可交换矩阵**（Commutable matrices）。

不难证明，数量矩阵与同阶的任何方阵是可交换的。

3. 两个非零矩阵的乘积可能是零矩阵

例如

$$\boldsymbol{A}=\begin{pmatrix}1 & 1\\ -1 & -1\end{pmatrix},\ \boldsymbol{B}=\begin{pmatrix}-1 & 1\\ 1 & -1\end{pmatrix}$$

虽然 $\boldsymbol{A}\neq 0$，$\boldsymbol{B}\neq 0$，但是

$$\boldsymbol{AB}=\begin{pmatrix}0 & 0\\ 0 & 0\end{pmatrix}$$

对此，需要特别注意，若两个实数的乘积等于零，则其中必有零因子。但是这个的“**零因子定律**”对矩阵乘法来说，已不再成立了。

4. 矩阵的乘法不满足消去律

即若

$$\boldsymbol{AC}=\boldsymbol{BC}，且\ \boldsymbol{C}\neq 0$$

一般推不出 $\boldsymbol{A}=\boldsymbol{B}$。例如

$$\boldsymbol{A}=\begin{pmatrix}-4 & 1\\ 5 & 8\end{pmatrix},\quad \boldsymbol{B}=\begin{pmatrix}2 & 1\\ 3 & 8\end{pmatrix},\boldsymbol{C}=\begin{pmatrix}0 & 0\\ 2 & 3\end{pmatrix}$$

虽然有

$$\boldsymbol{AC}=\boldsymbol{BC}=\begin{pmatrix}2 & 3\\ 16 & 24\end{pmatrix},\quad 且\ \boldsymbol{C}\neq 0$$

但是 $\boldsymbol{A}\neq\boldsymbol{B}$。

以上四点说明了矩阵乘法与实数的乘法运算的不同之处，初学者应给予特别注意。但矩阵的**乘法运算**（Multiplication of matrices）仍然有下面这些运算规律：

性质 2.3 （1）设 $\boldsymbol{A},\boldsymbol{B},\boldsymbol{C}$ 分别是 $m\times n$，$n\times p$，$p\times q$ 矩阵，则

$$(\boldsymbol{AB})\boldsymbol{C}=\boldsymbol{A}(\boldsymbol{BC})\qquad（乘法结合律）$$

（2）设 $\boldsymbol{A},\boldsymbol{B},\boldsymbol{C},\boldsymbol{D}$ 分别是 $m\times n$，$m\times n$，$n\times p$，$s\times m$ 矩阵，则有

$$(\boldsymbol{A}+\boldsymbol{B})\boldsymbol{C}=\boldsymbol{AC}+\boldsymbol{BC}\qquad（右乘分配律）$$

$$\boldsymbol{D}(\boldsymbol{A}+\boldsymbol{B})=\boldsymbol{DA}+\boldsymbol{DB}\qquad（左乘分配律）$$

（3）设 $\boldsymbol{A},\boldsymbol{B}$ 分别是 $m\times n$，$n\times p$ 矩阵，k 是常数，则

$$k(\boldsymbol{AB})=(k\boldsymbol{A})\boldsymbol{B}=\boldsymbol{A}(k\boldsymbol{B})$$

(4) 设 $\boldsymbol{A},\boldsymbol{B}$ 是两个 n 阶矩阵，则

$$|\boldsymbol{AB}|=|\boldsymbol{A}||\boldsymbol{B}|$$

证　仅证第 (1) 式，其余留给读者自己证明。

设 $\boldsymbol{A},\boldsymbol{B},\boldsymbol{C}$ 分别是 $m\times n$，$n\times p$，$p\times q$ 矩阵，则易见 $(\boldsymbol{AB})\boldsymbol{C}$，$\boldsymbol{A}(\boldsymbol{BC})$ 都是 $m\times q$ 矩阵，而且 $\forall i,j(i=1,2,\cdots,m;\ j=1,2,\cdots,q)$，$\boldsymbol{A}(\boldsymbol{BC})$ 的第 i 行第 j 列的元素为

$$\sum_{s=1}^{n}a_{is}\left(\sum_{t=1}^{p}b_{st}c_{tj}\right)=\sum_{t=1}^{p}\left(\sum_{s=1}^{n}a_{is}b_{st}\right)c_{tj}$$

上式右端即为 $(\boldsymbol{AB})\boldsymbol{C}$ 的第 i 行第 j 列位置上的元素。故结论成立。

有趣的是，由矩阵乘法结合律，矩阵等式

$$(\boldsymbol{AB})\boldsymbol{C}=\boldsymbol{A}(\boldsymbol{BC})$$

总是成立的。但是因为矩阵 A，B，C 的阶数不同，等式两边所需要施行的实数的乘法次数就不同。如果涉及到 n 个矩阵相乘，怎样结合能够使得总的乘法次数最少，这是计算机学科中数据结构与算法分析等课程中的一个经典问题。

【例 2.5】　设

$$\boldsymbol{A}=\begin{pmatrix}1&0\\2&-3\end{pmatrix},\quad \boldsymbol{B}=\begin{pmatrix}2&1\\1&-1\end{pmatrix}$$

求 $|\boldsymbol{AB}|$。

解　因为

$$\boldsymbol{AB}=\begin{pmatrix}1&0\\2&-3\end{pmatrix}\begin{pmatrix}2&1\\1&-1\end{pmatrix}=\begin{pmatrix}2&1\\1&5\end{pmatrix}$$

所以

$$|\boldsymbol{AB}|=\begin{vmatrix}2&1\\1&5\end{vmatrix}=9$$

另一种算法

$$|\boldsymbol{A}||\boldsymbol{B}|=\begin{vmatrix}1&0\\2&-3\end{vmatrix}\begin{vmatrix}2&1\\1&-1\end{vmatrix}=(-3)\times(-3)=9$$

从而有 $|\boldsymbol{AB}|=|\boldsymbol{BA}|$。

四、方阵的幂

如果 $\boldsymbol{A}$ 是 n 阶矩阵（即方阵），有限个矩阵 $\boldsymbol{A}$ 的乘积是有意义的，结果也是确定的。设 m 是正整数，记

$$\boldsymbol{A}^m=\underbrace{\boldsymbol{AA}\cdots\boldsymbol{A}}_{m个}$$

叫做 $\boldsymbol{A}$ 的 ***m* 次幂** (Powers of a matrix)。另外还规定：$\boldsymbol{A}^0=\boldsymbol{E}$，其中 $\boldsymbol{E}$ 是 n 阶单位矩阵。

矩阵的幂运算有下列性质。

性质 2.4　设 $\boldsymbol{A}$ 是 n 阶方阵，k 是常数，m,l 是正整数。则

(1) $A^m \cdot A^l = A^{m+l}$； (2) $(A^m)^l = A^{m \cdot l}$；

(3) $|A^m| = |A|^m$； (4) $|kA| = k^n |A|$。

由于矩阵乘法不满足交换律，所以一般来讲 $(AB)^m \neq A^m B^m$，但若 A, B 是可交换的，那么关系式 $(AB)^m = A^m B^m$ 必然成立。证明留给读者。

【例 2.6】 证明

$$\begin{pmatrix} \cos\theta & -\sin\theta \\ \sin\theta & \cos\theta \end{pmatrix}^n = \begin{pmatrix} \cos n\theta & -\sin n\theta \\ \sin n\theta & \cos n\theta \end{pmatrix}$$

证 对 n 用数学归纳法。

(1) 当 $n=1$ 时，等式显然成立；

(2) 假设当 $n=k$ 时等式成立，则当 $n=k+1$ 时，有

$$\begin{pmatrix} \cos\theta & -\sin\theta \\ \sin\theta & \cos\theta \end{pmatrix}^{k+1} = \begin{pmatrix} \cos\theta & -\sin\theta \\ \sin\theta & \cos\theta \end{pmatrix}^k \begin{pmatrix} \cos\theta & -\sin\theta \\ \sin\theta & \cos\theta \end{pmatrix}$$

$$= \begin{pmatrix} \cos k\theta & -\sin k\theta \\ \sin k\theta & \cos k\theta \end{pmatrix} \begin{pmatrix} \cos\theta & -\sin\theta \\ \sin\theta & \cos\theta \end{pmatrix}$$

$$= \begin{pmatrix} \cos k\theta\cos\theta - \sin k\theta\sin\theta & -\cos k\theta\sin\theta - \sin k\theta\cos\theta \\ \sin k\theta\cos\theta + \cos k\theta\sin\theta & -\sin k\theta\sin\theta + \cos k\theta\cos\theta \end{pmatrix}$$

$$= \begin{pmatrix} \cos(k+1)\theta & -\sin(k+1)\theta \\ \sin(k+1)\theta & \cos(k+1)\theta \end{pmatrix}$$

从而对任意的正整数 n，等式成立。证毕。

现在设有实系数多项式 $f(x) = a_0 x^n + a_1 x^{n-1} + \cdots + a_{n-1} x + a_n$，而 A 是 n 阶方阵。则称矩阵

$$f(A) = a_0 A^n + a_1 A^{n-1} + \cdots + a_{n-1} A + a_n E$$

为 A 的**矩阵多项式**。其中 E 是 n 阶单位矩阵。

五、矩阵的转置

定义 2.6 称 $n \times m$ 矩阵

$$\begin{pmatrix} a_{11} & a_{21} & \cdots & a_{m1} \\ a_{12} & a_{22} & \cdots & a_{m2} \\ \cdots & \cdots & \cdots & \cdots \\ a_{1n} & a_{2n} & \cdots & a_{mn} \end{pmatrix}$$

为矩阵 $A = (a_{ij})_{m \times n}$ 的**转置矩阵**（Transposed matrix），记为 A' 或 A^T。

例如

$$\boldsymbol{A}=\begin{pmatrix}2 & 1 & -3\\ -1 & 0 & 4\end{pmatrix},\quad \boldsymbol{A}'=\begin{pmatrix}2 & -1\\ 1 & 0\\ -3 & 4\end{pmatrix}$$

矩阵的转置有下列运算规律：

性质 2.5 设 $\boldsymbol{A},\boldsymbol{B}$ 是矩阵，它们的行数与列数使相应的运算有意义，k 是常数，则

(1) $(\boldsymbol{A}')'=\boldsymbol{A}$；　　(2) $(\boldsymbol{A}+\boldsymbol{B})'=\boldsymbol{A}'+\boldsymbol{B}'$

(3) $(k\boldsymbol{A})'=k\boldsymbol{A}'$；　　(4) $(\boldsymbol{AB})'=\boldsymbol{B}'\boldsymbol{A}'$

(5) $\boldsymbol{A}$ 为对称矩阵的充要条件是 $\boldsymbol{A}'=\boldsymbol{A}$；$\boldsymbol{A}$ 为反对称矩阵的充要条件是 $\boldsymbol{A}'=-\boldsymbol{A}$。

证 仅证明第（4）式，其余请读者自己完成。

设 $\boldsymbol{A}=(a_{ij})_{m\times s}$ 是 $m\times s$ 矩阵，$\boldsymbol{B}=(b_{ij})_{sn}$ 是 $s\times n$ 矩阵，记 $\boldsymbol{AB}=(c_{ij})_{m\times n}$，$\boldsymbol{B}'\boldsymbol{A}'=(d_{ij})_{n\times m}$，则转置矩阵 $(\boldsymbol{AB})'$ 的第 i 行第 j 列位置上的元素，即原矩阵 $\boldsymbol{AB}$ 的第 j 行第 i 列位置上的元素，它是

$$c_{ji}=\sum_{k=1}^{s}a_{jk}b_{ki}$$

又

$$d_{ij}=\sum_{k=1}^{s}b_{ki}a_{jk}$$

显然对任意 $\forall i,j(i=1,2,\cdots,n;\ j=1,2,\cdots,m)$，有 $c_{ji}=d_{ij}$，从而 $(\boldsymbol{AB})'=\boldsymbol{B}'\boldsymbol{A}'$。

【例 2.7】 设 $\boldsymbol{A}=\begin{pmatrix}-1 & 1 & 0\\ 0 & 3 & 2\end{pmatrix}$，$\boldsymbol{B}=\begin{pmatrix}2\\ 1\\ -1\end{pmatrix}$，验证 $(\boldsymbol{AB})'=\boldsymbol{B}'\boldsymbol{A}'$。

证　$\boldsymbol{AB}=\begin{pmatrix}-1\\ 1\end{pmatrix}$，$\boldsymbol{B}'\boldsymbol{A}'=(2\quad 1\quad -1)\begin{pmatrix}-1 & 0\\ 1 & 3\\ 0 & 2\end{pmatrix}=(-1\quad 1)$

所以显然有 $(\boldsymbol{AB})'=\boldsymbol{B}'\boldsymbol{A}'$。

第三节 可逆矩阵

在平面解析几何中，我们曾经讨论过坐标之间的变换。在线性代数中我们将要更一般地研究两组变量之间的**线性变换**。例如

$$\begin{cases}u=x+y\\ v=x-y\end{cases}\quad 或\quad \begin{pmatrix}u\\ v\end{pmatrix}=\begin{pmatrix}1 & 1\\ 1 & -1\end{pmatrix}\begin{pmatrix}x\\ y\end{pmatrix}\tag{2.8}$$

是从变量 x,y 到变量 u,v 的一个**线性变换**。反过来，从式（2.8）中解出 x,y 又有

$$\begin{cases} x=\dfrac{1}{2}u+\dfrac{1}{2}v \\ y=\dfrac{1}{2}u-\dfrac{1}{2}v \end{cases} \quad 或 \quad \begin{pmatrix} x \\ y \end{pmatrix}=\begin{pmatrix} \dfrac{1}{2} & \dfrac{1}{2} \\ \dfrac{1}{2} & -\dfrac{1}{2} \end{pmatrix}\begin{pmatrix} u \\ v \end{pmatrix} \tag{2.9}$$

通常称从 u,v 到 x,y 的线性变换式(2.9)是线性变换式(2.8)的**逆变换**。若记式(2.8)、式(2.9)中的系数矩阵分别为 $\boldsymbol{A},\boldsymbol{B}$，即

$$\boldsymbol{A}=\begin{pmatrix} 1 & 1 \\ 1 & -1 \end{pmatrix},\quad \boldsymbol{B}=\begin{pmatrix} \dfrac{1}{2} & \dfrac{1}{2} \\ \dfrac{1}{2} & -\dfrac{1}{2} \end{pmatrix}$$

不难验证矩阵 $\boldsymbol{A},\boldsymbol{B}$ 满足下列性质

$$\boldsymbol{AB}=\boldsymbol{BA}=\boldsymbol{E}$$

为此引入逆矩阵的概念。

一、 可逆矩阵的概念与判定

定义 2.7 设 $\boldsymbol{A}$ 是 n 阶方阵，如果存在一个 n 阶方阵 $\boldsymbol{B}$，使得

$$\boldsymbol{AB}=\boldsymbol{BA}=\boldsymbol{E} \tag{2.10}$$

则称 $\boldsymbol{A}$ 是**可逆的**（Invertible），并称 $\boldsymbol{B}$ 是 $\boldsymbol{A}$ 的**逆矩阵**（Inverse of a matrix），记作 $\boldsymbol{B}=\boldsymbol{A}^{-1}$。

如果不存在满足式（2.10）的矩阵，则称矩阵 $\boldsymbol{A}$ 是**不可逆的**。

定理 2.1 如果矩阵 $\boldsymbol{A}$ 可逆，则它的逆矩阵是唯一的。

证 设矩阵 $\boldsymbol{B},\boldsymbol{C}$ 都是 $\boldsymbol{A}$ 的逆矩阵，则有

$$\boldsymbol{AB}=\boldsymbol{BA}=\boldsymbol{E},\ \boldsymbol{AC}=\boldsymbol{CA}=\boldsymbol{E}$$

从而

$$\boldsymbol{B}=\boldsymbol{BE}=\boldsymbol{B}(\boldsymbol{AC})=(\boldsymbol{BA})\boldsymbol{C}=\boldsymbol{EC}=\boldsymbol{C}$$

即逆矩阵是唯一的。证毕。

可逆矩阵的例子很容易找到。例如，因为 $\boldsymbol{E}_n\cdot\boldsymbol{E}_n=\boldsymbol{E}_n$，所以 n 阶单位矩阵 $\boldsymbol{E}$ 是可逆的，且 $\boldsymbol{E}$ 的逆矩阵就是 $\boldsymbol{E}$ 本身，即 $\boldsymbol{E}^{-1}=\boldsymbol{E}$。或更一般地，对角矩阵

$$\boldsymbol{A}=\begin{pmatrix} a_1 & & & \\ & a_2 & & \\ & & \ddots & \\ & & & a_n \end{pmatrix}\triangleq \mathrm{diag}\ (a_1,a_2,\cdots,a_n)$$

当 $a_1,a_2,\cdots,a_n$ 都不等于零时，不难证明它也是可逆的，其逆矩阵是

$$\boldsymbol{B}=\begin{pmatrix} a_1^{-1} & & & \\ & a_2^{-1} & & \\ & & \ddots & \\ & & & a_n^{-1} \end{pmatrix}=\mathrm{diag}(a_1^{-1},a_2^{-1},\cdots,a_n^{-1})$$

那么 n 阶矩阵在什么条件下才是可逆的呢?

定义 2.8　设 $\boldsymbol{A}$ 是 n 阶方阵，A_{ij} 是行列式 $|\boldsymbol{A}|$ 中元素 a_{ij} 的代数余子式，则称矩阵

$$\begin{pmatrix} A_{11} & A_{21} & \cdots & A_{n1} \\ A_{12} & A_{22} & \cdots & A_{n2} \\ \cdots & \cdots & \cdots & \cdots \\ A_{1n} & A_{2n} & \cdots & A_{nn} \end{pmatrix}$$

为矩阵 $\boldsymbol{A}$ 的伴随**矩阵**（Adjoint matrix），记作 $\boldsymbol{A}^*$。

【例 2.8】 设

$$\boldsymbol{A}=\begin{pmatrix} 1 & 0 & -2 \\ 2 & 1 & 1 \\ 0 & -1 & 2 \end{pmatrix}$$

求其伴随矩阵 $\boldsymbol{A}^*$，并计算 $\boldsymbol{AA}^*$。

解　矩阵 $\boldsymbol{A}$ 中各个元素 a_{ij} 的代数余子式分别为

$$A_{11}=3,\ A_{12}=-4,\ A_{13}=-2$$

$$A_{21}=2,\ A_{22}=2,\ A_{23}=1$$

$$A_{31}=2,\ A_{32}=-5,\ A_{33}=1$$

从而它的伴随矩阵

$$\boldsymbol{A}^*=\begin{pmatrix} 3 & 2 & 2 \\ -4 & 2 & -5 \\ -2 & 1 & 1 \end{pmatrix}$$

并且有

$$\boldsymbol{AA}^*=\begin{pmatrix} 1 & 0 & -2 \\ 2 & 1 & 1 \\ 0 & -1 & 2 \end{pmatrix}\begin{pmatrix} 3 & 2 & 2 \\ -4 & 2 & -5 \\ -2 & 1 & 1 \end{pmatrix}=\begin{pmatrix} 7 & 0 & 0 \\ 0 & 7 & 0 \\ 0 & 0 & 7 \end{pmatrix}=7\boldsymbol{E}$$

引理　设 $\boldsymbol{A}$ 是任意 n 阶矩阵，$\boldsymbol{A}^*$ 是它的伴随矩阵，则总有

$$\boldsymbol{AA}^*=\boldsymbol{A}^*\boldsymbol{A}=|\boldsymbol{A}|\boldsymbol{E} \tag{2.11}$$

证 记

$$\boldsymbol{A}\boldsymbol{A}^{*}=\begin{pmatrix}a_{11} & a_{12} & \cdots & a_{1n}\\ a_{21} & a_{22} & \cdots & a_{2n}\\ \cdots & \cdots & \cdots & \cdots\\ a_{n1} & a_{n2} & \cdots & a_{nn}\end{pmatrix}\begin{pmatrix}A_{11} & A_{21} & \cdots & A_{n1}\\ A_{12} & A_{22} & \cdots & A_{n2}\\ \cdots & \cdots & \cdots & \cdots\\ A_{1n} & A_{2n} & \cdots & A_{nn}\end{pmatrix}\triangleq(b_{ij})_{n\times n}$$

则由矩阵乘法的定义和代数余子式的性质知

$$b_{ij}=\sum_{k=1}^{n}a_{ik}A_{jk}=\delta_{ij}\cdot|\boldsymbol{A}|=\begin{cases}|\boldsymbol{A}|, & i=j\\ 0, & i\neq j\end{cases}$$

所以

$$\boldsymbol{A}\boldsymbol{A}^{*}=\begin{pmatrix}|\boldsymbol{A}| & 0 & \cdots & 0\\ 0 & |\boldsymbol{A}| & \cdots & 0\\ \cdots & \cdots & \cdots & \cdots\\ 0 & 0 & \cdots & |\boldsymbol{A}|\end{pmatrix}=|\boldsymbol{A}|\boldsymbol{E}$$

同理可证 $\boldsymbol{A}^{*}\boldsymbol{A}=|\boldsymbol{A}|\boldsymbol{E}$。

定理 2.2 n 阶矩阵 $\boldsymbol{A}$ 可逆的充要条件是：$|\boldsymbol{A}|\neq 0$，而且此时

$$\boldsymbol{A}^{-1}=\frac{1}{|\boldsymbol{A}|}\boldsymbol{A}^{*}$$

证 必要性。若 $\boldsymbol{A}$ 可逆，则 $\boldsymbol{A}\boldsymbol{A}^{-1}=\boldsymbol{A}^{-1}\boldsymbol{A}=\boldsymbol{E}$，两边取行列式得 $|\boldsymbol{A}||\boldsymbol{A}^{-1}|=1$，因而 $|\boldsymbol{A}|\neq 0$。

充分性。若 $|\boldsymbol{A}|\neq 0$，从式（2.11）可得

$$\boldsymbol{A}\left(\frac{1}{|\boldsymbol{A}|}\boldsymbol{A}^{*}\right)=\left(\frac{1}{|\boldsymbol{A}|}\boldsymbol{A}^{*}\right)\boldsymbol{A}=\boldsymbol{E}$$

由矩阵可逆的定义知，$\boldsymbol{A}$ 可逆，且

$$\boldsymbol{A}^{-1}=\frac{1}{|\boldsymbol{A}|}\boldsymbol{A}^{*}$$

若 n 阶矩阵 $\boldsymbol{A}$ 的行列式不为零，即 $|\boldsymbol{A}|\neq 0$，则称 $\boldsymbol{A}$ 为**非奇异矩阵**（Nonsingular matrix），否则称为**奇异矩阵**。上述定理说明，矩阵 $\boldsymbol{A}$ 可逆与矩阵 $\boldsymbol{A}$ 非奇异是等价的概念。

此外，定理不仅给出了矩阵可逆的条件，而且也告诉我们，对阶数不大的矩阵，可以通过伴随矩阵求它的逆矩阵。前面例 2.8 中的矩阵，因为它的行列式 $|\boldsymbol{A}|=7\neq 0$，所以其可逆，即逆矩阵存在，而且

$$\boldsymbol{A}^{-1}=\frac{1}{7}\begin{pmatrix}3 & 2 & 2\\ -4 & 2 & -5\\ -2 & 1 & 1\end{pmatrix}$$

推论 2.1　如果 $\boldsymbol{AB}=\boldsymbol{E}$（或 $\boldsymbol{BA}=\boldsymbol{E}$），则 $\boldsymbol{A}$ 可逆，且

$$\boldsymbol{A}^{-1}=\boldsymbol{B}$$

证　由 $\boldsymbol{AB}=\boldsymbol{E}$，得 $|\boldsymbol{A}||\boldsymbol{B}|=|\boldsymbol{E}|=1$，所以 $|\boldsymbol{A}|\neq 0$，从而由定理 2.2 可知 $\boldsymbol{A}$ 可逆，并且

$$\boldsymbol{B}=\boldsymbol{EB}=(\boldsymbol{A}^{-1}\boldsymbol{A})\boldsymbol{B}=\boldsymbol{A}^{-1}(\boldsymbol{AB})=\boldsymbol{A}^{-1}\boldsymbol{E}=\boldsymbol{A}^{-1}$$

对于 $\boldsymbol{BA}=\boldsymbol{E}$ 的情形，可类似地证明。

二、　逆矩阵的性质与应用

逆矩阵是许多实际问题的表述与求解中最常用的概念之一。在第一章中我们介绍了 n 元线性方程组的克莱姆法则。现在利用逆矩阵概念可以给出克莱姆法则的另一种更简单的表达方式。

克莱姆法则：对 n 元线性方程组

$$\begin{cases} a_{11}x_1+a_{12}x_2+\cdots+a_{1n}x_n=b_1 \\ a_{21}x_1+a_{22}x_2+\cdots+a_{2n}x_n=b_2 \\ \cdots\cdots\cdots\cdots\cdots\cdots\cdots\cdots\cdots \\ a_{n1}x_1+a_{n2}x_2+\cdots+a_{nn}x_n=b_n \end{cases}$$

若记它的系数矩阵为 $\boldsymbol{A}=(a_{ij})_{n\times n}$，常数列向量 $\boldsymbol{b}=(b_i)_{n\times 1}$，解向量 $\boldsymbol{x}=(x_i)_{n\times 1}$，则该 n 元线性方程组可以用矩阵形式表示为

$$\boldsymbol{Ax}=\boldsymbol{b}$$

如果系数矩阵 $\boldsymbol{A}$ 可逆，在方程两边左乘 $\boldsymbol{A}$ 的逆矩阵 $\boldsymbol{A}^{-1}$，则得到该 n 元线性方程组 $\boldsymbol{Ax}=\boldsymbol{b}$ 的唯一解，解是

$$\boldsymbol{x}=\boldsymbol{A}^{-1}\boldsymbol{b}$$

这个结论与第一章表述的克莱姆法则的结论实则上是等价的。与克莱姆法则**等价性的证明**如下：

记 $D=|\boldsymbol{A}|\neq 0$，$\boldsymbol{A}^*$ 是 $\boldsymbol{A}$ 的伴随矩阵。则

$$\boldsymbol{x}=\boldsymbol{A}^{-1}\boldsymbol{b}=\frac{1}{|\boldsymbol{A}|}\boldsymbol{A}^*\boldsymbol{b}=\begin{pmatrix} A_{11} & A_{21} & \cdots & A_{n1} \\ A_{12} & A_{22} & \cdots & A_{n2} \\ \cdots & \cdots & \cdots & \cdots \\ A_{1n} & A_{2n} & \cdots & A_{nn} \end{pmatrix}\begin{pmatrix} b_1 \\ b_2 \\ \vdots \\ b_n \end{pmatrix}$$

$$=\frac{1}{D}\begin{pmatrix} b_1A_{11}+\cdots+b_nA_{n1} \\ b_1A_{12}+\cdots+b_nA_{n2} \\ \cdots\cdots\cdots\cdots \\ b_1A_{1n}+\cdots+b_nA_{nn} \end{pmatrix}$$

现用方程组 $\boldsymbol{Ax}=\boldsymbol{b}$ 右端的常数项 $b_1,b_2,\cdots,b_n$ 来替换方程组系数行列式 $D=|\boldsymbol{A}|$ 中的第 j 列的元素而得到的行列式记为 D_j $(j=1,2,\cdots,n)$。并将每个 D_j 按其第 j 列展开后，即为上述最后一个（列）矩阵的第 j 个（行）元素。即

$$D_j=\begin{vmatrix} a_{11} & \cdots & b_1 & \cdots & a_{1n} \\ a_{21} & \cdots & b_2 & \cdots & a_{2n} \\ \cdots & \cdots & \cdots & \cdots & \cdots \\ a_{n1} & \cdots & b_n & \cdots & a_{nn} \end{vmatrix}=b_1A_{1j}+b_2A_{2j}+\cdots\cdots+b_nA_{nj} \quad (j=1,2,\cdots,n)$$

于是

$$\boldsymbol{x}=\boldsymbol{A}^{-1}\boldsymbol{b}=\frac{1}{D}\begin{pmatrix} D_1 \\ D_2 \\ \vdots \\ D_n \end{pmatrix}$$

这就是克莱姆法则的结论，但是我们看到，用逆矩阵方法来推导这一结论更容易，结论的表达也更加简洁。

此外，又设 $\boldsymbol{A}$ 是可逆矩阵，$\boldsymbol{B},\boldsymbol{C}$ 是任意矩阵，且

$$\boldsymbol{AB}=\boldsymbol{AC}$$

则易证 $\boldsymbol{B}=\boldsymbol{C}$，即当 $\boldsymbol{A}$ 是可逆矩阵时，消去律也是成立的。此外，逆矩阵还有下列运算规律。

性质 2.6 设 $\boldsymbol{A},\boldsymbol{B}$ 为同阶可逆矩阵，k 是非零常数，则

(1) $(\boldsymbol{A}^{-1})^{-1}=\boldsymbol{A}$；

(2) $(k\boldsymbol{A})^{-1}=\frac{1}{k}\boldsymbol{A}^{-1}$；

(3) $(\boldsymbol{A}')^{-1}=(\boldsymbol{A}^{-1})'$；

(4) $|\boldsymbol{A}^{-1}|=|\boldsymbol{A}|^{-1}$；

(5) $(\boldsymbol{AB})^{-1}=\boldsymbol{B}^{-1}\boldsymbol{A}^{-1}$。

证 仅以第（5）式为例给予证明。设 $\boldsymbol{A},\boldsymbol{B}$ 是可逆矩阵，则由定理 2.2，$|\boldsymbol{AB}|=|\boldsymbol{A}||\boldsymbol{B}|\neq 0$，从而 $\boldsymbol{AB}$ 也可逆，又因为

$$(\boldsymbol{AB})(\boldsymbol{B}^{-1}\boldsymbol{A}^{-1})=\boldsymbol{A}(\boldsymbol{BB}^{-1})\boldsymbol{A}^{-1}=\boldsymbol{AEA}^{-1}=\boldsymbol{AA}^{-1}=\boldsymbol{E}$$

所以由定理 2.2 的推论，得

$$(\boldsymbol{AB})^{-1}=\boldsymbol{B}^{-1}\boldsymbol{A}^{-1}$$

【例 2.9】 设 $\boldsymbol{A},\boldsymbol{B}$ 为三阶矩阵，$\boldsymbol{E}$ 是三阶单位矩阵，满足矩阵方程 $\boldsymbol{AB}+\boldsymbol{E}=\boldsymbol{A}^2+\boldsymbol{B}$，又知

$$\boldsymbol{A}=\begin{pmatrix} 1 & 0 & 1 \\ 0 & 2 & 0 \\ -1 & 0 & 3 \end{pmatrix}$$

求矩阵 $\boldsymbol{B}$。

解　将已知的矩阵方程移项变形为 $\boldsymbol{AB}-\boldsymbol{B}=\boldsymbol{A}^2-\boldsymbol{E}$，即

$$(\boldsymbol{A}-\boldsymbol{E})\boldsymbol{B}=(\boldsymbol{A}-\boldsymbol{E})(\boldsymbol{A}+\boldsymbol{E}) \tag{2.12}$$

因为

$$\boldsymbol{A}-\boldsymbol{E}=\begin{pmatrix}0&0&1\\0&1&0\\-1&0&2\end{pmatrix}$$

是非奇异矩阵（$|\boldsymbol{A}-\boldsymbol{E}|=1$），从而由式（2.12）两边同时左乘 $(\boldsymbol{A}-\boldsymbol{E})^{-1}$，即得

$$\boldsymbol{B}=\boldsymbol{A}+\boldsymbol{E}=\begin{pmatrix}2&0&1\\0&3&0\\-1&0&4\end{pmatrix}$$

【例 2.10】　设 $\boldsymbol{A}$ 为 n 阶矩阵（$n\geqslant 2$），$\boldsymbol{A}^*$ 是 $\boldsymbol{A}$ 的伴随矩阵，证明 $|\boldsymbol{A}^*|=|\boldsymbol{A}|^{n-1}$

证　由式（2.11），得

$$|\boldsymbol{A}||\boldsymbol{A}^*|=|(|\boldsymbol{A}|\boldsymbol{E})|=|\boldsymbol{A}|^n \tag{2.13}$$

下面分三种情况：

（1）当 $|\boldsymbol{A}|\neq 0$，即 $\boldsymbol{A}$ 可逆，上式两端同除以 $|\boldsymbol{A}|$，即得 $|\boldsymbol{A}^*|=|\boldsymbol{A}|^{n-1}$；

（2）当 $|\boldsymbol{A}|=0$，且 $\boldsymbol{A}=0$，则 $\boldsymbol{A}^*=0$，结论显然成立；

（3）当 $|\boldsymbol{A}|=0$，但 $\boldsymbol{A}\neq 0$，则必有 $|\boldsymbol{A}^*|=0$。用反证法，假设 $|\boldsymbol{A}^*|\neq 0$，即 $\boldsymbol{A}^*$ 可逆，因而

$$\boldsymbol{A}=(\boldsymbol{AA}^*)(\boldsymbol{A}^*)^{-1}=(|\boldsymbol{A}|\boldsymbol{E})(\boldsymbol{A}^*)^{-1}=|\boldsymbol{A}|(\boldsymbol{A}^*)^{-1}=0$$

这与 $\boldsymbol{A}\neq 0$ 矛盾。所以也有 $|\boldsymbol{A}^*|=0=|\boldsymbol{A}|^{n-1}$。

第四节　分块矩阵

在许多工程问题的矩阵计算中，为了利用矩阵所具有的某些特点，常常采用分块的方法，将大矩阵的运算化为一系列小矩阵的运算。特别是对于大型矩阵的计算，当矩阵的规模超过计算机存储容量时，就必须进行分块运算。而现代计算机并行算法，在处理矩阵计算时，更离不开矩阵的分块技术。

一、 分块矩阵的概念

所谓矩阵分块，就是将矩阵用若干条横线和纵线分成许多小矩阵，每个小矩阵称为原来矩阵的**子阵**或**子块**，以这些子块为元素所构成的矩阵，称为**分块矩阵**(Block matrix 或 Partitioned matrix)。

例如

$$
\boldsymbol{A}=\left(\begin{array}{cc|ccc}
a_{11} & a_{12} & a_{13} & a_{14} & a_{15} \\ \hline
a_{21} & a_{22} & a_{23} & a_{24} & a_{25} \\
a_{31} & a_{32} & a_{33} & a_{34} & a_{35} \\ \hline
a_{41} & a_{42} & a_{43} & a_{44} & a_{45}
\end{array}\right)
$$

若记

$$
\boldsymbol{A}_{11}=(a_{11} \quad a_{12}),\quad \boldsymbol{A}_{12}=(a_{13} \quad a_{14} \quad a_{15})
$$

$$
\boldsymbol{A}_{21}=\begin{pmatrix} a_{21} & a_{22} \\ a_{31} & a_{32} \end{pmatrix},\quad \boldsymbol{A}_{22}=\begin{pmatrix} a_{23} & a_{24} & a_{25} \\ a_{33} & a_{34} & a_{35} \end{pmatrix}
$$

$$
\boldsymbol{A}_{31}=(a_{41} \quad a_{42}),\quad \boldsymbol{A}_{32}=(a_{43} \quad a_{44} \quad a_{45})
$$

那么 $\boldsymbol{A}$ 可以表示为

$$
\boldsymbol{A}=\begin{pmatrix} \boldsymbol{A}_{11} & \boldsymbol{A}_{12} \\ \boldsymbol{A}_{21} & \boldsymbol{A}_{22} \\ \boldsymbol{A}_{31} & \boldsymbol{A}_{32} \end{pmatrix} \tag{2.14}
$$

这是以子块 $\boldsymbol{A}_{11}, \boldsymbol{A}_{12}, \boldsymbol{A}_{21}, \boldsymbol{A}_{22}, \boldsymbol{A}_{31}, \boldsymbol{A}_{32}$ 为元素的分块矩阵。同样 $\boldsymbol{A}$ 也可以表示为如下的分块矩阵

$$
\boldsymbol{A}=\left(\begin{array}{c|cc|cc}
a_{11} & a_{12} & a_{13} & a_{14} & a_{15} \\
a_{21} & a_{22} & a_{23} & a_{24} & a_{25} \\ \hline
a_{31} & a_{32} & a_{33} & a_{34} & a_{35} \\
a_{41} & a_{42} & a_{43} & a_{44} & a_{45}
\end{array}\right)=\begin{pmatrix} \boldsymbol{B}_{11} & \boldsymbol{B}_{12} & \boldsymbol{B}_{13} \\ \boldsymbol{B}_{21} & \boldsymbol{B}_{22} & \boldsymbol{B}_{23} \end{pmatrix} \tag{2.15}
$$

特别地，还可以按列来分块

$$
\boldsymbol{A}=\left(\begin{array}{c|c|c|c|c}
a_{11} & a_{12} & a_{13} & a_{14} & a_{15} \\
a_{21} & a_{22} & a_{23} & a_{24} & a_{25} \\
a_{31} & a_{32} & a_{33} & a_{34} & a_{35} \\
a_{41} & a_{42} & a_{43} & a_{44} & a_{45}
\end{array}\right)=(\boldsymbol{C}_1 \quad \boldsymbol{C}_2 \quad \boldsymbol{C}_3 \quad \boldsymbol{C}_4 \quad \boldsymbol{C}_5) \tag{2.16}
$$

可见，除了**划分矩阵的横线和纵线必须贯穿整个矩阵**外，矩阵的分块可以是任意的。具体分块方法的选取，主要取决于矩阵自身的特点和实际问题的需要。

二、 分块矩阵的运算

分块矩阵有和普通矩阵相类似的运算方法与运算性质。

(1) 设矩阵 $\boldsymbol{A}, \boldsymbol{B}$ 有相同的规模（即行、列数相等），且采用相同的分块方法，即

$$
\boldsymbol{A}=\begin{pmatrix} \boldsymbol{A}_{11} & \boldsymbol{A}_{12} & \cdots & \boldsymbol{A}_{1s} \\ \cdots & \cdots & \cdots & \cdots \\ \boldsymbol{A}_{r1} & \boldsymbol{A}_{r2} & \cdots & \boldsymbol{A}_{rs} \end{pmatrix},\quad B=\begin{pmatrix} \boldsymbol{B}_{11} & \boldsymbol{B}_{12} & \cdots & \boldsymbol{B}_{1s} \\ \cdots & \cdots & \cdots & \cdots \\ \boldsymbol{B}_{r1} & \boldsymbol{B}_{r2} & \cdots & \boldsymbol{B}_{rs} \end{pmatrix}
$$

式中对任意 i, j，$\boldsymbol{A}_{ij}$ 与 $\boldsymbol{B}_{ij}$ 的行数与列数对应相同，则

$$A+B=\begin{pmatrix} A_{11}+B_{11} & A_{12}+B_{12} & \cdots & A_{1s}+B_{1s} \\ \cdots & \cdots & \cdots & \cdots \\ A_{r1}+B_{r1} & A_{r2}+B_{r2} & \cdots & A_{rs}+B_{rs} \end{pmatrix}$$

（2）设 k 为任意常数，而

$$A=\begin{pmatrix} A_{11} & A_{12} & \cdots & A_{1s} \\ \cdots & \cdots & \cdots & \cdots \\ A_{r1} & A_{r2} & \cdots & A_{rs} \end{pmatrix}$$

则

$$kA=\begin{pmatrix} kA_{11} & kA_{12} & \cdots & kA_{1s} \\ \cdots & \cdots & \cdots & \cdots \\ kA_{r1} & kA_{r2} & \cdots & kA_{rs} \end{pmatrix}$$

（3）设 A 是 $m\times l$ 矩阵，B 是 $l\times n$ 矩阵，它们分块成

$$A=\begin{pmatrix} A_{11} & A_{12} & \cdots & A_{1s} \\ \cdots & \cdots & \cdots & \cdots \\ A_{r1} & A_{r2} & \cdots & A_{rs} \end{pmatrix},\ B=\begin{pmatrix} B_{11} & \cdots & B_{1t} \\ B_{21} & \cdots & B_{2t} \\ \cdots & \cdots & \cdots \\ B_{s1} & \cdots & B_{st} \end{pmatrix}$$

式中矩阵 A 列的分法与矩阵 B 行的分法相同，即子块 $A_{i1},A_{i2},\cdots,A_{is}$ 的列数分别等于子块 $B_{1j},B_{2j},\cdots,B_{sj}$ 的行数。则

$$AB=\begin{pmatrix} C_{11} & \cdots & C_{1t} \\ \cdots & \cdots & \cdots \\ C_{r1} & \cdots & C_{rt} \end{pmatrix}$$

其中
$$C_{ij}=\sum_{k=1}^{s}A_{ik}B_{kj}\quad (i=1,2,\cdots,r;\ j=1,2,\cdots,t)$$

【例 2.11】 设矩阵

$$A=\begin{pmatrix} 1 & -1 & 0 & 0 & 0 \\ 0 & 1 & 0 & 0 & 0 \\ 0 & 0 & 2 & -1 & 1 \\ 0 & 0 & 1 & 0 & 3 \end{pmatrix},\ B=\begin{pmatrix} 1 & 2 & 0 \\ -1 & 0 & 0 \\ 0 & 0 & 1 \\ 0 & 0 & -1 \\ 0 & 0 & 2 \end{pmatrix}$$

计算 AB。

解　根据矩阵 A 的特点，将 A 分块为

$$A=\left(\begin{array}{cc:ccc}1&-1&0&0&0\\0&1&0&0&0\\ \hdashline 0&0&2&-1&1\\0&0&1&0&3\end{array}\right)=\begin{pmatrix}A_{11}&O_1\\O_2&A_{22}\end{pmatrix}$$

这时矩阵 B 的行的分法必须与矩阵 A 的列的分法一致，但矩阵 B 的列的分法则可以任意。如果再将矩阵 B 分块为

$$B=\left(\begin{array}{cc:c}1&2&0\\-1&0&0\\ \hdashline 0&0&1\\0&0&-1\\0&0&2\end{array}\right)=\begin{pmatrix}B_{11}&O_3\\O_4&B_{22}\end{pmatrix}$$

这样就有

$$AB=\begin{pmatrix}A_{11}&O_1\\O_2&A_{22}\end{pmatrix}\begin{pmatrix}B_{11}&O_3\\O_4&B_{22}\end{pmatrix}=\begin{pmatrix}A_{11}B_{11}+O_1O_4&A_{11}O_3+O_1B_{22}\\O_2B_{11}+A_{22}O_4&O_2O_3+A_{22}B_{22}\end{pmatrix}$$

$$=\begin{pmatrix}A_{11}B_{11}&O\\O&A_{22}B_{22}\end{pmatrix}$$

因为

$$A_{11}B_{11}=\begin{pmatrix}1&-1\\0&1\end{pmatrix}\begin{pmatrix}1&2\\-1&0\end{pmatrix}=\begin{pmatrix}2&2\\-1&0\end{pmatrix}$$

$$A_{22}B_{22}=\begin{pmatrix}2&-1&1\\1&0&3\end{pmatrix}\begin{pmatrix}1\\-1\\2\end{pmatrix}=\begin{pmatrix}5\\7\end{pmatrix}$$

所以得

$$AB=\begin{pmatrix}2&2&0\\-1&0&0\\0&0&5\\0&0&7\end{pmatrix}$$

可以设想，如果矩阵 A，B 的阶数达到几百阶时，分块运算不仅减少了存储量，而且也减少了计算量。

（4）设 A 是分块矩阵

$$A=\begin{pmatrix}A_{11}&A_{12}&\cdots&A_{1s}\\ \cdots&\cdots&\cdots&\cdots\\A_{r1}&A_{r2}&\cdots&A_{rs}\end{pmatrix}$$

则 A 的转置矩阵

$$A'=\begin{pmatrix}A'_{11}&\cdots&A'_{r1}\\A'_{12}&\cdots&A'_{r2}\\ \cdots&\cdots&\cdots\\A'_{1s}&\cdots&A'_{rs}\end{pmatrix}$$

即分块矩阵转置时，既要把整个分块矩阵转置，又要把式中每一个子块转置。

（5）设 $\boldsymbol{A}$ 为 n 阶矩阵，如果 $\boldsymbol{A}$ 的分块矩阵只有主对角线上有非零的子块，而其余的子块都是零矩阵，即

$$\boldsymbol{A}=\begin{pmatrix}\boldsymbol{A}_1 & & & \\ & \boldsymbol{A}_2 & & \\ & & \ddots & \\ & & & \boldsymbol{A}_r\end{pmatrix}$$

其中 $\boldsymbol{A}_i$（$i=1,2,\cdots,r$）都是方阵，则称 $\boldsymbol{A}$ 为**分块对角矩阵**（Block diagonal matrix）。

分块对角矩阵有下列性质：

① $|\boldsymbol{A}|=|\boldsymbol{A}_1||\boldsymbol{A}_2|\cdots|\boldsymbol{A}_r|$；

② 设

$$\boldsymbol{A}=\begin{pmatrix}\boldsymbol{A}_1 & & & \\ & \boldsymbol{A}_2 & & \\ & & \ddots & \\ & & & \boldsymbol{A}_r\end{pmatrix}$$

$$\boldsymbol{B}=\begin{pmatrix}\boldsymbol{B}_1 & & & \\ & \boldsymbol{B}_2 & & \\ & & \ddots & \\ & & & \boldsymbol{B}_r\end{pmatrix}$$

式中，$\boldsymbol{A}_i,\boldsymbol{B}_i$ 是同阶的子方阵（$i=1,2,\cdots,r$），则

$$\boldsymbol{AB}=\begin{pmatrix}\boldsymbol{A}_1\boldsymbol{B}_1 & & & \\ & \boldsymbol{A}_2\boldsymbol{B}_2 & & \\ & & \ddots & \\ & & & \boldsymbol{A}_r\boldsymbol{B}_r\end{pmatrix}$$

③ 设 $\boldsymbol{A}$ 是分块对角矩阵，若 $\boldsymbol{A}$ 的每个子块 $\boldsymbol{A}_i$（$i=1,2,\cdots,r$）都是可逆矩阵，则 $\boldsymbol{A}$ 可逆，且

$$\boldsymbol{A}^{-1}=\begin{pmatrix}\boldsymbol{A}_1^{-1} & & & \\ & \boldsymbol{A}_2^{-1} & & \\ & & \ddots & \\ & & & \boldsymbol{A}_r^{-1}\end{pmatrix}$$

【例 2.12】 设矩阵

$$\boldsymbol{P}=\begin{pmatrix}a & 0 & 0 & 0\\ 1 & a & 0 & 0\\ 0 & 0 & b & -1\\ 0 & 0 & 0 & b\end{pmatrix}$$

其中 $a\neq 0$，$b\neq 0$，求 $\boldsymbol{P}^{-1}$。

解 直接求一个四阶矩阵的逆矩阵工作量稍大，但若将 $\boldsymbol{P}$ 看作是一分块对角矩阵，即记

$$\boldsymbol{P}=\left(\begin{array}{cc:cc} a & 0 & 0 & 0 \\ 1 & a & 0 & 0 \\ \hdashline 0 & 0 & b & -1 \\ 0 & 0 & 0 & b \end{array}\right)=\begin{pmatrix} \boldsymbol{A} & \\ & \boldsymbol{B} \end{pmatrix}$$

又 $\boldsymbol{A},\boldsymbol{B}$ 都可逆，且

$$\boldsymbol{A}^{-1}=\begin{pmatrix} \frac{1}{a} & 0 \\ -\frac{1}{a^2} & \frac{1}{a} \end{pmatrix},\quad \boldsymbol{B}^{-1}=\begin{pmatrix} \frac{1}{b} & \frac{1}{b^2} \\ 0 & \frac{1}{b} \end{pmatrix}$$

从而

$$\boldsymbol{P}^{-1}=\begin{pmatrix} \frac{1}{a} & 0 & 0 & 0 \\ -\frac{1}{a^2} & \frac{1}{a} & 0 & 0 \\ 0 & 0 & \frac{1}{b} & \frac{1}{b^2} \\ 0 & 0 & 0 & \frac{1}{b} \end{pmatrix}$$

三、 计算矩阵乘积时常见的分块方法

接下来，作为本节矩阵分块运算的一个应用，我们给出两个矩阵分块相乘时几种常见的特殊分块方法。

设有两个矩阵

$$\boldsymbol{A}_{m\times s}=\begin{pmatrix} a_{11} & a_{12} & \cdots & a_{1s} \\ a_{21} & a_{22} & \cdots & a_{2s} \\ \cdots & \cdots & \cdots & \cdots \\ a_{m1} & a_{m2} & \cdots & a_{ms} \end{pmatrix},\ \boldsymbol{B}_{s\times n}=\begin{pmatrix} b_{11} & b_{12} & \cdots & b_{1n} \\ b_{21} & b_{22} & \cdots & b_{2n} \\ \cdots & \cdots & \cdots & \cdots \\ b_{s1} & b_{s2} & \cdots & b_{sn} \end{pmatrix}$$

现在要通过分块运算方法求出它们的乘积 $\boldsymbol{AB}$：

(1) 若只将矩阵 $\boldsymbol{A}$ **按行分块**为

$$\boldsymbol{A}=\left(\begin{array}{cccc} a_{11} & a_{12} & \cdots & a_{1s} \\ \hdashline a_{21} & a_{22} & \cdots & a_{2s} \\ \hdashline \cdots & \cdots & \cdots & \cdots \\ \hdashline a_{m1} & a_{m2} & \cdots & a_{ms} \end{array}\right)=\begin{pmatrix} \boldsymbol{A}_1 \\ \boldsymbol{A}_2 \\ \vdots \\ \boldsymbol{A}_m \end{pmatrix}$$

则有

$$\boldsymbol{AB}=\begin{pmatrix}\boldsymbol{A}_1\\\boldsymbol{A}_2\\\vdots\\\boldsymbol{A}_m\end{pmatrix}\boldsymbol{B}=\begin{pmatrix}\boldsymbol{A}_1\boldsymbol{B}\\\boldsymbol{A}_2\boldsymbol{B}\\\vdots\\\boldsymbol{A}_m\boldsymbol{B}\end{pmatrix}$$

（2）又若只将矩阵 $\boldsymbol{B}$ **按列分块**为

$$\boldsymbol{B}=\left(\begin{array}{c:c:c:c}b_{11} & b_{12} & \cdots & b_{1n}\\ b_{21} & b_{22} & \cdots & b_{2n}\\ \cdots & \cdots & \cdots & \cdots\\ b_{s1} & b_{s2} & \cdots & b_{sn}\end{array}\right)=(\boldsymbol{B}_1\quad\boldsymbol{B}_2\quad\cdots\quad\boldsymbol{B}_n)$$

则又有

$$\boldsymbol{AB}=\boldsymbol{A}(\boldsymbol{B}_1\boldsymbol{B}_2\cdots\boldsymbol{B}_n)=(\boldsymbol{AB}_1\boldsymbol{AB}_2\cdots\boldsymbol{AB}_n)$$

（3）若既将矩阵 $\boldsymbol{A}$ **按行分块**，又同时将矩阵 $\boldsymbol{B}$ **按列分块**，则还有

$$\boldsymbol{AB}=\left(\begin{array}{cccc}a_{11} & a_{12} & \cdots & a_{1s}\\ \hdashline a_{21} & a_{22} & \cdots & a_{2s}\\ \hdashline \cdots & \cdots & \cdots & \cdots\\ \hdashline a_{m1} & a_{m2} & \cdots & a_{ms}\end{array}\right)\left(\begin{array}{c:c:c:c}b_{11} & b_{12} & \cdots & b_{1n}\\ b_{21} & b_{22} & \cdots & b_{2n}\\ \cdots & \cdots & \cdots & \cdots\\ b_{s1} & b_{s2} & \cdots & b_{sn}\end{array}\right)$$

$$=\begin{pmatrix}\boldsymbol{A}_1\\\boldsymbol{A}_2\\\vdots\\\boldsymbol{A}_m\end{pmatrix}(\boldsymbol{B}_1\quad\boldsymbol{B}_2\quad\cdots\quad\boldsymbol{B}_n)=\begin{pmatrix}\boldsymbol{A}_1\boldsymbol{B}_1 & \cdots & \boldsymbol{A}_1\boldsymbol{B}_n\\ \vdots & \ddots & \vdots\\ \boldsymbol{A}_m\boldsymbol{B}_1 & \cdots & \boldsymbol{A}_m\boldsymbol{B}_n\end{pmatrix}$$

在不同的分块方法之下，矩阵乘积 $\boldsymbol{AB}$ 的表达形式也有所不同，但这三种不同形式的结论所对应的最终结果一定是相等的。

上面介绍的分块运算方法与结论，在后面几章或者在其它涉及矩阵分析的实际问题中常常要用到，大家应该力求去领会其实质。当然也可以通过例举的方法去体会上述不同分块运算的具体含意。

第五节　矩阵的初等变换与初等矩阵

在本章第一节中，我们曾经指出，对方程组施行初等变换相当于对方程组的系数与常数项构成的增广矩阵施行类似的初等变换。对矩阵施行的这些类似的变换，称之为矩阵的初等变换。

矩阵的初等变换不仅用于求解线性方程组，而且还将被用于求逆矩阵、矩阵的秩、以及求向量组的极大无关组等。同时，与初等变换有关的初等矩阵，也是线性代数理论中的一个重要的分析工具。

一、 矩阵的初等变换

下面给出矩阵的初等变换的定义。

定义 2.8 对矩阵的行（列）施行的下列三种变换，称为**矩阵的初等变换**(Elementary transformation of matrices)：

(1) 交换矩阵中两行（列）元素的位置；

(2) 用一个非零常数乘以矩阵的某一行（列）中的每个元素；

(3) 将矩阵的某一行（列）的元素乘以同一个数，并加到矩阵的另一行（列）上去。

矩阵的以上三种初等行变换通常分别记为 $r_i \leftrightarrow r_j$，$k \times r_i$ 或 $r_i + l \times r_j$。对初等列变换也可给出相应的记号。

定理 2.3 设 $\boldsymbol{A}$ 是任意 $m \times n$ 矩阵，通过**初等行变换**和**第一种列变换**总能把矩阵 $\boldsymbol{A}$ 化为

$$
\boldsymbol{A}_1 = \left(\begin{array}{cccc:ccc}
1 & * & \cdots & * & * & \cdots & * \\
0 & 1 & \cdots & * & * & \cdots & * \\
\cdots & \cdots & \cdots & \cdots & \cdots & \cdots & \cdots \\
0 & 0 & \cdots & 1 & * & \cdots & * \\
\hdashline
0 & 0 & \cdots & 0 & 0 & \cdots & 0 \\
\cdots & \cdots & \cdots & \cdots & \cdots & \cdots & \cdots \\
0 & 0 & \cdots & 0 & 0 & \cdots & 0
\end{array}\right)
\begin{array}{l}
\left.\begin{array}{l} \\ \\ \\ \\ \end{array}\right\} r\text{ 行} \\
\left.\begin{array}{l} \\ \\ \\ \end{array}\right\} m-r\text{ 行}
\end{array}
$$

的形式。进一步地，再通过初等行变换还可把 $\boldsymbol{A}_1$ 化为

$$
\boldsymbol{A}_2 = \left(\begin{array}{cccc:ccc}
1 & 0 & \cdots & 0 & * & \cdots & * \\
0 & 1 & \cdots & 0 & * & \cdots & * \\
\cdots & \cdots & \cdots & \cdots & \cdots & \cdots & \cdots \\
0 & 0 & \cdots & 1 & * & \cdots & * \\
\hdashline
0 & 0 & \cdots & 0 & 0 & \cdots & 0 \\
\cdots & \cdots & \cdots & \cdots & \cdots & \cdots & \cdots \\
0 & 0 & \cdots & 0 & 0 & \cdots & 0
\end{array}\right)
$$

其中，$\boldsymbol{A}_1$ 的左上角是一个 r 阶的上三角矩阵，$\boldsymbol{A}_2$ 的左上角是一个 r 阶的单位矩阵，$r \geqslant 0$ 且 $r \leqslant m$，$r \leqslant n$。$\boldsymbol{A}_1, \boldsymbol{A}_2$ 中的“*”代表元素，不同位置上的元素“*”不必相同。

下面通过实际例子说明具体化法。

【例 2.13】 用初等行变换和第一种列变换把矩阵 $\boldsymbol{A}$ 化为 $\boldsymbol{A}_1, \boldsymbol{A}_2$ 的形式

$$A=\begin{pmatrix}0&1&-1&2&-1\\1&2&-2&0&-3\\2&3&-3&1&1\\-1&-3&3&-1&6\end{pmatrix}$$

解　首先将第 1 行与第 2 行对调，然后用左上角的**非零元素** a_{11} 把第 1 列的其它元素化为零，即

$$A\longrightarrow B=\left(\begin{array}{c:cccc}1&2&-2&0&-3\\ \hdashline 0&1&-1&2&-1\\0&-1&1&1&7\\0&-1&1&-1&3\end{array}\right)$$

接着对矩阵 B 的第 2 行到第 4 行，第 2 列到第 5 列的元素构成的子矩阵施行同样的初等行变换，并以此方式进行下去，则得

$$B\longrightarrow\begin{pmatrix}1&2&-2&0&-3\\0&1&-1&2&-1\\0&0&0&3&6\\0&0&0&1&2\end{pmatrix}\longrightarrow\begin{pmatrix}1&2&-2&0&-3\\0&1&-1&2&-1\\0&0&0&1&2\\0&0&0&0&0\end{pmatrix}$$

即通过一些列的初等行变换，矩阵化为阶梯形矩阵。接着

$$B\longrightarrow A_1=\begin{pmatrix}1&2&0&-2&-3\\0&1&2&-1&-1\\0&0&1&0&2\\0&0&0&0&0\end{pmatrix}$$

在对调前一矩阵的第 3 列与第 4 列的元素以后，矩阵 A 已化为 A_1 的形式。再作两步初等行变换还可以进一步将矩阵 A_1 化为 A_2 的形式

$$A_1\longrightarrow A_2=\left(\begin{array}{ccc:cc}1&0&0&0&7\\0&1&0&-1&-5\\0&0&1&0&2\\ \hdashline 0&0&0&0&0\end{array}\right)$$

可见，经过一些列的初等行变换与第一种初等列变换以后，任意矩阵都可以化成形如 A_1 的**阶梯形**或者形如 A_2 的**简化阶梯形**矩阵的形式。

将任意矩阵，利用初等行变换方法都可以化为阶梯形或者简化阶梯形矩阵，这在线性方程组的求解，计算向量组与矩阵的秩（见第三章第三、四节与第四章）等许多代数问题中都将起到很重要的作用。

此外，如果我们对简化阶梯形矩阵 A_2 继续作**初等列变换**，又能将其化成什么更简洁的形式呢？

推论 2.2　设 A 为任意 $m\times n$ 阶矩阵，通过初等行、**列变换**（不只限于第一种

列变换！）则可以将 $\boldsymbol{A}$ 化为

$$\boldsymbol{A}_3=\left(\begin{array}{cccc:ccc}1 & 0 & \cdots & 0 & 0 & \cdots & 0\\ 0 & 1 & \cdots & 0 & 0 & \cdots & 0\\ \cdots & \cdots & \cdots & \cdots & \cdots & \cdots & \cdots\\ 0 & 0 & \cdots & 1 & 0 & \cdots & 0\\ \hdashline 0 & 0 & \cdots & 0 & 0 & \cdots & 0\\ \cdots & \cdots & \cdots & \cdots & \cdots & \cdots & \cdots\\ 0 & 0 & \cdots & 0 & 0 & \cdots & 0\end{array}\right)=\begin{pmatrix}\boldsymbol{E}_r & \boldsymbol{O}\\ \boldsymbol{O} & \boldsymbol{O}\end{pmatrix}$$

的形式，称 $\boldsymbol{A}_3$ 为矩阵 $\boldsymbol{A}$ 的**规范形**（Normal form of a matrix）。

例如，在例 2.13 中，经过一系列的初等行变换与第一种列变换，已得

$$\boldsymbol{A}\longrightarrow\boldsymbol{A}_2=\left(\begin{array}{ccc:cc}1 & 0 & 0 & 0 & 7\\ 0 & 1 & 0 & -1 & -5\\ 0 & 0 & 1 & 0 & 2\\ \hdashline 0 & 0 & 0 & 0 & 0\end{array}\right)$$

接着再做下面的列变换：将第 2 列的 1 倍加到第 4 列，以及将第 1 列的－7 倍，第 2 列的 5 倍和第 3 列的－2 倍加到最后一列上去，则可将矩阵 $\boldsymbol{A}$ 化为规范形。

最后特别强调一下，经过初等变换变化前后的矩阵是不同的矩阵，所以我们用一个“箭头线”表示前后两个矩阵之间的这种变化关系。有些“粗心”的学习者，把变换前后的矩阵关系误认为是相等的关系，这显然是不对的。

虽然经过初等变换变化前后的矩阵是不相等的矩阵，但是无论在线性方程组求解，下一章将要讨论到的求向量组或者矩阵的秩，甚至在更多的其他代数相关问题中，这样的两个矩阵之间都具有很多的“等价性”。只有理解了这种等价性，才能更明了对矩阵施行初等变换的意义与作用之所在。

二、初等矩阵

矩阵的初等变换也可以用矩阵的运算来等价地描述。为此要介绍初等矩阵的概念。

定义 2.9 由单位矩阵经过一次初等变换而得到的矩阵称为**初等矩阵**（Elementary matrix）。

初等矩阵都是方阵，它有三种类型

$$\boldsymbol{E}(i,j)=\begin{pmatrix}1 & & & & & & & & \\ & \ddots & & & & & & & \\ & & 1 & & & & & & \\ & & & 0 & \cdots & \cdots & 1 & & \\ & & & \vdots & 1 & & \vdots & & \\ & & & \vdots & & \ddots & \vdots & & \\ & & & \vdots & & 1 & \vdots & & \\ & & & 1 & \cdots & \cdots & 0 & & \\ & & & & & & & 1 & \\ & & & & & & & & \ddots \\ & & & & & & & & & 1\end{pmatrix}\begin{matrix}\\ \\ \\ i\text{行}\\ \\ \\ \\ j\text{行}\\ \\ \\ \\ \end{matrix}$$

$$\qquad\qquad i\text{列}\qquad\quad j\text{列}$$

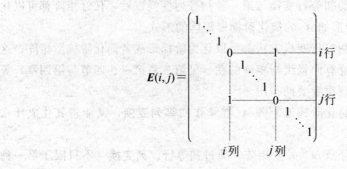

$$E(i(k))=\begin{pmatrix}1&&&&&&\\&\ddots&&&&&\\&&1&&&&\\&&&k&&&\\&&&&1&&\\&&&&&\ddots&\\&&&&&&1\end{pmatrix}\begin{matrix}\\\\\\i\text{行}\\\\\\\\\end{matrix}\quad(k\neq 0)$$

i列

和

$$E(i,j(l))=\begin{pmatrix}1&&&&&&\\&\ddots&&&&&\\&&1&\cdots&l&&\\&&&\ddots&&&\\&&&&1&&\\&&&&&\ddots&\\&&&&&&1\end{pmatrix}\begin{matrix}\\\\i\text{行}\\\\j\text{行}\\\\\\\end{matrix}$$

i列　j列

初等矩阵有下面的两个重要性质。

性质 2.7　设 $\boldsymbol{A}$ 是 $m\times n$ 的任意矩阵，在 $\boldsymbol{A}$ 的左边乘上一个 m 阶初等矩阵就相当于对矩阵 $\boldsymbol{A}$ 作相应的初等行变换；在 $\boldsymbol{A}$ 的右边乘上一个 n 阶初等矩阵则就相当于对矩阵 $\boldsymbol{A}$ 作相应的初等列变换。即

(1) $\boldsymbol{E}(i,j)\boldsymbol{A}$ 相当于交换 $\boldsymbol{A}$ 的 i，j 两行；

(2) $\boldsymbol{E}(i(k))\boldsymbol{A}$ 相当于把 $\boldsymbol{A}$ 的第 i 行乘以非零常数 k；

(3) $\boldsymbol{E}(i,j(l))\boldsymbol{A}$ 相当于把 $\boldsymbol{A}$ 的第 j 行元素的 l 倍加到 i 行上去；

同样还有：

(4) $\boldsymbol{AE}(i,j)$相当于交换 $\boldsymbol{A}$ 的 i,j 两列；

(5) $\boldsymbol{AE}(i(k))$相当于 $\boldsymbol{A}$ 的 i 列乘以非零常数 k；

(6) $\boldsymbol{AE}(i,j(l))$相当于把 $\boldsymbol{A}$ 的 i 列的 l 倍加到 j 列上去。

其中乘在左边的初等矩阵都是 m 阶的，乘在右边的初等矩阵都是 n 阶的。我们尤其提请大家注意左乘与右乘的差别[比如性质 2.7 结论中的(3)与(6)]。

性质 2.7　可以直接验证。例如

$$\begin{pmatrix}1&&\\&0&1\\&1&0\end{pmatrix}\begin{pmatrix}a_{11}&a_{12}\\a_{21}&a_{22}\\a_{31}&a_{32}\end{pmatrix}=\begin{pmatrix}a_{11}&a_{12}\\a_{31}&a_{32}\\a_{21}&a_{22}\end{pmatrix}$$

$$\begin{pmatrix}1&&l\\&1&\\&&1\end{pmatrix}\begin{pmatrix}a_{11}&a_{12}\\a_{21}&a_{22}\\a_{31}&a_{32}\end{pmatrix}=\begin{pmatrix}a_{11}+la_{31}&a_{12}+la_{32}\\a_{21}&a_{22}\\a_{31}&a_{32}\end{pmatrix}$$

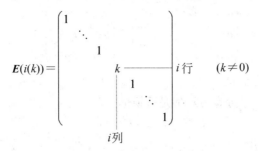

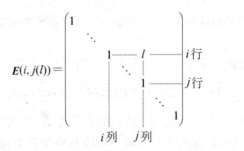

$$\begin{pmatrix} a_{11} & a_{12} \\ a_{21} & a_{22} \\ a_{31} & a_{32} \end{pmatrix}\begin{pmatrix} 1 & \\ & k \end{pmatrix}=\begin{pmatrix} a_{11} & ka_{12} \\ a_{21} & ka_{22} \\ a_{31} & ka_{32} \end{pmatrix}$$

其它各条性质可同样验证。

性质 2.8 每一种初等矩阵都是可逆的，且

$$\boldsymbol{E}(i,j)^{-1}=\boldsymbol{E}(i,j)$$

$$\boldsymbol{E}(i(k))^{-1}=\boldsymbol{E}\left(i\left(\frac{1}{k}\right)\right) \quad (k\neq 0)$$

$$\boldsymbol{E}(i,j(l))^{-1}=\boldsymbol{E}(i,j(-l))$$

即初等矩阵的逆矩阵仍是初等矩阵，并且每一种初等矩阵的逆矩阵还是同一种初等矩阵。

证 只证明上面的第三个结论。事实上，因为

$$\boldsymbol{E}(i,j(-l))\boldsymbol{E}(i,j(l))\boldsymbol{E}=\boldsymbol{E}(i,j(-l))\boldsymbol{E}(i,j(l))=\boldsymbol{E}$$

这是由于上式最左边一项可以理解为对单位矩阵 $\boldsymbol{E}$ 依次左乘两个初等矩阵 $\boldsymbol{E}(i,j(l))$和 $\boldsymbol{E}(i,j(-l))$，而左乘一个初等矩阵相当于对单位矩阵 $\boldsymbol{E}$ 做一次初等变换。对单位矩阵 $\boldsymbol{E}$，先后将其第 j 行的 l 倍与 $-l$ 倍分别加到它的第 i 行上去以后，结果当然仍然是单位矩阵 $\boldsymbol{E}$ 本身。所以

$$\boldsymbol{E}(i,j(l))^{-1}=\boldsymbol{E}(i,j(-l))$$

其余两个性质也不难类似证明。请读者自己完成。

利用初等矩阵的概念，本节的定理 2.3 及其推论 **2.2** 又可进一步表述为：

定理 2.4 设 $\boldsymbol{A}$ 是任一 $m\times n$ 的矩阵，则必定存在一系列的 m 阶初等矩阵 $\boldsymbol{P}_1$，$\boldsymbol{P}_2,\cdots \boldsymbol{P}_k$ 以及 n 阶初等矩阵 $\boldsymbol{Q}_1,\boldsymbol{Q}_2,\cdots,\boldsymbol{Q}_l$ 使得

$$\boldsymbol{P}_k\cdots\boldsymbol{P}_2\boldsymbol{P}_1\boldsymbol{A}\boldsymbol{Q}_1\boldsymbol{Q}_2\cdots\boldsymbol{Q}_l=\begin{pmatrix} \boldsymbol{E}_r & \boldsymbol{O} \\ \boldsymbol{O} & \boldsymbol{O} \end{pmatrix}_{m\times n}$$

第六节　方阵求逆·齐次线性方程组有非零解的判定

在本节中，我们将在上一节有关初等变换理论的基础上，作为它的应用，探讨用初等变换方法求方阵的逆矩阵和判定齐次线性方程组何时有非零解的问题。

一、 方阵求逆

现在我们介绍用初等变换来求逆矩阵的方法。先引入

定理 2.5 n 阶矩阵 $\boldsymbol{A}$ 可逆的充要条件是 $\boldsymbol{A}$ 经过若干次**初等行变换**可以化为单位矩阵，即存在初等矩阵 $\boldsymbol{P}_1,\boldsymbol{P}_2,\cdots,\boldsymbol{P}_k$ 使得

$$\boldsymbol{P}_k,\cdots,\boldsymbol{P}_2\boldsymbol{P}_1\boldsymbol{A}=\boldsymbol{E} \tag{2.17}$$

证 充分性。假设存在初等矩阵 $\boldsymbol{P}_1,\boldsymbol{P}_2,\cdots,\boldsymbol{P}_k$ 使得式(2.17)成立，在式(2.17)

两边取行列式，有

$$|\boldsymbol{P}_k|\cdots|\boldsymbol{P}_2||\boldsymbol{P}_1||\boldsymbol{A}|=|\boldsymbol{E}|=1$$

从而$|\boldsymbol{A}|\neq 0$，即矩阵$\boldsymbol{A}$是可逆的。

必要性。可以有下面两种不同的证法。

证法一　用定理2.4的结论来证明。对n阶矩阵$\boldsymbol{A}$，由定理结论，一定存在n阶初等矩阵$\boldsymbol{P}_1,\boldsymbol{P}_2,\cdots,\boldsymbol{P}_k$以及$n$阶初等矩阵$\boldsymbol{Q}_1,\boldsymbol{Q}_2,\cdots,\boldsymbol{Q}_l$使得

$$\boldsymbol{P}_k\cdots\boldsymbol{P}_2\boldsymbol{P}_1\boldsymbol{A}\boldsymbol{Q}_1\boldsymbol{Q}_2\cdots\boldsymbol{Q}_l=\begin{pmatrix}\boldsymbol{E}_r & \boldsymbol{O}\\ \boldsymbol{O} & \boldsymbol{O}\end{pmatrix}_{n\times n}$$

两边取行列式，得到

$$|\boldsymbol{P}_k\cdots\boldsymbol{P}_2\boldsymbol{P}_1\boldsymbol{A}\boldsymbol{Q}_1\boldsymbol{Q}_2\cdots\boldsymbol{Q}_l|=|\boldsymbol{P}_k\cdots\boldsymbol{P}_2\boldsymbol{P}_1|\cdot|\boldsymbol{A}|\cdot|\boldsymbol{Q}_1\boldsymbol{Q}_2\cdots\boldsymbol{Q}_l|=\begin{vmatrix}\boldsymbol{E}_r & \boldsymbol{O}\\ \boldsymbol{O} & \boldsymbol{O}\end{vmatrix}_n$$

因为初等矩阵是可逆的，从上式可见，有

$$\boldsymbol{A}\text{ 可逆}\Leftrightarrow|\boldsymbol{A}|\neq 0\Leftrightarrow r=n$$

而当$r=n$时，再由

$$\boldsymbol{P}_k\cdots\boldsymbol{P}_2\boldsymbol{P}_1\boldsymbol{A}\boldsymbol{Q}_1\boldsymbol{Q}_2\cdots\boldsymbol{Q}_l=\boldsymbol{E}$$

可以得到

$$\boldsymbol{P}_k\cdots\boldsymbol{P}_2\boldsymbol{P}_1\boldsymbol{A}=\boldsymbol{E}(\boldsymbol{Q}_1\boldsymbol{Q}_2\cdots\boldsymbol{Q}_l)^{-1}=(\boldsymbol{Q}_1\boldsymbol{Q}_2\cdots\boldsymbol{Q}_l)^{-1}\boldsymbol{E}$$

即

$$(\boldsymbol{Q}_1\boldsymbol{Q}_2\cdots\boldsymbol{Q}_l)(\boldsymbol{P}_k\cdots\boldsymbol{P}_2\boldsymbol{P}_1)\boldsymbol{A}=\boldsymbol{E}$$

所以有形如式(2.17)的结论成立。证毕。

必要性也可以直接用做初等变换的方法来证明。

证法二　设n阶可逆矩阵

$$\boldsymbol{A}=\begin{pmatrix}a_{11} & a_{12} & \cdots & a_{1n}\\ a_{21} & a_{22} & \cdots & a_{2n}\\ \cdots & \cdots & \cdots & \cdots\\ a_{n1} & a_{n2} & \cdots & a_{nn}\end{pmatrix}$$

且$|\boldsymbol{A}|\neq 0$。所以它的第1列元素不全为零。不失一般性，设$a_{11}\neq 0$（如果$a_{11}=0$，必存在$a_{i1}\neq 0$，把第i行与第1行对调，即有$a_{11}\neq 0$），先把第1行乘以a_{11}^{-1}，然后再将第1行的（$-a_{i1}$）倍加到第i行($i=2,3,\cdots,n$)上去，得

$$\boldsymbol{P}_{1m}\cdots\boldsymbol{P}_{12}\boldsymbol{P}_{11}\boldsymbol{A}=\begin{pmatrix}1 & a_{12}' & \cdots & a_{1n}'\\ 0 & a_{22}' & \cdots & a_{2n}'\\ \cdots & \cdots & \cdots & \cdots\\ 0 & a_{n2}' & \cdots & a_{nn}'\end{pmatrix}=\begin{pmatrix}1 & \boldsymbol{\alpha}\\ \boldsymbol{O} & \boldsymbol{A}_1\end{pmatrix}=\boldsymbol{B}\qquad(2.18)$$

因为$\left|\boldsymbol{P}_{1m}\cdots\boldsymbol{P}_{12}\boldsymbol{P}_{11}\boldsymbol{A}\right|=\left|\begin{pmatrix}1 & \boldsymbol{\alpha}\\ \boldsymbol{O} & \boldsymbol{A}_1\end{pmatrix}\right|=|\boldsymbol{A}_1|\neq 0$，对矩阵$\begin{pmatrix}1 & \boldsymbol{\alpha}\\ \boldsymbol{O} & \boldsymbol{A}_1\end{pmatrix}$中的$\boldsymbol{A}_1$重复上述过程，直至把$\boldsymbol{A}$的主对角元素全化为1，即

$$\boldsymbol{P}_{2l}\cdots\boldsymbol{P}_{22}\boldsymbol{P}_{21}\begin{pmatrix}1 & \boldsymbol{\alpha}\\ \boldsymbol{O} & \boldsymbol{A}_1\end{pmatrix}=\begin{pmatrix}1 & a''_{12} & \cdots & a''_{1n}\\ 0 & 1 & \cdots & a''_{2n}\\ \cdots & \cdots & \cdots & \cdots\\ 0 & 0 & \cdots & 1\end{pmatrix}=\boldsymbol{C} \tag{2.19}$$

容易看出，式(2.19)中的矩阵$\boldsymbol{C}$，自下而上经过若干步初等行变换可进一步化为单位矩阵

$$\boldsymbol{P}_{3p}\cdots\boldsymbol{P}_{32}\boldsymbol{P}_{31}\boldsymbol{C}=\boldsymbol{E} \tag{2.20}$$

把式(2.19)、式(2.20)代入式(2.18)，并将三个式子中出现的初等矩阵依次记为$\boldsymbol{P}_1,\boldsymbol{P}_2,\cdots\boldsymbol{P}_k$，则有

$$\boldsymbol{P}_k\cdots\boldsymbol{P}_2\boldsymbol{P}_1\boldsymbol{A}=\boldsymbol{E}$$

成立。证毕。

因为初等矩阵的逆矩阵还是初等矩阵。所以从上述定理的结论式（2.17）不难看到

推论 2.3 一个n阶矩阵可逆的充要条件是，可以将它表示为若干个初等矩阵的乘积。

上述定理不仅说明了可逆矩阵所具有的特殊性质，同时也已给出了计算逆矩阵的一种新的方法。事实上，在式（2.17）两边右乘$\boldsymbol{A}^{-1}$有

$$\boldsymbol{P}_k\cdots\boldsymbol{P}_2\boldsymbol{P}_1\boldsymbol{E}=\boldsymbol{A}^{-1} \tag{2.21}$$

现构造一个$n\times 2n$的矩阵$(\boldsymbol{A}|\boldsymbol{E})$，即

$$(\boldsymbol{A}|\boldsymbol{E})=\left(\begin{array}{cccc:cccc}a_{11} & a_{12} & \cdots & a_{1n} & 1 & 0 & \cdots & 0\\ a_{21} & a_{22} & \cdots & a_{2n} & 0 & 1 & \cdots & 0\\ \cdots & \cdots & \cdots & \cdots & \cdots & \cdots & \cdots & \cdots\\ a_{n1} & a_{n2} & \cdots & a_{nn} & 0 & 0 & \cdots & 1\end{array}\right)$$

合并式(2.17)、式(2.21)，并利用分块矩阵的乘法，则有

$$\boldsymbol{P}_k\cdots\boldsymbol{P}_2\boldsymbol{P}_1(\boldsymbol{A}|\boldsymbol{E})=(\boldsymbol{E}|\boldsymbol{A}^{-1}) \tag{2.22}$$

上式说明，对所作的$n\times 2n$的矩阵$(\boldsymbol{A}|\boldsymbol{E})$施行初等行变换，当把它的左半部分$\boldsymbol{A}$化成单位矩阵的同时，它的右半部分$\boldsymbol{E}$就变成了$\boldsymbol{A}$的逆矩阵$\boldsymbol{A}^{-1}$。

【例 2.14】 求下列矩阵的逆矩阵

$$\boldsymbol{A}=\begin{pmatrix}0 & -1 & 3\\ 1 & 0 & 1\\ 2 & 1 & 0\end{pmatrix}$$

解 构造3×6的矩阵$(\boldsymbol{A}|\boldsymbol{E})$，并对其施行初等行变换

$$(\boldsymbol{A}|\boldsymbol{E})=\left(\begin{array}{ccc:ccc}0 & -1 & 3 & 1 & 0 & 0\\ 1 & 0 & 1 & 0 & 1 & 0\\ 2 & 1 & 0 & 0 & 0 & 1\end{array}\right)\longrightarrow\left(\begin{array}{ccc:ccc}1 & 0 & 1 & 0 & 1 & 0\\ 0 & -1 & 3 & 1 & 0 & 0\\ 2 & 1 & 0 & 0 & 0 & 1\end{array}\right)$$

$$\longrightarrow\left(\begin{array}{ccc:ccc}1&0&1&0&1&0\\0&-1&3&1&0&0\\0&1&-2&0&-2&1\end{array}\right)\longrightarrow\left(\begin{array}{ccc:ccc}1&0&1&0&1&0\\0&1&-3&-1&0&0\\0&0&1&1&-2&1\end{array}\right)$$

$$\longrightarrow\left(\begin{array}{ccc:ccc}1&0&0&-1&3&-1\\0&1&0&2&-6&3\\0&0&1&1&-2&1\end{array}\right)$$

所以

$$\boldsymbol{A}^{-1}=\begin{pmatrix}-1&3&-1\\2&-6&3\\1&-2&1\end{pmatrix}$$

注意:用初等行变换的方法求逆矩阵,在数学与工程软件 MATLAB 中也有相应的函数命令即 inv 来实现这一过程。例如在 MATLAB 的命令窗口输入

```
≫A=[0 -1 3;1 0 1;2 1 0];          %  输入3阶矩阵
≫B=inv(A);                        %  求逆矩阵
```

回车,即可得到矩阵 $\boldsymbol{A}$ 的逆矩阵 $\boldsymbol{B}$。同时也可以对结果进行验证，继续输入

```
≫A*B,B*A
```

回车，即得两个 3 阶单位矩阵。对此可参见本章第八节 MATLAB 软件简介。

用初等行变换的方法求逆矩阵，其计算工作量远远小于伴随矩阵法，因而是实际可行的方法。此外，我们甚至还可以直接使用初等行变换的方法来求解线性方程组或矩阵方程组。

【例 2.15】 求解线性方程组 $\boldsymbol{AX}=\boldsymbol{b}$，式中

$$\boldsymbol{A}=\begin{pmatrix}1&0&3\\-1&1&2\\2&-1&5\end{pmatrix},\ \boldsymbol{b}=\begin{pmatrix}1\\0\\-1\end{pmatrix}.$$

解　我们可以对方程组的增广矩阵 $(\boldsymbol{A}\,|\,\boldsymbol{b})$ 用初等行变换

$$(\boldsymbol{A}\,|\,\boldsymbol{b})=\left(\begin{array}{ccc:c}1&0&3&1\\-1&1&2&0\\2&-1&5&-1\end{array}\right)\longrightarrow\left(\begin{array}{ccc:c}1&0&3&1\\0&1&5&1\\0&0&4&-2\end{array}\right)$$

$$\longrightarrow\left(\begin{array}{ccc:c}1&0&0&\frac{5}{2}\\0&1&0&\frac{7}{2}\\0&0&1&-\frac{1}{2}\end{array}\right)$$

当增广矩阵中的前一部分被化为单位矩阵时，它的后一部分就变成 $\boldsymbol{A}^{-1}\boldsymbol{b}$。而 $\boldsymbol{X}=\boldsymbol{A}^{-1}\boldsymbol{b}$ 即为所求的线性方程组的解。

二、 齐次线性方程组有非零解的判定

最后，为了第三章理论推导的需要，我们要用初等行变换的方法来讨论齐次线

性方程组何时有非零解的问题。下面先举一个齐次线性方程组求解的例子。

【例 2.16】 求解方程组

$$\begin{cases}2x_1-4x_2+5x_3+3x_4=0\\3x_1-6x_2+4x_3+2x_4=0\\4x_1-8x_2+17x_3+11x_4=0\end{cases}$$

解 对于齐次线性方程组只要对它的系数矩阵施行初等行变换：

$$\begin{pmatrix}2 & -4 & 5 & 3\\3 & -6 & 4 & 2\\4 & -8 & 17 & 11\end{pmatrix}\longrightarrow\begin{pmatrix}2 & -4 & 5 & 3\\1 & -2 & -1 & -1\\0 & 0 & 7 & 5\end{pmatrix}$$

$$\longrightarrow\begin{pmatrix}1 & -2 & -1 & -1\\0 & 0 & 7 & 5\\0 & 0 & 7 & 5\end{pmatrix}\longrightarrow\begin{pmatrix}1 & -2 & 0 & -\frac{2}{7}\\0 & 0 & 1 & \frac{5}{7}\\0 & 0 & 0 & 0\end{pmatrix}$$

方程组的系数矩阵被化成一种简化的阶梯矩阵形式。从而原方程组与下列方程组同解

$$\begin{cases}x_1-2x_2-\dfrac{2}{7}x_4=0\\x_3+\dfrac{5}{7}x_4=0\end{cases}$$

这个方程组仅有两个“独立”的方程，从中只能“求解”出两个未知量的值。因而将 x_2，x_4看作**自由未知量**，取 $x_2=k_1$，$x_4=k_2$为任意常数，代入上述方程组，就得到原线性方程组的全体解

$$\begin{cases}x_1=2k_1+\dfrac{2}{7}k_2\\x_2=k_1\\x_3=-\dfrac{5}{7}k_2\\x_4=k_2\end{cases}$$

当取定 $k_1=0$，$k_2=0$ 时，即得齐次线性方程组的零解；当然因为存在可以任意取值的自由未知量 x_2,x_4，所以此例中的线性方程组也必定有无穷多个非零解。

对一般的齐次线性方程组

$$\begin{cases}a_{11}x_1+a_{12}x_2+\cdots+a_{1n}x_n=0\\a_{21}x_1+a_{22}x_2+\cdots+a_{2n}x_n=0\\\cdots\cdots\cdots\cdots\cdots\cdots\\a_{m1}x_1+a_{m2}x_2+\cdots+a_{mn}x_n=0\end{cases}\tag{2.23}$$

其系数矩阵经过一些列初等行变换后总可以化为下列**简化阶梯形矩阵**（最多可能需

要对调某些变量的前后位置）

$$A=\begin{pmatrix} a_{11} & a_{12} & \cdots & a_{1n} \\ a_{21} & a_{22} & \cdots & a_{2n} \\ \cdots & \cdots & \cdots & \cdots \\ a_{m1} & a_{m2} & \cdots & a_{mn} \end{pmatrix} \longrightarrow R=\begin{pmatrix} 1 & 0 & \cdots & 0 & c_{1r+1} & \cdots & c_{1n} \\ 0 & 1 & \cdots & 0 & c_{2r+1} & \cdots & c_{2n} \\ \cdots & \cdots & \cdots & \cdots & \cdots & \cdots & \cdots \\ 0 & 0 & \cdots & 1 & c_{rr+1} & \cdots & c_{rn} \\ 0 & 0 & \cdots & 0 & 0 & \cdots & 0 \\ \cdots & \cdots & \cdots & \cdots & \cdots & \cdots & \cdots \\ 0 & 0 & \cdots & 0 & 0 & \cdots & 0 \end{pmatrix}$$

关于上述结论的一般性理解可以参见本章第五节的定理 2.3。原齐次线性方程组与矩阵 $\boldsymbol{R}$ 所对应的、具有 r 个方程的下列齐次线性方程组

$$\begin{cases} x_1+\cdots+c_{1r+1}x_{r+1}+c_{1r+2}x_{r+2}+\cdots+c_{1n}x_n=0 \\ x_2+\cdots+c_{2r+1}x_{r+1}+c_{2r+2}x_{r+2}+\cdots+c_{2n}x_n=0 \\ \cdots\cdots \\ x_r+c_{rr+1}x_{r+1}+c_{rr+2}x_{r+2}+\cdots+c_{rn}x_n=0 \end{cases}$$

是同解的。当 $r<n$ 时，把 $x_{r+1},x_{r+2},\cdots,x_n$ 看作**自由未知量**，不难写出原齐次线性方程组的解

$$\begin{cases} x_1=-c_{1r+1}k_1-c_{1r+2}k_2-\cdots-c_{1n}k_{n-r} \\ x_2=-c_{2r+1}k_1-c_{2r+2}k_2-\cdots-c_{2n}k_{n-r} \\ \cdots\cdots \\ x_r=-c_{rr+1}k_1-c_{rr+2}k_2-\cdots-c_{rn}k_{n-r} \\ x_{r+1}=k_1 \\ \cdots\cdots \\ x_n=k_{n-r} \end{cases}$$

式中，$k_1,k_2,\cdots,k_{n-r}$ 是任意常数。

并且关于齐次线性方程组何时有非零解与解的个数问题，由此有下列结论：

(1) 当 $r<n$ 时，齐次线性方程组有无穷多个解，从而必有非零解；

(2) 当 $r=n$ 时，齐次线性方程组只有唯一零解。

结论（1）是显然的。至于结论（2）以及它们的严格证明等则要留到第四章去做。值得指出的一种特殊情况是，**如果齐次线性方程组中方程的个数 m 小于未知量的个数 n，那么它必定有非零解。**

上面结论中，参数 r 有非常重要的意义。这个参数的值体现了原方程组中所含有的起“独立作用”的方程的个数，因而也反映了方程组系数矩阵的某种性质。在下一章中我们将知道，这个 r 就是方程组系数矩阵的秩。

第七节* 矩阵概念应用举例

从行列式到矩阵概念的出现，历史上经过了 100 多年的时间。矩阵的本质就是一个矩形的数表，但是随着科学技术的进步，特别是计算机科学的发展，矩阵概念

的应用日趋广泛。本节我们介绍矩阵概念应用的两个经典的例子，一是图像增强问题，另一个是空中交通线路问题，后者也涉及矩阵在图论应用中的一个著名的案例，即哥尼斯堡七桥问题。

一、图像增强问题

设有一张人物照片（如图 2.1 所示），因为某种原因，照片显得模糊，视觉效果不太好。在医学图像与航天航空等学科中常常需要分析图片不够清晰的原因，并且采用适当的方法加以增强处理。

图 2.1　儿童照片（原始）

现在我们用 MATLAB 读取这一张图片，假设图像文件的名称为“儿童 . tif”，那么 MATLAB 中的函数命令 X=imread（‘儿童 . tif’）就把该图片读取为一个矩形数表：

107	108	107	106	99	101	102	107	107	103	112	164	200	197	170	182	213	214	···	197
109	106	108	107	103	102	103	110	113	108	128	182	210	210	182	166	189	210	···	210
107	106	110	110	106	107	107	120	133	133	125	151	181	189	175	151	159	204	···	212
106	107	108	108	108	108	108	114	126	146	133	146	142	143	143	133	133	186	···	209
105	108	109	109	108	106	107	110	113	132	126	128	139	146	157	153	137	175	···	210
105	108	109	110	108	108	109	109	109	117	121	109	145	174	202	206	189	164	···	199
108	109	109	109	108	109	110	109	109	110	112	110	138	175	211	215	214	186	···	154
107	107	108	108	107	110	110	109	110	108	109	110	142	178	214	215	213	200	···	131
108	109	108	107	106	109	109	110	110	107	108	110	137	171	213	215	209	180	···	123
106	107	107	107	107	108	108	114	110	105	106	109	121	142	195	206	197	149	···	110
109	109	107	108	108	107	106	110	109	106	106	108	110	116	146	164	161	126	···	107
123	109	108	108	107	107	106	109	109	107	106	107	109	109	114	121	122	108	···	106
164	121	112	110	109	109	109	112	110	107	107	106	107	107	110	112	106	99	···	103
199	157	116	113	110	109	108	112	114	108	107	106	107	108	108	107	105	98	···	103
210	200	145	123	110	109	108	108	109	108	106	106	107	108	107	107	106	105	···	99
205	215	195	164	116	110	110	108	108	107	106	107	107	108	105	106	109	107	···	98
199	219	214	201	138	112	112	110	110	109	107	107	105	106	106	108	109	108	···	105
196	223	220	214	175	121	112	110	110	109	108	106	105	106	106	107	109	108	···	107
···	···	···	···	···	···	···	···	···	···	···	···	···	···	···	···	···	···	···	···
195	221	224	221	206	158	137	105	103	107	108	107	108	107	107	108	109	112	···	112

该数表是 291×240 大小的图片像素灰度矩阵（省略了矩阵两边的大括号）。为什么照片显得模糊？对此我们需要分析其像素灰度值的分布情况。使用 MATLAB 中的像素直方图统计函数 imhist(X)对其灰度值进行统计，如图 2.2 所示。

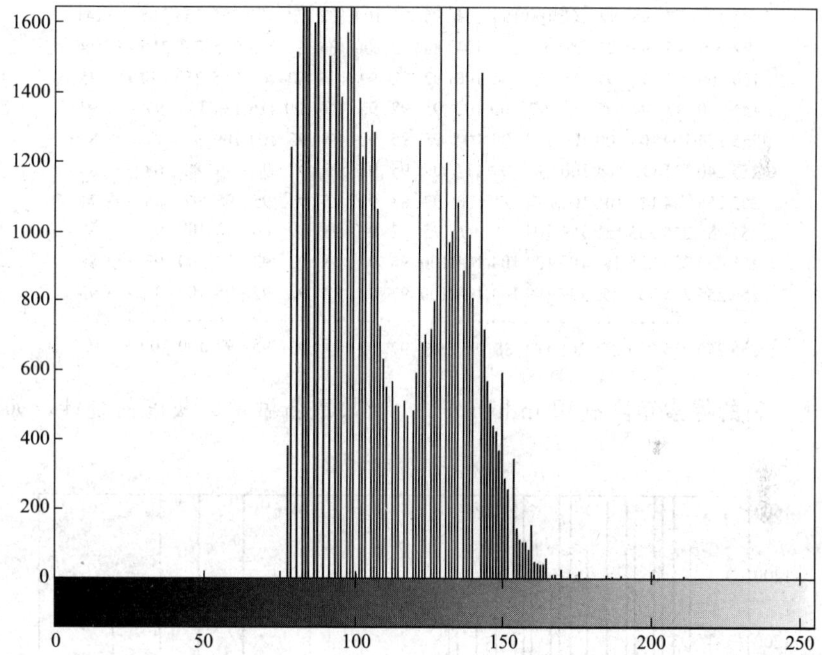

图 2.2　原始照片的像素灰度值分布情况

$\min\_X=\min(\min(X))=74$，$\max\_X=\max(\max(X))=224$

图片像素灰度的最大范围是[0,255]。而该照片的像素灰度值仅分布在[74,224]之间，分布范围相对比较狭小，于是照片上不同区块灰度差异小，所以给人的感觉照片显得模糊不清。

图像处理的方法有很多。其中最简单的是对像素值做线性化的“拉伸”处理。即按照以下公式重新计算图像上每一点的像素灰度值

$$Y_{ij}=\frac{X_{ij}-\min\_X}{\max\_X-\min\_X}\times 255 \quad (i=1,2,\cdots,291;\ j=1,2,\cdots,240)$$

式中，X_{ij} 是原始照片上每一点的像素灰度值。并由此得到一个新的像素灰度值矩阵

95	97	95	92	71	77	80	95	95	83	109	255	255	255	255	255	255	255	···	255
100	92	97	95	83	80	83	104	112	97	155	255	255	255	255	255	255	255	···	255
95	92	104	104	92	95	95	133	170	170	146	221	255	255	255	221	245	255	···	255
92	95	97	97	97	97	97	116	150	207	170	207	196	199	199	170	170	255	···	255
88	97	100	100	97	92	95	104	112	167	150	155	187	207	240	228	182	255	···	255
88	97	100	104	97	97	100	100	100	124	134	100	204	255	255	255	255	255	···	255
97	100	100	100	97	100	104	100	100	104	109	104	184	255	255	255	255	255	···	231
95	95	97	97	95	104	104	100	104	97	100	104	196	255	255	255	255	255	···	163
97	100	97	95	92	100	100	104	104	95	97	104	182	255	255	255	255	255	···	141
92	95	95	95	95	97	97	116	104	88	92	100	134	196	255	255	255	216	···	104
100	100	95	97	97	95	92	104	100	92	92	97	104	121	207	255	250	150	···	95
141	100	97	97	95	95	92	100	100	95	92	95	100	100	116	134	138	97	···	92
255	134	109	104	100	100	100	109	104	95	95	92	95	95	104	109	92	71	···	83
255	240	121	112	104	100	97	109	116	97	95	92	95	97	97	95	88	68	···	83
255	255	204	141	104	100	97	97	100	97	88	92	95	97	95	95	92	88	···	71
255	255	255	255	121	104	104	97	97	95	92	95	95	97	88	92	100	95	···	68
255	255	255	255	184	109	109	104	104	100	95	95	88	92	92	97	100	97	···	88
255	255	255	255	255	134	109	104	104	100	97	92	88	92	92	95	100	97	···	95
···	···	···	···	···	···	···	···	···	···	···	···	···	···	···	···	···	···	···	···
255	255	255	255	255	241	182	88	83	95	97	95	97	95	95	97	100	109	···	109

对这个新的像素矩阵利用 imhist（Y）函数重新做像素灰度值统计，如图 2.3 所示。

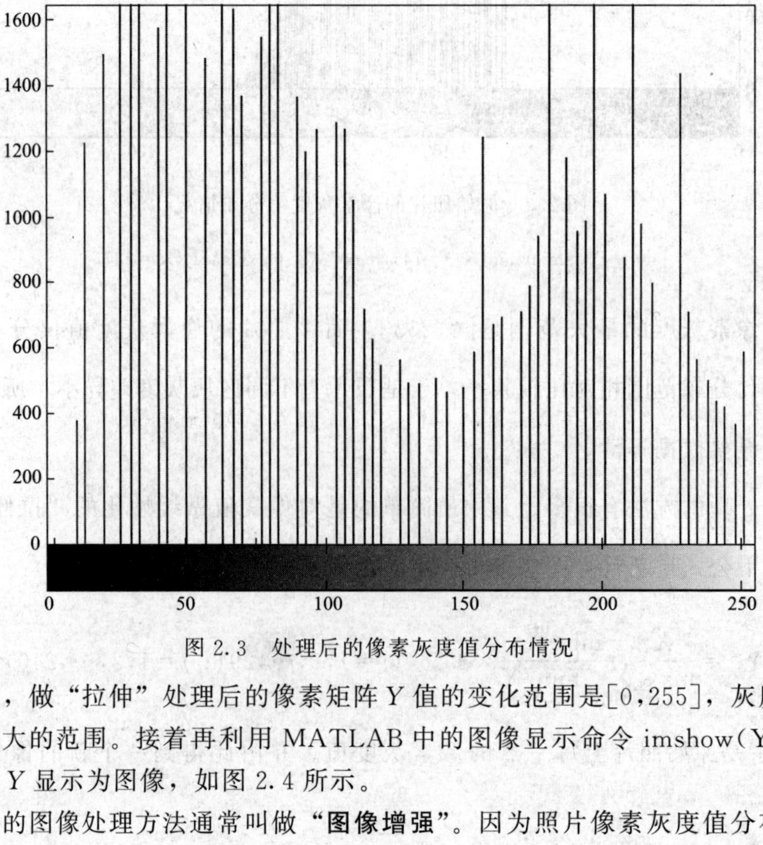

图 2.3　处理后的像素灰度值分布情况

这时，做“拉伸”处理后的像素矩阵 Y 值的变化范围是[0,255]，灰度值分布在一个较大的范围。接着再利用 MATLAB 中的图像显示命令 imshow(Y)把灰度矩阵数表 Y 显示为图像，如图 2.4 所示。

这样的图像处理方法通常叫做**“图像增强”**。因为照片像素灰度值分布范围增

图 2.4　儿童照片（处理后）

大，使得照片看起来要清晰一些。

在这个过程中我们能看到或者说感觉到的是图像的变化，其实它是对照片灰度值矩阵的一种统计增强处理。当然，如果希望获得更好的处理效果，还可以采用像素灰度的非线性变换，空间滤波甚至多光谱变换等更多的技术手段。不论采用什么样的处理方法，我们都已经了解到在计算机科学中，图像的表达与处理总离不开矩阵概念，离不开数学方法，这一点是毋庸置疑的。

二、 空中交通线路问题

考虑 5 个城市之间的飞行交通问题，见图 2.5。城市用数字 1～5 来代表，也叫交通网络的节点。当两个城市之间有一条飞行航线时，那么就在图的两个顶点之间画一条有向弧线。

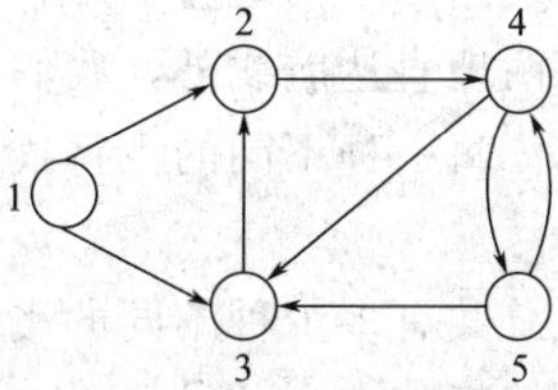

图 2.5　$n=5$ 个城市之间的空中交通图

这种以顶点代表城市，以弧线边代表两个城市之间的飞行线路的表达方法称之为一个**图**，记为 $G(\mathbf{V},\mathbf{A})$，其中 $\mathbf{V}$ 是图的**顶点集**，$\mathbf{A}$ 是图的**边集**，边也叫**弧**。有一个数学学科叫图论学就是专门研究图论问题的。

一个图的信息怎么样完整、简便地记录呢？

1. 邻接矩阵表示法

邻接矩阵表示法是将图以邻接矩阵（adjacency matrix）的形式存储在计算机中。具体定义是：有 n 个顶点的图 $G(\boldsymbol{V},\boldsymbol{A})$ 的邻接矩阵 $\boldsymbol{C}$ 是一个 $n\times n$ 的 0-1 矩阵，规定为

$$\boldsymbol{C}=(c_{ij})_{n\times n}\in\{0,1\}^{n\times n},\quad c_{ij}=\begin{cases}1,\ (i,j)\in\boldsymbol{A}\\0,\ (i,j)\notin\boldsymbol{A}\end{cases}$$

也就是说，如果两节点之间有一条弧，则邻接矩阵中对应的元素为 1；否则为 0。

由此上述交通图就有相应的邻接矩阵

$$\boldsymbol{C}=\begin{pmatrix}0&1&1&0&0\\0&0&0&1&0\\0&1&0&0&0\\0&0&1&0&1\\0&0&1&1&0\end{pmatrix}$$

可以看出，这种矩阵表示法非常简单、直接。如果一个图是**无向图**，即任何两个顶点之间的弧线没有方向性限制，则该图的邻接矩阵就是一个 n 阶的实对称矩阵。

邻接矩阵表示法方便于对网络图做进一步的分析研究。例如，对任意 $i(i=1,2,\cdots,n)$，把矩阵 $\boldsymbol{C}$ 的第 i 行元素相加，就得到从图的第 i 个顶点出发的所有弧的个数，也叫第 i 个顶点 v_i 的**出度**；同样对任意 $j(j=1,2,\cdots,n)$，把矩阵 $\boldsymbol{C}$ 的第 j 列元素相加，就得到到达或者指向图的第 j 个顶点 v_j 的弧的个数，也叫第 j 个顶点 v_j 的**入度**。对于一个无向图来说，与每个顶点连接的弧线数，又简称为该顶点的**度数**。

在邻接矩阵的所有 n^2 个元素中，设只有 m 个为非零元。如果网络比较稀疏，即 $m\ll n$，这种表示法也会浪费大量的存储空间，增加在网络中查找弧的时间。

现在的问题是：如果这 n 个城市的飞行售票系统由一家网络公司代理，试问该网络公司最多需要为所有航线设计多少种不同样式的飞机票面？

2. 线路计算问题求解

任意两个城市之间的飞行线路除了两地直达外，也有可能经由第三地中转。在任意两个城市之间，假设除了两地直达航线外，我们**约定仅考虑经由某地一转或者经由其它两个城市二转的情况**。每一种不同的飞行线路，当然就对应一种不同样式的飞机票面。

那么上述空中交通问题，总共有多少种不同的飞行线路呢？

我们这样来做：首先求邻接矩阵 $\boldsymbol{C}$ 的平方矩阵

$$\boldsymbol{C}^2=\boldsymbol{C}\cdot\boldsymbol{C}=\begin{pmatrix}0&1&1&0&0\\0&0&0&1&0\\0&1&0&0&0\\0&0&1&0&1\\0&0&1&1&0\end{pmatrix}\cdot\begin{pmatrix}0&1&1&0&0\\0&0&0&1&0\\0&1&0&0&0\\0&0&1&0&1\\0&0&1&1&0\end{pmatrix}=\begin{pmatrix}0&1&0&1&0\\0&0&1&0&1\\0&0&0&1&0\\0&1&1&1&0\\0&1&1&0&1\end{pmatrix}\triangleq(d_{ij})_n$$

矩阵 $\boldsymbol{C}$ 与 $\boldsymbol{C}^2$，它们元素的实际意义分别是什么？首先，$\boldsymbol{C}$ 矩阵的元素 c_{ij} 等于 1 或 0，就表示从城市 i 到城市 j，有没有一条直达线路，这是很明显的。矩阵 $\boldsymbol{C}^2=\boldsymbol{C}\cdot\boldsymbol{C}$的元素记为 $d_{ij}(i=1,2,\cdots,n;\ j=1,2,\cdots,n)$，由矩阵乘法定义，有

$$d_{ij}=\sum_{k=1}^{n}c_{ik}\cdot c_{kj}$$

例如，元素 $d_{52}=1$，这是因为 $\boldsymbol{C}$ 矩阵的第五行元素中 $c_{53}=1$，同时 C 矩阵的第二列元素中对应序号的元素 $c_{32}=1$，于是 $d_{52}=c_{53}\cdot c_{32}=1$。这说明从城市 5 到城市 2 之间，经由第三地城市 $k=3$ 是可以**一转到达**的。

但是需要指出，矩阵 $\boldsymbol{C}^2$ 的主对角线上的元素，例如 $d_{44}=1$，显然表示城市 4 与某个其他城市之间存在往返直达折返回到该城市本身的线路，而这种直达线路已经体现在 $\boldsymbol{C}$ 矩阵的非零元素中了。换句话说，因为根本不需考虑任何城市到自己本身的飞行航线，所以计算不同两地之间飞行线路时，矩阵 $\boldsymbol{C}^2$ 的主对角线上的非零元素无需考虑。于是记

$$\overline{\boldsymbol{C}^2}=\begin{pmatrix}0&1&0&1&0\\0&0&1&0&1\\0&0&0&1&0\\0&1&1&\boxed{0}&0\\0&1&1&0&\boxed{0}\end{pmatrix}\triangleq(\overline{d_{ij}})_n$$

再计算矩阵 $\boldsymbol{C}$ 的 3 次方矩阵（的一种变化形式）

$$\overline{\boldsymbol{C}^3}=\boldsymbol{C}\cdot\overline{\boldsymbol{C}^2}=\begin{pmatrix}0&1&1&0&0\\0&0&0&1&0\\0&1&0&0&0\\0&0&1&0&1\\0&0&1&1&0\end{pmatrix}\cdot\begin{pmatrix}0&1&0&1&0\\0&0&1&0&1\\0&0&0&1&0\\0&1&1&\boxed{0}&0\\0&1&1&0&\boxed{0}\end{pmatrix}=\begin{pmatrix}0&0&1&1&1\\0&\boxed{1}&1&0&0\\0&0&\boxed{1}&0&1\\0&\boxed{1}&1&\boxed{1}&0\\0&1&1&1&0\end{pmatrix}\triangleq(e_{ij})_n$$

矩阵$\overline{\boldsymbol{C}^3}$的非零元素，例如 $e_{42}=1$，因为

$$e_{42}=\sum_{k=1}^{5}c_{4k}\cdot\overline{d_{k2}}=(0\quad 0\quad 1\quad 0\quad 1)\begin{pmatrix}1\\0\\0\\1\\1\end{pmatrix}=c_{45}\cdot\overline{d_{52}}=1\times1=1$$

它表示在城市 4 与城市 2 之间，从城市 4 到城市 $k=5$ 有一条直达线路，而从城市 $k=5$ 到城市 2 之间有一条一转线路。合起来，从城市 4 与城市 2 也就有一条**二转**

线路。

同样，矩阵$\overline{C^3}$的主对角线上的非零元素也是不必去考虑的，又记

$$\overline{\overline{C^3}}=\begin{pmatrix}0&0&1&1&1\\0&\boxed{0}&1&0&0\\0&0&\boxed{0}&0&1\\0&1&1&\boxed{0}&0\\0&1&1&1&0\end{pmatrix}\triangleq(\overline{e_{ij}})_n$$

如此，在一个复杂的网络图中，如果从节点 v_i 到 v_j 之间没有直达线路，那么至少经过多少次中转才可以到达呢？回答是就看图的连接矩阵 $\boldsymbol{C}$ 的方次，其对应的 (i,j) 位置上的元素什么时候不等于零，则两个节点间就有最少经过几次（方次减 1）中转的线路。

接着，求以上几个方次矩阵的和矩阵

$$\boldsymbol{A}=\boldsymbol{C}+\overline{\boldsymbol{C}^2}+\overline{\overline{\boldsymbol{C}^3}}=\begin{pmatrix}0&1&1&0&0\\0&0&0&1&0\\0&1&0&0&0\\0&0&1&0&1\\0&0&1&1&0\end{pmatrix}+\begin{pmatrix}0&1&0&1&0\\0&0&1&0&1\\0&0&0&1&0\\0&1&1&0&0\\0&1&1&0&0\end{pmatrix}+\begin{pmatrix}0&0&1&1&1\\0&0&1&0&0\\0&0&0&0&1\\0&1&1&0&0\\0&1&1&1&0\end{pmatrix}$$

$$=\begin{pmatrix}0&2&2&2&1\\0&0&2&1&1\\0&1&0&1&1\\0&2&3&0&1\\0&2&3&2&0\end{pmatrix}$$

用 MATLAB 中的函数命令，对矩阵 $\boldsymbol{A}$ 的所有元素求和，得到

sum _ A=sum(sum(A))=27

即在这 n 个城市的飞行售票系统中，城市节点之间所有的直达线路与一转和二转线路总和为 27 条，即售票代理公司最多需要为所有航线设计 27 种不同样式的飞机票面。

三、 哥尼斯堡七桥问题

有了网络图的邻接矩阵，我们还可以去研究著名的**“哥尼斯堡七桥问题”**，它是图论学中一个经典的例子。在哥尼斯堡有七座桥将普莱格尔河中的两个岛及岛与河岸联结起来，如图 2.6 所示。问题是要从这四块陆地中的任何一块出发，通过每一座桥正好一次，再回到起点。

当然可以通过试验法去尝试解决这个问题，但该城居民的任何尝试均未成功。瑞士数学家欧拉（L. Euler，1707～1783）为了解决这个问题，采用了建立数学模型的方法。他将每一块陆地用一个点来代替，将每一座桥用连接相应两点的一条线来代替，从而得到一个有四个“点”，七条“线”的“无向图”。问题也就成为从任

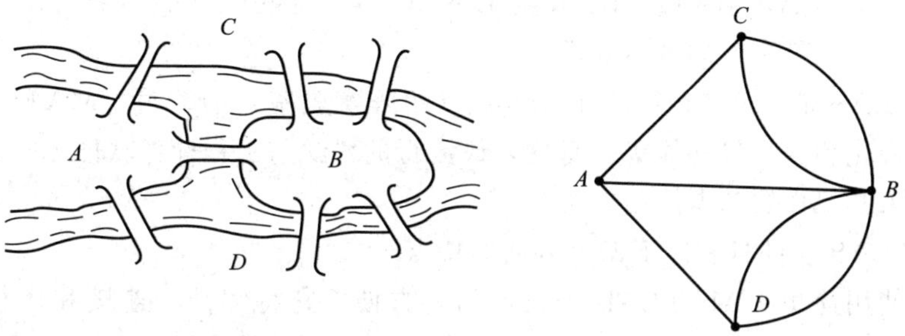

图 2.6 哥尼斯堡七桥问题及其图论表达

一点出发一笔画出七条线再回到起点，也叫图的**“一笔画”**问题。

若将该图的顶点从 A 到 D 分别标记记为数字 1～4，则不难给出图的邻接矩阵

$$\boldsymbol{C}=\begin{pmatrix}0&1&1&1\\1&0&1&1\\1&1&0&0\\1&1&0&0\end{pmatrix}$$

欧拉考察了一般一笔画图的结构特点，给出了一笔画图的一个**判定法则**：这个图是连通的，且每个点都与偶数条弧线相关联，就是前面提到的图上每一个顶点的**度数**必须都是偶数。

将这个判定法则应用于七桥问题，事实上邻接矩阵（对称矩阵）元素按行分别相加，得到每个顶点的度数，其中第 1、第 2 个顶点的度数均为奇数，就得到了“不可能走通”的结论。欧拉不但彻底解决了问题，而且开创了图论学研究的先河。

如果在网络图的邻接矩阵 $\boldsymbol{C}$ 中，其元素不是 1 或 0，而是两地之间的距离，即

$$\boldsymbol{C}=\begin{pmatrix}0&1&1&0&0\\0&0&0&1&0\\0&1&0&0&0\\0&0&1&0&1\\0&0&1&1&0\end{pmatrix},\ \boldsymbol{D}=\begin{pmatrix}+\infty&1020&358&+\infty&+\infty\\+\infty&+\infty&+\infty&715&+\infty\\+\infty&1520&+\infty&+\infty&+\infty\\+\infty&+\infty&840&+\infty&1100\\+\infty&+\infty&760&850&+\infty\end{pmatrix}$$

式中，元素 $+\infty$ 代表两地之间没有直达线路。这样的矩阵 $\boldsymbol{D}$ 就称为**带权的邻接矩阵**。有了带权的邻接矩阵，我们就可以在复杂的网络图中，解决任何两地之间的最短距离计算等问题。

在图像与图论等领域中类似的实际问题探讨中，如果没有矩阵概念，问题就无法表达，更无法去研究。可见矩阵概念与理论是多么的重要啊。

第八节 MATLAB 软件简介

带有不同专业背景的实际问题含有的数据信息量一般都很大，运用数学理论但是仅仅依靠手工方法去推演、计算，问题求解就很困难甚至不可能完成。为此人们开发了若干种在数学与工程领域中很著名的通用或专用软件，例如 MAPLE，

MATHEMATICA，MATLAB，R 与 LINGO 等。这些软件的学习与使用甚至已经成为很多理工科专业的基本要求。

MATLAB 是 MATrix　LABoratory（矩阵实验室）的缩写。MATLAB 是集计算、可视化和编程等功能为一身的，最流行的科学与工程计算软件之一。本节简要介绍 MATLAB 的基本使用方法。

MATLAB 软件具有以下四个方面的特点。

（1）使用简单　MATLAB 语言灵活、方便，它将编译、连接和执行融为一体，是一种演算式语言。此外 MATLAB 软件还具有完善的帮助系统，可以通过查询到和演示示例来学习如何使用 MATLAB 编程解决问题。

（2）功能强大　MATLAB 软件具有强大的数值计算功能和优秀的符号计算功能。它还具有方便的绘图和完善的图形可视化功能；MATLAB 软件提供的各种库函数和数十个专业性工具箱为用户应用提供了极大的方便。

（3）编程容易、效率高　MATLAB 既具有结构化的控制语句，又具有面向对象的编程特性；它允许用户以更加数学化的形式语言编写程序，比 C 语言等更接近书写计算公式的思维方式；程序调试也非常简单方便。

（4）扩充能力强　MATLAB 软件是一个开放的系统，除内部函数外，所有 MATLAB 函数（包括工具箱内函数）的源程序都可以修改；MATLAB 也可以方便地与 FORTRAN、C 等语言进行接口，实现不同语言编写的程序之间的相互调用。

在计算机上安装好 MATLAB 之后，双击 MATLAB 图标，就可以看到其界面，如图 2.7 所示。

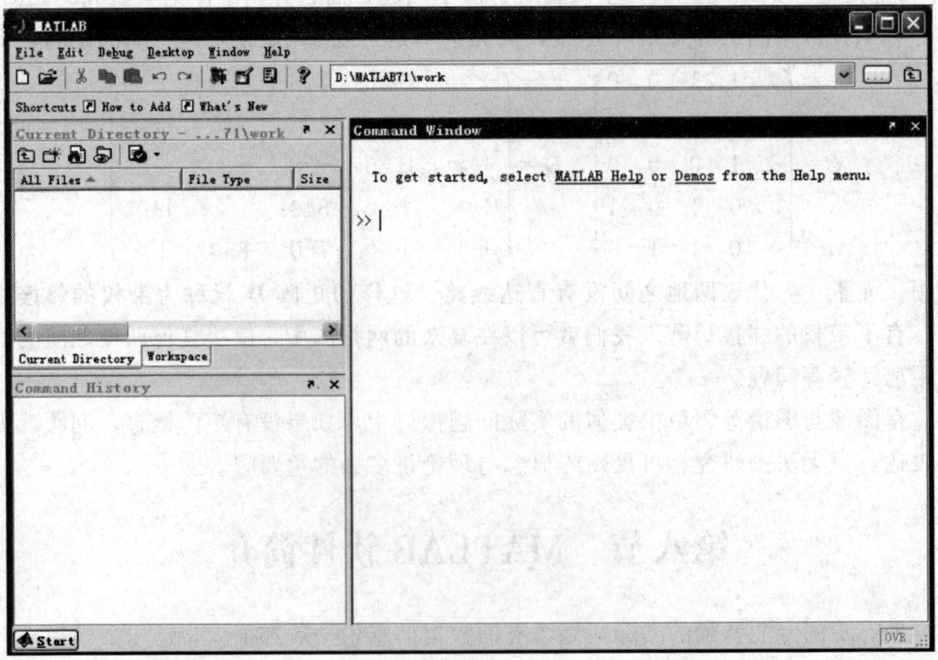

图 2.7　MATLAB 主界面

一、 MATLAB的命令窗口与基本运算

MATLAB既是一种语言，又是一个编程环境。MATLAB有两个最主要的环境窗口：一个是命令窗口（MATLAB Command Window）；另一个是程序编辑窗口（MATLAB Editor/Debug）。

1. 命令窗口

进入MATLAB图形界面以后，可以关闭工作空间，当前路径等几个位置靠左的窗口，而只保留位置靠右的命令窗口，如图2.8所示。

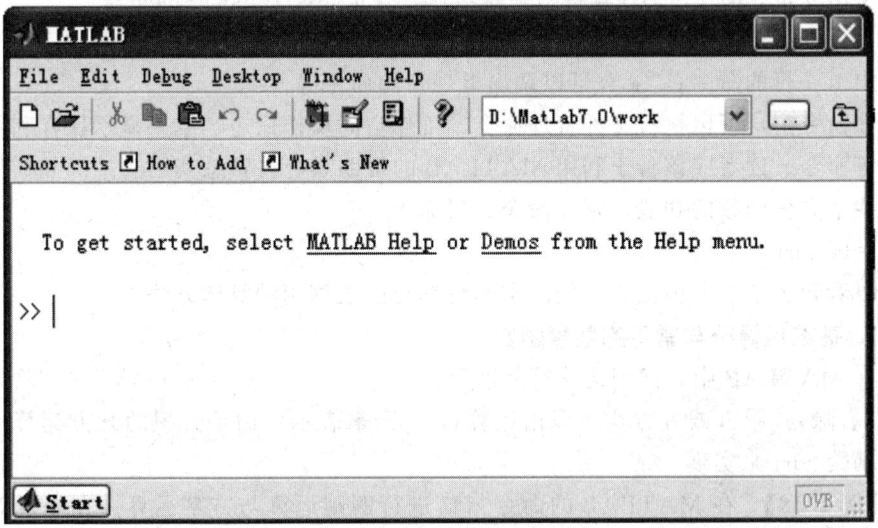

图2.8　MATLAB命令窗口

命令窗口是用户与MATLAB进行交互的主要场所。在命令窗口菜单栏下面的空白区域可以进行程序调用、输入和显示结果，也可以在该区域键入MATLAB命令进行各种操作，或键入数学表达式进行计算。

【例2.17】 在命令窗口提示符“>>”后键入x=pi，回车，则将在命令行下面显示如下的变量值：

```
x=
    3.1416
```

如果希望得到π的前若干位小数（例如前60位），则可以键入vpa(pi，60)(式中vpa是MATLAB中的显示变量精度的一个库函数)，命令窗口当即有输出

```
x=
    3.14159265358979323846264338327950288419716939937510582097494
```

再在提示符后输入计算包含根式计算的表达式y=1/4+sqrt(8.5)并回车，将显示

```
y=
    3.1655
```

继续输入z=y+1-2i，回车即有

```
z=
    4.1655-2.0000i
```

可见，在 MATLAB 中对所使用的各种变量无需先行定义或规定变量的数据类型；一般也不需要说明向量或矩阵变量的维数，所以有人称 MATLAB 为演算纸式的科学计算语言。此外，MATLAB 提供的数与向量和矩阵运算符可以方便地实现各种复杂的、高精度的计算。

在 MATLAB 的命令窗口中，如果表达式后面有分号“;”，执行结果就不在命令窗口显示，但该结果仍然被保存在 MATLAB 的工作空间中；如果在表达式中不指定输出变量，MATLAB 就将结果赋给缺省变量 ans（answer 的缩写）。

在命令窗口可以用方向键和控制键来编辑、修改已输入的命令。例如“↑”可以调出上一行的命令；“↓”可以调出下一行的命令等。

在命令窗口可以执行文件管理命令、工作空间操作命令、结果显示保存和寻找帮助等命令。读者应该善于利用 MATLAB 的帮助系统去熟悉其用法。例如，如果要查找平方根函数的功能，则在命令窗口输入

```
help sqrt
```

就可以看到关于平方根函数功能的文本解释与函数调用的具体方法。

2. 基本运算符与常用的数学函数

在 MATLAB 中，四则运算符分别为：“+”“-”“*”（乘）“\”（左除）和“/”（右除）。乘方或开方均可以由运算符“^”来表示；而平方根的开方运算可以调用函数 sqrt 来实现。

【例 2.18】 在 MATLAB 的命令窗口进行四则运算与方幂运算。在提示符后输入 s=（1+100）/2*100，就得到自然数列的前 100 项和

```
s=
    5050
```

输入 3/4，3\ 4，可得到

```
ans=
    0.7500
ans=
    1.3333
```

请读者注意左除与右除运算的区别。式中左除运算符是 MATLAB 软件运算符的一个特色，在矩阵运算时尤为重要。

接着在命令窗口再输入 c=12^3，c^(1/2)，sqrt(c)，则得到

```
c=
    1728
ans=
    41.5692
ans=
    41.5692
```

下面的表 2.1、表 2.2 中列出了一些特殊数学变量与基本数学函数的库函数及其功能。

表 2.1　特殊变量值

特殊变量	取　值	特殊变量	取　值
ans	用于结果的缺省变量名	inf	无穷大，如 1/0
Pi	圆周率	NaN	不定量，如 0/0
eps	计算机的最小正数，当和 1 相加就产生一个比 1 大的数	i,j	$i=j=\sqrt{-1}$

表 2.2　基本数学函数

函数	功能	函数	功能
sin/sinh	正弦与双曲正弦	sign	符号函数
cos/cosh	余弦与双曲余弦	mod	（带符号）求余函数
tan/tanh	正切与双曲正切	fix	朝零方向取整函数
cot/coth	余切与双曲余切	round	四舍五入函数
asin/asinh	反正弦与反双曲正弦	sqrt	平方根函数
atan/atanh	反正切与反双曲正切	real/imag	取实/虚部函数
abs	绝对值或模函数	log	自然对数函数
exp	e 为底指数函数	log2/log10	以 2/10 为底的对数函数

这些运算符与数学函数大家可以经常使用，直至达到能熟练运用的程度。

二、 MATLAB 的矩阵表示与矩阵运算

MATLAB 的所有数值功能都是以矩阵为基本单元进行的（数与向量则被看成矩阵的特殊情形）。因此 MATLAB 对矩阵的运算功能可以说是最强大、最全面的。现在来介绍矩阵表示和矩阵计算方法等。

1. 矩阵的输入

MATLAB 的矩阵输入可以有许多种方法，对于阶数较小的矩阵，可以用赋值语句直接输入它的每个元素来构造；对于元素具有一定规律的矩阵，则可利用 MATLAB 语句或调用 MATLAB 的函数文件产生；阶数较大的矩阵一般采取 M 文件形式来构造。

【例 2.19】 用赋值语句进行矩阵输入。

```
A= [1  2  3; 4, 5, 6; 7  8  0]
A=
    1  2  3
    4  5  6
    7  8  0
B= [sin (pi/3), A (2, 1); log (9), tanh (3) ]
B=
    0.8660   4.0000
```

2.1972　0.9951

其中，A(2,1)是调用矩阵 **A** 的第 2 行第 1 列的元素。

赋值语句是建立矩阵最直接的方法，在赋值过程中，矩阵元素排列在方括号内，同行的元素之间用空格或逗号“,”隔开，不同行的元素之间用分号“;”或回车键分隔。

矩阵元素可以是数（实数或复数），也可以是运算表达式，甚至包括其他矩阵的元素；此外，没有任何元素的空矩阵（符号为“[　]”）也是允许的。

对已经存在的矩阵，还可以用下标方法给它们的元素赋新的值以修改矩阵。

【例 2.20】 用赋值语句修改矩阵。在建立例 3 的矩阵之后，对它们的元素进行修改。

```
A (3, 4) =2
A=
    1  2  3  0
    4  5  6  0
    7  8  0  2
```

这里原先的矩阵 **A** 是 3 阶方阵，没有第 3 行第 4 列，在执行对 A（3，4）的赋值时，MATLAB 自动增加矩阵 **A** 的行列数，以适应新的矩阵规模，并对未输入的元素赋值 0。

```
B (1, 1) =-1.5
B=
   -1.5000   4.0000
    2.1972   0.9951
```

若再输入 A(3,:) =-1，则得到

```
A=
     1     2     3     0
     4     5     6     0
    -1    -1    -1    -1
```

A(3,:)表示矩阵 **A** 的第 3 行；同理，A(:，2) 就表示矩阵 **A** 的第 2 列了。

在 MATLAB 中，经常用冒号表达式产生行向量，其形式为

x=x0　:　step　:　xn

其中，x0，step，xn 为给定数值：x0 表示向量首个元素值；xn 表示向量尾元素的数值限；step 表示元素的增量，当增量为 1 时，可以不写出。

【例 2.21】 利用冒号表达式产生行向量（行矩阵）

```
D=1: 2: 11, F=9: -2: 2
D=
    1  3  5  7  9  11
F=
    9  7  5  3
```

此外，MATLAB 还提供了一些库函数来构造某些特殊的矩阵，例如函数 eye 产生单位矩阵，其用法为：

eye(n)——构造 n 阶单位矩阵；eye(m,n)——构造 $m\times n$ 阶单位矩阵；

eye(size(A))——构造与矩阵 **A** 同阶的单位矩阵。

同理，函数 zeros 和 ones 分别产生全零矩阵和全一矩阵，它们的使用方法与产生单位矩阵函数 eye 相同。

函数 diag，tril 和 triu 分别取矩阵的对角、下三角和上三角部分等；diag 也可以生成主对角类矩阵等。此外函数 vander 可以构造范德蒙矩阵；函数 hilb 可以求出指定阶数的 Hilbert 矩阵等。函数 rand 能够构造均匀分布的随机矩阵，而函数 randn 则产生正态分布的随机矩阵。

【例 2.22】 利用 MATLAB 的库函数来构造某些特殊的矩阵。例如，在命令窗口输入

eye(3,4)，ones(4)，rand(3,5)，randn(3,5)，

diag(ones(4))，diag([1,2,3,4])，diag([1,2,3,4],－1)

等，请大家自己去可以观察相应的输出结果。

在 MATLAB 软件中，矩阵或向量的维数可以不预先定义，但在解决实际问题时经常需要知道矩阵或向量的维数，为此 MATLAB 提供了两个库函数 length 和 size，分别用来确定向量和矩阵的维数。例如，输入 size(diag([1,2,3,4],－1))，看输出结果。

2. 矩阵的基本操作

在 MATLAB 软件中，通过矩阵的名称调用整个矩阵；用下标的方法调用矩阵的某个元素或者子矩阵。

【例 2.23】 设矩阵 **A** 是已知的 9×9 矩阵，则

A(:,2)	**A** 的第 2 列元素构成的列向量
A(5,:)	**A** 的第 5 行元素构成的行向量
A(1:3,2:7)	**A** 的前 3 行及第 2～7 列元素构成的子矩阵
A([1 3 5],[2 4])	**A** 的第 1,3,5 行，第 2,4 列元素构成的子矩阵
A(:,1:2:7)	**A** 的第 1,3,5,7 列元素构成的子矩阵

如果将矩阵的某个子块赋值为空矩阵 [ ]，则相当于在原矩阵中去掉了相应的矩阵子块。

矩阵还有**变维操作**。实现矩阵变维的方法有两种，用“:”和函数 reshape，前者通过两个矩阵之间的运算实现变维；后者直接对一个矩阵进行变维操作。

【例 2.24】 矩阵变维操作的实例。先输入一个行向量构成的矩阵，然后对它进行变维运算。

```
a= [1: 12]; b=reshape(a,2,6)   %  reshape 实现矩阵的变维操作
b=
    1  3  5  7  9  11
    2  4  6  8  10  12
```

```
c=zeros (3, 4); c (:) =a (:)
c=
    1  4  7  10
    2  5  8  11
    3  6  9  12
```

注意在变维时，元素的顺序是按列进行的。

矩阵变向包括矩阵的旋转、左右翻转和上下翻转，分别由函数 rot90、fliplr、flipud 和 flipdim 来实现，具体使用方法可以在命令窗口自我练习，也可以查询 MATLAB 的帮助文档。

3. 矩阵的基本运算

用运算符号“+”“_”“*”和左除“\”和右除“/”，同样可以对矩阵做加、减、乘和除法运算。如果 $\boldsymbol{A}$ 和 $\boldsymbol{B}$ 都是 n 阶矩阵，且 $\boldsymbol{A}$ 非奇异，则左除和右除分别表示

$$A\backslash B=A^{-1}B,\quad B/A=BA^{-1}$$

如果 $\boldsymbol{A}$ 不是方阵，则上面计算公式中的求逆表示广义逆矩阵运算。利用左除运算符可以直接求解线性方程组。

对方阵也可以进行矩阵的乘幂运算，用运算符“^”表示。

对于实矩阵或向量，用符号“'”可以进行转置；然而对于含复数元素的矩阵，则“'”将同时对复数进行共轭处理。

【例 2.25】 矩阵的四则运算。

```
A= [1 0 1; 2 1 0; -3 2 -5]; B= [1 2 2; 3 4 2; 5 2 3];
A \B, B/A
ans=
    -2.0000   -2.0000   -4.5000
     7.0000    8.0000   11.0000
     3.0000    4.0000    6.5000
ans=
    14.5000   -3.0000   2.5000
    19.5000   -3.0000   3.5000
     8.0000         0   1.0000
A*B
ans=
       6     4     5
       5     8     6
     -22    -8   -17
A^3
ans=
    14   -6    18
```

```
   0    5   -6
 -66   36  -94
```

4. 矩阵的点运算

MATLAB 还有一种独特的运算规则——点运算，使用非常方便。也可以将它们看成矩阵运算的扩充。点运算的加减运算符与普通的矩阵加减运算符相同；点运算的乘、除和乘方运算符在普通的矩阵运算符前加一点“.”，即

“.*”，“.\”，“./”和“.^”

矩阵的点运算实际上就是两个具有相同维数的矩阵对应的元素之间进行加、减、乘、除和乘方运算。矩阵的点运算特别是对两个向量（即行矩阵或列矩阵）之间进行处理与运算时更常常用到。

【例 2.26】 矩阵的点运算。利用例 2.25 中的矩阵 $\boldsymbol{A}$ 和 $\boldsymbol{B}$ 数据进行点运算：

```
A.*B
ans=
     1   0    2
     6   4    0
   -15   4  -15
A./B
ans=
    1.0000        0    0.5000
    0.6667   0.2500         0
   -0.6000   1.0000   -1.6667
A.^2
ans=
   1   0   1
   4   1   0
   9   4  25
```

大家可以去比较 A.^2 与 A^2 的不同。

5. 矩阵的基本函数

矩阵的函数运算是矩阵运算中最实用的部分，我们将常用矩阵函数及其功能列于表 2.3 中。

表 2.3　矩阵基本函数

函数	功能	函数	功能
det	矩阵行列式的值	norm	矩阵或向量的范数
inv	矩阵的逆	trace	矩阵的迹
rank	矩阵的秩	poly	矩阵的特征多项式
eig	特征值和特征向量	orth	矩阵的正交基

【例 2.27】 有关矩阵函数的计算。利用例 2.25、例 2.26 中的矩阵 **A** 的数据：

A= [1 0 1; 2 1 0; −3 2 −5]; B= [1 2 2; 3 4 2; 5 2 3];% 输入两个矩阵

d=det (A), r=rank (A)

%求矩阵 **A** 的行列式与秩（秩的概念可参见第三章）

```
d=

    2

r=

    3
```

inv (A)　　　　　　　　　%求 **A** 的逆矩阵

```
ans=

   -2.5000    1.0000   -0.5000
    5.0000   -1.0000    1.0000
    3.5000   -1.0000    0.5000
```

[V,D]=eig (A)　　　　　　　%求 **A** 的特征值（详见本书第五章）

```
V=

    0.4444   -0.1853    0.2767
   -0.6867    0.0701    0.9473
   -0.5752    0.9802    0.1617

D=

   -0.2943         0         0
         0   -4.2899         0
         0         0    1.5842
```

矩阵的正交基，矩阵的特征值与特征向量等概念，在本书后面章节中将逐渐涉及。

三、 MATLAB 绘图

MATLAB 提供了丰富的绘图功能。下面介绍常用的二维、三维图形命令。

MATLAB 最常用的绘图命令就是 plot，它打开一个图形窗口；如果已经存在一个图形窗口，则清除当前图形窗口的图形，绘制新的图形。

【例 2.28】 绘制函数 $y=\sin x$ 在区间$[0,2\pi]$上的图形。只需在命令窗口输入下列命令：

x=linspace(0,2 * pi,60);

%函数 linspace 产生一个等分区间 [0,2π] 的 60 维的行向量

y=sin (x);

plot (x, y);　　　%　作图

图形输出略。

【例 2.29】 在同一坐标系下绘制函数 $y=\sin x$ 和 $y=\cos x$ 在区间$[0,2\pi]$上的

图形，并对所作的图形进行标注。在命令窗口输入

```
x=linspace (0, 2*pi, 60);
y= [sin (x); cos (x) ];
plot (x, y);                                   %作图
grid;                                          %  增加图形网格
xlabel ('x'); ylabel ('y');                    %x 轴、y 轴标注
title ('Sin  and  Cos  Curves');               %增加图形标题
gtext ('y=sin (x)'); gtext ('y=cos (x)');      %曲线标注
```

执行后的图形见图 2.9。

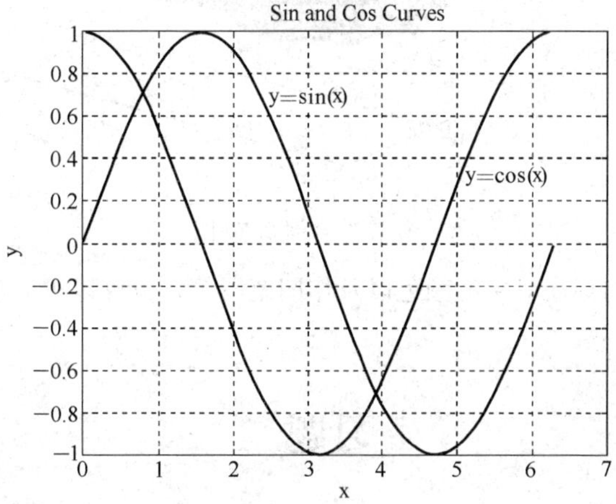

图 2.9　例 2.29 图

当要在同一坐标系下绘制多个函数的图形时也可以用 hold on 与 hold off 这一组命令去实现。具体用法可以用 help hold on 去查阅文本帮助。

【例 2.30】 作出二元函数 $f(x,y)=\dfrac{\sin(x^2+y^2)}{x^2+y^2}$ 在[−20:20;−20:20]上的图形。输入

```
[x,y]=meshgrid(-20:0.3:20);          %生成二维网格
r=sqrt(x.^2+y.^2)+eps;
%eps 是最小正数，防止出现零做分母的情况
z=sin (r) ./r;
surf(x,y,z)                          %曲面作图
shading interp;                      %用图形插值法改进曲面图的效果
```

执行后的图形见图 2.10。

如果在上面输入的语句之后加上 rotate 3D，或者作图完成后，在图形(Figure) 窗口的菜单 Tools 之下选择 rotate 3D，则三维图形可以向任意方向作旋转。

曲面作图除用函数命令 surf 外，还可以利用 mesh 或 plot3。至于 MATLAB 中曲线

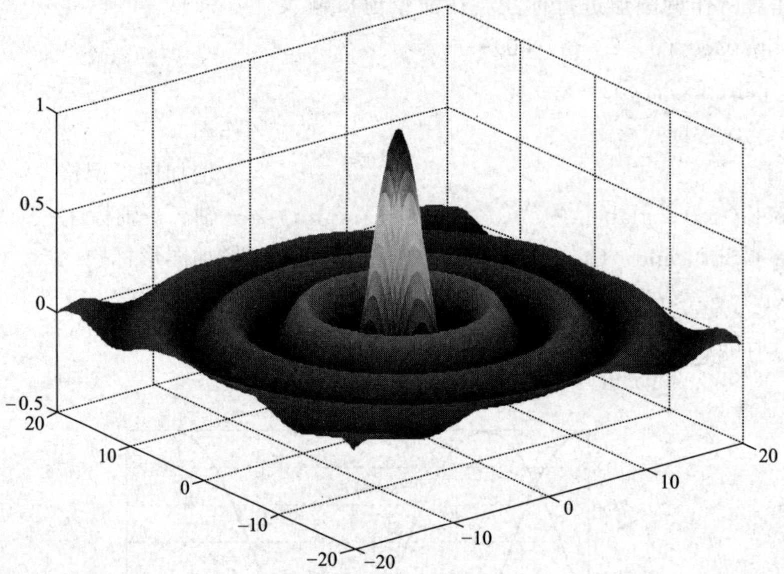

图 2.10　例 2.30 图

图形的线型，曲线与标注对象的颜色以及作图范围等，也可以进一步学习 MATLAB 的专门教材。

习题二

1. 填空题

(1) 设 $\boldsymbol{A}=\frac{1}{2}(\boldsymbol{B}+\boldsymbol{E})$，其中 $\boldsymbol{B},\boldsymbol{E}$ 都是 n 阶矩阵。则当且仅当 $\boldsymbol{B}^2=$____时，$\boldsymbol{A}^2=\boldsymbol{A}$。

(2) 已知 $\boldsymbol{\alpha}=(1,2,3)$，$\boldsymbol{\beta}=(1,\frac{1}{2},\frac{1}{3})$，$\boldsymbol{A}=\boldsymbol{\alpha}'\boldsymbol{\beta}$，则 $\boldsymbol{A}^n=$________。

(3) 设 $\boldsymbol{A},\boldsymbol{B}$ 都是 n 阶矩阵。则 $\boldsymbol{A}^2-\boldsymbol{B}^2=(\boldsymbol{A}+\boldsymbol{B})(\boldsymbol{A}-\boldsymbol{B})$成立的充要条件是____。

(4) 设 $\boldsymbol{B}=(b_1,b_2,b_3,b_4)'$，且矩阵 $\boldsymbol{X}$ 使得 $\boldsymbol{XB}=\begin{pmatrix} b_1 \\ b_1+b_2 \\ b_1+b_2+b_3 \\ b_1+b_2+b_3+b_4 \end{pmatrix}$，则矩阵 $\boldsymbol{X}=$________。

(5) 设 $\boldsymbol{A}=\begin{pmatrix} 0 & 0 & 0 & 1 \\ 0 & 0 & 2 & 0 \\ 0 & 3 & 0 & 0 \\ 4 & 0 & 0 & 0 \end{pmatrix}$，则 $\boldsymbol{A}^{-1}=$________。

(6) 设矩阵 $\boldsymbol{A}=\frac{1}{2}\begin{pmatrix} 2 & 0 & 0 \\ 0 & 1 & 3 \\ 0 & 2 & 5 \end{pmatrix}$，则 $(\boldsymbol{A}^*)^{-1}=$________。

2. 选择题

(1) 设 $\boldsymbol{A}$ 是 n 阶矩阵，经若干次矩阵的初等变换得到矩阵 $\boldsymbol{B}$，那么（　　）。

(A) 必有 $|\boldsymbol{A}|=|\boldsymbol{B}|$　　(B) 必有 $|\boldsymbol{A}|\neq|\boldsymbol{B}|$

(C) 若 $|\boldsymbol{A}|>0$，则 $|\boldsymbol{B}|>0$　　(D) 若 $|\boldsymbol{A}|=0$，则 $|\boldsymbol{B}|=0$

(2) 设 $\boldsymbol{A}$ 是 n 阶对称阵，$\boldsymbol{B}$ 是 n 阶反对称阵，则下列矩阵中为反对称阵的是（　　）。

(A) $\boldsymbol{BAB}$　　(B) $\boldsymbol{ABA}$　　(C) $\boldsymbol{ABAB}$　　(D) $\boldsymbol{BABA}$

(3) 设 $\boldsymbol{A},\boldsymbol{B},\boldsymbol{C}$ 均为 n 阶矩阵，且 $\boldsymbol{ABC}=\boldsymbol{E}$，则必有（　　）。

(A) $\boldsymbol{ABC}=\boldsymbol{E}$　　(B) $\boldsymbol{CBA}=\boldsymbol{E}$　　(C) $\boldsymbol{BAC}=\boldsymbol{E}$　　(D) $\boldsymbol{BCA}=\boldsymbol{E}$

(4) 设 $\boldsymbol{A},\boldsymbol{B},\boldsymbol{C}$ 为 n 阶方阵，且 $\boldsymbol{AB}=\boldsymbol{BC}=\boldsymbol{CA}=\boldsymbol{E}$，则 $\boldsymbol{A}^2+\boldsymbol{B}^2+\boldsymbol{C}^2=$（　　）。

(A) $3\boldsymbol{E}$　　(B) $2\boldsymbol{E}$　　(C) $\boldsymbol{E}$　　(D) 0

(5) 设 $\boldsymbol{A}$ 为 n 阶可逆矩阵，则 $(-\boldsymbol{A})^*$ 等于（　　）。

(A) $-\boldsymbol{A}^*$　　(B) $\boldsymbol{A}^*$　　(C) $(-1)^n\boldsymbol{A}^*$　　(D) $(-1)^{n-1}\boldsymbol{A}^*$

3. 已知

$$\boldsymbol{A}=\begin{pmatrix}0&-2&1\\1&1&3\\3&0&4\end{pmatrix},\quad \boldsymbol{B}=\begin{pmatrix}1&4&-1\\0&2&3\\-1&3&0\end{pmatrix}$$

求 $\boldsymbol{A}'\boldsymbol{B}$ 和 $\boldsymbol{AB}-2\boldsymbol{BA}$。

4. 求下列矩阵的乘积

(1) $\begin{pmatrix}1&0&2\\3&-1&1\end{pmatrix}\begin{pmatrix}4&2\\1&3\\-1&4\end{pmatrix}$　　(2) $\begin{pmatrix}2&-1&2\\-1&3&5\\2&5&4\end{pmatrix}\begin{pmatrix}1\\-1\\1\end{pmatrix}$

(3) $\begin{pmatrix}1\\2\\3\\4\end{pmatrix}\begin{pmatrix}-1&1&0&2\end{pmatrix}$　　(4) $\begin{pmatrix}3&2&1\end{pmatrix}\begin{pmatrix}1\\4\\7\end{pmatrix}$

(5) $\begin{pmatrix}x_1&x_2&x_3\end{pmatrix}\begin{pmatrix}a_{11}&a_{12}&a_{13}\\a_{21}&a_{22}&a_{23}\\a_{31}&a_{32}&a_{33}\end{pmatrix}\begin{pmatrix}x_1\\x_2\\x_3\end{pmatrix}$

5. 计算

(1) $\begin{pmatrix}\cos\theta&-\sin\theta\\\sin\theta&\cos\theta\end{pmatrix}^2$　　(2) $\begin{pmatrix}1&1\\0&1\end{pmatrix}^n$

(3) $\begin{pmatrix}1&-1&-1&-1\\-1&1&-1&-1\\-1&-1&1&-1\\-1&-1&-1&1\end{pmatrix}^n$　　(4) $\begin{pmatrix}a&1&0&0\\0&a&1&0\\0&0&a&1\\0&0&0&a\end{pmatrix}^3$

6. 求所有与矩阵 $\boldsymbol{A}$ 可交换的矩阵

(1) $\boldsymbol{A}=\begin{pmatrix}1&1\\0&1\end{pmatrix}$　　(2) $\boldsymbol{A}=\begin{pmatrix}0&1&0\\0&0&1\\0&0&0\end{pmatrix}$

7. 设

$$\boldsymbol{A}=\begin{pmatrix}a&&\\&b&\\&&c\end{pmatrix}\quad(a,b,c\text{ 互不相同})$$

证明：与 $\boldsymbol{A}$ 可交换的矩阵必为对角矩阵。

8. 设 $\boldsymbol{A}$ 与 $\boldsymbol{B}$ 是 n 阶矩阵，并且满足 $\boldsymbol{AB}=\boldsymbol{BA}$，证明

(1) $(\boldsymbol{A}+\boldsymbol{B})^2=\boldsymbol{A}^2+2\boldsymbol{AB}+\boldsymbol{B}^2$ (2) $(\boldsymbol{AB})^k=\boldsymbol{A}^k\boldsymbol{B}^k$ （k 是非负整数）

9. 已知线性变换

$$\begin{cases} y_1= x_1+2x_2- x_3 \\ y_2=2x_1- x_2+ x_3, \\ y_3= x_1+ x_2+2x_3 \end{cases} \quad \begin{cases} z_1=y_1-3y_2+y_3 \\ z_2=y_1+y_2-y_3 \end{cases}$$

利用矩阵乘法，求从 x_1,x_2,x_3 到 z_1,z_2 的线性变换。

10. 已知矩阵

$$\boldsymbol{A}=\begin{pmatrix} a_{11} & a_{12} & a_{13} \\ a_{21} & a_{22} & a_{23} \\ a_{31} & a_{32} & a_{33} \end{pmatrix}$$

问：将 $\boldsymbol{A}$ 乘上什么矩阵，才能得到

(1) $\begin{pmatrix} a_{12} \\ a_{22} \\ a_{32} \end{pmatrix}$ (2) $(a_{11} \quad a_{12} \quad a_{13})$

(3) $\begin{pmatrix} a_{11} & a_{12} & a_{13} \\ a_{21} & a_{22} & a_{23} \end{pmatrix}$ (4) $(a_{11}+a_{12}+a_{13}+a_{21}+a_{22}+a_{23}+a_{31}+a_{32}+a_{33})$

11. 计算

$$\begin{vmatrix} b & c & 0 \\ a & 0 & c \\ 0 & a & b \end{vmatrix}^2$$

并由此证明

$$\begin{vmatrix} b^2+c^2 & ab & ac \\ ab & c^2+a^2 & bc \\ ca & bc & a^2+b^2 \end{vmatrix}=4a^2b^2c^2$$

12. 设 $\boldsymbol{A}$ 是反对称矩阵，$\boldsymbol{B}$ 是对称矩阵，证明：

(1) $\boldsymbol{A}^2$ 是对称矩阵；

(2) $\boldsymbol{AB}-\boldsymbol{BA}$ 是对称矩阵；

(3) $\boldsymbol{AB}$ 是反对称矩阵的充要条件是 $\boldsymbol{AB}=\boldsymbol{BA}$。

13. 求下列各矩阵的逆矩阵

(1) $\begin{pmatrix} 1 & 2 \\ 3 & 4 \end{pmatrix}$ (2) $\begin{pmatrix} 1 & 1 & 4 \\ 0 & 2 & -1 \\ 0 & 0 & 3 \end{pmatrix}$

(3) $\begin{pmatrix} 1 & 2 & -1 \\ 2 & -1 & -2 \\ 2 & -2 & 1 \end{pmatrix}$ (4) $\begin{pmatrix} 1 & 0 & 0 & 0 \\ 1 & 1 & 1 & 0 \\ 0 & 0 & 1 & 0 \\ 0 & 0 & 1 & 1 \end{pmatrix}$

14. 证明：

(1) 若 $\boldsymbol{A}^2=\boldsymbol{O}$，则 $(\boldsymbol{E}-\boldsymbol{A})^{-1}=\boldsymbol{E}+\boldsymbol{A}$；

(2) 若 $\boldsymbol{A}^2-\boldsymbol{A}+\boldsymbol{E}=\boldsymbol{O}$，则 $\boldsymbol{A}^{-1}=\boldsymbol{E}-\boldsymbol{A}$；

(3) 若 $\boldsymbol{A}^k=\boldsymbol{O}$，则 $(\boldsymbol{E}-\boldsymbol{A})^{-1}=\boldsymbol{E}+\boldsymbol{A}+\boldsymbol{A}^2+\cdots+\boldsymbol{A}^{k-1}$。

15. 求下列 n 阶矩阵的逆矩阵

(1) $\boldsymbol{A}=\begin{pmatrix}1 & 1 & \cdots & 1\\ & 1 & \cdots & 1\\ & & \ddots & \vdots\\ & & & 1\end{pmatrix}$　　(2) $\boldsymbol{A}=\begin{pmatrix}0 & a_1 & 0 & \cdots & 0\\ 0 & 0 & a_2 & \cdots & 0\\ \cdots & \cdots & \cdots & \cdots & \cdots\\ 0 & 0 & 0 & \cdots & a_{n-1}\\ a_n & 0 & 0 & \cdots & 0\end{pmatrix}$

其中 $a_i\neq 0$ $(i=1,2,\cdots,n)$。

16. 已知 $\boldsymbol{AP}=\boldsymbol{PB}$，其中

$$\boldsymbol{B}=\begin{pmatrix}1 & 0 & 1\\ 0 & -1 & 0\\ 0 & 0 & 0\end{pmatrix},\qquad \boldsymbol{P}=\begin{pmatrix}1 & 0 & 0\\ 2 & -1 & 0\\ 2 & 1 & 1\end{pmatrix}$$

求 $\boldsymbol{A}$ 及 $\boldsymbol{A}^6$。

17. 设 $\boldsymbol{A}$ 为三阶矩阵，$\boldsymbol{A}^*$ 是 $\boldsymbol{A}$ 的伴随矩阵，$|\boldsymbol{A}|=\dfrac{1}{2}$，求 $|(3\boldsymbol{A})^{-1}-2\boldsymbol{A}^*|$ 的值。

18. 已知 n 阶矩阵 $\boldsymbol{A}$ 满足 $\boldsymbol{A}^2-3\boldsymbol{A}-2\boldsymbol{E}=\boldsymbol{O}$，$\boldsymbol{E}$ 为 n 阶单位矩阵，试证 $\boldsymbol{A}$ 可逆，并求 $\boldsymbol{A}^{-1}$。

19. 用初等变换法求下列矩阵的逆矩阵

(1) $\begin{pmatrix}1 & -1 & 0\\ 2 & 0 & 1\\ 1 & 1 & -1\end{pmatrix}$　　(2) $\begin{pmatrix}2 & -1 & 1\\ -1 & 1 & 2\\ 3 & -1 & 0\end{pmatrix}$

(3) $\begin{pmatrix}-1 & 1 & 1 & 1\\ -1 & -1 & 1 & 1\\ -1 & -1 & -1 & 1\\ -1 & -1 & -1 & -1\end{pmatrix}$　　(4) $\begin{pmatrix}1 & a & a^2 & a^3\\ 0 & 1 & a & a^2\\ 0 & 0 & 1 & a\\ 0 & 0 & 0 & 1\end{pmatrix}$

20. 设 $\boldsymbol{A},\boldsymbol{B}$ 满足 $\boldsymbol{AB}=\boldsymbol{A}+2\boldsymbol{B}$，其中 $\boldsymbol{A}=\begin{pmatrix}3 & 0 & 1\\ 1 & 1 & 0\\ 0 & 1 & 4\end{pmatrix}$，试求矩阵 $\boldsymbol{B}$。

21. 设 4 阶矩阵 $\boldsymbol{A}=(\boldsymbol{\alpha}\ \ \boldsymbol{\gamma}_2\ \ \boldsymbol{\gamma}_3\ \ \boldsymbol{\gamma}_4)$ 及 $\boldsymbol{B}=(\boldsymbol{\beta}\ \ \boldsymbol{\gamma}_2\ \ \boldsymbol{\gamma}_3\ \ \boldsymbol{\gamma}_4)$，其中 $\boldsymbol{\alpha},\boldsymbol{\beta},\boldsymbol{\gamma}_2,\boldsymbol{\gamma}_3,\boldsymbol{\gamma}_4$ 都是 4 行 1 列的矩阵，又已知行列式 $|\boldsymbol{A}|=4$，$|\boldsymbol{B}|=1$，试求行列式 $|\boldsymbol{A}+\boldsymbol{B}|$ 的值。

22. 已知 3 阶矩阵 $\boldsymbol{A}$ 的逆矩阵 $\boldsymbol{A}^{-1}=\begin{pmatrix}1 & 1 & 1\\ 1 & 2 & 1\\ 1 & 1 & 3\end{pmatrix}$，试求其伴随矩阵 $\boldsymbol{A}^*$ 的逆矩阵。

23. 试用初等行变换的方法求解方程组

(1) $\begin{cases}x_1+3x_2+3x_3=5\\ 2x_1-x_2+4x_3=1\\ x_1-x_2+x_3=3\end{cases}$　　(2) $\begin{cases}2x_1+3x_2-x_3+5x_4=0\\ 3x_1-x_2+2x_3-7x_4=0\\ 4x_1+x_2-3x_3+6x_4=0\\ x_1-2x_2+4x_3-7x_4=0\end{cases}$

24. 用初等变换法求解下列矩阵方程

(1) $\begin{pmatrix}5 & 1 & -5\\ 3 & -3 & 2\\ 1 & -2 & 1\end{pmatrix}\boldsymbol{X}=\begin{pmatrix}-8 & -5\\ 3 & 9\\ 0 & 0\end{pmatrix}$　　(2) $\boldsymbol{X}\begin{pmatrix}5 & 0 & 0\\ 0 & 3 & 4\\ 0 & 4 & 3\end{pmatrix}=\begin{pmatrix}10 & 1 & -2\\ -5 & 3 & 7\end{pmatrix}$

25*. 设有分块矩阵 $\boldsymbol{R}=\begin{pmatrix}\boldsymbol{A} & \boldsymbol{B}\\ \boldsymbol{C} & \boldsymbol{D}\end{pmatrix}$，其中 $\boldsymbol{A}$ 是 n 阶可逆矩阵，$\boldsymbol{D}$ 是 m 阶矩阵，证明

$$\det(\boldsymbol{R})=|\boldsymbol{A}||\boldsymbol{D}-\boldsymbol{C}\boldsymbol{A}^{-1}\boldsymbol{B}|$$

26*. 试用 MATLAB 符号运算的方法计算下列矩阵的行列式

$$\boldsymbol{A}=\begin{pmatrix}1 & 1 & 1 & 1\\ a & b & c & d\\ a^2 & b^2 & c^2 & d^2\\ a^4 & b^4 & c^4 & d^4\end{pmatrix}$$

并用因式分解函数命令 factor 简化所得到的结果。

第三章　向量组的线性相关性与矩阵的秩

向量是研究代数问题的重要工具。在解析几何里，曾经讨论过二维与三维向量。但是，在很多实际问题中，往往需要研究更多维的向量。例如，描述卫星的飞行状态需要知道卫星的位置(x,y,z)、时间 t 以及三个速度分量 v_x,v_y,v_z，这七个量组成的有序数组(x,y,z,t,v_x,v_y,v_z)称为七维向量。更一般地，本章将引入 n 维向量的概念，定义向量的线性运算，并在此基础上讨论向量组的线性相关性，研究向量组与矩阵的秩、向量组的正交化等问题。这将为以后利用向量的线性关系来分析线性方程组解的存在性，化二次型为标准形等奠定理论上的基础。

第一节　n 维向量

作为二维向量、三维向量的推广，现给出 n 维向量的定义。

定义 3.1　n 个数 $a_1,a_2,\cdots,a_n$ 组成的有序数组$(a_1,a_2,\cdots,a_n)$，称为 **n 维向量**（Vector）。数 a_i 称为向量的**第 i 个分量**（或**第 i 个坐标**）(ith coordinates)。

向量通常用希腊字母 $\boldsymbol{\alpha},\boldsymbol{\beta},\boldsymbol{\gamma},\cdots$ 等来表示。向量常写为一行

$$\boldsymbol{\alpha}=(a_1,a_2,\cdots,a_n)$$

有时为了运算方便，又可以写为一列

$$\boldsymbol{\alpha}=\begin{pmatrix}a_1\\a_2\\\vdots\\a_n\end{pmatrix}$$

前者称为**行向量**（Row vector），后者称为**列向量**（Column vector）。行向量、列向量都表示同一个 n 维向量。

设 $\boldsymbol{\alpha}=(a_1,a_2,\cdots,a_n)$，$\boldsymbol{\beta}=(b_1,b_2,\cdots,b_n)$都是 n 维向量，当且仅当它们各个对应的分量相等，即 $a_i=b_i(i=1,2,\cdots,n)$时，称向量 $\boldsymbol{\alpha}$ 与向量 $\boldsymbol{\beta}$ 相等，记作 $\boldsymbol{\alpha}=\boldsymbol{\beta}$。

分量全为零的向量称为**零向量**（Zero vector 或 Null vector），记为 $\mathbf{0}$，即

$$\mathbf{0}=(0,0,\cdots,0)$$

若 $\boldsymbol{\alpha}=(a_1,a_2,\cdots,a_n)$，则称$(-a_1,-a_2,\cdots,-a_n)$为 $\boldsymbol{\alpha}$ 的**负向量**，记为 $-\boldsymbol{\alpha}$。

下面讨论 n 维向量的运算。

定义 3.2　设 $\boldsymbol{\alpha}=(a_1,a_2,\cdots,a_n)$，$\boldsymbol{\beta}=(b_1,b_2,\cdots,b_n)$都是 n 维向量，那么向量$(a_1+b_1,a_2+b_2,\cdots,a_n+b_n)$叫做向量 $\boldsymbol{\alpha}$ 与 $\boldsymbol{\beta}$ 的**和向量**，记作 $\boldsymbol{\alpha}+\boldsymbol{\beta}$，即

$$\boldsymbol{\alpha}+\boldsymbol{\beta}=(a_1+b_1, a_2+b_2, \cdots, a_n+b_n)$$

向量 $\boldsymbol{\alpha}$ 与 $\boldsymbol{\beta}$ 的**差向量**可以定义为 $\boldsymbol{\alpha}+(-\boldsymbol{\beta})$，即

$$\boldsymbol{\alpha}-\boldsymbol{\beta}=\boldsymbol{\alpha}+(-\boldsymbol{\beta})=(a_1-b_1, a_2-b_2, \cdots, a_n-b_n)$$

定义 3.3 设 $\boldsymbol{\alpha}=(a_1, a_2, \cdots, a_n)$ 是 n 维向量，λ 是一个数，那么向量 $(\lambda a_1, \lambda a_2, \cdots, \lambda a_n)$ 叫做数 λ 与向量 $\boldsymbol{\alpha}$ 的**数量乘积**（简称**数乘**），记为 $\lambda\boldsymbol{\alpha}$，即

$$\lambda\boldsymbol{\alpha}=(\lambda a_1, \lambda a_2, \cdots, \lambda a_n)$$

向量的和、差及数乘运算统称为向量的**线性运算**。

n 维行向量也可以看成 1 行 n 列的矩阵，n 维列向量则可以看成 n 行 1 列的矩阵。n 维向量的线性运算与矩阵的运算是基本一致的。

向量的线性运算满足下列运算规律：

性质 3.1 设 $\boldsymbol{\alpha}, \boldsymbol{\beta}, \boldsymbol{\gamma}$ 都是 n 维向量，λ, μ 是任意实数，则

(1) $\boldsymbol{\alpha}+\boldsymbol{\beta}=\boldsymbol{\beta}+\boldsymbol{\alpha}$；

(2) $(\boldsymbol{\alpha}+\boldsymbol{\beta})+\boldsymbol{\gamma}=\boldsymbol{\alpha}+(\boldsymbol{\beta}+\boldsymbol{\gamma})$；

(3) $\boldsymbol{\alpha}+\boldsymbol{0}=\boldsymbol{\alpha}$；

(4) $\boldsymbol{\alpha}+(-\boldsymbol{\alpha})=\boldsymbol{0}$；

(5) $1\boldsymbol{\alpha}=\boldsymbol{\alpha}$；

(6) $\lambda(\mu\boldsymbol{\alpha})=(\lambda\mu)\boldsymbol{\alpha}$；

(7) $\lambda(\boldsymbol{\alpha}+\boldsymbol{\beta})=\lambda\boldsymbol{\alpha}+\lambda\boldsymbol{\beta}$；

(8) $(\lambda+\mu)\boldsymbol{\alpha}=\lambda\boldsymbol{\alpha}+\mu\boldsymbol{\alpha}$ (3.1)

若把所有 n 维行向量构成的集合记为 $\boldsymbol{R}^n$，则向量集合 $\boldsymbol{R}^n$ 上定义的加法与数乘运算又满足式（3.1）的八条性质，也就是说一个向量集合之上具有了某种性质的代数结构，因而我们称 R^n 构成一个**向量空间**。

这就像所有的实数构成的实数集，在其上定义了实数的四则运算，而且四则运算又具有交换律、分配律等若干性质，因而实数集上具有了一种代数结构，所以实数集又称为**实数域**。

有关向量空间乃至更一般的线性空间的更多知识可以参见本章第六节或者本书第七章。

第二节 线性相关与线性无关

这一节将进一步研究 n 维向量组之间的线性关系。其中向量组的线性相关与线性无关是非常重要的概念，许多代数问题的研究都涉及到这个概念。例如，在上一章的第六节，曾讨论过下列齐次方程组的求解问题

$$\begin{cases} 2x_1-4x_2+5x_3+3x_4=0 \\ 3x_1-6x_2+4x_3+2x_4=0 \\ 4x_1-8x_2+17x_3+11x_4=0 \end{cases}$$

通过对这个线性方程组的系数矩阵 $\boldsymbol{A}$ 施行初等行变换

$$A=\begin{pmatrix}2&-4&5&3\\3&-6&4&2\\4&-8&17&11\end{pmatrix}\longrightarrow\begin{pmatrix}1&-2&0&-\frac{2}{7}\\0&0&1&\frac{5}{7}\\0&0&0&0\end{pmatrix}$$

可以得到与原方程组同解的方程组为

$$\begin{cases}x_1-2x_2-\frac{2}{7}x_4=0\\x_3+\frac{5}{7}x_4=0\end{cases}$$

为什么这个同解方程组中恰好包含二个起“独立作用”的方程呢？这就要用原方程组系数矩阵 $\boldsymbol{A}$ 的三个系数行向量之间的线性关系来解释。

定义 3.4　对于 n 维行（列）向量 $\boldsymbol{\alpha}_1,\boldsymbol{\alpha}_2,\cdots,\boldsymbol{\alpha}_m$ 和向量 $\boldsymbol{\beta}$，如果存在一组数 $\lambda_1,\lambda_2,\cdots,\lambda_m$，使得

$$\boldsymbol{\beta}=\lambda_1\alpha_1+\lambda_2\alpha_2+\cdots+\lambda_m\alpha_m$$

则称向量 $\boldsymbol{\beta}$ 是向量组 $\boldsymbol{\alpha}_1,\boldsymbol{\alpha}_2,\cdots,\boldsymbol{\alpha}_m$ 的一个**线性组合**（Linear combination of vectors），或称向量 $\boldsymbol{\beta}$ 可以由向量组 $\boldsymbol{\alpha}_1,\boldsymbol{\alpha}_2,\cdots,\boldsymbol{\alpha}_m$ **线性表示**(或**线性表出**)(Linear representation)。

【例 3.1】　设 n 维向量 $\boldsymbol{\varepsilon}_i=(0,\cdots,0,1,0,\cdots,0)$，即其第 i 个分量为 1，其余分量为 0，$i=1,2,\cdots,n$。而 $\boldsymbol{\beta}=(b_1,b_2,\cdots,b_n)$为任一 n 维向量，则 $\boldsymbol{\beta}$ 可以由 $\boldsymbol{\varepsilon}_1,\boldsymbol{\varepsilon}_2,\cdots,\boldsymbol{\varepsilon}_n$ 线性表示。

证　因为

$$\boldsymbol{\beta}=b_1\boldsymbol{\varepsilon}_1+b_2\boldsymbol{\varepsilon}_2+\cdots+b_n\boldsymbol{\varepsilon}_n$$

故 $\boldsymbol{\beta}$ 可以由 $\boldsymbol{\varepsilon}_1,\boldsymbol{\varepsilon}_2,\cdots,\boldsymbol{\varepsilon}_n$ 线性表示。

现在就可以来解释前面的同解方程组中为什么恰好包含二个起“独立作用”的方程了，这是因为原方程组系数矩阵 $\boldsymbol{A}$ 的第三个系数行向量 $\boldsymbol{\alpha}_3$ 可以由前两个系数行向量 $\boldsymbol{\alpha}_1,\boldsymbol{\alpha}_2$ 线性表示，事实上

$$\boldsymbol{\alpha}_3=5\boldsymbol{\alpha}_1-2\boldsymbol{\alpha}_2$$

而且前两个行向量 $\boldsymbol{\alpha}_1,\boldsymbol{\alpha}_2$ 又确实是“独立的”。这个“独立性”即向量的线性无关性。

定义 3.5　已知 n 维行（列）向量组 $\boldsymbol{\alpha}_1,\boldsymbol{\alpha}_2,\cdots,\boldsymbol{\alpha}_m$，如果存在不全为零的一组数 $\lambda_1,\lambda_2,\cdots,\lambda_m$，使得

$$\lambda_1\boldsymbol{\alpha}_1+\lambda_2\boldsymbol{\alpha}_2+\cdots+\lambda_m\boldsymbol{\alpha}_m=\boldsymbol{0} \tag{3.2}$$

则称向量组 $\boldsymbol{\alpha}_1,\boldsymbol{\alpha}_2,\cdots,\boldsymbol{\alpha}_m$ **线性相关**（Linearly dependent）；否则称向量组**线性无关**

(Linearly independent)。

从几何上来理解，两个向量线性相关，表示它们有共线关系；而三个向量线性相关，则表示它们有共面的关系；

【例 3.2】 (1) 对 n 维行向量组 $\boldsymbol{\varepsilon}_1=(1,0,\cdots,0)$，$\boldsymbol{\varepsilon}_2=(0,1,\cdots,0)$，…，$\boldsymbol{\varepsilon}_n=(0,0,\cdots,1)$，若有一组数 $\lambda_1,\lambda_2,\cdots,\lambda_n$，使式 (3.2) 成立，即

$$\lambda_1\boldsymbol{\varepsilon}_1+\lambda_2\boldsymbol{\varepsilon}_2+\cdots+\lambda_n\boldsymbol{\varepsilon}_n=(\lambda_1,\lambda_2,\cdots,\lambda_n)=0$$

则显然必有 $\lambda_1=0$，$\lambda_2=0$，…，$\lambda_n=0$，从而向量组 $\boldsymbol{\varepsilon}_1,\boldsymbol{\varepsilon}_2,\cdots,\boldsymbol{\varepsilon}_n$ 线性无关；

(2) 而对向量组 $\boldsymbol{\alpha}_1=(1,2,3)$，$\boldsymbol{\alpha}_2=(2,3,1)$，$\boldsymbol{\alpha}_3=(5,9,10)$，不难验证 $3\boldsymbol{\alpha}_1+\boldsymbol{\alpha}_2-\boldsymbol{\alpha}_3=\mathbf{0}$，所以该向量组是线性相关的。

定理 3.1 向量组 $\boldsymbol{\alpha}_1,\boldsymbol{\alpha}_2,\cdots,\boldsymbol{\alpha}_m(m\geqslant 2)$线性相关的充要条件是向量组中至少有一个向量可以由其余 $m-1$ 个向量线性表示。

证 必要性：设 $\boldsymbol{\alpha}_1,\boldsymbol{\alpha}_2,\cdots,\boldsymbol{\alpha}_m$ 线性相关，则存在 m 个不全为零的数 $\lambda_1,\lambda_2,\cdots,\lambda_m$，使

$$\lambda_1\boldsymbol{\alpha}_1+\lambda_2\boldsymbol{\alpha}_2+\cdots+\lambda_m\boldsymbol{\alpha}_m=\mathbf{0}$$

不妨设 $\lambda_1\neq 0$，于是

$$\boldsymbol{\alpha}_1=-\frac{\lambda_2}{\lambda_1}\boldsymbol{\alpha}_2-\frac{\lambda_3}{\lambda_1}\boldsymbol{\alpha}_3-\cdots-\frac{\lambda_m}{\lambda_1}\boldsymbol{\alpha}_m$$

故 $\boldsymbol{\alpha}_1$ 可以由 $\boldsymbol{\alpha}_2,\boldsymbol{\alpha}_3,\cdots,\boldsymbol{\alpha}_m$ 线性表示。

充分性：不妨设 $\boldsymbol{\alpha}_1$ 可以由 $\boldsymbol{\alpha}_2,\boldsymbol{\alpha}_3,\cdots,\boldsymbol{\alpha}_m$ 线性表示，即

$$\boldsymbol{\alpha}_1=\lambda_2\boldsymbol{\alpha}_2+\lambda_3\boldsymbol{\alpha}_3+\cdots+\lambda_m\boldsymbol{\alpha}_m$$

则有一组不全为零的数 $1,-\lambda_2,-\lambda_3,\cdots,-\lambda_m$，使

$$1\boldsymbol{\alpha}_1-\lambda_2\boldsymbol{\alpha}_2-\lambda_3\boldsymbol{\alpha}_3-\cdots-\lambda_m\boldsymbol{\alpha}_m=\mathbf{0}$$

所以向量组 $\boldsymbol{\alpha}_1,\boldsymbol{\alpha}_2,\cdots,\boldsymbol{\alpha}_m$ 是线性相关的。证毕。

定理 3.2 设 $\boldsymbol{\alpha}_1,\boldsymbol{\alpha}_2,\cdots,\boldsymbol{\alpha}_m$ 线性无关，而 $\boldsymbol{\alpha}_1,\boldsymbol{\alpha}_2,\cdots,\boldsymbol{\alpha}_m,\boldsymbol{\beta}$ 线性相关，则 $\boldsymbol{\beta}$ 能由 $\boldsymbol{\alpha}_1,\boldsymbol{\alpha}_2,\cdots,\boldsymbol{\alpha}_m$ 线性表示，且表示法是唯一的。

证 假设 $\boldsymbol{\alpha}_1,\boldsymbol{\alpha}_2,\cdots,\boldsymbol{\alpha}_m,\boldsymbol{\beta}$ 线性相关，则存在一组不全为零的数 $\lambda_1,\lambda_2,\cdots,\lambda_m,\lambda$，使得

$$\lambda_1\boldsymbol{\alpha}_1+\lambda_2\boldsymbol{\alpha}_2+\cdots+\lambda_m\boldsymbol{\alpha}_m+\lambda\boldsymbol{\beta}=\mathbf{0}$$

若 $\lambda=0$，则 $\lambda_1,\lambda_2,\cdots,\lambda_m$ 不全为零，且

$$\lambda_1\boldsymbol{\alpha}_1+\lambda_2\boldsymbol{\alpha}_2+\cdots+\lambda_m\boldsymbol{\alpha}_m=\mathbf{0}$$

这与 $\boldsymbol{\alpha}_1,\boldsymbol{\alpha}_2,\cdots,\boldsymbol{\alpha}_m$ 线性无关相矛盾。因此 $\lambda\neq 0$，故

$$\boldsymbol{\beta}=-\frac{1}{\lambda}(\lambda_1\boldsymbol{\alpha}_1+\lambda_2\boldsymbol{\alpha}_2+\cdots+\lambda_m\boldsymbol{\alpha}_m)$$

即 $\boldsymbol{\beta}$ 可以由向量 $\boldsymbol{\alpha}_1,\boldsymbol{\alpha}_2,\cdots,\boldsymbol{\alpha}_m$ 线性表示。

再证唯一性。设有下列任意两个线性表示式

$$\boldsymbol{\beta}=\lambda_1\boldsymbol{\alpha}_1+\lambda_2\boldsymbol{\alpha}_2+\cdots+\lambda_m\boldsymbol{\alpha}_m$$

$$\boldsymbol{\beta}=k_1\boldsymbol{\alpha}_1+k_2\boldsymbol{\alpha}_2+\cdots+k_m\boldsymbol{\alpha}_m$$

两式相减得

$$(\lambda_1-k_1)\boldsymbol{\alpha}_1+(\lambda_2-k_2)\boldsymbol{\alpha}_2+\cdots+(\lambda_m-k_m)\boldsymbol{\alpha}_m=\mathbf{0}$$

由于 $\boldsymbol{\alpha}_1,\boldsymbol{\alpha}_2,\cdots,\boldsymbol{\alpha}_m$ 线性无关，所以必有

$$\lambda_1-k_1=0,\ \lambda_2-k_2=0,\ \cdots,\ \lambda_m-k_m=0$$

即
$$\lambda_1=k_1,\ \lambda_2=k_2,\ \cdots,\ \lambda_m=k_m$$

所以 $\boldsymbol{\beta}$ 由 $\boldsymbol{\alpha}_1,\boldsymbol{\alpha}_2,\cdots,\boldsymbol{\alpha}_m$ 线性表示的表示法是唯一的。

性质 3.2　在向量组 $\boldsymbol{\alpha}_1,\boldsymbol{\alpha}_2,\cdots,\boldsymbol{\alpha}_m$ 中，若有部分向量构成的向量组线性相关，则全体向量组也线性相关；反之，若全体向量组线性无关，则任意部分向量组也线性无关。

证　不妨设 $\boldsymbol{\alpha}_1,\boldsymbol{\alpha}_2,\cdots,\boldsymbol{\alpha}_r(1\leqslant r\leqslant m)$ 线性相关，那么存在不全为零的数 $\lambda_1,\lambda_2,\cdots,\lambda_r$，使得

$$\lambda_1\boldsymbol{\alpha}_1+\lambda_2\boldsymbol{\alpha}_2+\cdots+\lambda_r\boldsymbol{\alpha}_r=\mathbf{0}$$

从而

$$\lambda_1\boldsymbol{\alpha}_1+\lambda_2\boldsymbol{\alpha}_2+\cdots+\lambda_r\boldsymbol{\alpha}_r+0\cdot\boldsymbol{\alpha}_{r+1}+\cdots+0\cdot\boldsymbol{\alpha}_m=\mathbf{0}$$

因为 $\lambda_1,\lambda_2,\cdots,\lambda_r$ 不全为零，所以 $\lambda_1,\lambda_2,\cdots,\lambda_r,0,\cdots,0$ 不全为零。故全体向量组 $\boldsymbol{\alpha}_1,\boldsymbol{\alpha}_2,\cdots,\boldsymbol{\alpha}_m$ 也线性相关。

剩下的结论用反证法即得。

推论 3.1　含有零向量的向量组必线性相关。

【例 3.3】　两个向量 $\boldsymbol{\alpha}=(a_1,a_2,\cdots,a_n),\boldsymbol{\beta}=(b_1,b_2,\cdots,b_n)$ 线性相关的充要条件是 $\boldsymbol{\alpha}=k\boldsymbol{\beta}$ 或 $\boldsymbol{\beta}=k\boldsymbol{\alpha}$，即 $\boldsymbol{\alpha}$ 与 $\boldsymbol{\beta}$ 的分量对应成比例。

证　由定理 3.1 可知，$\boldsymbol{\alpha}$ 与 $\boldsymbol{\beta}$ 线性相关的充要条件是：$\boldsymbol{\alpha}$ 可以由 $\boldsymbol{\beta}$ 线性表示或 $\boldsymbol{\beta}$ 可以由 $\boldsymbol{\alpha}$ 线性表示，所以两个向量 $\boldsymbol{\alpha}$ 与 $\boldsymbol{\beta}$ 线性相关的充要条件是 $\boldsymbol{\alpha}=k\boldsymbol{\beta}$ 或 $\boldsymbol{\beta}=k\boldsymbol{\alpha}$ 即 $\boldsymbol{\alpha}$ 与 $\boldsymbol{\beta}$ 的分量对应成比例。

【例 3.4】　设 $\boldsymbol{\alpha}_1,\boldsymbol{\alpha}_2,\boldsymbol{\alpha}_3$ 线性无关，证明 $\boldsymbol{\alpha}_1,\boldsymbol{\alpha}_1+\boldsymbol{\alpha}_2,\boldsymbol{\alpha}_1+\boldsymbol{\alpha}_2+\boldsymbol{\alpha}_3$ 也线性无关。

证　设有一组数 k_1,k_2,k_3，使

$$k_1\boldsymbol{\alpha}_1+k_2(\boldsymbol{\alpha}_1+\boldsymbol{\alpha}_2)+k_3(\boldsymbol{\alpha}_1+\boldsymbol{\alpha}_2+\boldsymbol{\alpha}_3)=\mathbf{0}$$

即 $$(k_1+k_2+k_3)\boldsymbol{\alpha}_1+(k_2+k_3)\boldsymbol{\alpha}_2+k_3\boldsymbol{\alpha}_3=\mathbf{0}$$

因为 $\boldsymbol{\alpha}_1,\boldsymbol{\alpha}_2,\boldsymbol{\alpha}_3$ 线性无关，所以

$$\begin{cases} k_1+k_2+k_3=0 \\ \quad k_2+k_3=0 \\ \qquad k_3=0 \end{cases}$$

这是三个方程三个未知数的齐次线性方程组，且显然有

$$k_1=k_2=k_3=0$$

这表明只有当 k_1,k_2,k_3 全为零时式（3.2）才成立，即 $\boldsymbol{\alpha}_1,\boldsymbol{\alpha}_1+\boldsymbol{\alpha}_2,\boldsymbol{\alpha}_1+\boldsymbol{\alpha}_2+\boldsymbol{\alpha}_3$ 也线性无关。

【例 3.5】 试判别下列向量组的线性相关性

$$\boldsymbol{\alpha}_1=\begin{pmatrix}1\\2\\3\end{pmatrix},\quad \boldsymbol{\alpha}_2=\begin{pmatrix}4\\5\\6\end{pmatrix},\quad \boldsymbol{\alpha}_3=\begin{pmatrix}2\\1\\0\end{pmatrix}$$

解 设有 $k_1\boldsymbol{\alpha}_1+k_2\boldsymbol{\alpha}_2+k_3\boldsymbol{\alpha}_3=0$，即

$$k_1\begin{pmatrix}1\\2\\3\end{pmatrix}+k_2\begin{pmatrix}4\\5\\6\end{pmatrix}+k_3\begin{pmatrix}2\\1\\0\end{pmatrix}=\mathbf{0}$$

或

$$\begin{cases} k_1+4k_2+2k_3=0 \\ 2k_1+5k_2+k_3=0 \\ 3k_1+6k_2=0 \end{cases}$$

从而向量组 $\boldsymbol{\alpha}_1,\boldsymbol{\alpha}_2,\boldsymbol{\alpha}_3$ 线性相关，等价于上述齐次线性方程组有非零解。因为其系数矩阵的行列式

$$|\boldsymbol{A}|=\begin{vmatrix}1&4&2\\2&5&1\\3&6&0\end{vmatrix}=0$$

所以由克莱姆法则一节的有关结论可知，上述齐次线性方程组一定有非零解。于是原向量组是线性相关的。

注意：如果所给向量组中向量的个数与向量维数不相等，那怎么去判定对应的齐次线性方程组有没有非零解呢？特别地，当向量组中向量的个数大于向量的维数时，该向量组是否线性相关呢？这两个问题留给大家去思考（可以利用第二章第六节关于齐次线性方程组有非零解的有关结论）。

第三节　向量组的秩与等价向量组

由性质 3.2 可知：若向量组线性无关，则其任意部分向量组均线性无关。若向量组线性相关，那么在式中是否能找到个数最多的线性无关的部分向量组呢？为了研究这些问题，我们需要引进极大线性无关组和向量组秩的概念。

一、极大线性无关组

定义 3.6　设有向量组 $\boldsymbol{A}$，如果：

(1) $\boldsymbol{A}$ 中有 r 个向量 $\boldsymbol{\alpha}_1,\boldsymbol{\alpha}_2,\cdots,\boldsymbol{\alpha}_r$ 线性无关；

(2) $\boldsymbol{A}$ 中任一向量都可以由 $\boldsymbol{\alpha}_1,\boldsymbol{\alpha}_2,\cdots,\boldsymbol{\alpha}_r$ 线性表示。

则称 $\boldsymbol{\alpha}_1,\boldsymbol{\alpha}_2,\cdots,\boldsymbol{\alpha}_r$ 是向量组 $\boldsymbol{A}$ 的一个**极大线性无关组**（或简称为**极大无关组**）(Maximal linearly independent systems)。

【例 3.6】　全体 n 维实向量构成的向量组记作 $\boldsymbol{R}^n$，求 $\boldsymbol{R}^n$ 的一个极大线性无关组。

解　我们知道，$\boldsymbol{\varepsilon}_1,\boldsymbol{\varepsilon}_2,\cdots,\boldsymbol{\varepsilon}_n$（$\boldsymbol{\varepsilon}_i$ 的含义参照例 3.1）线性无关，又任一向量 $\boldsymbol{\alpha}=(a_1,a_2,\cdots,a_n)$ 都可表示为

$$\boldsymbol{\alpha}=a_1\boldsymbol{\varepsilon}_1+a_2\boldsymbol{\varepsilon}_2+\cdots+a_n\boldsymbol{\varepsilon}_n$$

所以 $\boldsymbol{\varepsilon}_1,\boldsymbol{\varepsilon}_2,\cdots,\boldsymbol{\varepsilon}_n$ 是 $\boldsymbol{R}^n$ 的极大线性无关组。

【例 3.7】　试在向量组 $\boldsymbol{\alpha}_1=(1,1,1,1)$，$\boldsymbol{\alpha}_2=(1,2,-1,-2)$，$\boldsymbol{\alpha}_3=(0,1,-2,-3)$ 中找出它的一个极大线性无关组。

解　因为 $\boldsymbol{\alpha}_1$ 与 $\boldsymbol{\alpha}_2$ 的对应分量不成比例，所以 $\boldsymbol{\alpha}_1,\boldsymbol{\alpha}_2$ 线性无关。又 $\boldsymbol{\alpha}_3=\boldsymbol{\alpha}_2-\boldsymbol{\alpha}_1$，所以

$$\boldsymbol{\alpha}_1=1\cdot\boldsymbol{\alpha}_1+0\cdot\boldsymbol{\alpha}_2，\ \boldsymbol{\alpha}_2=0\cdot\boldsymbol{\alpha}_1+1\cdot\boldsymbol{\alpha}_2，\ \boldsymbol{\alpha}_3=1\cdot\boldsymbol{\alpha}_2-1\cdot\boldsymbol{\alpha}_1$$

即 $\boldsymbol{\alpha}_1,\boldsymbol{\alpha}_2,\boldsymbol{\alpha}_3$ 中的任一向量都可由 $\boldsymbol{\alpha}_1,\boldsymbol{\alpha}_2$ 线性表示，故 $\boldsymbol{\alpha}_1,\boldsymbol{\alpha}_2$ 是原向量组的一个极大线性无关组。

应当看到，在 $\boldsymbol{\alpha}_1,\boldsymbol{\alpha}_2,\boldsymbol{\alpha}_3$ 中，$\boldsymbol{\alpha}_1,\boldsymbol{\alpha}_3$ 或者 $\boldsymbol{\alpha}_2,\boldsymbol{\alpha}_3$ 也都是该向量组的极大线性无关组。所以一个向量组的极大线性无关组并不是唯一的。

二、等价向量组

定义 3.7　设有向量组 $\boldsymbol{A}:\boldsymbol{\alpha}_1,\boldsymbol{\alpha}_2,\cdots,\boldsymbol{\alpha}_s$ 和向量组 $\boldsymbol{B}:\boldsymbol{\beta}_1,\boldsymbol{\beta}_2,\cdots,\boldsymbol{\beta}_t$，若向量组 $\boldsymbol{B}$ 中任一向量都可以由向量组 $\boldsymbol{A}$ 中的向量线性表示，则称 **$\boldsymbol{B}$ 可以由 $\boldsymbol{A}$ 线性表示**。

又如果 $\boldsymbol{B}$ 可以由 $\boldsymbol{A}$ 线性表示，而且 $\boldsymbol{A}$ 也可以由 $\boldsymbol{B}$ 线性表示，则称向量组 $\boldsymbol{A}$ 与 **$\boldsymbol{B}$ 等价**（Equivalent vector sets）。

定理 3.3　如果向量组 $\boldsymbol{A}:\boldsymbol{\alpha}_1,\boldsymbol{\alpha}_2,\cdots,\boldsymbol{\alpha}_s$ 可以由向量组 $\boldsymbol{B}:\boldsymbol{\beta}_1,\boldsymbol{\beta}_2,\cdots,\boldsymbol{\beta}_t$ 线性表

示，且 $s>t$，则向量组 $\boldsymbol{A}$ 必定线性相关。

证 要证向量组 $\boldsymbol{A}$ 线性相关，即要证明存在一组不全为零的数 $x_1,x_2,\cdots,x_s$ 使得

$$x_1\boldsymbol{\alpha}_1+x_2\boldsymbol{\alpha}_2+\cdots+x_s\boldsymbol{\alpha}_s=\mathbf{0}$$

因为向量组 $\boldsymbol{A}$ 可以由 $\boldsymbol{B}$ 线性表示，故 $\boldsymbol{\alpha}_1,\boldsymbol{\alpha}_2,\cdots,\boldsymbol{\alpha}_s$ 中的每一个向量都可以由 $\boldsymbol{\beta}_1,\boldsymbol{\beta}_2,\cdots,\boldsymbol{\beta}_t$ 线性表示，所以可设

$$\begin{cases}\boldsymbol{\alpha}_1=k_{11}\boldsymbol{\beta}_1+k_{21}\boldsymbol{\beta}_2+\cdots+k_{t1}\boldsymbol{\beta}_t\\ \boldsymbol{\alpha}_2=k_{12}\boldsymbol{\beta}_1+k_{22}\boldsymbol{\beta}_2+\cdots+k_{t2}\boldsymbol{\beta}_t\\ \cdots\cdots\cdots\cdots\cdots\cdots\cdots\cdots\cdots\cdots\cdots\cdots\\ \boldsymbol{\alpha}_s=k_{1s}\boldsymbol{\beta}_1+k_{2s}\boldsymbol{\beta}_2+\cdots+k_{ts}\boldsymbol{\beta}_t\end{cases}$$

即
$$\boldsymbol{\alpha}_j=\sum_{i=1}^{t}k_{ij}\boldsymbol{\beta}_i\quad(j=1,2,\cdots,s)$$

现在研究向量组 $\boldsymbol{\alpha}_1,\boldsymbol{\alpha}_2,\cdots,\boldsymbol{\alpha}_s$ 的下列线性组合，则有

$$\begin{aligned}x_1\boldsymbol{\alpha}_1+x_2\boldsymbol{\alpha}_2+\cdots+x_s\boldsymbol{\alpha}_s&=\sum_{j=1}^{s}x_j\boldsymbol{\alpha}_\mathrm{j}\\&=\sum_{j=1}^{s}(x_j\sum_{i=1}^{t}k_{ij}\boldsymbol{\beta}_i)\\&=\sum_{i=1}^{t}(\sum_{j=1}^{s}k_{ij}x_j)\boldsymbol{\beta}_i\end{aligned}$$

上式成立的原因是：在有两个连续的求和符号 Σ 的式子中，其求和的先后次序是可以交换的。

令上面和式中 $\boldsymbol{\beta}_i$ 的系数都等于零，再考察由此所生成的线性方程组

$$\sum_{j=1}^{s}k_{ij}x_j=0\quad(i=1,2,\cdots,t)$$

即

$$\begin{cases}k_{11}x_1+k_{12}x_2+\cdots+k_{1s}x_s=0\\ k_{21}x_1+k_{22}x_2+\cdots+k_{2s}x_s=0\\ \cdots\cdots\cdots\cdots\cdots\cdots\cdots\cdots\cdots\cdots\cdots\cdots\\ k_{t1}x_1+k_{t2}x_2+\cdots+k_{ts}x_s=0\end{cases}$$

由于这个方程组是关于 $x_1,x_2,\cdots,x_s$ 的齐次线性方程组，根据 $s>t$ 的条件，因为方程组中**方程个数 t 小于未知数个数 s**，由第二章第六节的有关结论可知，上述线性方程组一定有非零解。即存在不全为零的一组数 $x_1,x_2,\cdots,x_s$，使得

$$\sum_{j=1}^{s}k_{ij}x_j=0\quad(i=1,2,\cdots,t)$$

于是，有
$$x_1\boldsymbol{\alpha}_1+x_2\boldsymbol{\alpha}_2+\cdots+x_s\boldsymbol{\alpha}_s=\mathbf{0}$$

从而向量组 $\boldsymbol{A}:\boldsymbol{\alpha}_1,\boldsymbol{\alpha}_2,\cdots,\boldsymbol{\alpha}_s$ 线性相关。证毕。

这个**定理结论的意义**在于：用含有向量个数较少的向量组 $\boldsymbol{\beta}_1,\boldsymbol{\beta}_2,\cdots,\boldsymbol{\beta}_t$，不可能表示出（或者说生成出）含有向量个数更多的，并且线性无关的向量组 $\boldsymbol{\alpha}_1,\boldsymbol{\alpha}_2,\cdots,\boldsymbol{\alpha}_s$。

推论 3.2　如果线性无关向量组 $\boldsymbol{A}$：$\boldsymbol{\alpha}_1,\boldsymbol{\alpha}_2,\cdots,\boldsymbol{\alpha}_s$ 可以由另一个向量组 $\boldsymbol{B}$：$\boldsymbol{\beta}_1,\boldsymbol{\beta}_2,\cdots,\boldsymbol{\beta}_t$ 来线性表示，则 $s\leqslant t$。

推论 3.3　设有两个线性无关的向量组 $\boldsymbol{A}$：$\boldsymbol{\alpha}_1,\boldsymbol{\alpha}_2,\cdots,\boldsymbol{\alpha}_s$ 和 $\boldsymbol{B}$：$\boldsymbol{\beta}_1,\boldsymbol{\beta}_2,\cdots,\boldsymbol{\beta}_t$。如果向量组 $\boldsymbol{A}$ 与 $\boldsymbol{B}$ 等价，则 $s=t$。

三、 向量组的秩

由向量组的极大线性无关组定义可知，一个向量组的任意两个极大线性无关组必定等价，又由推论 **3.3** 知，它们所含向量的个数相同。即任何向量组的极大线性无关组所包含的向量可以不同，但是任何极大线性无关组中所含有的线性无关的向量个数一定是不变的。

定义 3.8　向量组 $\boldsymbol{A}$ 的极大线性无关组中所含向量的个数称为这个**向量组的秩**(Rank of a vector set)，记作 $\mathrm{rank}(\boldsymbol{A})$，或简记为 $r(\boldsymbol{A})$。

接着介绍关于向量组秩的几个性质命题。

定理 3.4　如果向量组 $\boldsymbol{A}$ 可以由向量组 $\boldsymbol{B}$ 线性表示，则 $r(\boldsymbol{A})\leqslant \mathrm{r}(\boldsymbol{B})$。

证　记 $s=r(\boldsymbol{A})$，$t=r(\boldsymbol{B})$。设向量组 $\boldsymbol{A}$ 的一个极大线性无关组为 $\boldsymbol{\alpha}_1,\boldsymbol{\alpha}_2,\cdots,\boldsymbol{\alpha}_s$；向量组 $\boldsymbol{B}$ 的一个极大线性无关组为 $\boldsymbol{\beta}_1,\boldsymbol{\beta}_2,\cdots,\boldsymbol{\beta}_t$，由于向量组 $\boldsymbol{A}$ 可以由向量组 $\boldsymbol{B}$ 线性表示，则极大线性无关组 $\boldsymbol{\alpha}_1,\boldsymbol{\alpha}_2,\cdots,\boldsymbol{\alpha}_s$ 也可以由向量组 $\boldsymbol{B}$ 线性表示，又由于向量组 $\boldsymbol{B}$ 可以由 $\boldsymbol{\beta}_1,\boldsymbol{\beta}_2,\cdots,\boldsymbol{\beta}_t$ 线性表示。所以 $\boldsymbol{\alpha}_1,\boldsymbol{\alpha}_2,\cdots,\boldsymbol{\alpha}_s$ 也可以由 $\boldsymbol{\beta}_1,\boldsymbol{\beta}_2,\cdots,\boldsymbol{\beta}_t$ 线性表示，从而由推论 **3.2** 可知，$s\leqslant t$。即 $r(\boldsymbol{A})\leqslant r(\boldsymbol{B})$。

推论 3.4　若向量组 $\boldsymbol{A}$ 与向量组 $\boldsymbol{B}$ 等价，则 $r(\boldsymbol{A})=r(\boldsymbol{B})$。

推论 3.5　$n+1$ 个 n 维向量一定线性相关。

证　这是因为任何 $n+1$ 个 n 维向量构成的向量组 $\boldsymbol{A}$ 总可以由 n 维单位向量组 $\boldsymbol{B}$：$\boldsymbol{\varepsilon}_1,\boldsymbol{\varepsilon}_2,\cdots,\boldsymbol{\varepsilon}_n$ 线性表示，所以由定理 3.4 可知向量组 $\boldsymbol{A}$ 的秩最大为 n，从而这 $n+1$ 个 n 维向量一定线性相关。

这个结论同时也告诉我们，在 n 维向量空间 $\boldsymbol{R}^n$ 中，最多只能找到 n 个线性无关的向量；当然在 n 维向量空间 $\boldsymbol{R}^n$ 中，也确实可以找到 n 个线性无关的向量，比如 n 维单位向量组。而且这样的 n 个线性无关的向量组，也绝不是唯一的。

【例 3.8】　证明向量组 $\boldsymbol{\alpha}_1,\boldsymbol{\alpha}_2,\boldsymbol{\alpha}_3$ 线性无关的充要条件是向量组 $\boldsymbol{\alpha}_1+\boldsymbol{\alpha}_2,\boldsymbol{\alpha}_2+\boldsymbol{\alpha}_3,\boldsymbol{\alpha}_3+\boldsymbol{\alpha}_1$ 也线性无关。

证　设 $\boldsymbol{\beta}_1=\boldsymbol{\alpha}_1+\boldsymbol{\alpha}_2$，$\boldsymbol{\beta}_2=\boldsymbol{\alpha}_2+\boldsymbol{\alpha}_3$，$\boldsymbol{\beta}_3=\boldsymbol{\alpha}_3+\boldsymbol{\alpha}_1$。则不难得到

$$\boldsymbol{\alpha}_1=\frac{1}{2}\boldsymbol{\beta}_1-\frac{1}{2}\boldsymbol{\beta}_2+\frac{1}{2}\boldsymbol{\beta}_3$$

$$\boldsymbol{\alpha}_2=\frac{1}{2}\boldsymbol{\beta}_1+\frac{1}{2}\boldsymbol{\beta}_2-\frac{1}{2}\boldsymbol{\beta}_3$$

$$\boldsymbol{\alpha}_3=-\frac{1}{2}\boldsymbol{\beta}_1+\frac{1}{2}\boldsymbol{\beta}_2+\frac{1}{2}\boldsymbol{\beta}_3$$

即向量组 $\boldsymbol{\alpha}_1,\boldsymbol{\alpha}_2,\boldsymbol{\alpha}_3$ 与向量组 $\boldsymbol{\beta}_1,\boldsymbol{\beta}_2,\boldsymbol{\beta}_3$ 等价。由推论 3.4 可知，等价向量组秩相等，于是

$$\boldsymbol{\alpha}_1,\boldsymbol{\alpha}_2,\boldsymbol{\alpha}_3\text{线性无关}\Leftrightarrow r(\boldsymbol{\alpha}_1,\boldsymbol{\alpha}_2,\boldsymbol{\alpha}_3)=3$$

$$\Leftrightarrow r(\boldsymbol{\beta}_1,\boldsymbol{\beta}_2,\boldsymbol{\beta}_3)=3\Leftrightarrow\boldsymbol{\beta}_1,\boldsymbol{\beta}_2,\boldsymbol{\beta}_3\text{线性无关}$$

证毕。

定理 3.5 设有 n 维向量组 $\boldsymbol{\alpha}_1,\boldsymbol{\alpha}_2,\cdots,\boldsymbol{\alpha}_m$

$$\boldsymbol{\alpha}_i=\begin{pmatrix}a_{1i}\\a_{2i}\\\vdots\\a_{ni}\end{pmatrix},\ i=1,2,\cdots,m$$

和 $r(r<n)$ 维向量组 $\boldsymbol{\beta}_1,\boldsymbol{\beta}_2,\cdots,\boldsymbol{\beta}_m$

$$\boldsymbol{\beta}_i=\begin{pmatrix}a_{1i}\\a_{2i}\\\vdots\\a_{ri}\end{pmatrix},\ i=1,2,\cdots,m$$

则（1）如果 $\boldsymbol{\alpha}_1,\boldsymbol{\alpha}_2,\cdots,\boldsymbol{\alpha}_m$ 线性相关，那么 $\boldsymbol{\beta}_1,\boldsymbol{\beta}_2,\cdots,\boldsymbol{\beta}_m$ 也线性相关；

（2）如果 $\boldsymbol{\beta}_1,\boldsymbol{\beta}_2,\cdots,\boldsymbol{\beta}_m$ 线性无关，那么 $\boldsymbol{\alpha}_1,\boldsymbol{\alpha}_2,\cdots,\boldsymbol{\alpha}_m$ 也线性无关。

证（1）如果 $\boldsymbol{\alpha}_1,\boldsymbol{\alpha}_2,\cdots,\boldsymbol{\alpha}_m$ 线性相关，则存在一组不全为零的常数 $k_1,k_2,\cdots,k_m$，使

$$k_1\boldsymbol{\alpha}_1+k_2\boldsymbol{\alpha}_2+\cdots+k_m\boldsymbol{\alpha}_m=\boldsymbol{0}$$

即

$$\begin{aligned}&a_{11}k_1+a_{12}k_2+\cdots+a_{1m}k_m=0\\&a_{21}k_1+a_{22}k_2+\cdots+a_{2m}k_m=0\\&\cdots\cdots\cdots\cdots\cdots\cdots\cdots\cdots\\&a_{r1}k_1+a_{r2}k_2+\cdots+a_{rm}k_m=0\\&\cdots\cdots\cdots\cdots\cdots\cdots\cdots\cdots\\&a_{n1}k_1+a_{n2}k_2+\cdots+a_{nm}k_m=0\end{aligned}$$

由式中前 r 个等式可知

$$k_1\boldsymbol{\beta}_1+k_2\boldsymbol{\beta}_2+\cdots+k_m\boldsymbol{\beta}_m=\mathbf{0}$$

故 $\boldsymbol{\beta}_1,\boldsymbol{\beta}_2,\cdots,\boldsymbol{\beta}_m$ 也线性相关。

（2）是（1）的逆否命题，显然成立。

第四节　矩阵的秩

由分块矩阵的概念可知，任何一个矩阵可以看作是由其行向量组或者列向量组所构成，即

$$\boldsymbol{A}=\begin{pmatrix} a_{11} & a_{12} & \cdots & a_{1n} \\ \hdashline a_{21} & a_{22} & \cdots & a_{2n} \\ \hdashline \cdots & \cdots & \cdots & \cdots \\ \hdashline a_{m1} & a_{m2} & \cdots & a_{mn} \end{pmatrix} \triangleq \begin{pmatrix} \boldsymbol{\alpha}_1 \\ \boldsymbol{\alpha}_2 \\ \vdots \\ \boldsymbol{\alpha}_m \end{pmatrix}$$

或者

$$\boldsymbol{A}=\left(\begin{array}{c:c:c:c} a_{11} & a_{12} & \cdots & a_{1n} \\ a_{21} & a_{22} & \cdots & a_{2n} \\ \cdots & \cdots & \cdots & \cdots \\ a_{m1} & a_{m2} & \cdots & a_{mn} \end{array}\right) \triangleq (\boldsymbol{\beta}_1 \quad \boldsymbol{\beta}_2 \quad \cdots \quad \boldsymbol{\beta}_n)$$

下面我们将讨论矩阵的行、列向量组的秩以及二者之间的关系。并在此基础上给出矩阵秩的定义。

一、矩阵的行秩与列秩

定义 3.9　对任意矩阵 $\boldsymbol{A}$，$\boldsymbol{A}$ 的行（列）向量组的秩称为矩阵 $\boldsymbol{A}$ 的**行（列）秩**（Row（column）rank of a matrix）。

为了研究任意矩阵的行秩与列秩之间的关系，下面首先讨论一种特殊的矩阵，即**阶梯形矩阵**。例如

$$\boldsymbol{A}=\begin{pmatrix} a_{11} & a_{12} & a_{13} & a_{14} & a_{15} \\ 0 & 0 & a_{23} & a_{24} & a_{25} \\ 0 & 0 & 0 & a_{34} & a_{35} \\ 0 & 0 & 0 & 0 & 0 \end{pmatrix}$$

式中，$a_{11}\neq0$，$a_{23}\neq0$，$a_{34}\neq0$。

对这个特殊的阶梯形矩阵不难得到：$\boldsymbol{A}$ 的行秩等于 3，$\boldsymbol{A}$ 的列秩也等于 3。这是因为，若把 $\boldsymbol{A}$ 按行分块为

$$\boldsymbol{A}=\begin{pmatrix} \boldsymbol{\alpha}_1 \\ \boldsymbol{\alpha}_2 \\ \boldsymbol{\alpha}_3 \\ \boldsymbol{\alpha}_4 \end{pmatrix}$$

则由 $x_1\boldsymbol{\alpha}_1+x_2\boldsymbol{\alpha}_2+x_3\boldsymbol{\alpha}_3=\mathbf{0}$ 容易推出，数 x_1,x_2,x_3 必须全为零，所以 $\boldsymbol{\alpha}_1,\boldsymbol{\alpha}_2,\boldsymbol{\alpha}_3$

线性无关，而 $\boldsymbol{\alpha}_4=\mathbf{0}$。所以 $\boldsymbol{A}$ 的行秩等于 3。

若再把矩阵 $\boldsymbol{A}$ 按列分块为

$$\boldsymbol{A}=(\boldsymbol{\beta}_1,\boldsymbol{\beta}_2,\boldsymbol{\beta}_3,\boldsymbol{\beta}_4,\boldsymbol{\beta}_5)$$

同样由
$$y_1\boldsymbol{\beta}_1+y_3\boldsymbol{\beta}_3+y_4\boldsymbol{\beta}_4=\mathbf{0}$$

也可推出
$$y_1=y_3=y_4=0$$

故 $\boldsymbol{\beta}_1,\boldsymbol{\beta}_3,\boldsymbol{\beta}_4$ 线性无关。又易证 $\boldsymbol{\beta}_1,\boldsymbol{\beta}_2,\boldsymbol{\beta}_3,\boldsymbol{\beta}_4,\boldsymbol{\beta}_5$ 中任意 4 个向量都线性相关（因为 $\boldsymbol{\beta}_i$ 的第 4 个分量都为零，而任意 4 个 3 维向量都线性相关），所以 $\boldsymbol{\beta}_1,\boldsymbol{\beta}_3,\boldsymbol{\beta}_4$ 也就是向量组 $\boldsymbol{\beta}_1,\boldsymbol{\beta}_2,\boldsymbol{\beta}_3,\boldsymbol{\beta}_4,\boldsymbol{\beta}_5$ 的一个极大线性无关组，因此 $\boldsymbol{A}$ 的列秩也等于 3。

由此例子可以推想得到一般的结论：**阶梯形矩阵的行秩等于它的列秩，其值等于阶梯形矩阵的非零行的行数**。这个一般性结论的证明过程与上面例子的推证过程本质上是相同的。

我们知道，任何矩阵总可以通过一些列的初等变换，将其化为阶梯形矩阵。那么做初等行变换的过程会不会改变原来矩阵的秩呢？

定理 3.6 如果对矩阵 $\boldsymbol{A}$ 作初等行变换将其化为矩阵 $\boldsymbol{B}$，则矩阵 $\boldsymbol{B}$ 的行秩等于 $\boldsymbol{A}$ 的行秩。

证 只需证明每作一次数乘、倍加和对换行变换，矩阵的行秩都不变。设 $\boldsymbol{A}$ 是任意 $m\times n$ 矩阵，记 $\boldsymbol{A}$ 的 m 个行向量为 $\boldsymbol{\alpha}_1,\boldsymbol{\alpha}_2,\cdots,\boldsymbol{\alpha}_m$。

(1) 对换 $\boldsymbol{A}$ 的某两行位置，所得到的矩阵 $\boldsymbol{B}$ 的 m 个行向量仍是 $\boldsymbol{A}$ 的 m 个行向量，显然 $\boldsymbol{B}$ 的行秩等于 $\boldsymbol{A}$ 的行秩；

(2) 把 $\boldsymbol{A}$ 的第 i 行乘非零常数 c 得矩阵 $\boldsymbol{B}$，则 $\boldsymbol{B}$ 的 m 个行向量为 $\boldsymbol{\alpha}_1,\boldsymbol{\alpha}_2,\cdots,c\boldsymbol{\alpha}_i,\cdots,\boldsymbol{\alpha}_m$。显然 $\boldsymbol{B}$ 的行向量组与 $\boldsymbol{A}$ 的行向量组是等价的。故根据推论 3.3，$\boldsymbol{B}$ 的行秩等于 $\boldsymbol{A}$ 的行秩；

(3) 把 $\boldsymbol{A}$ 的第 i 行乘非零常数 c 加到 $\boldsymbol{A}$ 的第 j 行上去得到矩阵 $\boldsymbol{B}$，即

$$\boldsymbol{A}=\begin{pmatrix}\boldsymbol{\alpha}_1\\ \vdots\\ \boldsymbol{\alpha}_i\\ \vdots\\ \boldsymbol{\alpha}_j\\ \vdots\\ \boldsymbol{\alpha}_m\end{pmatrix}\xrightarrow[\text{加到 } j \text{ 行}]{i \text{ 行乘 } c}\begin{pmatrix}\boldsymbol{\alpha}_1\\ \vdots\\ \boldsymbol{\alpha}_i\\ \vdots\\ c\boldsymbol{\alpha}_i+\boldsymbol{\alpha}_j\\ \vdots\\ \boldsymbol{\alpha}_m\end{pmatrix}\overset{\triangle}{=}\begin{pmatrix}\boldsymbol{\beta}_1\\ \vdots\\ \boldsymbol{\beta}_i\\ \vdots\\ \boldsymbol{\beta}_j\\ \vdots\\ \boldsymbol{\beta}_m\end{pmatrix}=\boldsymbol{B}$$

显然 $\boldsymbol{B}$ 的行向量组可以由 $\boldsymbol{A}$ 的行向量组线性表示。又由 $\boldsymbol{x}_i=\boldsymbol{\beta}_i$，$c\boldsymbol{\alpha}_i+\boldsymbol{\alpha}_j=\boldsymbol{\beta}_j$，得到

$$\boldsymbol{\alpha}_j=\boldsymbol{\beta}_j-c\boldsymbol{\alpha}_i=\boldsymbol{\beta}_j-c\boldsymbol{\beta}_i$$

即 $\boldsymbol{A}$ 的行向量组也可由 $\boldsymbol{B}$ 的行向量组线性表示。因此 $\boldsymbol{A}$ 的行向量组与 $\boldsymbol{B}$ 的行向量组等价，而等价向量组有相同的秩，所以此时 $\boldsymbol{A}$ 与 $\boldsymbol{B}$ 的行秩也相等。综合上述，定理得证。

可见，初等行变换不改变矩阵的行秩；实际上，初等行变换也不改变矩阵的列秩。

定理 3.7　对矩阵 $\boldsymbol{A}$ 作初等行变换将其化为 $\boldsymbol{B}$，则 $\boldsymbol{A}$ 与 $\boldsymbol{B}$ 的任何对应的列向量组有相同的线性相关性。即若

$$\boldsymbol{A}=(\boldsymbol{\alpha}_1,\boldsymbol{\alpha}_2,\cdots,\boldsymbol{\alpha}_n)\xrightarrow{\text{初等行变换}}(\boldsymbol{\beta}_1,\boldsymbol{\beta}_2,\cdots,\boldsymbol{\beta}_n)=\boldsymbol{B}$$

则矩阵 $\boldsymbol{A}$ 的列向量组的任意子向量组 $\boldsymbol{\alpha}_{i_1},\boldsymbol{\alpha}_{i_2},\cdots,\boldsymbol{\alpha}_{i_r}$ 与矩阵 $\boldsymbol{B}$ 的对应下标号的子向量组 $\boldsymbol{\beta}_{i_1},\boldsymbol{\beta}_{i_2},\cdots,\boldsymbol{\beta}_{i_r}$($1\leqslant i_1<i_2<\cdots<i_r\leqslant n$)都具有相同的线性相关性。

证　把矩阵 $\boldsymbol{A}$ 作初等行变换化为 $\boldsymbol{B}$，就是用若干个初等矩阵 $\boldsymbol{P}_1,\boldsymbol{P}_2,\cdots,\boldsymbol{P}_s$ 左乘 $\boldsymbol{A}$ 使之等于 $\boldsymbol{B}$。即

$$\boldsymbol{P}_1,\boldsymbol{P}_2,\cdots,\boldsymbol{P}_s\boldsymbol{A}=\boldsymbol{B}$$

记 $\boldsymbol{P}=\boldsymbol{P}_s\boldsymbol{P}_{s-1}\cdots\boldsymbol{P}_2\boldsymbol{P}_1$，则有矩阵等式 $\boldsymbol{PA}=\boldsymbol{B}$，即

$$\boldsymbol{P}(\boldsymbol{\alpha}_1,\boldsymbol{\alpha}_2,\cdots,\boldsymbol{\alpha}_n)=(\boldsymbol{\beta}_1,\boldsymbol{\beta}_2,\cdots,\boldsymbol{\beta}_n)\ \text{或者}\ \boldsymbol{P\alpha}_j=\boldsymbol{\beta}_j,\ j=1,2,\cdots,n$$

再从矩阵 $\boldsymbol{A}$ 与 $\boldsymbol{B}$ 的列向量组中任意抽取相应的子列

$$\boldsymbol{A}_1=(\boldsymbol{\alpha}_{i_1},\boldsymbol{\alpha}_{i_2},\cdots,\boldsymbol{\alpha}_{i_r}),\quad \boldsymbol{B}_1=(\boldsymbol{\beta}_{i_1},\boldsymbol{\beta}_{i_2},\cdots,\boldsymbol{\beta}_{i_r})$$

则同样有 $\boldsymbol{PA}_1=\boldsymbol{B}_1$。记

$$\boldsymbol{X}_1=\begin{pmatrix}x_{i_1}\\x_{i_2}\\\vdots\\x_{i_r}\end{pmatrix}$$

对于线性方程组 $\boldsymbol{B}_1\boldsymbol{X}_1=\boldsymbol{PA}_1\boldsymbol{X}_1=\boldsymbol{0}$，因为 $\boldsymbol{P}$ 为可逆矩阵，所以 $\boldsymbol{B}_1\boldsymbol{X}_1=\boldsymbol{0}$ 与 $\boldsymbol{A}_1\boldsymbol{X}_1=\boldsymbol{0}$ 是等价的齐次线性方程组。又 $\boldsymbol{A}_1\boldsymbol{X}_1=\boldsymbol{0}$ 即为

$$x_{i_1}\boldsymbol{\alpha}_{i_1}+x_{i_2}\boldsymbol{\alpha}_{i_2}+\cdots+x_{i_r}\boldsymbol{\alpha}_{i_r}=\boldsymbol{0}$$

而同样 $\boldsymbol{B}_1\boldsymbol{X}_1=\boldsymbol{0}$ 即为

$$x_{i_1}\boldsymbol{\beta}_{i_1}+x_{i_2}\boldsymbol{\beta}_{i_2}+\cdots+x_{i_r}\boldsymbol{\beta}_{i_r}=\boldsymbol{0}$$

由于上述两等式是等价的方程，所以 $\boldsymbol{\alpha}_{i_1},\boldsymbol{\alpha}_{i_2},\cdots,\boldsymbol{\alpha}_{i_r}$ 与 $\boldsymbol{\beta}_{i_1},\boldsymbol{\beta}_{i_2},\cdots,\boldsymbol{\beta}_{i_r}$ 有相同的线性相关性。

定理结论告诉我们，初等行变换若把矩阵 $\boldsymbol{A}$ 化为了 $\boldsymbol{B}$，则 $\boldsymbol{A}$ 与 $\boldsymbol{B}$ 的列向量组甚至它们任何对应的子向量组，不仅相关性相同，而且当对应的子向量组线性相关时，使得子向量组的线性组合等于零的组合系数也是一样的。这个特性就决定了上述定理同时也给我们提供了求一个向量组的秩及其极大线性无关组的一种简便而有效的方法。

【例 3.9】 求向量组 $\boldsymbol{\alpha}_1=(1,3,0,5)^{\mathrm{T}},\boldsymbol{\alpha}_2=(1,2,1,4)^{\mathrm{T}},\boldsymbol{\alpha}_3=(1,1,2,3)^{\mathrm{T}},\boldsymbol{\alpha}_4=(0,1,2,4)^{\mathrm{T}},\boldsymbol{\alpha}_5=(1,-3,0,-7)^{\mathrm{T}}$的秩和它的一个极大线性无关组，并把其余向量表示为所求得的极大线性无关组的线性组合。

解 从定理 3.7 的结论出发，以向量 $\boldsymbol{\alpha}_1,\boldsymbol{\alpha}_2,\boldsymbol{\alpha}_3,\boldsymbol{\alpha}_4,\boldsymbol{\alpha}_5$ 作为列构成一个矩阵 $\boldsymbol{A}$，并对 $\boldsymbol{A}$ 作初等行变换

$$\boldsymbol{A}=\begin{pmatrix}1&1&1&0&1\\3&2&1&1&-3\\0&1&2&2&0\\5&4&3&4&-7\end{pmatrix}\xrightarrow[r_4-5r_1]{r_2-3r_1}\begin{pmatrix}1&1&1&0&1\\0&-1&-2&1&-6\\0&1&2&2&0\\0&-1&-2&4&-12\end{pmatrix}$$

$$\xrightarrow[r_4-r_2]{r_3+r_2}\begin{pmatrix}1&1&1&0&1\\0&-1&-2&1&-6\\0&0&0&3&-6\\0&0&0&3&-6\end{pmatrix}\xrightarrow[\substack{(-1)r_2\\ \frac{1}{3}r_3}]{r_4-r_3}\begin{pmatrix}1&1&1&0&1\\0&1&2&-1&6\\0&0&0&1&-2\\0&0&0&0&0\end{pmatrix}$$

$$\xrightarrow{r_2+r_3}\begin{pmatrix}1&1&1&0&1\\0&1&2&0&4\\0&0&0&1&-2\\0&0&0&0&0\end{pmatrix}\xrightarrow{r_1-r_2}\begin{pmatrix}1&0&-1&0&-3\\0&1&2&0&4\\0&0&0&1&-2\\0&0&0&0&0\end{pmatrix}=\boldsymbol{B}$$

记由对矩阵 $\boldsymbol{A}$ 作初等行变换所得到的这个**简化阶梯形矩阵**为 $\boldsymbol{B}=(\boldsymbol{\beta}_1,\boldsymbol{\beta}_2,\boldsymbol{\beta}_3,\boldsymbol{\beta}_4,\boldsymbol{\beta}_5)$。容易看出 $\boldsymbol{B}$ 的列向量 $\boldsymbol{\beta}_1,\boldsymbol{\beta}_2,\boldsymbol{\beta}_4$ 线性无关，而 $\boldsymbol{\beta}_3,\boldsymbol{\beta}_5$ 可由 $\boldsymbol{\beta}_1,\boldsymbol{\beta}_2,\boldsymbol{\beta}_4$ 线性表示

$$\boldsymbol{\beta}_3=-\boldsymbol{\beta}_1+2\boldsymbol{\beta}_2,\quad \boldsymbol{\beta}_5=-3\boldsymbol{\beta}_1+4\boldsymbol{\beta}_2-2\boldsymbol{\beta}_4$$

因此由定理 3.7 的结论可知：$\boldsymbol{A}$ 的对应的列向量 $\boldsymbol{\alpha}_1,\boldsymbol{\alpha}_2,\boldsymbol{\alpha}_4$ 也就是向量组 $\boldsymbol{\alpha}_1,\boldsymbol{\alpha}_2,\boldsymbol{\alpha}_3,\boldsymbol{\alpha}_4,\boldsymbol{\alpha}_5$ 的一个极大线性无关组，即所求向量组 $\boldsymbol{\alpha}_1,\boldsymbol{\alpha}_2,\boldsymbol{\alpha}_3,\boldsymbol{\alpha}_4,\boldsymbol{\alpha}_5$ 的秩为 3，并且

$$\boldsymbol{\alpha}_3=-\boldsymbol{\alpha}_1+2\boldsymbol{\alpha}_2,\quad \boldsymbol{\alpha}_5=-3\boldsymbol{\alpha}_1+4\boldsymbol{\alpha}_2-2\boldsymbol{\alpha}_4$$

可以指出的是：对矩阵 $\boldsymbol{A}$ 作初等行变换的过程在 MATLAB 中可用一个已有的函数命令 rref 来实现。为此只要在 MATLAB 命令窗口输入

```
≫ A= [1 3 0 5; 1 2 1 4; 1 1 2 3; 0 1 2 4; 1 -3 0 -7] ';
                              %输入以α1，α2，α3，α4，α5为列向量的矩阵
≫ B=rref (A)                  %作初等行变换
```

回车，即可得到矩阵 $\boldsymbol{B}$，这与上述手工计算方法得到的结果是一样的。

由定理 3.6 和定理 3.7 得知，**初等行变换既不改变矩阵的行秩也不改变矩阵的列秩**；同理还可以证明，**初等列变换也不改变矩阵的行秩和列秩**。总之，初等变换不改变矩阵的行秩和列秩。由于矩阵总可以通过初等变换化为阶梯形矩阵，而阶梯形矩阵的行秩等于它的列秩，因此可以得到下面的结论：

定理 3.8　矩阵的行秩等于其列秩。

定义 3.10　矩阵的行秩和列秩统称为矩阵 $\boldsymbol{A}$ 的秩（Rank of a matrix），记作秩$(\boldsymbol{A})$或 $r(\boldsymbol{A})$。

由于 n 阶可逆矩阵总可以通过初等变换化为单位矩阵，因此

定理 3.9　n 阶矩阵 $\boldsymbol{A}$ 为可逆矩阵，或者说 $\boldsymbol{A}$ 为非奇异矩阵（即 $|\boldsymbol{A}|\neq 0$）的充要条件是 $\boldsymbol{A}$ 的秩等于 n。

二、矩阵秩的常用性质

关于矩阵的秩，有下面几个常用的性质。

性质 3.3　$r(\boldsymbol{A}+\boldsymbol{B})\leqslant r(\boldsymbol{A})+r(\boldsymbol{B})$

证　设 $\boldsymbol{A},\boldsymbol{B}$ 均是 $m\times n$ 矩阵，$r(\boldsymbol{A})=s$，$r(\boldsymbol{B})=t$，将 $\boldsymbol{A},\boldsymbol{B}$ 按列分块为

$$\boldsymbol{A}=(\boldsymbol{\alpha}_1,\boldsymbol{\alpha}_2,\cdots,\boldsymbol{\alpha}_n),\quad \boldsymbol{B}=(\boldsymbol{\beta}_1,\boldsymbol{\beta}_2,\cdots,\boldsymbol{\beta}_n)$$

则

$$\boldsymbol{A}+\boldsymbol{B}=(\boldsymbol{\alpha}_1+\boldsymbol{\beta}_1,\boldsymbol{\alpha}_2+\boldsymbol{\beta}_2,\cdots,\boldsymbol{\alpha}_n+\boldsymbol{\beta}_n)$$

不妨设 $\boldsymbol{A}$ 和 $\boldsymbol{B}$ 的列向量组的极大线性无关组分别为 $\boldsymbol{\alpha}_1,\boldsymbol{\alpha}_2,\cdots,\boldsymbol{\alpha}_s$ 和 $\boldsymbol{\beta}_1,\boldsymbol{\beta}_2,\cdots,\boldsymbol{\beta}_t$，于是 $\boldsymbol{A}+\boldsymbol{B}$ 的列向量就可以由 $\boldsymbol{\alpha}_1,\boldsymbol{\alpha}_2,\cdots,\boldsymbol{\alpha}_s,\boldsymbol{\beta}_1,\boldsymbol{\beta}_2,\cdots,\boldsymbol{\beta}_t$ 线性表示，所以

$$r(\boldsymbol{A}+\boldsymbol{B})=\boldsymbol{A}+\boldsymbol{B}\text{ 的列秩}\leqslant r(\boldsymbol{\alpha}_1,\boldsymbol{\alpha}_2,\cdots,\boldsymbol{\alpha}_s,\boldsymbol{\beta}_1,\boldsymbol{\beta}_2,\cdots,\boldsymbol{\beta}_t)$$

$$\leqslant s+t=r(\boldsymbol{A})+r(\boldsymbol{B})$$

性质 3.4　$r(\boldsymbol{AB})\leqslant\min\{r(\boldsymbol{A}),r(\boldsymbol{B})\}$

证　设 $\boldsymbol{A},\boldsymbol{B}$ 分别是 $m\times n$，$n\times s$ 矩阵。

$$\boldsymbol{A}=(a_{ij})_{m\times n},\quad \boldsymbol{B}=(b_{jk})_{n\times s}$$

将 $\boldsymbol{A}$ 按列分块为 $\boldsymbol{A}=(\boldsymbol{\alpha}_1,\boldsymbol{\alpha}_2,\cdots,\boldsymbol{\alpha}_n)$，则

$$\boldsymbol{AB}=(\boldsymbol{\alpha}_1,\boldsymbol{\alpha}_2,\cdots,\boldsymbol{\alpha}_n)\begin{pmatrix} b_{11} & b_{12} & \cdots & b_{1s} \\ b_{21} & b_{22} & \cdots & b_{2s} \\ \cdots & \cdots & \cdots & \cdots \\ b_{n1} & b_{n2} & \cdots & b_{ns} \end{pmatrix}$$

$$=(b_{11}\boldsymbol{\alpha}_1+b_{21}\boldsymbol{\alpha}_2+\cdots+b_{n1}\boldsymbol{\alpha}_n,b_{12}\boldsymbol{\alpha}_1+b_{22}\boldsymbol{\alpha}_2+\cdots+b_{n2}\boldsymbol{\alpha}_n,\cdots,b_{1s}\boldsymbol{\alpha}_1+b_{2s}\boldsymbol{\alpha}_2+\cdots+b_{ns}\boldsymbol{\alpha}_n)$$

$$\triangleq(\boldsymbol{\gamma}_1,\boldsymbol{\gamma}_2,\cdots,\boldsymbol{\gamma}_s)$$

不难看到 $\boldsymbol{AB}$ 的列向量组 $\boldsymbol{\gamma}_1,\boldsymbol{\gamma}_2,\cdots,\boldsymbol{\gamma}_s$，可由 $\boldsymbol{A}$ 的列向量组 $\boldsymbol{\alpha}_1,\boldsymbol{\alpha}_2,\cdots,\boldsymbol{\alpha}_n$ 线性表

示，所以

$$r(\boldsymbol{AB})=\boldsymbol{AB}\text{ 的列秩}\leqslant\boldsymbol{A}\text{ 的列秩}=r(\boldsymbol{A})$$

类似地将 $\boldsymbol{B}$ 按行分块，同理可得

$$r(\boldsymbol{AB})\leqslant r(\boldsymbol{B})$$

当然上面说的第 2 个不等式，也可以在第 1 个(已经证明的!)不等式的基础上，按照下面的方法证明

$$r(\boldsymbol{AB})=r\{(\boldsymbol{AB})'\}=r(\boldsymbol{B}'\boldsymbol{A}')\leqslant r(\boldsymbol{B}')=r(\boldsymbol{B})$$

综合前述，性质得证。

性质 3.5 设 $\boldsymbol{A}$ 是 $m\times n$ 矩阵，$\boldsymbol{P}$，$\boldsymbol{Q}$ 分别是 m 阶、n 阶可逆矩阵，则

$$r(\boldsymbol{A})=r(\boldsymbol{PA})=r(\boldsymbol{AQ})=r(\boldsymbol{PAQ})$$

证 由于可逆矩阵 $\boldsymbol{P}$，$\boldsymbol{Q}$ 可以表示为若干个初等矩阵的乘积，而初等变换不改变矩阵的秩，故结论成立。

也可以这样来证明。令 $\boldsymbol{B}=\boldsymbol{PA}$，则由性质 3.4，得到

$$r(\boldsymbol{B})=r(\boldsymbol{PA})\leqslant r(\boldsymbol{A})$$

又因为 $\boldsymbol{P}$ 可逆，$\boldsymbol{A}=\boldsymbol{P}^{-1}\boldsymbol{B}$，所以还有

$$r(\boldsymbol{A})=r(\boldsymbol{P}^{-1}\boldsymbol{B})\leqslant r(\boldsymbol{B})$$

于是 $r(\boldsymbol{A})=r(\boldsymbol{PA})$。其余结论同理可证。

第五节 矩阵的非零子式·等价标准形

本节将讨论矩阵的秩与矩阵的非零子式之间的关系。这个关系是了解矩阵秩的实质意义的又一个不同的方式。其后还将提出矩阵等价与矩阵的等价标准形的概念。

一、矩阵的非零子式与秩的关系

定义 3.11 矩阵 $\boldsymbol{A}=(a_{ij})_{m\times n}$ 的任意 k 行($i_1,i_2,\cdots,i_k$ 行)和任意 k 列($j_1,j_2,\cdots,j_k$ 列)的交叉点上的 k^2 个元素按原顺序排列成的 k 阶行列式

$$\begin{vmatrix} a_{i_1j_1} & a_{i_1j_2} & \cdots & a_{i_1j_k} \\ a_{i_2j_1} & a_{i_2j_2} & \cdots & a_{i_2j_k} \\ \cdots & \cdots & \cdots & \cdots \\ a_{i_kj_1} & a_{i_kj_2} & \cdots & a_{i_kj_k} \end{vmatrix}$$

称为 $\boldsymbol{A}$ 的 k 阶子行列式，简称 $\boldsymbol{A}$ 的 k 阶子式（Order k cofactor of a matrix）。当 k 阶子式为零（不等于零）时，称为 **k 阶零子式（非零子式）**。当 $i_1=j_1$，$i_2=j_2$，$\cdots$，$i_k=j_k$ 时，称为 $\boldsymbol{A}$ 的 **k 阶主子式**。

如果矩阵$\boldsymbol{A}$存在r阶非零子式，而所有的$r+1$阶子式（如果有$r+1$阶子式的话）都等于零，则矩阵$\boldsymbol{A}$的非零子式的最高阶数即为r，这是因为由所有的$r+1$阶子式都等于零可推出所有更高阶的子式都等于零。

例如，在矩阵

$$\boldsymbol{A}=\begin{pmatrix}1&0&-1&2&0\\0&2&1&-1&1\\0&0&1&0&2\\0&0&0&0&0\end{pmatrix}$$

中，选取第2,3行和第3,4列，其交叉点上的元素构成的2阶子式为$\begin{vmatrix}1&-1\\1&0\end{vmatrix}$，这是一个2阶非零子式；又选取第3,4行和第3,4列，其交叉点上的元素构成的2阶子式为$\begin{vmatrix}1&0\\0&0\end{vmatrix}$，这是一个2阶零主子式；而选取第1,2,3行和第1,2,3列交叉点上的元素所构成的

$$\begin{vmatrix}1&0&-1\\0&2&1\\0&0&1\end{vmatrix}$$

是一个3阶非零主子式。并且不难看出，这个矩阵$\boldsymbol{A}$的非零子式的最高阶数即为3。

定理3.10　矩阵$\boldsymbol{A}$的非零子式的最高阶数就等于矩阵$\boldsymbol{A}$的秩。

证　设矩阵$\boldsymbol{A}$是任意的矩阵，其规模大小为$m\times n$，设它的秩$r(\boldsymbol{A})=r$，则$\boldsymbol{A}$的行秩也为r，不妨设$\boldsymbol{A}$的前r个行向量线性无关，并把$\boldsymbol{A}$的前r个行向量作成的矩阵记作$\boldsymbol{A}_1$，即

$$\boldsymbol{A}=\begin{pmatrix}a_{11}&a_{12}&\cdots&a_{1n}\\\cdots&\cdots&\cdots&\cdots\\a_{r1}&a_{r2}&\cdots&a_{rn}\\\cdots&\cdots&\cdots&\cdots\\a_{m1}&a_{m2}&\cdots&a_{mn}\end{pmatrix},\quad \boldsymbol{A}_1=\begin{pmatrix}a_{11}&a_{12}&\cdots&a_{1r}&\cdots&a_{1n}\\a_{21}&a_{22}&\cdots&a_{2r}&\cdots&a_{2n}\\\cdots&\cdots&\cdots&\cdots&\cdots&\cdots\\a_{r1}&a_{r2}&\cdots&a_{rr}&\cdots&a_{rn}\end{pmatrix}$$

则$\boldsymbol{A}_1$的列秩$=\boldsymbol{A}_1$的行秩$=r$。又不妨再设$\boldsymbol{A}_1$的前r个列向量线性无关，则由$\boldsymbol{A}_1$的前r个列向量构成的子矩阵$\boldsymbol{A}_2$是秩等于r的一个r阶矩阵，由定理3.9可知，子矩阵$\boldsymbol{A}_2$的行列式不等于零，即$\boldsymbol{A}$的左上角的r阶主子式为非零子式。

又因为$\boldsymbol{A}$的任意$r+1$个行向量线性相关，因此在$\boldsymbol{A}$的任意$r+1$个行中作成的任一个$r+1$阶子式都是零子式。故$\boldsymbol{A}$的非零子式的最高阶数就等于r。

综上所述，关于矩阵秩的两个基本结论是：矩阵的秩=矩阵的行秩=矩阵的列秩=矩阵的非零子式的最高阶数；初等变换不改变矩阵的秩。

二、 矩阵的等价标准形

最后再来讨论，一个秩为r的矩阵通过初等变换能化为怎样的最简单的矩阵，

也就是矩阵的等价标准形问题。

定义 3.12 对任意 $m\times n$ 矩阵 $\boldsymbol{A}$ 与 $\boldsymbol{B}$，若存在可逆矩阵 $\boldsymbol{P},\boldsymbol{Q}$ 使 $\boldsymbol{PAQ}=\boldsymbol{B}$，则称矩阵 $\boldsymbol{A}$ 与矩阵 $\boldsymbol{B}$ 等价（Equivalent matrices）。记作 $\boldsymbol{A}\cong\boldsymbol{B}$。

大家知道，可逆矩阵可以表示为一系列初等矩阵的乘积，所以两个矩阵等价本质上是说，其中一个矩阵经过一系列初等变换可以化为另一个矩阵。

根据等价的定义，还容易证明矩阵的等价具有以下性质：

(1) 反身性：即 $\boldsymbol{A}\cong\boldsymbol{A}$。

(2) 对称性：即若 $\boldsymbol{A}\cong\boldsymbol{B}$，则 $\boldsymbol{B}\cong\boldsymbol{A}$（由于有对称性，$\boldsymbol{A}\cong\boldsymbol{B}$ 一般就说 $\boldsymbol{A}$ 与 $\boldsymbol{B}$ 等价）。

(3) 传递性：即若 $\boldsymbol{A}\cong\boldsymbol{B}$，$\boldsymbol{B}\cong\boldsymbol{C}$，则 $\boldsymbol{A}\cong\boldsymbol{C}$。

满足上述三条性质的关系一般称之为**等价关系**。所以两个矩阵的等价就是一种等价关系。

在第二章中我们曾经证明（定理 2.4）：任意 $m\times n$ 的矩阵 $\boldsymbol{A}$ 经过一系列的初等变换总可以化为

$$\begin{pmatrix} \boldsymbol{E}_r & 0 \\ 0 & 0 \end{pmatrix}_{m\times n}$$

的形式，并且称它为**矩阵 A 的规范形**。现在我们又进一步知道，因为初等变换不改变矩阵 $\boldsymbol{A}$ 的秩，所以规范形中的参数 r 不会因为所采用的初等变换的不同而改变，也就是说**参数 r 是个不变量，它就等于矩阵 A 的秩**。

定理 3.11 若 $\boldsymbol{A}$ 为 $m\times n$ 矩阵，且 $r(\boldsymbol{A})=r$，则一定存在 m 阶可逆矩阵 $\boldsymbol{P}$ 和 n 阶可逆 $\boldsymbol{Q}$，使得

$$\boldsymbol{PAQ}=\begin{pmatrix} \boldsymbol{E}_r & 0 \\ 0 & 0 \end{pmatrix}_{m\times n}$$

式中，$\boldsymbol{E}_r$ 为 r 阶单位矩阵。

证 由第二章定理 2.4 与本章第四节有关初等变换与秩的结论等立即可得。

以后我们也把 $\boldsymbol{A}$ 的初等变换规范形矩阵 $\begin{pmatrix} \boldsymbol{E}_r & 0 \\ 0 & 0 \end{pmatrix}_{m\times n}$ 称为 $\boldsymbol{A}$ 的**等价标准形**。因此有

推论 3.6 任意两个同规模且秩相等的矩阵是等价的。或者更进一步地说，任意两个同规模矩阵等价的充要条件是它们有相同的秩。

这个结论可用等价关系的传递性来理解。

第六节 n 维向量空间

在本章第一节中定义了 n 维向量，对它规定了加法和数乘两种运算，并且满足一系列的性质，因而 $\mathbf{R}^n$ 上具有了一种代数结构，$\mathbf{R}^n$ 也称之为向量空间。现将在

向量的线性运算的基础上，进一步引进 $\mathbf{R}^n$ 中向量空间的一般概念。

定义 13 设 $\mathbf{V}$ 为 $\mathbf{R}^n$ 中向量的任意非空集合，$\mathbf{R}$ 是实数域。我们知道集合 $\mathbf{V}$ 中的向量对加法和数乘运算满足本章第一节中的八条线性运算性质是毫无疑义的。若 $\mathbf{V}$ 对加法和数乘运算又是封闭的，即

(1) $\forall \boldsymbol{\alpha},\boldsymbol{\beta}\in\mathbf{V}$，有 $\boldsymbol{\alpha}+\boldsymbol{\beta}\in\mathbf{V}$；

(2) $\forall \boldsymbol{\alpha}\in\mathbf{V}$，$\lambda\in\mathbf{R}$，有 $\lambda\boldsymbol{\alpha}\in\mathbf{V}$。

则称向量集合 $\mathbf{V}$ 为 $\mathbf{R}^n$ 中的一个**向量空间**（Vector space）。

【例 3.10】 按照定义，3 维实向量的集合 $\mathbf{R}^3$ 本身是一个向量空间。因为任意两个 3 维向量之和仍为 3 向量，数 λ 与任一 3 维向量的数乘也仍为 3 维向量，它们都属于 $\mathbf{R}^3$。

通常我们可以用有向线段形象地表示 3 维向量，从而向量空间 $\boldsymbol{R}^3$ 可形象地看作以坐标原点为起点的有向线段（即向径）的全体。

类似地，n 维向量的全体 $\mathbf{R}^n$ 也是一个向量空间。不过当 $n>3$ 时，它没有了直观的几何意义。

【例 3.11】 集合 $\mathbf{V}=\{\boldsymbol{X}\,|\,\boldsymbol{X}=(0,x_2,\cdots,x_n),x_2,\cdots,x_n\in\mathbf{R}\}$ 是一个向量空间。因为若 $\boldsymbol{\alpha}=(0,a_2,\cdots,a_n)\in\mathbf{V}$，$\boldsymbol{\beta}=(0,b_2,\cdots,b_n)\in\mathbf{V}$，则

$$\boldsymbol{\alpha}+\boldsymbol{\beta}=(0,a_2+b_2,\cdots,a_n+b_n)\in\mathbf{V}$$
$$\lambda\boldsymbol{\alpha}=(0,\lambda_2a_2,\cdots,\lambda_na_n)\in\mathbf{V}$$

定义 3.14 设有 $\mathbf{R}^n$ 中的向量空间 $\mathbf{V}_1,\mathbf{V}_2$，如果 $\mathbf{V}_1\subset\mathbf{V}_2$，就称 $\mathbf{V}_1$ 为 $\mathbf{V}_2$ 的**子空间**（Subspace）。

例如，向量空间 $\mathbf{V}=\{\boldsymbol{X}\,|\,\boldsymbol{X}=(0,x_2,\cdots,x_n),x_2,\cdots,x_n\in\mathbf{R}\}$ 是 $\mathbf{R}^n$ 的子空间。此外，$\mathbf{V}_0=\{\mathbf{0}\}$，式中 $\mathbf{0}$ 是 n 维向量空间 $\mathbf{R}^n$ 的零向量，也构成一个向量空间，通常称为 $\mathbf{R}^n$ 的**零子空间**。对向量空间 $\mathbf{R}^n$ 而言，其零子空间与其本身称为 $\mathbf{R}^n$ 的**平凡子空间**。

【例 3.12】 集合 $\mathbf{V}=\{\boldsymbol{X}\mid\boldsymbol{X}=(1,x_2,\cdots,x_n),x_2,\cdots,x_n\in\mathbf{R}\}$ 不是向量空间，因为例如 $\boldsymbol{\alpha}=(1,a_2,\cdots,a_n)\in\mathbf{V}$，但是 $2\boldsymbol{\alpha}=(2,2a_2,\cdots,2a_n)\notin\mathbf{V}$。

【例 3.13】 设 $\boldsymbol{\alpha},\boldsymbol{\beta}$ 为两个已知的 n 维向量，集合

$$\mathbf{V}=\{\boldsymbol{X}\,|\,\boldsymbol{X}=\lambda\boldsymbol{\alpha}+\mu\boldsymbol{\beta},\lambda,\mu\in\boldsymbol{R}\}$$

是一个向量空间,从而也是 $\boldsymbol{R}^n$ 的子空间。这是因为,若 $\boldsymbol{X}_1=\lambda_1\boldsymbol{\alpha}+\mu_1\boldsymbol{\beta}$，$X_2=\lambda_2\boldsymbol{\alpha}+\boldsymbol{\mu}_2\boldsymbol{\beta}$，则有

$$\boldsymbol{X}_1+\boldsymbol{X}_2=(\lambda_1+\lambda_2)\boldsymbol{\alpha}+(\mu_1+\mu_2)\boldsymbol{\beta}\in\mathbf{V}$$

$$k\boldsymbol{X}_1=(k\lambda_1)\boldsymbol{\alpha}+(k\mu_1)\boldsymbol{\beta}\in\mathbf{V}$$

这个向量空间称为由向量 $\boldsymbol{\alpha},\boldsymbol{\beta}$ 所生成的子空间（Spanning vector space），可以记作 $\mathrm{Span}\{\boldsymbol{\alpha},\ \boldsymbol{\beta}\}$。

更一般地，由一组 m 个向量 $\boldsymbol{\alpha}_1,\boldsymbol{\alpha}_2,\cdots,\boldsymbol{\alpha}_m$ 所生成的子空间 $\mathrm{Span}\{\boldsymbol{\alpha}_1,\boldsymbol{\alpha}_2,\cdots,\boldsymbol{\alpha}_m\}$ 为

$$\boldsymbol{V}=\{\boldsymbol{X}\mid \boldsymbol{X}=\lambda_1\boldsymbol{\alpha}_1+\lambda_2\boldsymbol{\alpha}_2+\cdots+\lambda_m\boldsymbol{\alpha}_m,\ \lambda_1,\ \lambda_2,\ \cdots,\ \lambda_m\in\mathbf{R}\}$$

定义 3.15 设 $\boldsymbol{\alpha}_1,\boldsymbol{\alpha}_2,\cdots,\boldsymbol{\alpha}_r$ 是向量空间 $\boldsymbol{V}$ 的向量，且满足

(1) $\boldsymbol{\alpha}_1,\boldsymbol{\alpha}_2,\cdots,\boldsymbol{\alpha}_r$ 线性无关；

(2) $\boldsymbol{V}$ 中任一向量都可以由 $\boldsymbol{\alpha}_1,\boldsymbol{\alpha}_2,\cdots,\boldsymbol{\alpha}_r$ 线性表示。

则称 $\boldsymbol{\alpha}_1,\boldsymbol{\alpha}_2,\cdots,\boldsymbol{\alpha}_r$ 为向量空间 $\boldsymbol{V}$ 的一个基(Basis of vector space)，r 称为向量空间 $\boldsymbol{V}$ 的**维数**（Dimension of vector space)，并称 $\boldsymbol{V}$ 为 r **维向量空间**。

零子空间，它没有基，它的维数就规定为 0。

若把向量空间 $\boldsymbol{V}$ 看作向量组，则 $\boldsymbol{V}$ 的基就是向量组的极大线性无关组，$\boldsymbol{V}$ 的维数就是向量组的秩。

n 维单位向量 $\boldsymbol{\varepsilon}_1,\boldsymbol{\varepsilon}_2,\cdots,\boldsymbol{\varepsilon}_n$（参见例 3.1）是 $\mathbf{R}^n$ 的一个基，所以 $\mathbf{R}^n$ 的维数为 n，这一组基也称为 n 维向量空间 $\mathbf{R}^n$ 的**自然基**或者**标准基**。而且，任何 n 个线性无关的 n 维向量与这一组单位向量 $\boldsymbol{\varepsilon}_1$，$\boldsymbol{\varepsilon}_2$，$\cdots$，$\boldsymbol{\varepsilon}_n$ 等价，所以任何 n 个线性无关的 n 维向量也都是向量空间 $\mathbf{R}^n$ 的一个基。

定义 3.16 设 $\boldsymbol{\alpha}_1,\boldsymbol{\alpha}_2,\cdots,\boldsymbol{\alpha}_r$ 是向量空间 $\boldsymbol{V}$ 的一个基，$\boldsymbol{\alpha}\in\boldsymbol{V}$，若

$$\boldsymbol{\alpha}=x_1\boldsymbol{\alpha}_1+x_2\boldsymbol{\alpha}_2+\cdots+x_r\boldsymbol{\alpha}_r$$

则称有序数组$(x_1,x_2,\cdots,x_r)$为向量 $\boldsymbol{\alpha}$ 在基 $\boldsymbol{\alpha}_1,\boldsymbol{\alpha}_2,\cdots,\boldsymbol{\alpha}_r$ 下的**坐标**（Coordinates of a vector)，记为$(x_1,x_2,\cdots,x_r)$或$(x_1,x_2,\cdots,x_r)'$。

由向量组线性表出的有关性质可知，一个向量在给定基下的坐标是唯一的。例如，n 维向量 $\boldsymbol{\alpha}=(a_1,a_2,\cdots,a_n)$在自然基 $\boldsymbol{\varepsilon}_1,\boldsymbol{\varepsilon}_2,\cdots,\boldsymbol{\varepsilon}_n$ 下的坐标为$(a_1,a_2,\cdots,a_n)$。

【例 3.14】 求 n 维向量 $\boldsymbol{\alpha}=(a_1,a_2,\cdots,a_n)'$在基 $\boldsymbol{\beta}_1=(1,-1,0,\cdots,0)'$，$\boldsymbol{\beta}_2=(0,1,-1,\cdots,0)'$，$\cdots$，$\boldsymbol{\beta}_{n-1}=(0,\cdots,0,1,-1)'$，$\boldsymbol{\beta}_n=(0,\cdots,0,1)'$下的坐标。

解 设

$$\boldsymbol{\alpha}=x_1\boldsymbol{\beta}_1+x_2\boldsymbol{\beta}_2+\cdots+x_n\boldsymbol{\beta}_n=(\boldsymbol{\beta}_1,\ \boldsymbol{\beta}_2,\ \cdots,\ \boldsymbol{\beta}_n)\begin{pmatrix}x_1\\x_2\\\vdots\\x_n\end{pmatrix}$$

即

$$\begin{pmatrix}1&0&\cdots&0&0\\-1&1&\cdots&0&0\\0&-1&\cdots&0&0\\\cdots&\cdots&\cdots&\cdots&\cdots\\0&0&\cdots&1&0\\0&0&\cdots&-1&1\end{pmatrix}\begin{pmatrix}x_1\\x_2\\x_3\\\vdots\\x_{n-1}\\x_n\end{pmatrix}=\begin{pmatrix}a_1\\a_2\\a_3\\\vdots\\a_{n-1}\\a_n\end{pmatrix}$$

或

$$\begin{cases} x_1 = a_1 \\ -x_1+x_2=a_2 \\ -x_2+x_3=a_3 \\ \cdots\cdots \\ -x_{n-1}+x_n=a_n \end{cases}$$

解之，得

$$\begin{cases} x_1=a_1 \\ x_2=a_1+a_2 \\ x_3=a_1+a_2+a_3 \\ \cdots\cdots \\ x_n=a_1+a_2+\cdots+a_n \end{cases}$$

所以 $\boldsymbol{\alpha}$ 在基 $\boldsymbol{\beta}_1,\boldsymbol{\beta}_2,\cdots,\boldsymbol{\beta}_n$ 下的坐标为$(a_1,a_1+a_2,\cdots,a_1+a_2+\cdots+a_n)$。

【例 3.15】 设有两组向量 $\boldsymbol{\alpha}_1=(2,2,0)'$，$\boldsymbol{\alpha}_2=(1,4,3)'$，$\boldsymbol{\beta}_1=(1,0,-1)'$，$\boldsymbol{\beta}_2=(1,2,1)'$,试证明：向量组 $\boldsymbol{\alpha}_1$，$\boldsymbol{\alpha}_2$ 和向量组 $\boldsymbol{\beta}_1$，$\boldsymbol{\beta}_2$ 生成同一个向量空间 $\boldsymbol{V}$。

证　首先来考察这两个向量组之间有没有等价关系。因为（下列关系中表示系数的确定可以参见例 3.14）

$$\begin{cases} \boldsymbol{\alpha}_1=\boldsymbol{\beta}_1+\boldsymbol{\beta}_2 \\ \boldsymbol{\alpha}_2=-\boldsymbol{\beta}_1+2\boldsymbol{\beta}_2 \end{cases}$$

其矩阵表达为

$$(\boldsymbol{\alpha}_1,\boldsymbol{\alpha}_2)=(\boldsymbol{\beta}_1,\boldsymbol{\beta}_2)\begin{pmatrix}1 & -1\\ 1 & 2\end{pmatrix}$$

令 $\boldsymbol{P}\triangleq\begin{pmatrix}1 & -1\\ 1 & 2\end{pmatrix}$，显然 $\boldsymbol{P}$ 是可逆矩阵。

因而能由向量组 $\boldsymbol{\alpha}_1,\boldsymbol{\alpha}_2$ 来线性表示的任意向量 $\boldsymbol{X}=\lambda\boldsymbol{\alpha}_1+\mu\boldsymbol{\alpha}_2$，它也一定能由向量组 $\boldsymbol{\beta}_1$，$\boldsymbol{\beta}_2$ 线性表示，事实上

$$\boldsymbol{X}=\lambda\boldsymbol{\alpha}_1+\mu\boldsymbol{\alpha}_2=(\boldsymbol{\alpha}_1,\boldsymbol{\alpha}_2)\begin{pmatrix}\lambda\\ \mu\end{pmatrix}=(\boldsymbol{\beta}_1,\boldsymbol{\beta}_2)\begin{pmatrix}1 & -1\\ 1 & 2\end{pmatrix}\begin{pmatrix}\lambda\\ \mu\end{pmatrix}$$

$$=(\boldsymbol{\beta}_1,\boldsymbol{\beta}_2)\begin{pmatrix}\lambda-\mu\\ \lambda+2\mu\end{pmatrix}=(\lambda-\mu)\boldsymbol{\beta}_1+(\lambda+2\mu)\boldsymbol{\beta}_2$$

而且，反过来也是正确的。所以向量组 $\boldsymbol{\alpha}_1,\boldsymbol{\alpha}_2$ 和向量组 $\boldsymbol{\beta}_1,\boldsymbol{\beta}_2$ 生成的向量空间是相同的。

同时也不难理解，$\boldsymbol{\alpha}_1,\boldsymbol{\alpha}_2$ 和 $\boldsymbol{\beta}_1,\boldsymbol{\beta}_2$ 也是它们所生成的向量空间 $\boldsymbol{V}$ 的两组不同的基。它们之间的关系矩阵 $\boldsymbol{P}$，就称为从基 $\boldsymbol{\beta}_1,\boldsymbol{\beta}_2$ 到基 $\boldsymbol{\alpha}_1,\boldsymbol{\alpha}_2$ 的**过渡矩阵**。

从上面的推导过程还可以看出，对任意向量 $\boldsymbol{X}$，在知道了从基 $\boldsymbol{\beta}_1,\boldsymbol{\beta}_2$ 到基 $\boldsymbol{\alpha}_1$，

$\boldsymbol{\alpha}_2$的过渡矩阵$\boldsymbol{P}$以后，若它在基$\boldsymbol{\alpha}_1,\boldsymbol{\alpha}_2$下的坐标为$\begin{pmatrix}\lambda\\ \mu\end{pmatrix}$，那么它在基$\boldsymbol{\beta}_1,\boldsymbol{\beta}_2$下的坐标就是$\boldsymbol{P}\begin{pmatrix}\lambda\\ \mu\end{pmatrix}$。

第七节　向量的内积与正交矩阵

在解析几何中，已经讨论过向量的数量积、长度，向量的夹角等概念，现在把这些概念推广到n维向量空间的情形。

一、 向量的内积

定义 3.17　设$\boldsymbol{\alpha}=(a_1,a_2,\cdots,a_n)^{\mathrm{T}},\boldsymbol{\beta}=(b_1,b_2,\cdots,b_n)^{\mathrm{T}}$是$\mathbf{R}^n$中的两个向量,记

$$(\boldsymbol{\alpha},\boldsymbol{\beta})=a_1b_1+a_2b_2+\cdots+a_nb_n$$

称$(\boldsymbol{\alpha},\boldsymbol{\beta})$为向量$\boldsymbol{\alpha}$与$\boldsymbol{\beta}$的**内积**（Inner product of vectors）。

若把$\boldsymbol{\alpha},\boldsymbol{\beta}$看作（列）矩阵，利用矩阵乘法的运算，那么内积可以表示为

$$(\boldsymbol{\alpha},\boldsymbol{\beta})=(a_1,a_2,\cdots,a_n)\begin{pmatrix}b_1\\ b_2\\ \vdots\\ b_n\end{pmatrix}=\boldsymbol{\alpha}^{\mathrm{T}}\boldsymbol{\beta}$$

根据内积的定义，容易证明以下性质：

性质 3.6　设$\boldsymbol{\alpha},\boldsymbol{\beta}$为$n$维向量，$k$为实数，则

(1) $(\boldsymbol{\alpha},\boldsymbol{\beta})=(\boldsymbol{\beta},\boldsymbol{\alpha})$；

(2) $(k\boldsymbol{\alpha},\boldsymbol{\beta})=k(\boldsymbol{\alpha},\boldsymbol{\beta})$，$k$为实数；

(3) $(\boldsymbol{\alpha}+\boldsymbol{\beta},\boldsymbol{\gamma})=(\boldsymbol{\alpha},\boldsymbol{\gamma})+(\boldsymbol{\beta},\boldsymbol{\gamma})$；

(4) $(\boldsymbol{\alpha},\boldsymbol{\alpha})\geqslant 0$. 其中$(\boldsymbol{\alpha},\boldsymbol{\alpha})=0$的充要条件是$\boldsymbol{\alpha}=\mathbf{0}$。

上面性质中(2)、(3)两条可以称为内积运算的线性性质，也可以合起来表达为

$$\forall k_1,\ k_2\in\mathbf{R},\ 有(k_1\boldsymbol{\alpha}+k_2\boldsymbol{\beta},\boldsymbol{\gamma})=k_1(\boldsymbol{\alpha},\boldsymbol{\gamma})+k_2(\boldsymbol{\beta},\boldsymbol{\gamma})$$

有了n维向量的内积定义，便可将三维空间的向量长度推广到n维空间。

定义 3.18　设$\boldsymbol{\alpha}=(a_1,a_2,\cdots,a_n)$是$\mathbf{R}^n$的向量，记

$$|\boldsymbol{\alpha}|=\sqrt{(\boldsymbol{\alpha},\boldsymbol{\alpha})}=\sqrt{a_1^2+a_2^2+\cdots+a_n^2}$$

称$|\boldsymbol{\alpha}|$为向量$\boldsymbol{\alpha}$的长度(Magnitude of a vector)。

若$|\boldsymbol{\alpha}|=1$,则称$\boldsymbol{\alpha}$为单位向量(Unit vector)。向量的长度满足以下性质。

性质 3.7　设$\boldsymbol{\alpha},\boldsymbol{\beta}$为$n$维向量,$k$为实数,则

(1)**非负性**:当$\boldsymbol{\alpha}\neq\mathbf{0}$时,$|\boldsymbol{\alpha}|>0$。当$\boldsymbol{\alpha}=\mathbf{0}$时,$|\boldsymbol{\alpha}|=0$；

(2)**齐次性**：　$|k\boldsymbol{\alpha}|=|k||\boldsymbol{\alpha}|$；

(3)**柯西不等式：** $|(\boldsymbol{\alpha},\boldsymbol{\beta})|\leqslant|\boldsymbol{\alpha}|\cdot|\boldsymbol{\beta}|$；

(4)**三角不等式：** $|\boldsymbol{\alpha}+\boldsymbol{\beta}|\leqslant|\boldsymbol{\alpha}|+|\boldsymbol{\beta}|$。

证　(1)、(2)容易证明。先证（3）柯西不等式。

若$\boldsymbol{\beta}=\mathbf{0}$，性质（3）显然成立。若$\boldsymbol{\beta}\neq\mathbf{0}$，则$(\boldsymbol{\beta},\boldsymbol{\beta})>0$。作向量$\boldsymbol{\alpha}+t\boldsymbol{\beta}$（$t\in\mathbf{R}$），则

$$(\boldsymbol{\alpha}+t\boldsymbol{\beta},\boldsymbol{\alpha}+t\boldsymbol{\beta})\geqslant 0,\ \forall t\in\mathbf{R}$$

展开，即

$$(\boldsymbol{\beta},\boldsymbol{\beta})t^2+2(\boldsymbol{\alpha},\boldsymbol{\beta})t+(\boldsymbol{\alpha},\boldsymbol{\alpha})\geqslant 0,\forall t\in\mathbf{R}$$

上式左端是关于t的二次多项式，因此便有其判别式

$$\Delta=4(\boldsymbol{\alpha},\boldsymbol{\beta})^2-4(\boldsymbol{\alpha},\boldsymbol{\alpha})(\boldsymbol{\beta},\boldsymbol{\beta})\leqslant 0$$

即
$$(\boldsymbol{\alpha},\boldsymbol{\beta})^2\leqslant(\boldsymbol{\alpha},\boldsymbol{\alpha})(\boldsymbol{\beta},\boldsymbol{\beta})$$

故
$$|(\boldsymbol{\alpha},\boldsymbol{\beta})|\leqslant|\boldsymbol{\alpha}|\cdot|\boldsymbol{\beta}|$$

再证（4）三角不等式。由

$$\begin{aligned}|\boldsymbol{\alpha}+\boldsymbol{\beta}|^2&=(\boldsymbol{\alpha}+\boldsymbol{\beta},\boldsymbol{\alpha}+\boldsymbol{\beta})=(\boldsymbol{\alpha},\boldsymbol{\alpha})+2(\boldsymbol{\alpha},\boldsymbol{\beta})+(\boldsymbol{\beta},\boldsymbol{\beta})\\&\leqslant|\boldsymbol{\alpha}|^2+2|\boldsymbol{\alpha}|\cdot|\boldsymbol{\beta}|+|\boldsymbol{\beta}|^2=(|\boldsymbol{\alpha}|+|\boldsymbol{\beta}|)^2\end{aligned}$$

即得
$$|\boldsymbol{\alpha}+\boldsymbol{\beta}|\leqslant|\boldsymbol{\alpha}|+|\boldsymbol{\beta}|$$

大家或许知道，在函数等其他领域，例如对函数的定积分运算，也有对应的柯西不等式成立。

二、　单位正交基

定义 3.19　对于n维非零向量$\boldsymbol{\alpha},\boldsymbol{\beta}$，如果$(\boldsymbol{\alpha},\boldsymbol{\beta})=0$，则称向量$\boldsymbol{\alpha}$与$\boldsymbol{\beta}$正交。

一组非零的n维向量，如果它们两两正交，则称之为**正交向量组**（Orthogonal vectors set）。

定理 3.12　正交向量组必线性无关。

证　设$\boldsymbol{\alpha}_1,\boldsymbol{\alpha}_2,\cdots,\boldsymbol{\alpha}_m$是一个正交向量组，$k_1,k_2,\cdots,k_m$为$m$个数，且有

$$k_1\boldsymbol{\alpha}_1+k_2\boldsymbol{\alpha}_2+\cdots+k_m\boldsymbol{\alpha}_m=\mathbf{0}$$

等式两边与$\boldsymbol{\alpha}_i$内积得

$$\begin{aligned}0&=(\mathbf{0},\boldsymbol{\alpha}_i)=(k_1\boldsymbol{\alpha}_1+k_2\boldsymbol{\alpha}_2+\cdots+k_m\boldsymbol{\alpha}_m,\boldsymbol{\alpha}_i)\\&=k_1(\boldsymbol{\alpha}_1,\boldsymbol{\alpha}_i)+k_2(\boldsymbol{\alpha}_2,\boldsymbol{\alpha}_i)+\cdots+k_i(\boldsymbol{\alpha}_i,\boldsymbol{\alpha}_i)+\cdots+k_m(\boldsymbol{\alpha}_m,\boldsymbol{\alpha}_i)\end{aligned}$$

由于$\boldsymbol{\alpha}_1,\boldsymbol{\alpha}_2,\cdots,\boldsymbol{\alpha}_m$两两正交，所以由上式得

$$k_i(\boldsymbol{\alpha}_i,\boldsymbol{\alpha}_i)=0$$

再由 $\boldsymbol{\alpha}_i\neq\mathbf{0}$ 知，$(\boldsymbol{\alpha}_i,\boldsymbol{\alpha}_i)\neq0$，所以 $k_i=0(i=1,2,\cdots,m)$，因此 $\boldsymbol{\alpha}_1,\boldsymbol{\alpha}_2,\cdots,\boldsymbol{\alpha}_m$ 线性无关。

在向量空间中，由正交向量组构成的基，称为**正交基**（Orthogonal basis）。如果正交基由单位向量组成，则称为**单位正交基**（或称为**标准正交基**）（Standard orthonomal basis）。

例如，$\mathbf{R}^n$ 的自然基 $\boldsymbol{\varepsilon}_1=(1,0,\cdots,0),\boldsymbol{\varepsilon}_2=(0,1,\cdots,0),\cdots,\boldsymbol{\varepsilon}_n=(0,0,\cdots,1)$ 就是 $\mathbf{R}^n$ 的一组单位正交基。

由于在单位正交基下讨论问题比较方便，所以下面介绍将一组基化为单位正交基的方法。

三、施密特（Schmit）正交化方法

设 $\boldsymbol{\alpha}_1,\boldsymbol{\alpha}_2,\cdots,\boldsymbol{\alpha}_r$ 是向量空间 $\mathbf{V}$（$\subset\mathbf{R}^n$）的一个基。则先将该线性无关的向量组正交化。令

$$\boldsymbol{\beta}_1=\boldsymbol{\alpha}_1,\quad \boldsymbol{\beta}_2=\boldsymbol{\alpha}_2+\lambda\boldsymbol{\beta}_1 \tag{3.3}$$

选取 λ 使 $(\boldsymbol{\beta}_1,\boldsymbol{\beta}_2)=0$，即

$$(\boldsymbol{\beta}_1,\boldsymbol{\alpha}_2)+\lambda(\boldsymbol{\beta}_1,\boldsymbol{\beta}_1)=0,\text{ 解得 }\lambda=-\frac{(\boldsymbol{\beta}_1,\boldsymbol{\alpha}_2)}{(\boldsymbol{\beta}_1,\boldsymbol{\beta}_1)}$$

于是有

$$\boldsymbol{\beta}_2=\boldsymbol{\alpha}_2-\frac{(\boldsymbol{\beta}_1,\boldsymbol{\alpha}_2)}{(\boldsymbol{\beta}_1,\boldsymbol{\beta}_1)}\boldsymbol{\beta}_1$$

再令

$$\boldsymbol{\beta}_3=\boldsymbol{\alpha}_3+k_1\boldsymbol{\beta}_1+k_2\boldsymbol{\beta}_2 \tag{3.4}$$

并选取 k_1,k_2 使 $(\boldsymbol{\beta}_1,\boldsymbol{\beta}_3)=0,(\boldsymbol{\beta}_2,\boldsymbol{\beta}_3)=0$

由此得到两个方程

$$\begin{cases}(\boldsymbol{\beta}_1,\boldsymbol{\alpha}_3)+k_1(\boldsymbol{\beta}_1,\boldsymbol{\beta}_1)+k_2(\boldsymbol{\beta}_1,\boldsymbol{\beta}_2)=0\\(\boldsymbol{\beta}_2,\boldsymbol{\alpha}_3)+k_1(\boldsymbol{\beta}_2,\boldsymbol{\beta}_1)+k_2(\boldsymbol{\beta}_2,\boldsymbol{\beta}_2)=0\end{cases}$$

不难解出

$$k_1=-\frac{(\boldsymbol{\beta}_1,\boldsymbol{\alpha}_3)}{(\boldsymbol{\beta}_1,\boldsymbol{\beta}_1)},k_2=-\frac{(\boldsymbol{\beta}_2,\boldsymbol{\alpha}_3)}{(\boldsymbol{\beta}_2,\boldsymbol{\beta}_2)}$$

代入式(3.4),则得

$$\boldsymbol{\beta}_3=\boldsymbol{\alpha}_3-\frac{(\boldsymbol{\beta}_1,\boldsymbol{\alpha}_3)}{(\boldsymbol{\beta}_1,\boldsymbol{\beta}_1)}\boldsymbol{\beta}_1-\frac{(\boldsymbol{\beta}_2,\boldsymbol{\alpha}_3)}{(\boldsymbol{\beta}_2,\boldsymbol{\beta}_2)}\boldsymbol{\beta}_2$$

继续做下去，最后有

$$\boldsymbol{\beta}_r=\boldsymbol{\alpha}_r-\frac{(\boldsymbol{\beta}_1,\boldsymbol{\alpha}_r)}{(\boldsymbol{\beta}_1,\boldsymbol{\beta}_1)}\boldsymbol{\beta}_1-\frac{(\boldsymbol{\beta}_2,\boldsymbol{\alpha}_r)}{(\boldsymbol{\beta}_2,\boldsymbol{\beta}_2)}\boldsymbol{\beta}_2-\cdots-\frac{(\boldsymbol{\beta}_{r-1},\boldsymbol{\alpha}_r)}{(\boldsymbol{\beta}_{r-1},\boldsymbol{\beta}_{r-1})}\boldsymbol{\beta}_{r-1} \tag{3.5}$$

于是得到一个对应的正交向量组 $\boldsymbol{\beta}_1,\boldsymbol{\beta}_2,\cdots,\boldsymbol{\beta}_r$

$$\boldsymbol{\beta}_1=\boldsymbol{\alpha}_1$$

$$\boldsymbol{\beta}_2=\boldsymbol{\alpha}_2-\frac{(\boldsymbol{\beta}_1,\boldsymbol{\alpha}_2)}{(\boldsymbol{\beta}_1,\boldsymbol{\beta}_1)}\boldsymbol{\beta}_1$$

$$\boldsymbol{\beta}_3=\boldsymbol{\alpha}_3-\frac{(\boldsymbol{\beta}_1,\boldsymbol{\alpha}_3)}{(\boldsymbol{\beta}_1,\boldsymbol{\beta}_1)}\boldsymbol{\beta}_1-\frac{(\boldsymbol{\beta}_2,\boldsymbol{\alpha}_3)}{(\boldsymbol{\beta}_2,\boldsymbol{\beta}_2)}\boldsymbol{\beta}_2$$

$$\boldsymbol{\beta}_r=\boldsymbol{\alpha}_r-\frac{(\boldsymbol{\beta}_1,\boldsymbol{\alpha}_r)}{(\boldsymbol{\beta}_1,\boldsymbol{\beta}_1)}\boldsymbol{\beta}_1-\frac{(\boldsymbol{\beta}_2,\boldsymbol{\alpha}_r)}{(\boldsymbol{\beta}_2,\boldsymbol{\beta}_2)}\boldsymbol{\beta}_2-\cdots-\frac{(\boldsymbol{\beta}_{r-1},\boldsymbol{\alpha}_r)}{(\boldsymbol{\beta}_{r-1},\boldsymbol{\beta}_{r-1})}\boldsymbol{\beta}_{r-1}$$

因为向量空间 $\mathbf{V}$ 对线性运算是封闭的，所以 $\boldsymbol{\beta}_1,\boldsymbol{\beta}_2,\cdots,\boldsymbol{\beta}_r\in\mathbf{V}$。又正交向量组是线性无关的，因此 $\boldsymbol{\beta}_1,\boldsymbol{\beta}_2,\cdots,\boldsymbol{\beta}_r$ 是 $\mathbf{V}$ 的一组正交基。

再将 $\boldsymbol{\beta}_1,\boldsymbol{\beta}_2,\cdots,\boldsymbol{\beta}_r$ 单位化

$$\boldsymbol{\gamma}_1=\frac{\boldsymbol{\beta}_1}{|\boldsymbol{\beta}_1|},\ \boldsymbol{\gamma}_2=\frac{\boldsymbol{\beta}_2}{|\boldsymbol{\beta}_2|},\ \cdots,\ \boldsymbol{\gamma}_r=\frac{\boldsymbol{\beta}_r}{|\boldsymbol{\beta}_r|}$$

就得到向量空间 $\mathbf{V}$ 的一组标准正交基。

以上将向量空间的一组基标准正交化的过程称为**施密特正交化方法**。

应当指出，上述施密特正交化方法不仅得到了向量空间 $\mathbf{V}$ 的一个标准正交基，而且该标准正交基中任意前 $k(1\leqslant k\leqslant r)$ 个向量所成的向量组，与基 $\boldsymbol{\alpha}_1,\boldsymbol{\alpha}_2,\cdots,\boldsymbol{\alpha}_r$ 中相应的前 k 个基向量所成的向量组也是等价的；此外施密特正交化过程也是计算方法等课程中常用到的矩阵 QR 分解的基础。

【例 3.16】 已知向量组 $\boldsymbol{B}=\{\boldsymbol{\alpha}_1,\boldsymbol{\alpha}_2,\boldsymbol{\alpha}_3\}$ 是由它们所生成的向量空间 $\mathbf{V}=\mathrm{Span}\{\boldsymbol{\alpha}_1,\boldsymbol{\alpha}_2,\boldsymbol{\alpha}_3\}$ 的一组基。其中

$$\boldsymbol{\alpha}_1=(1,-1,0,1),\ \boldsymbol{\alpha}_2=(1,0,1,0),\ \boldsymbol{\alpha}_3=(1,-1,1,-1)$$

试用施密特正交化方法，由 $\boldsymbol{B}$ 构造生成空间的一组标准正交基。

解 先将该向量组正交化，得

$$\boldsymbol{\beta}_1=\boldsymbol{\alpha}_1=(1,-1,0,1)$$

$$\boldsymbol{\beta}_2=\boldsymbol{\alpha}_2-\frac{(\boldsymbol{\beta}_1,\boldsymbol{\alpha}_2)}{(\boldsymbol{\beta}_1,\boldsymbol{\beta}_1)}\boldsymbol{\beta}_1=(1,0,1,0)-\frac{1}{3}(1,-1,0,1)=\left(\frac{2}{3},\frac{1}{3},1,-\frac{1}{3}\right)$$

$$\boldsymbol{\beta}_3=\boldsymbol{\alpha}_3-\frac{(\boldsymbol{\beta}_1,\boldsymbol{\alpha}_3)}{(\boldsymbol{\beta}_1,\boldsymbol{\beta}_1)}\boldsymbol{\beta}_1-\frac{(\boldsymbol{\beta}_2,\boldsymbol{\alpha}_3)}{(\boldsymbol{\beta}_2,\boldsymbol{\beta}_2)}\boldsymbol{\beta}_2$$

$$=(1,-1,1,-1)-\frac{1}{3}(1,-1,0,1)-1\left(\frac{2}{3},\frac{1}{3},1,-\frac{1}{3}\right)=(0,-1,0,-1)$$

再将$\boldsymbol{\beta}_1$，$\boldsymbol{\beta}_2$，$\boldsymbol{\beta}_3$单位化，即得到生成空间的一组标准正交基

$$\boldsymbol{\gamma}_1=\frac{1}{|\boldsymbol{\beta}_1|}\boldsymbol{\beta}_1=\frac{1}{\sqrt{3}}(1,-1,0,1)$$

$$\boldsymbol{\gamma}_2=\frac{1}{|\boldsymbol{\beta}_2|}\boldsymbol{\beta}_2=\frac{3}{\sqrt{15}}\left(\frac{2}{3},\frac{1}{3},1,-\frac{1}{3}\right)=\frac{1}{\sqrt{15}}(2,1,3,-1)$$

$$\boldsymbol{\gamma}_3=\frac{1}{|\boldsymbol{\beta}_3|}\boldsymbol{\beta}_3=\frac{1}{\sqrt{2}}(0,-1,0,-1)$$

四、正交矩阵

正交矩阵是一种重要的矩阵，下面给出正交矩阵的定义。

定义 3.20 设有 n 阶方阵 $\boldsymbol{A}$，如果 $\boldsymbol{A}'\boldsymbol{A}=\boldsymbol{E}$，则称 $\boldsymbol{A}$ 为正交矩阵（Orthogonal matrix）。

例如，易于验证下列矩阵

$$\begin{pmatrix}\cos\theta & -\sin\theta \\ \sin\theta & \cos\theta\end{pmatrix},\quad \begin{pmatrix}1 & 0 & 0 \\ 0 & \frac{1}{\sqrt{2}} & -\frac{1}{\sqrt{2}} \\ 0 & \frac{1}{\sqrt{2}} & \frac{1}{\sqrt{2}}\end{pmatrix},\quad \begin{pmatrix}\frac{1}{3} & -\frac{2}{3} & -\frac{2}{3} \\ -\frac{2}{3} & \frac{1}{3} & -\frac{2}{3} \\ -\frac{2}{3} & -\frac{2}{3} & \frac{1}{3}\end{pmatrix}$$

都是正交矩阵。

比如，若记其中第二个矩阵的 3 个行向量分别为 $\boldsymbol{\alpha}_1=(1,0,0)$，$\boldsymbol{\alpha}_2=\left(0,\frac{1}{\sqrt{2}},-\frac{1}{\sqrt{2}}\right)$，$\boldsymbol{\alpha}_3=\left(0,\frac{1}{\sqrt{2}},\frac{1}{\sqrt{2}}\right)$，则不难看到 $\boldsymbol{\alpha}_1,\boldsymbol{\alpha}_2,\boldsymbol{\alpha}_3$ 是单位正交向量组。从而它们构成向量空间 $\mathbf{R}^3$ 的一个标准正交基。

定理 3.13 n 阶矩阵 $\boldsymbol{A}$ 为正交矩阵的充要条件是 $\boldsymbol{A}$ 的列（或行）向量组为 $\mathbf{R}^n$ 的一组标准正交基。

证 只证关于列向量组的结论。设

$$\boldsymbol{A}=\begin{pmatrix}a_{11} & a_{12} & \cdots & a_{1n} \\ a_{21} & a_{22} & \cdots & a_{2n} \\ \cdots & \cdots & \cdots & \cdots \\ a_{n1} & a_{n2} & \cdots & a_{nn}\end{pmatrix}=(\boldsymbol{\alpha}_1,\boldsymbol{\alpha}_2,\cdots,\boldsymbol{\alpha}_n)$$

其中

$$\boldsymbol{\alpha}_j=\begin{pmatrix}a_{1j}\\a_{2j}\\\vdots\\a_{nj}\end{pmatrix}\quad(j=1,2,\cdots,n)$$

则由矩阵分块乘法，得

$$\boldsymbol{A}'\boldsymbol{A}=\begin{pmatrix}\boldsymbol{\alpha}'_1\\\boldsymbol{\alpha}'_2\\\vdots\\\boldsymbol{\alpha}'_n\end{pmatrix}(\boldsymbol{\alpha}_1,\boldsymbol{\alpha}_2,\cdots,\boldsymbol{\alpha}_n)=\begin{pmatrix}\boldsymbol{\alpha}'_1\boldsymbol{\alpha}_1 & \boldsymbol{\alpha}'_1\boldsymbol{\alpha}_2 & \cdots & \boldsymbol{\alpha}'_1\boldsymbol{\alpha}_n\\\boldsymbol{\alpha}'_2\boldsymbol{\alpha}_1 & \boldsymbol{\alpha}'_2\boldsymbol{\alpha}_2 & \cdots & \boldsymbol{\alpha}'_2\boldsymbol{\alpha}_n\\\cdots\cdots & \cdots\cdots & \cdots\cdots & \cdots\cdots\\\boldsymbol{\alpha}'_n\boldsymbol{\alpha}_1 & \boldsymbol{\alpha}'_n\boldsymbol{\alpha}_2 & \cdots & \boldsymbol{\alpha}'_n\boldsymbol{\alpha}_n\end{pmatrix}$$

因此 $\boldsymbol{A}'\boldsymbol{A}=\boldsymbol{E}$ 的充要条件是

$$\boldsymbol{\alpha}'_i\boldsymbol{\alpha}_i=(\boldsymbol{\alpha}_i,\boldsymbol{\alpha}_i)=1\quad(i=1,2,\cdots,n)$$

$$\boldsymbol{\alpha}'_i\boldsymbol{\alpha}_j=(\boldsymbol{\alpha}_i,\boldsymbol{\alpha}_j)=0\quad(j\neq i,i,j=1,2,\cdots,n)$$

这表明 $\boldsymbol{A}$ 的列向量$\{\boldsymbol{\alpha}_1,\boldsymbol{\alpha}_2,\cdots,\boldsymbol{\alpha}_n\}$是单位正交的向量组，因而即为 $\mathbf{R}^n$ 的一组标准正交基。

定理 3.14　设 $\boldsymbol{A}$，$\boldsymbol{B}$ 都是 n 阶正交矩阵，则

(1) $|\boldsymbol{A}|=1$ 或 $|\boldsymbol{A}|=-1$；　(2) $\boldsymbol{A}^{-1}=\boldsymbol{A}'$；

(3) $\boldsymbol{A}'$是正交矩阵；　(4) $\boldsymbol{AB}$ 也是正交矩阵。

证 (1) 因为 $\boldsymbol{A}$ 为 n 阶正交矩阵，$\boldsymbol{A}'\boldsymbol{A}=\boldsymbol{E}$，所以

$$|\boldsymbol{A}'\boldsymbol{A}|=|\boldsymbol{A}'|\cdot|\boldsymbol{A}|=|\boldsymbol{A}|^2=1$$

即得$|\boldsymbol{A}|=\pm1$；

(2) 由 $\boldsymbol{A}'\boldsymbol{A}=\boldsymbol{E}$，易见 $\boldsymbol{A}^{-1}=\boldsymbol{A}'$；

(3) 因为

$$(\boldsymbol{A}')'\boldsymbol{A}'=\boldsymbol{A}\boldsymbol{A}'=\boldsymbol{A}\boldsymbol{A}^{-1}=\boldsymbol{E}$$

所以，$\boldsymbol{A}'$也是 n 阶正交矩阵；

(4) 因为 $\boldsymbol{A}'\boldsymbol{A}=\boldsymbol{E}$，$\boldsymbol{B}'\boldsymbol{B}=\boldsymbol{E}$，所以

$$(\boldsymbol{AB})'\boldsymbol{AB}=\boldsymbol{B}'(\boldsymbol{A}'\boldsymbol{A})\boldsymbol{B}=\boldsymbol{B}'\boldsymbol{B}=\boldsymbol{E}$$

结论得证。

下面简单介绍正交矩阵的一个应用意义。现设 $\boldsymbol{A}$ 为 n 阶正交矩阵，则在 n 维向量空间 $\mathbf{R}^n$ 中，$\boldsymbol{y}=\boldsymbol{A}\boldsymbol{x}$ （$\boldsymbol{x}\in\mathbf{R}^n$）可以看作是从 n 维向量空间 $\mathbf{R}^n$ 到自身的一个线性变换。即

$$\boldsymbol{x}(\in\mathbf{R}^n)\xrightarrow{\boldsymbol{y}=\boldsymbol{A}\boldsymbol{x}}\boldsymbol{y}(\in\mathbf{R}^n)$$

那么这个变换保持向量的模长不变。事实上，若 $\boldsymbol{y}=\boldsymbol{A}\boldsymbol{x}$ （$\boldsymbol{x}\in\mathbf{R}^n$），$\boldsymbol{A}$ 为 n 阶正交矩阵，其满足 $\boldsymbol{A}^{\mathrm{T}}\boldsymbol{A}=\boldsymbol{E}$。则

$$|\boldsymbol{y}|^2=|\boldsymbol{Ax}|^2=(\boldsymbol{Ax},\boldsymbol{Ax})=(\boldsymbol{Ax})^{\mathrm{T}}\boldsymbol{Ax}=\boldsymbol{x}^{\mathrm{T}}(\boldsymbol{A}^{\mathrm{T}}\boldsymbol{A})\boldsymbol{x}=\boldsymbol{x}^{\mathrm{T}}\boldsymbol{x}=|\boldsymbol{x}|^2$$

能保持向量模长不变的变换通常可以理解为一种**坐标变换**。在 3 维空间中，空间曲线与曲面等经过正交变换后，其形状是不变的。例如，二次曲面 $3x^2+3y^2+3z^2+2xz=1$，经过正交变换

$$\begin{pmatrix}x\\y\\z\end{pmatrix}=\begin{pmatrix}\frac{1}{\sqrt{2}} & 0 & \frac{1}{\sqrt{2}}\\0 & 1 & 0\\\frac{1}{\sqrt{2}} & 0 & -\frac{1}{\sqrt{2}}\end{pmatrix}\begin{pmatrix}x'\\y'\\z'\end{pmatrix}\triangleq\boldsymbol{A}\begin{pmatrix}x'\\y'\\z'\end{pmatrix}$$

后，其方程变成为 $4(x')^2+3(y')^2+2(z')^2=1$，是个椭球面。所以原方程也代表同一个形状的椭球面，只不过经过了以 y 轴为旋转轴，旋转角为 $\frac{\pi}{4}$ 的一个旋转变换。

在空间坐标系下，除旋转变换外，镜像对称变换也是正交变换。

第八节* 向量概念应用举例

本节给出矩阵与向量概念应用的几个例子。式中包括中草药药方配制问题，种群基因间的距离问题，还有保密通信中的密码设计问题。

一、 药方配制问题

1. 问题提出

某中药厂用 9 种中草药 A～I，根据不同的比例配制成了 7 种特效药，各种特效成药用量配方成分见表 3.1。

表 3.1 七种特效药的药用量成分表 单位：g

中草药	1 号成药	2 号成药	3 号成药	4 号成药	5 号成药	6 号成药	7 号成药
A	10	2	14	12	20	38	100
B	12	0	12	25	35	60	55
C	5	3	11	0	5	14	0
D	7	9	25	5	15	47	35
E	0	1	2	25	5	33	6
F	25	5	35	5	35	55	50
G	9	4	17	25	2	39	25
H	6	5	16	10	10	35	10
I	8	2	12	0	2	8	20

现在的问题是：

(1) 某医院要购买这 7 种特效药，但药厂的第 3 号药和第 6 号药已经卖完，请问：能否用其他 5 种特效药配制出这两种脱销的药品？

（2）该医院想用这 7 种草药配制出 3 种新的特效药，表 3.2 给出了三种新的特效药的成分。

表 3.2　新的特效药成分表　　单位：g

新药＼中草药	A	B	C	D	E	F	G	H	I
1 号特效药	40	62	14	44	53	50	71	41	14
2 号特效药	162	141	27	102	60	155	118	68	52
3 号特效药	88	67	8	51	7	80	38	21	30

请问：利用现有的这 7 种草药能否配制？如何配制？

2. **问题求解**

问题（1）的分析与求解。把每一种特效药成分看成一个 7 维列向量：$\boldsymbol{u}_1,\boldsymbol{u}_2,\boldsymbol{u}_3,\boldsymbol{u}_4,\boldsymbol{u}_5,\boldsymbol{u}_6,\boldsymbol{u}_7$，分析这 7 个列向量所构成向量组的线性相关性。

若向量组线性无关，则 $\boldsymbol{u}_3,\boldsymbol{u}_6$ 不能用其余向量线性表示，因而无法配制脱销的特效药；若向量组线性相关，且能将 $\boldsymbol{u}_3,\boldsymbol{u}_6$ 用其余向量线性表示，则可以配制 3 号和 6 号药品。

利用 MATLAB 编程方法来解决这个问题。先令 7 种特效药的成分向量

$$\boldsymbol{u}_1=\begin{pmatrix}10\\12\\5\\7\\0\\25\\9\\6\\8\end{pmatrix},\ \boldsymbol{u}_2=\begin{pmatrix}2\\0\\3\\9\\1\\5\\4\\5\\2\end{pmatrix},\ \boldsymbol{u}_3=\begin{pmatrix}14\\12\\11\\25\\2\\35\\17\\16\\12\end{pmatrix},\ \boldsymbol{u}_4=\begin{pmatrix}12\\25\\0\\5\\25\\5\\25\\10\\0\end{pmatrix},\ \boldsymbol{u}_5=\begin{pmatrix}20\\35\\5\\15\\5\\35\\2\\10\\2\end{pmatrix},\ \boldsymbol{u}_6=\begin{pmatrix}38\\60\\14\\47\\33\\55\\39\\35\\8\end{pmatrix},\ \boldsymbol{u}_7=\begin{pmatrix}100\\55\\0\\35\\6\\50\\25\\10\\20\end{pmatrix}$$

接着构成矩阵

$$\boldsymbol{A}=(\boldsymbol{u}_1,\boldsymbol{u}_2,\boldsymbol{u}_4,\boldsymbol{u}_5,\boldsymbol{u}_7\mid\boldsymbol{u}_3,\boldsymbol{u}_6)$$

注意到我们特意把列向量 $\boldsymbol{u}_3$，$\boldsymbol{u}_6$ 调到了矩阵的最后两列。

在具体编程时，为了避免过多的矩阵元素手工输入的麻烦，可以把表 3.1 中的数据直接复制到 MATLAB 中，得到矩阵 $\boldsymbol{A}$

$$\boldsymbol{A}=(\boldsymbol{u}_1,\boldsymbol{u}_2,\boldsymbol{u}_3,\boldsymbol{u}_4,\boldsymbol{u}_5,\boldsymbol{u}_6,\boldsymbol{u}_7)=\begin{pmatrix}10&2&14&12&20&38&100\\12&0&12&25&35&60&55\\5&3&11&0&5&14&0\\7&9&25&5&15&47&35\\0&1&2&25&5&33&6\\25&5&35&5&35&55&50\\9&4&17&25&2&39&25\\6&5&16&10&10&35&10\\8&2&12&0&2&8&20\end{pmatrix}$$

然后令

```
A (:, 8) =A (:, 3);    %把第 3 列复制到后面第 8 列
A (:, 9) =A (:, 6);    %把第 6 列复制到后面第 9 列
A (:, 6) = [];         %先删除第 6 列
A (:, 3) = [];         %再删除第 3 列(上下两个删除语句不能颠倒次序!)
```

就可以得到矩阵

$$\boldsymbol{A}=(\boldsymbol{u}_1,\boldsymbol{u}_2,\boldsymbol{u}_4,\boldsymbol{u}_5,\boldsymbol{u}_7 \mid \boldsymbol{u}_3,\boldsymbol{u}_6)$$

接着对这个矩阵，用命令 rref($\boldsymbol{A}$)做初等行变换，就得到简化阶梯形矩阵

$$\boldsymbol{R}=\begin{pmatrix}1&0&0&0&0&1&0\\0&1&0&0&0&2&3\\0&0&1&0&0&0&1\\0&0&0&1&0&0&1\\0&0&0&0&1&0&0\\0&0&0&0&0&0&0\\0&0&0&0&0&0&0\\0&0&0&0&0&0&0\\0&0&0&0&0&0&0\end{pmatrix}$$

于是有

$$\boldsymbol{u}_3=\boldsymbol{u}_1+2\boldsymbol{u}_2,\quad \boldsymbol{u}_6=3\boldsymbol{u}_2+\boldsymbol{u}_4+\boldsymbol{u}_5$$

故可以配制出 3 号和 6 号药品。

问题(2)的分析与求解。三种新药的成分向量用 $\boldsymbol{v}_1,\boldsymbol{v}_2,\boldsymbol{v}_3$ 表示bfq,问题化为 $\boldsymbol{v}_1,\boldsymbol{v}_2,\boldsymbol{v}_3$ 能否由 $\boldsymbol{u}_1,\boldsymbol{u}_2,\cdots,\boldsymbol{u}_7$ 来线性表示，若能表示，则可配制；否则，不能配制。故令矩阵

$$\boldsymbol{B}=[\boldsymbol{u}_1,\ \boldsymbol{u}_2,\ \boldsymbol{u}_3,\ \boldsymbol{u}_4,\ \boldsymbol{u}_5,\ \boldsymbol{u}_6,\ \boldsymbol{u}_7 \mid \boldsymbol{v}_1,\ \boldsymbol{v}_2,\ \boldsymbol{v}_3]$$

再对该矩阵用命令[S,r]=rref(B)做初等行变换，变换计算的结果为

$$\boldsymbol{S}=\begin{bmatrix}1&0&1&0&0&0&0&1&3&0\\0&1&2&0&0&3&0&3&4&0\\0&0&0&1&0&1&0&2&2&0\\0&0&0&0&1&1&0&0&0&0\\0&0&0&0&0&0&1&0&1&0\\0&0&0&0&0&0&0&0&0&1\\0&0&0&0&0&0&0&0&0&0\\0&0&0&0&0&0&0&0&0&0\\0&0&0&0&0&0&0&0&0&0\end{bmatrix},\ \boldsymbol{r}=[1,2,4,5,7,10]$$

矩阵 $\boldsymbol{B}$ 的列向量组中的第 1,2,4,5,7,10 这 6 个列向量 $\boldsymbol{u}_1$，$\boldsymbol{u}_2,\boldsymbol{u}_4,\boldsymbol{u}_5,\boldsymbol{u}_7,\boldsymbol{v}_3$ 构成了矩阵 $\boldsymbol{B}$ 的列向量组的一个极大线性无关组，并且

$$\boldsymbol{v}_1=\boldsymbol{u}_1+3\boldsymbol{u}_2+2\boldsymbol{u}_4,\quad \boldsymbol{v}_2=3\boldsymbol{u}_1+4\boldsymbol{u}_2+2\boldsymbol{u}_4+\boldsymbol{u}_7$$

由于向量 $\boldsymbol{v}_3$ 本身在极大线性无关组中，故其不能被其余向量线性表示。所以三种特效药 $\boldsymbol{v}_1,\boldsymbol{v}_2,\boldsymbol{v}_3$ 中只有 $\boldsymbol{v}_3$ 无法配制。

二、 种群基因间的距离

人类或其它物种种群基因的接近程度如何，这是人类起源与生物进化领域的重要问题。就人类来说，人的不同种群的基因间的相似性或者基因间的距离应该怎么来表示呢？

1. 问题提出

对血型的研究相对容易实现。广义的血型泛指高等动物和人类血液中的红细胞、白细胞、血小板以及各种血浆蛋白质的抗原型别；狭义的血型仅指红细胞抗原的型别。后者是常用的血型定义。1924 年德国学者 F. 伯恩斯坦证明 ABO 血型分别为三个复等位基因所控制，开创了血型遗传的研究。

血型遗传是临床输血和器官移植配型的理论基础。血型作为一种遗传性状很少受环境的影响，因此是极好的遗传标志，可用于亲子鉴定、疾病关联分析和人种演化研究等。

对人的不同种群，在具有 ABO 血型系统的人们中，对各种群体的基因的频率进行调查时，把四种等位基因 A_1,A_2,B,O 区别开，有报道给出了如表 3.3 所示的血型相对频率调查数据。

表 3.3　基因的相对频率

等位基因	爱斯基摩人 f_{1i}	班图人 f_{2i}	英国人 f_{3i}	朝鲜人 f_{4i}
A_1	0.2914	0.1034	0.2090	0.2208
A_2	0.0000	0.0866	0.0696	0.0000
B	0.0316	0.1200	0.0612	0.2069
O	0.6770	0.6900	0.6602	0.5723
合计	1.000	1.000	1.000	1.000

一个群体与另一群体的基因接近程度如何？换句话说，就是要建立一个表示基因间“距离”的合宜的量度。

2. 问题求解

有人提出一种利用向量代数的方法来解决基因距离问题。首先，我们用单位向量来表示每一个群体基因的相对频率。为此目的，我们取每一个频率的平方根，记

$$x_{ki}=\sqrt{f_{ki}},\ k=1,2,3,4,\ i=1,2,3,4$$

k 表示人的 4 种种群序号，i 表示每种种群的 4 个基因频率。我们得到下列 4 个单位向量

$$\boldsymbol{x}_k=\begin{pmatrix}x_{k1}\\x_{k2}\\x_{k3}\\x_{k4}\end{pmatrix},\ k=1,2,3,4$$

在 4 维空间中，这些向量的顶点都位于一个半径为 1 的球面上。现在用两个向量之间的夹角来表示两个对应的群体间的“距离”似乎是合理的。在前面我们介绍了向量内积的概念，而向量的夹角只是内积概念的一个延伸而已。

我们把任意两个单位向量 $\boldsymbol{a}_1$ 和 $\boldsymbol{a}_2$ 之间的夹角记为 θ，那么由于向量模 $|\boldsymbol{a}_1|=|\boldsymbol{a}_2|=1$，由内积公式，不难得到

$$\cos\theta=\frac{\boldsymbol{a}_1\cdot\boldsymbol{a}_2}{|\boldsymbol{a}_1|\cdot|\boldsymbol{a}_2|}=\boldsymbol{a}_1\cdot\boldsymbol{a}_2$$

例如，爱斯基摩人与班图人的基因频率向量分别是

$$\boldsymbol{x}_1=\begin{pmatrix}0.5398\\0\\0.1778\\0.8228\end{pmatrix},\ \boldsymbol{x}_2=\begin{pmatrix}0.3216\\0.2943\\0.3464\\0.8307\end{pmatrix}$$

不难求得它们的夹角为 $\theta=23.2°$。

按同样的方式，我们可以得到不同种群基因频率向量夹角如表 3.4 所示。

表 3.4　基因间的“距离”

种群	爱斯基摩人	班图人	英国人	朝鲜人
爱斯基摩人	0°	23.2°	16.4°	16.8°
班图人	23.2°	0°	9.8°	20.4°
英国人	16.4°	9.8°	0°	19.6°
朝鲜人	16.8°	20.4°	19.6°	0°

基因频率向量夹角越小，意味着基因向量间的相似性越大，基因间距离也就越小。由表可见，最小的基因“距离”是班图人和英国人之间的“距离”，而爱斯基摩人和班图人之间的基因“距离”最大。

值得注意的是，如果我们对向量距离给出某种不同的理解和定义，那么种群基因间的距离及其大小与顺序也是会发生相应改变的。这种客观结果的不一致性，是由人的主观（对距离概念的不同理解）认识差异所导致的。所以上面得到的基因距离的“合理性”与“科学性”仍然是需要进一步研究的问题。

上面给出的基因频率向量，代表了人的不同种群的群体特征，可以称为种群**“特征向量”**。因此可以推而广之，对我们需要比较或区别的任何对象，只要能适当地去建立反映对象事物本身“特质”的特征向量，我们就能比较和区别各种不同的对象实体。按照这种思想发展出的一门学科就是“模式识别”。该学科领域包含了语音识别、人脸识别、图像识别（例如车牌识别）等很多不同的应用方向。

而“模式识别”和“机器学习”又构成了“人工智能”领域的两大支撑学科。想必大家对之前的“深蓝”（国际象棋）以及最近的“AlphaGo”（围棋）为代表的计算机系统，其所标志的人工智能领域的重大发展有所了解。而今天我们应该更加客观地认识到，数学在任何高科技领域的发展过程中都是不可或缺的，其作用也是无法替代的。

三、 保密通信中的密码设计

保密通信是一个重要的实用性课题。保密通信的理论基础就是密码学。密码学正是研究对传输的信息采取何种保密方法，以防止第三者对信息的截取和利用这样的问题，这在军事、政治和经济斗争中的重要性都是不言而喻的。

在密码学中，需要交换的信息叫**明文**，明文经过变换成另一种隐蔽的形式，称为**密文**或**密码**。由明文变换成密文的过程称为**加密**，与此相反，由密文恢复出明文的过程则称为**解密**。

1. 单表密码

最简单的密码设计是所谓“单表密码”。假定明文是用英文（或汉语拼音）写成，单表密码的基本思想是制作一张密码表（表中除了明文与密文字母要满足一一对应外，可能就没有其他任何的限制），例如表 3.5。

表 3.5　加密方法示例一

明	a	b	c	d	e	f	g	h	i	j	k	l	m	n	o	p	q	r	s	t	u	v	w	x	y	z
密	m	f	a	j	t	k	h	p	e	q	i	r	c	u	l	v	o	w	n	x	s	y	d	z	g	b

若明文是 linear algebra（线性代数），则密文就是 reutmw mrhtfwm。对不知道密码的人而言，这段密文就是杂乱无章的一行字母。但是如果密码被人截取，或者记录这个对应关系的“密码本”丢失了，那密文就完全失去了通信或保密的功能。

当然为防止密码被截取，也有不用“密码本”的加密方法。如表 3.6。

表 3.6　加密方法示例二

明	a	b	c	d	e	f	g	h	i	j	k	l	m	n	o	p	q	r	s	t	u	v	w	x	y	z
	1	2	3	4	5	6	7	8	9	10	11	12	13	14	15	16	17	18	19	20	21	22	23	24	25	0
密	d	e	f	g	h	i	j	k	l	m	n	o	p	q	r	s	t	u	v	w	x	y	z	a	b	c

这是一个“置换密码”。如果每个英文字母都用一个数字代表它（表 3.6 第 1 行与第 2 行），则置换加密方法就可以表示为

$$c=p+k(\text{mod}26)$$

式中，p 是明文；c 是密文；而 $k=3$。该置换密码即将每个明文字母对应的数字加上 3，超过 26 时取以 26 为模的余数，这个加法结果产生的数字对应的字母就是密文字母。此处 $k(1\leqslant k\leqslant 25)$是加密“算子”，它是加密的“钥匙”，又称为“**密钥**”。

据说这样的“加法密码”最早是由古罗马凯撒将军使用过的**凯撒密码**。加法密

码的缺点是保密性差，也就是易于被“破译”。例如，假若有人截取了一段密文：frrhk huhlp phgld whob，并已经猜到发信人是使用加法密码方法加密的。那就可以尝试用下面的算法公式去解密

$$p=c-k \pmod{26}$$

其中 c 是密文，k（$1\leqslant k\leqslant 25$）是未知算子，p 是明文。例如，用计算机编程枚举搜索，即用密文的英文字母对应的数字减去 k，看所产生的对应的明文是否有意义。以密文的前面 5 个字母 frrhk 为例

$k=1$ 时，明文 eqogj；$k=2$ 时，明文 dpnfi；$k=3$ 时，明文 comeh

$k=3$ 时的整个明文是 comeh earim media tely（即 Come hear immediately），似乎是有可能的。由此就找到了加密算子，从而“破译”了密码。

还有另一种破译密码的方法。在英文日常语言中，26 个英文字母出现的频率高低是不相同的，式中字母 e 出现的频率最大。而在密文 frrhk huhlp phgld whob 中，字母 h 出现次数最多，共出现了五次，如果直接让密文字母 h 对应明文字母 e，则得

$$5=8-k$$

也就获得了算子 k 的值。

当然只有较少的一行密文，猜测错误的可能性必然存在。但当获取了大量的密文，用这种频率方法破译密码的“正确率”就会大大提高。

2. 仿射码

为保护信息，就需要更复杂的密码。加法密码的改进是“仿射码”，即

$$c=ap+b \pmod{26}$$

式中，p 是明文；c 是密文；整数 a 要求与 26 互质，即 $(a,26)=1$，所以 a 可取 1,3,5,7,9,11,15,17,19,21,23,25，而 $0\leqslant b\leqslant 25$，所以这样的仿射变换共有 $12\times 26-1=311$ 个，数对 (a, b) 就是加密的“**密钥**”。

仿射码也可以寻求解密。若取 a 的逆 a'，即满足 $aa'=1 \pmod{26}$ 的整数，用 a' 乘加密方程式的两边，则得解密算法公式

$$p=a'(c-b) \pmod{26}$$

例如当 $c=3p+5 \pmod{26}$ 时，因为 $3\times 9=1 \pmod{26}$，所以 $p=9(c-5) \pmod{26}$。

因为所有仿射码只有有限种，所以用计算机编程方法解密是完全可行的。当然对仿射码同样也可以考虑用概率的方法去解密。

3. 多表密码与 Hill 码

仿射码仍然属于单表密码，易于破解。于是有人提出多表密码的思想，即允许一个明文字母可以有不同的对应。这样就可以改变明文字母出现的频率，因而就不可能再利用频率不变的特性来破解了。下面我们介绍的 Hill 矩阵码就是一种多表密码。

受仿射码的启发，如果一次加密中同时取出两个明文字母 p_1, p_2，对它们用一组线性变换来加密

$$c_1=ap_1+bp_2 \pmod{26}$$
$$c_2=cp_1+dp_2 \pmod{26}$$

就得到对应的密文字母 c_1,c_2。用矩阵表达即为

$$\begin{pmatrix}c_1\\c_2\end{pmatrix}=\begin{pmatrix}a&b\\c&d\end{pmatrix}\begin{pmatrix}p_1\\p_2\end{pmatrix} \pmod{26}$$

这样一对一对地处理，直至全部明文信息都被加密。

为使破译更困难，我们不妨取阶数更大的矩阵，例如取 3 阶整数矩阵

$$\boldsymbol{A}=\begin{pmatrix}1&1&2\\1&2&3\\0&1&2\end{pmatrix}$$

假如要加密的明文是 a,d,d，等价的数字是 2,4,4，于是对应的密文数字和字母就是

$$\boldsymbol{A}\begin{pmatrix}2\\4\\4\end{pmatrix}=\begin{pmatrix}1&1&2\\1&2&3\\0&1&2\end{pmatrix}\begin{pmatrix}2\\4\\4\end{pmatrix}=\begin{pmatrix}14\\22\\12\end{pmatrix}\leftrightarrow\begin{pmatrix}n\\v\\l\end{pmatrix}$$

两个相同的明文字母 d 所对应的密文字母分别为 v，l，并不相同，从而打破了单表密码加密时明文与对应的密文字母出现频率的不变性。

现在假设有明文为 mathematical，等价的数字是 13,1,20,8,5,13,1,20,9,3,1,12。三个一组（作为一列）分为 4 组（列），构成下面的矩阵

$$\begin{pmatrix}\mathrm{m}&\mathrm{h}&\mathrm{a}&\mathrm{c}\\\mathrm{a}&\mathrm{e}&\mathrm{t}&\mathrm{a}\\\mathrm{t}&\mathrm{m}&\mathrm{i}&\mathrm{l}\end{pmatrix}\leftrightarrow\begin{pmatrix}13&8&1&3\\1&5&20&1\\20&13&9&12\end{pmatrix}$$

于是这一组明文对应的密文为

$$\boldsymbol{A}\begin{pmatrix}13&8&1&3\\1&5&20&1\\20&13&9&2\end{pmatrix}=\begin{pmatrix}1&1&2\\1&2&3\\0&1&2\end{pmatrix}\begin{pmatrix}13&8&1&3\\1&5&20&1\\20&13&9&12\end{pmatrix}=\begin{pmatrix}54&39&39&28\\75&57&68&41\\41&31&38&5\end{pmatrix}$$

$$=\begin{pmatrix}2&13&13&2\\23&5&16&15\\15&5&12&25\end{pmatrix}\pmod{26}\leftrightarrow\begin{pmatrix}\mathrm{b}&\mathrm{m}&\mathrm{m}&\mathrm{b}\\\mathrm{w}&\mathrm{e}&\mathrm{p}&\mathrm{o}\\\mathrm{o}&\mathrm{e}&\mathrm{l}&\mathrm{y}\end{pmatrix}$$

即密文为 bwomeemplboy。

现在，反过来，若已知了一组密文 bwomeemplboy 和它等价的数字矩阵（但不知明文!）

$$\boldsymbol{B}=\begin{pmatrix}2&13&13&2\\23&5&16&15\\15&5&12&25\end{pmatrix}$$

怎样去找出明文呢？因为加密矩阵 $\boldsymbol{A}$ 满足 $\det(\boldsymbol{A})=1$，我们称之为**“幺模矩阵”**，其逆矩阵必定也是整数矩阵

$$\boldsymbol{A}^{-1}=\begin{pmatrix}1&0&-1\\-2&2&-1\\1&-1&1\end{pmatrix}$$

从而上述密文对应的明文是

$$\boldsymbol{A}^{-1}\boldsymbol{B}=\begin{pmatrix}1&0&-1\\-2&2&-1\\1&-1&1\end{pmatrix}\begin{pmatrix}2&13&13&2\\23&5&16&15\\15&5&12&25\end{pmatrix}=\begin{pmatrix}-13&8&1&-23\\27&-21&-6&1\\-6&13&9&12\end{pmatrix}$$

$$=\begin{pmatrix}13&8&1&3\\1&5&20&1\\20&13&9&12\end{pmatrix}(\mathrm{mod}26)\leftrightarrow\begin{pmatrix}\mathrm{m}&\mathrm{h}&\mathrm{a}&\mathrm{c}\\\mathrm{a}&\mathrm{e}&\mathrm{t}&\mathrm{a}\\\mathrm{t}&\mathrm{m}&\mathrm{i}&\mathrm{l}\end{pmatrix}$$

即明文为 mathematical。

由此，只要一个矩阵及其逆矩阵都是整数矩阵，那就可以用作矩阵加密的算子矩阵。矩阵阶数越高，破解的难度一般来说就越大，保密性也就会更强一些。

第九节 MATLAB 计算与编程初步

我们在第二章中讲过，MATLAB 既是一种语言，又是一个编程环境。MATLAB 中除了命令窗口（MATLAB Command Window）外，另一个最重要的就是程序编辑窗口（MATLAB Editor/Debug）。

一、编程窗口与编程初步

在 MATLAB 的命令窗口，我们已经知道怎样直接利用它进行各种演算与作图等。但是这些操作在 MATLAB 关闭后也随之消失了。对常用的命令或者是某个重要的结果，需要保留时，就要通过编程窗口去实现了。

在 MATLAB“File”菜单中选择“New”及“M-file”项，或直接单击菜单栏下的“新建空白文档”□快捷按钮，就打开了 MATLAB 程序编辑窗口，如图 3.1 所示。

然后就可以在该编辑窗口编写 MATLAB 程序，即 M 文件了。M 文件分为两类：命令文件和函数文件，它们的扩展名均为 .m。M 文件可以相互调用，也可以自己调用自己。

1. 命令文件

MATLAB 的命令文件是由一系列 MATLAB 命令和必要的程序注释构成。调用命令文件时，MATLAB 自动按顺序执行文件中的命令。

【例 3.17】 建立程序 prog31. m，由向量 $\boldsymbol{T}=[-1\ 0\ 1\ 3\ 5]$ 产生范德蒙数字矩阵 vand。

解 程序如下：

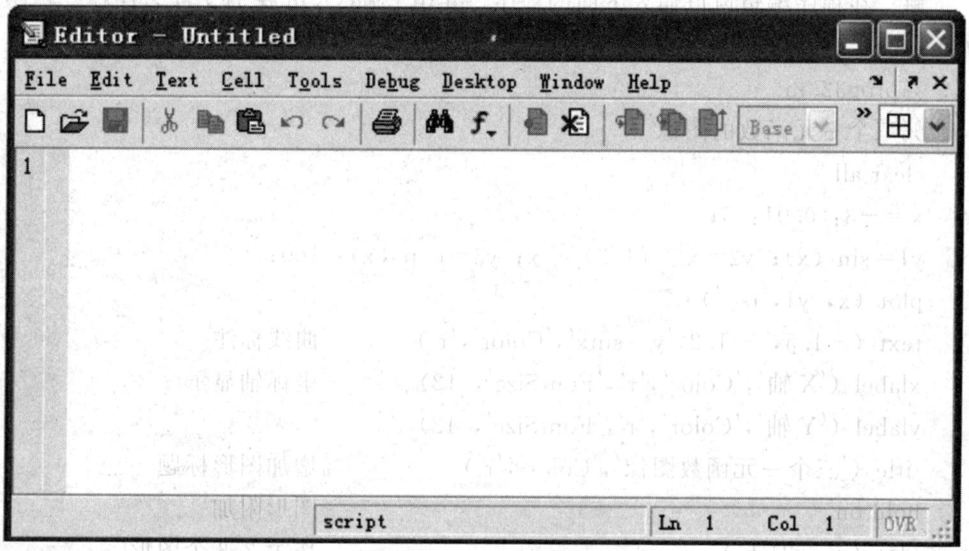

图 3.1　MATLAB 程序编辑窗口

```
%prog31.m
%从向量T生成范德蒙矩阵，并计算它的行列式
T= [-1 0 1 3 5]; n=length (T);
for i=1:1:n
    vand (i,:) =T.^ (i-1);
end
vand
```

首先在程序编辑窗口输入上述程序，并用 prog31.m 作为文件名存盘；然后在程序编辑窗口点击“run（执行）”快捷按钮，或者也可以在命令窗口输入并执行 prog31.m，就得到范德蒙数字矩阵和它的行列式值

```
vand=
   1    1    1    1    1
  -1    0    1    3    5
   1    0    1    9   25
  -1    0    1   27  125
   1    0    1   81  625
```

在 M 文件中由符号“%”开始的行是注释行，用于对程序进行说明，可供 help 命令查询，但程序执行时会自动忽略。

在此特别强调一下，M 文件的文件名必须以英文字母开头，数字或者中文字符开始的文件名，文件调用时将产生错误。

【例 3.18】　建立程序 prog32.m，在同一个坐标系的［-3，5］区间上画出下列三个一元函数的图像

$$y=\sin x,\ y=x^{\frac{1}{3}}-x,\ y=\frac{1}{100}e^{x}$$

解 在程序编辑窗口输入下面的程序，并用 prog32. m 作为文件名保存。程序如下：

```
%prog32. m
%三个一元函数的图像
clear all
x=－3：0. 01：5；
y1=sin（x）；y2=x.^（1/3）－x；y3=exp（x）/100；
plot（x，y1,'r－'）
text（－1. 5，－1. 2,'y=sinx','Color','r'）          %曲线标注
xlabel（'X 轴','Color','r','FontSize'，12）          %坐标轴显示
ylabel（'Y 轴','Color','r','FontSize'，12）
title（'三个一元函数图像','Color','r'）               %增加图形标题
hold on                                              %图形附加
plot（x，y2,'b'）                                    %作第 2,3 个图形
text（－2，3,'y=x^（1/3）－x','Color','b'）
plot（x，y3,'m'）
gtext（'y=e^x/100','Color','g'）
hold off
```

运行程序，得到如图 3. 2 所示的图形。

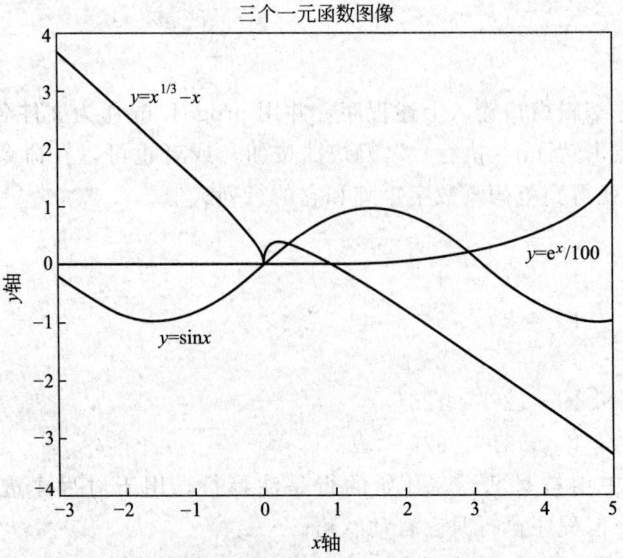

图 3. 2 例 3. 18 图

在程序编辑窗口编写 MATLAB 程序时，MATLAB 自动将程序中的字符用不同颜色显示，以表明这些字符的不同属性。例如程序的注解用绿色表示；程序的主体用黑色显示；程序某些属性值的设定用红色表示；程序的流程控制语句则用蓝色来表示等。

2. 函数文件

MATLAB绝大多数的功能函数都是由函数文件实现的。用户编写的函数文件也可以像库函数一样被调用。MATLAB的函数文件可以实现计算中的参数传递。函数文件一般有返回值，也可以只执行操作而无返回值。

函数文件的第一行是以function开头的语句，具体形式为：

function［输出变量列表］＝函数名（输入变量列表）

其中输入变量用圆括号括起来，输出变量超过一个就用方括号括起来，变量之间用“,”隔开；如果没有输入或输出变量，则可以分别用空的括号（）或者［］表示。

函数文件从第二行开始才是函数体语句。函数文件不能访问工作区中的变量，它所有的变量都是局部变量，只有它的输入和输出变量才被保留在工作区中；

【例3.19】 编写一个函数程序fun31.m，将百分制的学生成绩转换成5级分制。

解 程序如下：

```
function f=fun31 (x)
% fun31.m
%将百分制的学生成绩转换成5级分制的MATLAB程序
switch fix (x/10)                   % fix为向原点取整的取整函数
    case {10, 9}
        f='A';
case8
        f='B';
    case7
        f='C';
    case6
        f='D';
    otherwise
        f='E';
end
```

在程序编辑窗口输入后以“fun31.m”为文件名存盘；然后在命令窗口执行fun31（76），就得到百分制成绩为$x=76$所对应的5级分制成绩

```
ans=
    c
```

必须注意函数文件的文件名一定要与程序中function之后的函数实名相同，这样才能确保文件的有效调用。

如果函数文件fun31.m保存在当前路径之下，这时在命令窗口执行help fun31，则输出该函数的注释文本：

```
fun31.m
将百分制的学生成绩转换成5级分制的MATLAB程序
```

二、MATLAB 的程序设计

MATLAB 提供了一个完善的程序设计语言环境，使我们能够方便地编写复杂的程序，完成各种计算。下面简要介绍程序设计中的有关问题。

1. 关系和逻辑运算符

MATLAB 的关系运算符与逻辑运算符如表 3.7 所示。

表 3.7 MATLAB 的关系运算符及逻辑运算符

关系运算符	说明	逻辑运算符	说明
<	小于	&	与运算
<=	小于等于	|	或运算
>	大于	~	非运算
>=	大于等于		
==	等于		
~=	不等于		

关系运算可以比较两个元素的大小关系，结果为 1 表明为真，结果为 0 表明为假；也可以作用于两个维数相同的数组或矩阵，此时将生成一个 0-1 数组或矩阵。

逻辑运算将任何的非零元素视为 1（真）。它也可以用于数组或矩阵，得到的运算结果是一个同样维数的 0-1 数组或矩阵。

此外，MATLAB 还提供一些其它的关系和逻辑函数，常见的有 all，any 和 xor 等。

2. 条件语句和循环语句

条件和循环语句属于控制流语句，用于控制程序的流程。MATLAB 的控制语句比较少，但功能很强，主要有 for 循环、while 循环语句，if 条件语句和 break 中断语句三种。这些与 C 语言中的定义与功能等是类似的。

for 循环的调用格式为

```
for 循环变量=s1：s2：s3
    循环体语句
end
```

其中，s1 为循环变量的初值；s2 为循环变量的步长；s3 为循环变量的终值。如果省略 s2，则默认步长为 1。for 循环语句可以嵌套使用以满足多重循环的需要。

while 循环一般用于不能事先确定循环次数的情况，它的调用格式为

```
while 逻辑变量
    循环体语句
end
```

只要逻辑变量的值为真，就执行循环体语句，直到逻辑变量的值为假时终止该循环过程。

【例 3.20】 计算 MATLAB 中的特殊变量 EPS（最小正数）的值。

解 编程 prog33. m 如下：

```
% 计算 MATLAB 中的最小正数 EPS 的程序
```

```
n=0; EPS=1;
while (1+EPS) >1
    EPS=EPS/2; n=n+1;
end
EPS=EPS*2; n, EPS
```

程序运行结果为：

```
n=
   53
EPS=
   2.2204e-016
```

除了循环语句，MATLAB 提供还提供各种条件转移语句，使得 MATLAB 编程更加方便。

if 条件语句最简单的调用一般格式为：

```
if  逻辑变量或表达式
    执行体语句 1
else
    执行体语句 2
End
```

其中“else”和“执行体语句 2”可以缺省。

还有 switch 条件转移语句：

```
switch  表达式
case    数值 1
    执行体语句 1
case    数值 2
    执行体语句 2
……
        otherwise
    执行体语句 n
        End
```

前面也讲过，函数程序是可以调用自身的。特别在用递归方法编程时，更是如此。

【例 3.21】 编写计算 Fibonnaci 数的 MATLAB 程序。

解 编写函数文件 fun32.m，该程序在输入变量 n 的值之后，输出第 n 个 Fibonnaci 数：

```
function f=fun32 (n)
%  计算 Fibonnaci 数的 MATLAB 程序
if  n>2
    f=fun32 (n-2) +fun32 (n-1);    %该算法采用了递归调用的方法
```

```
else
    f=1;
end
```

在程序编辑窗口输入并以“fun32. m”为文件名存盘；然后在命令窗口执行fun32（16），就得到 n=16 时的 Fibonnaci 数

```
ans=
    987
```

递归方法也可以用于阶乘计算，以及汉若塔游戏求解问题。请大家自己去研究。

break 语句可以导致 for 循环、while 循环和 if 条件语句的终止。如果 break 语句出现在一个嵌套的循环里，那么只跳出 break 所在的最内一层的那个循环，而不跳出整个循环嵌套结构。

【例 3. 22】 求解鸡兔同笼问题：笼中鸡兔有 36 个头，100 只脚，问：鸡、兔各多少？

解 建立程序 prog34. m 如下：

```
% 求解鸡兔同笼问题的程序
clear all
i=1;
while  1
    if (rem (100-i*2, 4) ==0) & (i+ (100-i*2) /4) ==36
        break;
    end
    i=i+1;
    end
    num_chicken=i, num_rabbit= (100-2*i) /4
```

求解结果为：

```
    num_chicken=
                22
num_rabbit=
        14
```

大家还可以自己研究 return、continue 语句的具体用法。

做 MATLAB 编程时，应注意这样几个方面：一是程序的可读性，二是程序的计算效率，三是程序的模块化结构。此外，在主程序开始时最好用 clear 命令清除内存空间的变量，以消除它们可能对程序运行可能带来的影响；但要注意，在子程序（包括函数子程序）中不可用 clear 命令。

三、应用编程举例

下面再来举两个与高等数学，线性代数课程有关的 MATLAB 应用编程的

例子。

【例 3.23】 再谈范德蒙行列式值的计算：编写程序 prog35.m，先生成范德蒙符号矩阵

$$A=\begin{pmatrix}1&1&1&1\\a&b&c&d\\a^2&b^2&c^2&d^2\\a^3&b^3&c^3&d^3\end{pmatrix}$$

然后计算该矩阵的行列式，以此证明第一章关于范德蒙行列式值的结论。并具体求出当 $a=2$，$b=3$，$c=6$，$d=9$ 时该行列式的值。

解 参见例 3.17。编写程序 prog35.m 由向量 $\boldsymbol{T}=[a, b, c, d]$ 自动生成范德蒙符号矩阵，并求范德蒙行列式的值。程序如下：

```
% 从向量  T=［a b c d］自动生成范德蒙符号矩阵，并计算行列式
clear all                                   %清空内存变量
clc                                         %清除命令窗口
syms a b c d                                %符号变量说明
T=［a b c d］；n=length（T）；
for i=1：n
vand（i,:）=T.^（i-1）；                    %生成范德蒙矩阵
end
A=vand
D=det（A）；                                %计算行列式
D1=factor（D）                              %将行列式值因式分解
D2=subs（D，{a b c d}，{2 3 6 9}）  %将行列式结果中的字母符号用具体数值代替
```

输出结果为：

```
A=
    [1，1，1，1]
    [a，b，c，d]
    [a^2，b^2，c^2，d^2]
    [a^3，b^3，c^3，d^3]
D1=
    (-d+c)*(b-d)*(b-c)*(-d+a)*(a-c)*(a-b)
D2=
    1512
```

由于符号行列式 D=det(A)计算的直接结果是个展开形式的式子，比较复杂，所以结果没有输出。而经过因式分解以后的范德蒙行列式的结果，与第一章理论推导得到的结论是一致的。

此外，符号变量取值不能通过通常的赋值法，而必须用数值替换函数 subs。

【例 3.24】 编写 MATLAB 程序，画二元隐函数曲线 $x^2+y^2+xy-x-1=0$ 图像，并求它确定的隐函数 $y=y(x)$ 的最大与最小值。

解 设 $F(x,y)=x^2+y^2+xy-x-1$。首先这个函数方程 $F(x,y)=0$ 是不易于显化的，手工作图有很大困难。其次，由高等数学理论可知，函数方程所确定的隐函数 $y=y(x)$ 的导数为

$$\frac{dy}{dx}=-\frac{F_x}{F_y}$$

而 $$\frac{d^2y}{dx^2}=\frac{d}{dx}\left(-\frac{F_x}{F_y}\right)=\frac{\partial}{\partial x}\left(-\frac{F_x}{F_y}\right)+\frac{\partial}{\partial y}\left(-\frac{F_x}{F_y}\right)\cdot\frac{dy}{dx}$$

$$=-\frac{F_{xx}F_y-F_xF_{yx}}{(F_y)^2}-\frac{F_{xy}F_y-F_xF_{yy}}{(F_y)^2}\cdot\left(-\frac{F_x}{F_y}\right)$$

$$=-\frac{F_{xy}F_y{}^2-2F_xF_yF_{xy}+F_x{}^2F_{yy}}{(F_y)^3}$$

显然隐函数 $y=y(x)$ 在驻点 (x,y) 处

$$\frac{dy}{dx}=0,\ 而\ \frac{d^2y}{dx^2}=\frac{F_xF_{yx}-F_{xx}F_y}{(F_y)^2}$$

现编程 prog36. m 如下：

```
% 画隐函数曲线 f=x^2+y^2+x*y-x-1=0 的图像
clear all
clc
syms x y
f=x^2+y^2+x*y-x-1;
ezplot (f, [-1.5 2.5 -2.2 1.5] ), grid %画隐函数曲线
%------------------------------
% 寻求曲线上的最高、最低点坐标 [x1,y1]
fx=diff (f,'x');          % 计算曲线上各点的关于 x,y 的偏导数
fxx=diff (fx,'x');
fxy=diff (fx,'y');
fy=diff (f,'y');
fyx=diff (fy,'x');
my_yxx=(fx*fyx-fy*fxx)/(fy)^2;          % 隐函数的二阶导数
[x1, y1] =solve (fx, f,'x, y')          % 解方程组，求隐函数的驻点
%
% 作出最高与最低点
hold on
```

```
u=double (x1);                    % 把符号型转化为双精度数值型
v=double (y1);
plot (u, v,'ro')                   % 画驻点
%———
% 求隐函数驻点处的二阶导数，判别驻点是否为极大、极小值点
yxx0=subs (my_yxx, {x y}, {u v})
```

执行程序，输出驻点

```
x1=
    0
    4/3
y1=
    1
    -5/3
```

隐函数 $y=y(x)$ 在驻点处的二阶导数为

```
yxx0=
    -1
     1
```

运行程序得到函数图像，如图 3.3 所示。

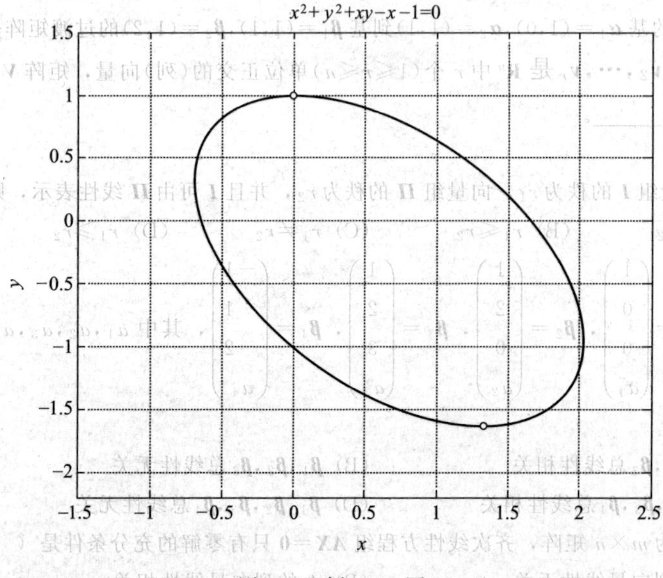

图 3.3　例 3.24 图

可见，在驻点 (0,1) 处，隐函数 $y=y(x)$ 的二阶导数 $\frac{d^2y}{dx^2}=-1<0$，所以该驻点为唯一的极大值点，同时也是最大值点；同理驻点 $\left(\frac{4}{3},-\frac{5}{3}\right)$ 为方程所确定

隐函数 $y=y(x)$ 的最小值点。

受到本书篇幅与编程举例难易程度的限制，我们在此不能更多的展开了。但从上述有限的几个例子大家已经可以看到，用 MATLAB 编程方法来解决各门课程中的，甚至于来自工程实际的问题，应该是一个值得去尝试的学习方向。

对 MATLAB 编程有兴趣的读者，可以进一步学习本书附录之前的课程实验与本书附录部分的案例，相信大家会有更大的收获。

习题三

1. 填空题

(1) 设 $\boldsymbol{\alpha}_1=(1,1,1),\boldsymbol{\alpha}_2=(a,0,b),\boldsymbol{\alpha}_3=(1,3,2)$线性相关，则 a,b 满足__________。

(2) 已知 3 维空间的一组基 $\boldsymbol{\alpha}_1=(1,1,0),\boldsymbol{\alpha}_2=(1,0,1),\boldsymbol{\alpha}_3=(0,1,1)$，则向量 $\boldsymbol{\alpha}=(2,0,0)$ 在基下的坐标是__________。

(3) 设 $\boldsymbol{\alpha}_1,\boldsymbol{\alpha}_2,\boldsymbol{\alpha}_3$ 线性无关，若使 $\boldsymbol{\alpha}_2-\boldsymbol{\alpha}_1,k\boldsymbol{\alpha}_3-\boldsymbol{\alpha}_2,\boldsymbol{\alpha}_1-\boldsymbol{\alpha}_3$ 也线性无关，则 k 应满足的条件为__________。

(4) 设 $\boldsymbol{A}=\begin{pmatrix}1&0&-1&0&0\\1&1&0&0&0\\0&1&1&0&0\\0&0&1&1&0\\0&0&0&1&1\end{pmatrix}$，则其秩 $r(\boldsymbol{A})=$__________。

(5) 从 $\mathbf{R}^2$ 的基 $\boldsymbol{\alpha}_1=(1,0),\boldsymbol{\alpha}_2=(1,1)$ 到基 $\boldsymbol{\beta}_1=(1,1),\boldsymbol{\beta}_2=(1,2)$ 的过渡矩阵是______。

(6) 设 $\boldsymbol{v}_1,\boldsymbol{v}_2,\cdots,\boldsymbol{v}_r$ 是 $\mathbf{R}^n$ 中 r 个 $(1\leqslant r\leqslant n)$ 单位正交的(列)向量，矩阵 $\boldsymbol{V}=(\boldsymbol{v}_1,\boldsymbol{v}_2,\cdots,\boldsymbol{v}_r)$，则 $\boldsymbol{V}'\boldsymbol{V}=$______。

2. 选择题

(1) 设向量组 $\boldsymbol{I}$ 的秩为 r_1，向量组 $\boldsymbol{II}$ 的秩为 r_2，并且 $\boldsymbol{I}$ 可由 $\boldsymbol{II}$ 线性表示，则必有（　　）。

(A) $r_1<r_2$　　(B) $r_1\leqslant r_2$　　(C) $r_1\neq r_2$　　(D) $r_1\geqslant r_2$

(2) 设 $\boldsymbol{\beta}_1=\begin{pmatrix}1\\0\\0\\a_1\end{pmatrix}$，$\boldsymbol{\beta}_2=\begin{pmatrix}1\\2\\0\\a_2\end{pmatrix}$，$\boldsymbol{\beta}_3=\begin{pmatrix}1\\2\\3\\a_3\end{pmatrix}$，$\boldsymbol{\beta}_4=\begin{pmatrix}-1\\1\\2\\a_4\end{pmatrix}$，其中 a_1,a_2,a_3,a_4 是任意数，则（　　）。

(A) $\boldsymbol{\beta}_1,\boldsymbol{\beta}_2,\boldsymbol{\beta}_3$ 总线性相关　　(B) $\boldsymbol{\beta}_1,\boldsymbol{\beta}_2,\boldsymbol{\beta}_3$ 总线性无关

(C) $\boldsymbol{\beta}_1,\boldsymbol{\beta}_2,\boldsymbol{\beta}_3,\boldsymbol{\beta}_4$ 总线性相关　　(D) $\boldsymbol{\beta}_1,\boldsymbol{\beta}_2,\boldsymbol{\beta}_3,\boldsymbol{\beta}_4$ 总线性无关

(3) 设 $\boldsymbol{A}$ 为 $m\times n$ 矩阵，齐次线性方程组 $\boldsymbol{AX}=\boldsymbol{0}$ 只有零解的充分条件是（　　）。

(A) $\boldsymbol{A}$ 的列向量线性无关　　(B) $\boldsymbol{A}$ 的列向量线性相关

(C) $\boldsymbol{A}$ 的行向量线性无关　　(D) $\boldsymbol{A}$ 的行向量线性相关

(4) 设 $\boldsymbol{A}$ 是三阶矩阵，如果对任意一个三维列向量 $\boldsymbol{\beta}=(b_1,b_2,b_3)^{\mathrm{T}}$，都有 $\boldsymbol{A\beta}=\boldsymbol{O}$，则必有（　　）。

(A) $\boldsymbol{A}=\boldsymbol{E}$　　(B) $\boldsymbol{A}=\boldsymbol{O}$　　(C) $\boldsymbol{A}=\boldsymbol{A}'$　　(D) $\boldsymbol{A}^2=\boldsymbol{O}$

(5) 设 $n\times m$ 维矩阵 $\boldsymbol{A}=(\boldsymbol{\alpha}_1,\boldsymbol{\alpha}_2,\cdots,\boldsymbol{\alpha}_m)$ 与 $\boldsymbol{B}=(\boldsymbol{\beta}_1,\boldsymbol{\beta}_2,\cdots,\boldsymbol{\beta}_m)$ 等价，则（　　）。

(A) 列向量组 $\boldsymbol{\alpha}_1,\boldsymbol{\alpha}_2,\cdots,\boldsymbol{\alpha}_m$ 可由列向量组 $\boldsymbol{\beta}_1,\boldsymbol{\beta}_2,\cdots,\boldsymbol{\beta}_m$ 线性表示

(B) 列向量组 $\boldsymbol{\beta}_1,\boldsymbol{\beta}_2,\cdots,\boldsymbol{\beta}_m$ 可由列向量组 $\boldsymbol{\alpha}_1,\boldsymbol{\alpha}_2,\cdots,\boldsymbol{\alpha}_m$ 线性表示

(C) 向量组 $\boldsymbol{\alpha}_1,\boldsymbol{\alpha}_2,\cdots,\boldsymbol{\alpha}_m$ 与向量组 $\boldsymbol{\beta}_1,\boldsymbol{\beta}_2,\cdots,\boldsymbol{\beta}_m$ 仅仅秩相等

(D) 向量组 $\boldsymbol{\alpha}_1,\boldsymbol{\alpha}_2,\cdots,\boldsymbol{\alpha}_m$ 与向量组 $\boldsymbol{\beta}_1,\boldsymbol{\beta}_2,\cdots,\boldsymbol{\beta}_m$ 等价

(6) 已知向量组 $\boldsymbol{\alpha}_1,\boldsymbol{\alpha}_2,\boldsymbol{\alpha}_3$ 线性无关，则（　　）。

(A) $\boldsymbol{\alpha}_1+\boldsymbol{\alpha}_2,\boldsymbol{\alpha}_2+\boldsymbol{\alpha}_3,\boldsymbol{\alpha}_3+\boldsymbol{\alpha}_1$ 线性无关　　(B) $\boldsymbol{\alpha}_1+\boldsymbol{\alpha}_2,\boldsymbol{\alpha}_2+\boldsymbol{\alpha}_3,\boldsymbol{\alpha}_3-\boldsymbol{\alpha}_1$ 线性无关

(C) $\boldsymbol{\alpha}_1-\boldsymbol{\alpha}_2,\boldsymbol{\alpha}_2-\boldsymbol{\alpha}_3,\boldsymbol{\alpha}_3-\boldsymbol{\alpha}_1$ 线性无关　　(D) $\boldsymbol{\alpha}_1+\boldsymbol{\alpha}_2,\boldsymbol{\alpha}_2-\boldsymbol{\alpha}_3,\boldsymbol{\alpha}_3+\boldsymbol{\alpha}_1$ 线性无关

3. 设 $\boldsymbol{\alpha}=(2,3,0),\boldsymbol{\beta}=(0,-3,1),\boldsymbol{\gamma}=(2,-4,1)$，求 $2\boldsymbol{\alpha}-3\boldsymbol{\beta}+\boldsymbol{\gamma}$。

4. 解向量方程 $3(\boldsymbol{\alpha}_1-\mathrm{X})+2(\boldsymbol{\alpha}_2+\mathrm{X})=5(\boldsymbol{\alpha}_3+\boldsymbol{X})$，其中 $\boldsymbol{\alpha}_1=(2,5,1,3),\boldsymbol{\alpha}_2=(10,1,5,10)$，$\boldsymbol{\alpha}_3=(4,1,-1,1)$。

5. 判别下列向量组的线性相关性：

(1) $\boldsymbol{\alpha}_1=(1,1,1),\boldsymbol{\alpha}_2=(0,2,5),\boldsymbol{\alpha}_3=(1,3,6)$

(2) $\boldsymbol{\alpha}_1=(0,1,2),\boldsymbol{\alpha}_2=(1,2,1),\boldsymbol{\alpha}_3=(1,3,4)$

(3) $\boldsymbol{\alpha}_1=(1,2,1,-1),\boldsymbol{\alpha}_2=(1,-1,2,4),\boldsymbol{\alpha}_3=(0,3,1,2),\boldsymbol{\alpha}_4=(3,0,7,14)$

(4) $\boldsymbol{\alpha}_1=(1,1,1,1),\boldsymbol{\alpha}_2=(1,1,-1,-1),\boldsymbol{\alpha}_3=(1,-1,1,-1),\boldsymbol{\alpha}_4=(1,-1,-1,1)$

6. 试证：任意一个 4 维向量 $\boldsymbol{\beta}=(b_1,b_2,b_3,b_4)$ 都可由向量组 $\boldsymbol{\alpha}_1=(1,0,0,0)$，$\boldsymbol{\alpha}_2=(1,1,0,0)$，$\boldsymbol{\alpha}_3=(1,1,1,0),\boldsymbol{\alpha}_4=(1,1,1,1)$ 线性表示，并且表示方式是唯一的，写出这种表示方式。

7. 证明：若 $\boldsymbol{\alpha}_1,\boldsymbol{\alpha}_2$ 线性无关，则 $\boldsymbol{\alpha}_1+\boldsymbol{\alpha}_2,\boldsymbol{\alpha}_1-\boldsymbol{\alpha}_2$ 也线性无关。

8. 设 $\boldsymbol{\alpha}_1,\boldsymbol{\alpha}_2,\boldsymbol{\alpha}_3$ 线性无关，证明 $\boldsymbol{\alpha}_1+\boldsymbol{\alpha}_2,\boldsymbol{\alpha}_2+\boldsymbol{\alpha}_3,\boldsymbol{\alpha}_3+\boldsymbol{\alpha}_1$ 也线性无关。

9. 证明：若 $\boldsymbol{\alpha}_1,\boldsymbol{\alpha}_2,\boldsymbol{\alpha}_3$ 线性无关，$\boldsymbol{\beta}=\lambda_1\boldsymbol{\alpha}_1+\lambda_2\boldsymbol{\alpha}_2+\lambda\boldsymbol{\alpha}_3$，那么

(1) 当 $\lambda=0$ 时，$\boldsymbol{\alpha}_1,\boldsymbol{\alpha}_2,\boldsymbol{\beta}$ 线性相关；

(2) 当 $\lambda\neq 0$ 时，$\boldsymbol{\alpha}_1,\boldsymbol{\alpha}_2,\boldsymbol{\beta}$ 线性无关。

10. 设 $a_1,a_2,\cdots,a_n$ 是互不相同的实数，令

$$\boldsymbol{\alpha}_1=(1,a_1,a_1^2,\cdots,a_1^{n-1})$$
$$\boldsymbol{\alpha}_2=(1,a_2,a_2^2,\cdots,a_2^{n-1})$$
$$\cdots$$
$$\boldsymbol{\alpha}_n=(1,a_n,a_n^2,\cdots,a_n^{n-1})$$

求证：任一 n 维向量都可以由向量组 $\boldsymbol{\alpha}_1,\boldsymbol{\alpha}_2,\cdots,\boldsymbol{\alpha}_n$ 线性表示。

11. m 个 $m+1$ 维向量 $\boldsymbol{\alpha}_1=(1,0,\cdots,0,a_1),\boldsymbol{\alpha}_2=(0,1,\cdots,0,a_2),\cdots,\boldsymbol{\alpha}_m=(0,0,\cdots,1,a_m)$ 是否线性相关？

12. 如果 $\boldsymbol{\alpha}_1,\boldsymbol{\alpha}_2,\boldsymbol{\alpha}_3,\boldsymbol{\alpha}_4$ 线性相关，但其中任意三个向量都线性无关，证明必存在一组全不为 0 的数 k_1,k_2,k_3,k_4，使得

$$k_1\boldsymbol{\alpha}_1+k_2\boldsymbol{\alpha}_2+k_3\boldsymbol{\alpha}_3+k_4\boldsymbol{\alpha}_4=\mathbf{0}$$

13. 若 $\boldsymbol{\alpha}_1,\boldsymbol{\alpha}_2,\cdots,\boldsymbol{\alpha}_r$ 线性无关，证明：$\boldsymbol{\beta},\boldsymbol{\alpha}_1,\boldsymbol{\alpha}_2,\cdots,\boldsymbol{\alpha}_r$ 线性无关的充要条件是 $\boldsymbol{\beta}$ 不能由 $\boldsymbol{\alpha}_1,\boldsymbol{\alpha}_2,\cdots,\boldsymbol{\alpha}_r$ 线性表示。

14. 求下列向量组的秩及其一个极大线性无关组，并将其余向量用这个极大线性无关组线性表示。

(1) $\boldsymbol{\alpha}_1=(1,1,1),\boldsymbol{\alpha}_2=(1,1,0),\boldsymbol{\alpha}_3=(1,0,0),\boldsymbol{\alpha}_4=(1,2,-3)$

(2) $\boldsymbol{\alpha}_1=(1,2,1,3),\boldsymbol{\alpha}_2=(4,-1,-5,-6),\boldsymbol{\alpha}_3=(1,-3,-4,-7),\boldsymbol{\alpha}_4=(2,1,-1,0)$

(3) $\boldsymbol{\alpha}_1=\begin{pmatrix}1\\-1\\2\\4\end{pmatrix}$，$\boldsymbol{\alpha}_2=\begin{pmatrix}0\\3\\1\\2\end{pmatrix}$，$\boldsymbol{\alpha}_3=\begin{pmatrix}3\\0\\7\\14\end{pmatrix}$，$\boldsymbol{\alpha}_4=\begin{pmatrix}2\\1\\5\\6\end{pmatrix}$，$\boldsymbol{\alpha}_5=\begin{pmatrix}1\\-1\\2\\0\end{pmatrix}$

(4) $\boldsymbol{\alpha}_1=\begin{pmatrix}1\\1\\2\\2\\1\end{pmatrix}$，$\boldsymbol{\alpha}_2=\begin{pmatrix}0\\2\\1\\5\\-1\end{pmatrix}$，$\boldsymbol{\alpha}_3=\begin{pmatrix}2\\0\\3\\-1\\3\end{pmatrix}$，$\boldsymbol{\alpha}_4=\begin{pmatrix}1\\1\\0\\4\\-1\end{pmatrix}$

15. 设 $r(\boldsymbol{\alpha}_1,\boldsymbol{\alpha}_2,\boldsymbol{\alpha}_3)=\mathrm{r}(\boldsymbol{\alpha}_1,\boldsymbol{\alpha}_2,\boldsymbol{\alpha}_3,\boldsymbol{\alpha}_4)$。证明：向量组 $\boldsymbol{\alpha}_1,\boldsymbol{\alpha}_2,\boldsymbol{\alpha}_3$ 与向量组 $\boldsymbol{\alpha}_1,\boldsymbol{\alpha}_2,\boldsymbol{\alpha}_3,\boldsymbol{\alpha}_4$ 等价。

16. 设 $\mathbf{V}_1=\{\boldsymbol{X}\mid\boldsymbol{X}=(x_1,x_2,\cdots,x_n),x_1+x_2+\cdots+x_n=0,x_1,x_2,\cdots,x_n\in\mathbf{R}\}$，$\mathbf{V}_2=\{\boldsymbol{X}\mid\boldsymbol{X}=(x_1,x_2,\cdots,x_n),x_1+x_2+\cdots+x_n=1,x_1,x_2,\cdots,x_n\in\mathbf{R}\}$，

问：$\mathbf{V}_1,\mathbf{V}_2$ 是不是 $\mathbf{R}^n$ 的子空间，为什么？

17. 设 $\boldsymbol{\alpha}_1=(2,-1,3),\boldsymbol{\alpha}_2=(1,0,-1),\boldsymbol{\alpha}_3=(0,-1,5)$。它们的一切线性组合记为

$$\mathbf{V}=\{x_1\boldsymbol{\alpha}_1+x_2\boldsymbol{\alpha}_2+x_3\boldsymbol{\alpha}_3\mid x_1,x_2,x_3\in\mathbf{R}\}$$

证明：$\mathbf{V}$ 是 $\mathbf{R}^3$ 的一个子空间，并求出 $\mathbf{V}$ 的一个基。

18. 证明：$\boldsymbol{\alpha}_1=(2,1,0),\boldsymbol{\alpha}_2=(0,1,2),\boldsymbol{\alpha}_3=(-2,1,2)$ 是 $\mathbf{R}^3$ 的一个基。并求出向量 $\boldsymbol{\alpha}=(-4,2,6)$ 在基 $\boldsymbol{\alpha}_1$，$\boldsymbol{\alpha}_2,\boldsymbol{\alpha}_3$ 下的坐标。

19. 求下列矩阵的秩

(1) $\begin{pmatrix}1&2&3&4&5\\0&0&-1&-2&-3\\0&0&0&0&4\\0&0&1&2&-1\end{pmatrix}$　(2) $\begin{pmatrix}1&-1&2&1&0\\2&-2&4&-2&0\\3&0&6&-1&1\\0&3&0&0&1\end{pmatrix}$

(3) $\begin{pmatrix}3&2&-1&-3&-2\\2&-1&3&1&-3\\4&5&-5&-6&1\end{pmatrix}$　(4) $\begin{pmatrix}1&1&0&0\\2&1&1&0\\0&2&1&1\\0&0&2&1\end{pmatrix}$

20. 设 $\boldsymbol{A},\boldsymbol{B}$ 是同形矩阵，证明：$\boldsymbol{A}$ 与 $\boldsymbol{B}$ 相抵的充分必要条件是 $r(\boldsymbol{A})=r(\boldsymbol{B})$。

21. 求 k 在实数范围内取何值时，下列向量正交。

(1) $\boldsymbol{\alpha}=\left(\frac{1}{k},1,-1,-2\right)$，$\boldsymbol{\beta}=(5,k,4,1)$ (2) $\boldsymbol{\alpha}=\left(2,\frac{1}{k},-1,0\right)$，$\boldsymbol{\beta}=(0,1,k,-1)$

22. 把下列向量组正交化、单位化。

(1) $\boldsymbol{\alpha}_1=(3,0,4),\boldsymbol{\alpha}_2=(-1,0,7),\boldsymbol{\alpha}_3=(2,9,11)$

(2) $\boldsymbol{\alpha}_1=(1,0,1),\boldsymbol{\alpha}_2=(2,1,0),\boldsymbol{\alpha}_3=(0,1,1)$

23. 设 $\boldsymbol{\alpha}_1=(1,1,1)$, $\boldsymbol{\alpha}_2=(1,-2,1)$，求一个单位向量 $\boldsymbol{X}$，使 $\boldsymbol{X}$ 与 $\boldsymbol{\alpha}_1$, $\boldsymbol{\alpha}_2$ 都正交。

24. 设 $\boldsymbol{A}$, $\boldsymbol{B}$ 都是 n 阶正交矩阵，证明：

(1) $\boldsymbol{AB}$ 也是正交矩阵；　　(2) $\boldsymbol{A}'\boldsymbol{B}$ 也是正交矩阵。

25. 证明：若 $\boldsymbol{A}$ 是正交矩阵，则 $\boldsymbol{A}$ 的伴随矩阵 $\boldsymbol{A}^*$ 也是正交矩阵。

26. 设 $\boldsymbol{A}$ 是 n 阶正交矩阵。证明：对任意的 n 维列向量 $\boldsymbol{\alpha}$，$\boldsymbol{\beta}$，均有

$$(\boldsymbol{A\alpha},\boldsymbol{A\beta})=(\boldsymbol{\alpha},\boldsymbol{\beta})$$

27. 判别下列矩阵是否为正交矩阵

(1) $\begin{pmatrix} \frac{1}{\sqrt{3}} & \frac{1}{\sqrt{3}} & \frac{1}{\sqrt{3}} \\ 0 & -\frac{1}{\sqrt{2}} & \frac{1}{\sqrt{2}} \\ -\frac{2}{\sqrt{6}} & \frac{1}{\sqrt{6}} & \frac{1}{\sqrt{6}} \end{pmatrix}$　　(2) $\begin{pmatrix} 1 & -\frac{1}{2} & \frac{1}{3} \\ -\frac{1}{2} & 1 & \frac{1}{2} \\ \frac{2}{3} & \frac{1}{2} & -1 \end{pmatrix}$

28*. 试用 MATLAB 编程方法讨论下列带有参数的矩阵的秩

$$\boldsymbol{A}=\begin{pmatrix} 1 & 0 & a \\ a & -1 & 2 \\ 1 & 2 & -a \end{pmatrix}$$

29*. 在“基因间的距离”这一应用案例中，如果对每个基因频率向量

$$\mathbf{x}_k=\begin{pmatrix} x_{k1} \\ x_{k2} \\ x_{k3} \\ x_{k4} \end{pmatrix},\ k=1,2,3,4$$

采用通常的公式 $\overline{\boldsymbol{x}_k{}^o}=\dfrac{\boldsymbol{x}_k}{|\boldsymbol{x}_k|}$ 将其单位化，这样求得的基因间距离的结果有什么不同？

30*. 在密码设计等问题的研究中，需要用到幺模矩阵。观察下列矩阵

$$\begin{pmatrix} 1 & 0 & 0 \\ 2 & -1 & 0 \\ 4 & -3 & 1 \end{pmatrix},\ \begin{pmatrix} 1 & 0 & 0 & 0 \\ 2 & 1 & 0 & 0 \\ 3 & 4 & 2 & 1 \\ 5 & 6 & 5 & 3 \end{pmatrix}$$

试给出幺模矩阵构造的方法。并用你自己构造的一个矩阵，对一组明文 a,b,c,d,e,f,g,h,i 做加密与解密实验。

第四章　线性方程组

本章将讨论一般线性方程组解的理论和求解方法。

有 m 个方程、n 个未知量的一般线性方程组为

$$\begin{cases} a_{11}x_1+a_{12}x_2+\cdots+a_{1n}x_n=b_1 \\ a_{21}x_1+a_{22}x_2+\cdots+a_{2n}x_n=b_2 \\ \cdots\cdots\cdots\cdots\cdots\cdots\cdots\cdots \\ a_{m1}x_1+a_{m2}x_2+\cdots+a_{mn}x_n=b_m \end{cases} \tag{4.1}$$

记

$$A=\begin{pmatrix} a_{11} & a_{12} & \cdots & a_{1n} \\ a_{21} & a_{22} & \cdots & a_{2n} \\ \cdots & \cdots & \cdots & \cdots \\ a_{m1} & a_{m2} & \cdots & a_{mn} \end{pmatrix},\ b=\begin{pmatrix} b_1 \\ b_2 \\ \vdots \\ b_m \end{pmatrix},\ X=\begin{pmatrix} x_1 \\ x_2 \\ \vdots \\ x_n \end{pmatrix}$$

称 $\boldsymbol{A}$ 为线性方程组(4.1)的**系数矩阵**（Coefficient matrix of simultaneous linear equations）。

又记

$$(\boldsymbol{A}\,|\,\boldsymbol{b})=\begin{pmatrix} a_{11} & a_{12} & \cdots & a_{1n} \\ a_{21} & a_{22} & \cdots & a_{2n} \\ \cdots & \cdots & \cdots & \cdots \\ a_{m1} & a_{m2} & \cdots & a_{mn} \end{pmatrix}\begin{pmatrix} b_1 \\ b_2 \\ \cdots \\ b_m \end{pmatrix}$$

称（$\boldsymbol{A}\,|\,\boldsymbol{b}$）为线性方程组(4.1)的**增广矩阵**（Augmented matrix）。这样，线性方程组(4.1)可以写成

$$\boldsymbol{AX}=\boldsymbol{b}$$

当 $\boldsymbol{b}=\boldsymbol{0}$ 时，称式(4.1)为**齐次线性方程组**（System of homogeneous linear equations）；

当 $\boldsymbol{b}\neq\boldsymbol{0}$ 时，称(4.1)为**非齐次线性方程组**（System of non-homogeneous linear equations）。

第一节　齐次线性方程组

对于以 $m\times n$ 矩阵 $\boldsymbol{A}$ 为系数矩阵的齐次线性方程组

$$\begin{cases} a_{11}x_1+a_{12}x_2+\cdots+a_{1n}x_n=0 \\ a_{21}x_1+a_{22}x_2+\cdots+a_{2n}x_n=0 \\ \cdots\cdots\cdots\cdots\cdots\cdots\cdots\cdots \\ a_{m1}x_1+a_{m2}x_2+\cdots+a_{mn}x_n=0 \end{cases} \quad (4.2)$$

即

$$\boldsymbol{AX}=\boldsymbol{0}$$

如果把 $\boldsymbol{A}$ 按列分块为 $\boldsymbol{A}=(\boldsymbol{\alpha}_1,\boldsymbol{\alpha}_2,\cdots,\boldsymbol{\alpha}_n)$，则齐次线性方程组就可以表示为向量等式

$$x_1\boldsymbol{\alpha}_1+x_2\boldsymbol{\alpha}_2+\cdots+x_n\boldsymbol{\alpha}_n=\boldsymbol{0}$$

因此式（4.2）有非零解的充要条件是向量组 $\boldsymbol{\alpha}_1,\boldsymbol{\alpha}_2,\cdots,\boldsymbol{\alpha}_n$ 线性相关。于是有

定理 4.1 设 $\boldsymbol{A}$ 是 $m\times n$ 矩阵。则齐次线性方程组 $\boldsymbol{AX}=\boldsymbol{0}$ 有非零解的充要条件是 $r(\boldsymbol{A})<n$。

该定理的等价命题是：齐次线性方程组 $\boldsymbol{AX}=\boldsymbol{0}$ 只有零解的充要条件是 $r(\boldsymbol{A})=n$。而当 $\boldsymbol{A}$ 为 n 阶方阵时，$\boldsymbol{AX}=\boldsymbol{0}$ 有非零解（或只有零解）的充要条件是 $|\boldsymbol{A}|=0$（或 $|\boldsymbol{A}|\neq 0$）。

为了研究齐次线性方程组解的结构，我们先讨论它的解的性质，并给出基础解系的概念。

定理 4.2 若 $\boldsymbol{X}_1,\boldsymbol{X}_2$ 是齐次线性方程组 $\boldsymbol{AX}=\boldsymbol{0}$ 的两个解向量，则 $k_1\boldsymbol{X}_1+k_2\boldsymbol{X}_2$（$k_1,k_2$ 为任意常数）也是它的解向量。

证 设 $\boldsymbol{X}_1,\boldsymbol{X}_2$ 是齐次线性方程组 $\boldsymbol{AX}=\boldsymbol{0}$ 的两个解向量，则

$$\boldsymbol{A}(k_1\boldsymbol{X}_1+k_2\boldsymbol{X}_2)=k_1\boldsymbol{AX}_1+k_2\boldsymbol{AX}_2=k_1\boldsymbol{0}+k_2\boldsymbol{0}=\boldsymbol{0}$$

故 $k_1\boldsymbol{X}_1+k_2\boldsymbol{X}_2$ 是 $\boldsymbol{AX}=\boldsymbol{0}$ 的解向量。

该定理的结论显然对任意有限多个解也成立。并且由此可知，齐次线性方程组的所有解向量所成的向量集合构成了一个向量空间。

定义 4.1 设 $\boldsymbol{X}_1,\boldsymbol{X}_2,\cdots,\boldsymbol{X}_s$ 是 $\boldsymbol{AX}=\boldsymbol{0}$ 的解向量，如果

（1）$\boldsymbol{X}_1,\boldsymbol{X}_2,\cdots,\boldsymbol{X}_s$ 线性无关；

（2）$\boldsymbol{AX}=\boldsymbol{0}$ 的任一个解向量可由 $\boldsymbol{X}_1,\boldsymbol{X}_2,\cdots,\boldsymbol{X}_s$ 线性表示。

则称 $\boldsymbol{X}_1,\boldsymbol{X}_2,\cdots,\boldsymbol{X}_s$ 是方程组 $\boldsymbol{AX}=\boldsymbol{0}$ 的一个**基础解系**（System of fundamental solutions）。

如果找到了 $\boldsymbol{AX}=\boldsymbol{0}$ 的一个基础解系 $\boldsymbol{X}_1,\boldsymbol{X}_2,\cdots,\boldsymbol{X}_s$，那齐次线性么方程组 $\boldsymbol{AX}=\boldsymbol{0}$ 的全部解就可以由下列集合来表示

$$\{\boldsymbol{X}\mid \boldsymbol{X}=k_1\boldsymbol{X}_1+k_2\boldsymbol{X}_2+\cdots+k_s\boldsymbol{X}_s;\ k_1,k_2,\cdots,k_s \text{为任意实数}\}$$

下面证明有非零解的齐次线性方程组必存在基础解系。

定理 4.3 设 $\boldsymbol{A}$ 是 $m\times n$ 矩阵。若 $r(\boldsymbol{A})=r<n$，则齐次线性方程组 $\boldsymbol{AX}=\boldsymbol{0}$ 存在基础解系，且基础解系中恰好含有 $n-r$ 个解向量。

证 由于 $r(\boldsymbol{A})=r<n$，则 $\boldsymbol{A}$ 可以通过一系列初等行变换化为简化阶梯形矩阵 $\boldsymbol{R}$。不失一般性，可设

$$R=\begin{pmatrix}1 & 0 & \cdots & 0 & c_{1,r+1} & \cdots & c_{1n}\\ 0 & 1 & \cdots & 0 & c_{2,r+1} & \cdots & c_{2n}\\ \cdots & \cdots & \cdots & \cdots & \cdots & \cdots & \cdots\\ 0 & 0 & \cdots & 1 & c_{r,r+1} & \cdots & c_{rn}\\ 0 & 0 & \cdots & 0 & 0 & \cdots & 0\\ \cdots & \cdots & \cdots & \cdots & \cdots & \cdots & \cdots\\ 0 & 0 & \cdots & 0 & 0 & \cdots & 0\end{pmatrix}$$

矩阵 $\boldsymbol{R}$ 所对应的齐次线性方程组 $\boldsymbol{RX}=\boldsymbol{0}$ 为

$$\begin{cases}x_1 \qquad\qquad +c_{1,r+1}x_{r+1}+\cdots+c_{1n}x_n=0\\ \qquad x_2 \qquad\quad +c_{2,r+1}x_{r+1}+\cdots+c_{2n}x_n=0\\ \cdots\cdots\cdots\cdots\cdots\cdots\cdots\cdots\cdots\cdots\\ \qquad\qquad x_r+c_{r,r+1}x_{r+1}+\cdots+c_{rn}x_n=0\end{cases} \tag{4.3}$$

易知，$\boldsymbol{AX}=\boldsymbol{0}$ 与 $\boldsymbol{RX}=\boldsymbol{0}$ 是同解方程组。注意到当 $r(\boldsymbol{A})=r<n$ 时，方程组(4.3) 中有 n 个未知量，但只有 $r(<n)$ 个“独立”方程，把后面的$(n-r)$个未知量 x_{r+1}，x_{r+2}，…，x_n 看作为**自由未知量**（Free unknown)，移到方程另一边，则式(4.3)可表示为

$$\begin{cases}x_1=-c_{1,r+1}x_{r+1}-c_{1,r+2}x_{r+2}-\cdots-c_{1n}x_n\\ x_2=-c_{2,r+1}x_{r+1}-c_{2,r+2}x_{r+2}-\cdots-c_{2n}x_n\\ \cdots\cdots\cdots\cdots\cdots\cdots\cdots\cdots\cdots\cdots\\ x_r=-c_{r,r+1}x_{r+1}-c_{r,r+2}x_{r+2}-\cdots-c_{rn}x_n\end{cases} \tag{4.4}$$

让写在式（4.4）右端的这些自由未知量 $x_{r+1},x_{r+2},\cdots,x_n$ 任意取值，然后代入到式(4.4)中得到 $x_1,x_2,\cdots,x_r$ 的相应值，合并在一起，所得到的 $\boldsymbol{X}=(x_1,x_2,\cdots,x_r,x_{r+1},x_{r+2},\cdots,x_n)$就是原方程组一个解向量。

现让自由未知量 $x_{r+1},x_{r+2},\cdots,x_n$ 中某一个未知量取值为 1，而让其它自由未知量取值为 0，即分别令

$$\begin{gathered}x_{r+1}=1,\ x_{r+2}=0,\ \cdots,\ x_n=0\\ x_{r+1}=0,\ x_{r+2}=1,\ \cdots,\ x_n=0\\ \cdots\cdots\cdots\cdots\cdots\cdots\\ x_{r+1}=0,\ x_{r+2}=0,\ \cdots,\ x_n=1\end{gathered}$$

则从式（4.4）易得原方程组有以下 $n-r$ 个对应的解向量

$$\boldsymbol{\eta}_1=\begin{pmatrix}-c_{1,r+1}\\ -c_{2,r+1}\\ \vdots\\ -c_{r,r+1}\\ 1\\ 0\\ \vdots\\ 0\end{pmatrix},\ \boldsymbol{\eta}_2=\begin{pmatrix}-c_{1,r+2}\\ -c_{2,r+2}\\ \vdots\\ -c_{r,r+2}\\ 0\\ 1\\ \vdots\\ 0\end{pmatrix},\ \cdots,\ \boldsymbol{\eta}_{n-r}=\begin{pmatrix}-c_{1n}\\ -c_{2n}\\ \vdots\\ -c_{rn}\\ 0\\ 0\\ \vdots\\ 1\end{pmatrix} \tag{4.5}$$

下面将证明这 $n-r$ 个解向量构成齐次线性方程组(4.2)的一个基础解系。

显然 $\eta_1,\eta_2,\cdots,\eta_{n-r}$ 都是齐次线性方程组(4.2)的解向量，并且由第三章定理3.5可知，$\eta_1,\eta_2,\cdots,\eta_{n-r}$ 线性无关。为了证明方程组(4.2)的任一解向量 $\boldsymbol{X}$ 都可表示为 $\eta_1,\eta_2,\cdots,\eta_{n-r}$ 的线性组合，再把式(4.4)进一步写成

$$\begin{cases} x_1 = -c_{1,r+1}x_{r+1} - c_{1,r+2}x_{r+2} - \cdots - c_{1n}x_n \\ x_2 = -c_{2,r+1}x_{r+1} - c_{2,r+2}x_{r+2} - \cdots - c_{2n}x_n \\ \cdots\cdots\cdots\cdots\cdots\cdots\cdots\cdots\cdots\cdots \\ x_r = -c_{r,r+1}x_{r+1} - c_{r,r+2}x_{r+2} - \cdots - c_{rn}x_n \\ x_{r+1} = \quad x_{r+1} \\ x_{r+2} = \qquad\qquad x_{r+2} \\ \cdots\cdots\cdots\cdots\cdots\cdots\cdots\cdots\cdots\cdots \\ x_n = \qquad\qquad\qquad x_n \end{cases}$$

用向量形式表示，即

$$\begin{pmatrix} x_1 \\ x_2 \\ \vdots \\ x_r \\ x_{r+1} \\ x_{r+2} \\ \vdots \\ x_n \end{pmatrix} = \begin{pmatrix} -c_{1,r+1} \\ -c_{2,r+1} \\ \vdots \\ -c_{r,r+1} \\ 1 \\ 0 \\ \vdots \\ 0 \end{pmatrix} x_{r+1} + \begin{pmatrix} -c_{1,r+2} \\ -c_{2,r+2} \\ \vdots \\ -c_{r,r+2} \\ 0 \\ 1 \\ \vdots \\ 0 \end{pmatrix} x_{r+2} + \cdots + \begin{pmatrix} -c_{1n} \\ -c_{2n} \\ \vdots \\ -c_{rn} \\ 0 \\ 0 \\ \vdots \\ 1 \end{pmatrix} x_n \tag{4.6}$$

用 $\boldsymbol{X}$ 表示式(4.6)左端的解向量，并注意到式(4.6)右端出现的 $n-r$ 个系数向量就是式(4.5)中给出的原方程组的 $n-r$ 个解向量。

现设 $\boldsymbol{X}$ 是原齐次线性方程组(4.2)的，也就是等价方程组(4.6)的任一解向量，并设解向量 $\boldsymbol{X}$ 中后面 $n-r$ 个分量的值分别为

$$x_{r+1}=k_1,x_{r+2}=k_2,\cdots,x_n=k_{n-r}$$

则从式(4.6)，有

$$\boldsymbol{X}=k_1\boldsymbol{\eta}_1+k_2\boldsymbol{\eta}_2+\cdots+k_{n-r}\boldsymbol{\eta}_{n-r} \tag{4.7}$$

即 $\boldsymbol{X}$ 一定可表示为 $\boldsymbol{\eta}_1,\boldsymbol{\eta}_2,\cdots,\boldsymbol{\eta}_{n-r}$ 的线性组合。

综合上述，$\boldsymbol{\eta}_1,\boldsymbol{\eta}_2,\cdots,\boldsymbol{\eta}_{n-r}$ 就是齐次线性方程组(4.2)的一个基础解系。并且该方程组的通解表达式可写为

$$\boldsymbol{X}=k_1\boldsymbol{\eta}_1+k_2\boldsymbol{\eta}_2+\cdots+k_{n-r}\boldsymbol{\eta}_{n-r}$$

其中，$k_1,k_2,\cdots,k_{n-r}$ 为任意常数。定理证毕。

【例 4.1】 求齐次线性方程组

$$\begin{cases} x_1 - x_2 + 5x_3 - x_4 = 0 \\ x_1 + x_2 - 2x_3 + 3x_4 = 0 \\ 3x_1 - x_2 + 8x_3 + x_4 = 0 \\ x_1 + 3x_2 - 9x_3 + 7x_4 = 0 \end{cases}$$

的基础解系及通解（即所有解）。

解 对系数矩阵 $\boldsymbol{A}$ 进行初等行变换，把它化为阶梯形矩阵。

$$\boldsymbol{A}=\begin{pmatrix}1&-1&5&-1\\1&1&-2&3\\3&-1&8&1\\1&3&-9&7\end{pmatrix}\xrightarrow[\substack{r_3-3r_1\\r_4-r_1}]{r_2-r_1}\begin{pmatrix}1&-1&5&-1\\0&2&-7&4\\0&2&-7&4\\0&4&-14&8\end{pmatrix}$$

$$\xrightarrow[\substack{r_4-2r_2\\\frac{1}{2}\times r_2}]{r_3-r_2}\begin{pmatrix}1&-1&5&-1\\0&1&-\frac{7}{2}&2\\0&0&0&0\\0&0&0&0\end{pmatrix}\xrightarrow{r_1+r_2}\begin{pmatrix}1&0&\frac{3}{2}&1\\0&1&-\frac{7}{2}&2\\0&0&0&0\\0&0&0&0\end{pmatrix}$$

可见，$r(\boldsymbol{A})=2<4$，所以方程组有非零解（因为有自由未知量的存在，方程组更有无穷多个解），且基础解系中含有 $n-r=2$ 个线性无关的解向量。

与原方程组同解的方程组为

$$\begin{cases}x_1=-\dfrac{3}{2}x_3-x_4\\x_2=\dfrac{7}{2}x_3-2x_4\end{cases}$$

x_3, x_4看作自由未知量，分别令

$$\begin{pmatrix}x_3\\x_4\end{pmatrix}=\begin{pmatrix}1\\0\end{pmatrix},\ \begin{pmatrix}0\\1\end{pmatrix}$$

代入式(4.8)，得到非自由未知量的值

$$\begin{pmatrix}x_1\\x_2\end{pmatrix}=\begin{pmatrix}-3/2\\7/2\end{pmatrix},\ \begin{pmatrix}-1\\-2\end{pmatrix}$$

于是得基础解系为

$$\boldsymbol{\eta}_1=\begin{pmatrix}-3/2\\7/2\\1\\0\end{pmatrix},\ \boldsymbol{\eta}_2=\begin{pmatrix}-1\\-2\\0\\1\end{pmatrix}$$

所以原方程组的通解为

$$\begin{pmatrix} x_1 \\ x_2 \\ x_3 \\ x_4 \end{pmatrix} = k_1 \begin{pmatrix} -3/2 \\ 7/2 \\ 1 \\ 0 \end{pmatrix} + k_2 \begin{pmatrix} -1 \\ -2 \\ 0 \\ 1 \end{pmatrix}$$

式中，k_1, k_2可取任意常数。

【例 4.2】　求齐次线性方程组

$$\begin{cases} x_1 + 2x_2 + x_3 + x_4 + x_5 = 0 \\ 2x_1 + 4x_2 + 3x_3 + x_4 + x_5 = 0 \\ -x_1 - 2x_2 + x_3 + 3x_4 - 3x_5 = 0 \\ 2x_3 + 5x_4 - 2x_5 = 0 \end{cases}$$

的基础解系及通解。

解　对系数矩阵 $\boldsymbol{A}$ 进行初等行变换，把它化为阶梯矩阵

$$\boldsymbol{A} = \begin{pmatrix} 1 & 2 & 1 & 1 & 1 \\ 2 & 4 & 3 & 1 & 1 \\ -1 & -2 & 1 & 3 & -3 \\ 0 & 0 & 2 & 5 & -2 \end{pmatrix} \xrightarrow[r_3 + r_1]{r_2 - 2r_1} \begin{pmatrix} 1 & 2 & 1 & 1 & 1 \\ 0 & 0 & 1 & -1 & -1 \\ 0 & 0 & 2 & 4 & -2 \\ 0 & 0 & 2 & 5 & -2 \end{pmatrix}$$

$$\xrightarrow[r_4 - 2r_1]{r_3 - 2r_1} \begin{pmatrix} 1 & 2 & 0 & 0 & 2 \\ 0 & 0 & 1 & -1 & -1 \\ 0 & 0 & 0 & 6 & 0 \\ 0 & 0 & 0 & 7 & 0 \end{pmatrix} \xrightarrow[\substack{r_4 - \frac{7}{6} r_3 \\ \frac{1}{6} r_3}]{r_2 + \frac{1}{6} r_3} \begin{pmatrix} 1 & 2 & 0 & 0 & 2 \\ 0 & 0 & 1 & 0 & -1 \\ 0 & 0 & 0 & 1 & 0 \\ 0 & 0 & 0 & 0 & 0 \end{pmatrix}$$

原方程组的同解方程组为

$$\begin{cases} x_1 = -2x_2 - 2x_5 \\ x_3 = \qquad\qquad x_5 \\ x_4 = 0 \end{cases} \tag{4.8}$$

x_2, x_5为自由未知量。分别令

$$\begin{pmatrix} x_2 \\ x_5 \end{pmatrix} = \begin{pmatrix} 1 \\ 0 \end{pmatrix}, \begin{pmatrix} 0 \\ 1 \end{pmatrix}$$

代入同解方程组得到非自由未知量

$$\begin{pmatrix} x_1 \\ x_3 \\ x_4 \end{pmatrix} = \begin{pmatrix} -2 \\ 0 \\ 0 \end{pmatrix}, \begin{pmatrix} -2 \\ 1 \\ 0 \end{pmatrix}$$

于是得到基础解系

$$\boldsymbol{\eta}_1=\begin{pmatrix}-2\\1\\0\\0\\0\end{pmatrix},\ \boldsymbol{\eta}_2=\begin{pmatrix}-2\\0\\1\\0\\1\end{pmatrix}$$

所以原方程组的通解为

$$\begin{pmatrix}x_1\\x_2\\x_3\\x_4\\x_5\end{pmatrix}=k_1\begin{pmatrix}-2\\1\\0\\0\\0\end{pmatrix}+k_2\begin{pmatrix}-2\\0\\1\\0\\1\end{pmatrix}$$

式中，k_1,k_2可取任意实数。

值得指出的是，得到原方程组基础解系或通解的一种更简单的表达方法为：由式(4.8) 写出如下形式的等价方程组

$$\begin{cases}x_1=-2\cdot x_2-2\cdot x_5\\x_2=\quad 1\cdot x_2\\x_3=\quad 0\cdot x_2+1\cdot x_5\\x_4=\quad 0\cdot x_2+0\cdot x_5\\x_5=\qquad\qquad 1\cdot x_5\end{cases}\tag{4.9}$$

注意到式(4.9)是将自由未知量 x_2，x_5 按序排列在其中的。则从式(4.9)右端自由未知量的系数向量可以直接得到方程组的基础解系，也不难写出其通解。

此外，在 MATLAB 中也可以借助于函数命令 null 或者 rref 来求出齐次线性方程组的 $n-r$ 个基础解向量。例如在 MATLAB 命令窗口输入

```
>>A= [1 2 1 1 1; 2 4 3 1 1; -1 -2 1 3 -3; 0 0 2 5 -2];
% 输入方程组的系数矩阵
>>B=null (A);        % 求核空间的正交基
```

回车，即可得到以方程组 $\boldsymbol{AX}=\mathbf{0}$ 的 $n-r$ 个正交的基础解向量为列的矩阵 $\boldsymbol{B}$。至于核空间的概念，则要参见本书第七章或其它相关教材了。对于用另一个函数命令 rref 求解方程组的编程使用方法，大家可以书末课程实验部分的实验一。

【例 4.3】 设 $\boldsymbol{A},\boldsymbol{B}$ 分别是 $m\times n$ 和 $n\times s$ 矩阵，且 $\boldsymbol{AB}=\mathbf{0}$。证明

$$r(\boldsymbol{A})+r(\boldsymbol{B})\leqslant n$$

证 将 $\boldsymbol{B}$ 按列分块为 $\boldsymbol{B}=(\boldsymbol{B}_1,\boldsymbol{B}_2,\cdots,\boldsymbol{B}_s)$。由

$$\boldsymbol{AB}=(\boldsymbol{AB}_1,\boldsymbol{AB}_2,\cdots,\boldsymbol{AB}_s)=\mathbf{0}$$

得

$$\boldsymbol{AB}_j=\mathbf{0},\ j=1,2,\cdots,s$$

即 $\boldsymbol{B}$ 的每一列都是 $\boldsymbol{AX}=\mathbf{0}$ 的解向量，而 $\boldsymbol{AX}=\mathbf{0}$ 的基础解系含 $n-r(\boldsymbol{A})$ 个线性无关的解向量，即 $\boldsymbol{AX}=\mathbf{0}$ 的任何一组解向量中至多含 $n-r(\boldsymbol{A})$ 个线性无关的解向

量。因此

$$r(\boldsymbol{B})=r(\boldsymbol{B}_1,\boldsymbol{B}_2,\cdots,\boldsymbol{B}_s)\leqslant n-r(\boldsymbol{A})$$

即

$$r(\boldsymbol{A})+r(\boldsymbol{B})\leqslant n$$

本题的结果是非常重要的。而且从其推证过程可以看到，有很多类似命题的结论可以借助于线性方程组的通解结构理论来证明。

第二节　非齐次线性方程组

以 $m\times n$ 矩阵 $\boldsymbol{A}$ 为系数矩阵的非齐次线性方程组 $\boldsymbol{AX}=\boldsymbol{b}$ 也可以表示为向量等式

$$x_1\boldsymbol{\alpha}_1+x_2\boldsymbol{\alpha}_2+\cdots+x_n\boldsymbol{\alpha}_n=\boldsymbol{b}$$

式中，$\boldsymbol{\alpha}_1,\boldsymbol{\alpha}_2,\cdots,\boldsymbol{\alpha}_n$ 是系数矩阵 $\boldsymbol{A}$ 的 n 个列向量。因此方程组 $\boldsymbol{AX}=\boldsymbol{b}$ 有解的充要条件是：向量 $\boldsymbol{b}$ 可以由向量组 $\boldsymbol{\alpha}_1,\boldsymbol{\alpha}_2,\cdots,\boldsymbol{\alpha}_n$ 线性表示。若 $\boldsymbol{b}$ 可以由 $\boldsymbol{\alpha}_1,\boldsymbol{\alpha}_2,\cdots,\boldsymbol{\alpha}_n$ 线性表示，则

$$r(\boldsymbol{\alpha}_1,\boldsymbol{\alpha}_2,\cdots,\boldsymbol{\alpha}_n,\boldsymbol{b})=\mathrm{r}(\boldsymbol{\alpha}_1,\boldsymbol{\alpha}_2,\cdots,\boldsymbol{\alpha}_n)$$

即

$$r(\boldsymbol{A},\boldsymbol{b})=r(\boldsymbol{A})$$

反之，若 $r(\boldsymbol{A},\boldsymbol{b})=r(\boldsymbol{A})$，即

$$r(\boldsymbol{\alpha}_1,\boldsymbol{\alpha}_2,\cdots,\boldsymbol{\alpha}_n,\boldsymbol{b})=r(\boldsymbol{\alpha}_1,\boldsymbol{\alpha}_2,\cdots,\boldsymbol{\alpha}_n)$$

设 $r(\boldsymbol{\alpha}_1,\boldsymbol{\alpha}_2,\cdots,\boldsymbol{\alpha}_n)=r$，则 $\boldsymbol{\alpha}_1,\boldsymbol{\alpha}_2,\cdots,\boldsymbol{\alpha}_n$ 的极大线性无关组中含有 r 个线性无关的向量，不妨设其极大线性无关组为 $\boldsymbol{\alpha}_1,\boldsymbol{\alpha}_2,\cdots,\boldsymbol{\alpha}_r$。由于向量组 $\boldsymbol{\alpha}_1,\boldsymbol{\alpha}_2,\cdots,\boldsymbol{\alpha}_n$，$\boldsymbol{b}$ 的秩也为 r，则 $\boldsymbol{\alpha}_1,\boldsymbol{\alpha}_2,\cdots,\boldsymbol{\alpha}_r$ 必定也是向量组 $\boldsymbol{\alpha}_1,\boldsymbol{\alpha}_2,\cdots,\boldsymbol{\alpha}_n,\boldsymbol{b}$ 的一个极大线性无关组，从而 $\boldsymbol{b}$ 可以表示为 $\boldsymbol{\alpha}_1,\boldsymbol{\alpha}_2,\cdots,\boldsymbol{\alpha}_r$ 的线性组合，$\boldsymbol{b}$ 也就可以表示为 $\boldsymbol{\alpha}_1,\boldsymbol{\alpha}_2,\cdots,\boldsymbol{\alpha}_n$ 的线性组合。于是有

定理 4.4　对于非齐次线性方程组 $\boldsymbol{AX}=\boldsymbol{b}$，下列条件等价：

(1) 方程组 $\boldsymbol{AX}=\boldsymbol{b}$ 有解（或为相容方程组）；

(2) $\boldsymbol{b}$ 可以由 $\boldsymbol{A}$ 的列向量线性表示；

(3) 增广矩阵 $(\boldsymbol{A}|\boldsymbol{b})$ 的秩等于系数矩阵 $\boldsymbol{A}$ 的秩。

这个定理给出了非齐次线性方程组有解的判定方法。下面再讨论非齐次线性方程组 $\boldsymbol{AX}=\boldsymbol{b}$ 的解的结构。

若 $\boldsymbol{X}_1$，$\boldsymbol{X}_2$ 是 $\boldsymbol{AX}=\boldsymbol{b}$ 的解，即

$$\boldsymbol{AX}_1=\boldsymbol{b},\ \boldsymbol{AX}_2=\boldsymbol{b}$$

则

$$\boldsymbol{A}(\boldsymbol{X}_2-\boldsymbol{X}_1)=\boldsymbol{AX}_2-\boldsymbol{AX}_1=\boldsymbol{b}-\boldsymbol{b}=\boldsymbol{0}$$

所以 $\boldsymbol{X}_2-\boldsymbol{X}_1$ 是对应的齐次线性方程组 $\boldsymbol{AX}=\boldsymbol{0}$ 的解。由此可以得到非齐次线性方程组的解的结构定理。

定理 4.5　若非齐次线性方程组 $\boldsymbol{AX}=\boldsymbol{b}$ 有解，则其全部解为

$$\boldsymbol{X}=\overline{\boldsymbol{X}}+\boldsymbol{X}_0$$

式中，$\overline{\boldsymbol{X}}$为对应的齐次线性方程组$\boldsymbol{AX}=\boldsymbol{0}$的通解，而$\boldsymbol{X}_0$是非齐次线性方程组$\boldsymbol{AX}=\boldsymbol{b}$本身的一个特解。

证 因为

$$\boldsymbol{A}(\overline{\boldsymbol{X}}+\boldsymbol{X}_0)=\boldsymbol{A}\overline{\boldsymbol{X}}+\boldsymbol{AX}_0=\boldsymbol{0}+\boldsymbol{b}=\boldsymbol{b}$$

所以$\overline{\boldsymbol{X}}+\boldsymbol{X}_0$是非齐次线性方程组$\boldsymbol{AX}=\boldsymbol{b}$的解。

又设$\boldsymbol{X}_1$为非齐次线性方程组$\boldsymbol{AX}=\boldsymbol{b}$的任一解，则$\boldsymbol{X}_1-\boldsymbol{X}_0$是$\boldsymbol{AX}=\boldsymbol{0}$的解，而

$$\boldsymbol{X}_1=(\boldsymbol{X}_1-\boldsymbol{X}_0)+\boldsymbol{X}_0$$

因此$\boldsymbol{X}_1$可以表示为$\overline{\boldsymbol{X}}+\boldsymbol{X}_0$的形式，所以$\boldsymbol{AX}=\boldsymbol{b}$的全部解为

$$\boldsymbol{X}=\overline{\boldsymbol{X}}+\boldsymbol{X}_0=(k_1\boldsymbol{\eta}_1+k_2\boldsymbol{\eta}_2+\cdots+k_{n-r}\boldsymbol{\eta}_{n-r})+\boldsymbol{X}_0$$

式中，$\boldsymbol{\eta}_1,\boldsymbol{\eta}_2,\cdots,\boldsymbol{\eta}_{n-r}$是对应的齐次线性方程组$\boldsymbol{AX}=\boldsymbol{0}$的基础解向量，$k_1,k_2,\cdots,k_{n-r}$为任意常数。

上述定理表明，为了求非齐次线性方程组的通解，只要求出其对应的齐次线性方程组的一个基础解系，再求出它本身的一个特解，就可得到非齐次线性方程组的通解了。事实上，无论是非齐次线性方程组有解判定，还是求解的具体过程，也都可以通过初等行变换的方法而一并得到解决。

【例 4.4】 判别非齐次线性方程组

$$\begin{cases} x_1+x_2+x_3=0 \\ x_1+x_2-x_3-x_4-2x_5=1 \\ 2x_1+2x_2-x_4-2x_5=1 \\ 5x_1+5x_2-3x_3-4x_4-8x_5=4 \end{cases}$$

是否有解，若有解，求其通解。

解 先对增广矩阵$(\boldsymbol{A}|\boldsymbol{b})$进行初等行变换，将其化为简化阶梯形矩阵

$$(\boldsymbol{A}|\boldsymbol{b})=\left(\begin{array}{ccccc:c} 1&1&1&0&0&0\\ 1&1&-1&-1&-2&1\\ 2&2&0&-1&-2&1\\ 5&5&-3&-4&-8&4 \end{array}\right)\xrightarrow[\substack{r_3-2r_1\\ r_4-5r_1}]{r_2-r_1}\left(\begin{array}{ccccc:c} 1&1&1&0&0&0\\ 0&0&-2&-1&-2&1\\ 0&0&-2&-1&-2&1\\ 0&0&-8&-4&-8&4 \end{array}\right)$$

$$\xrightarrow[\substack{r_4-4r_2\\ -\frac{1}{2}r_2}]{r_3-r_2}\left(\begin{array}{ccccc:c} 1&1&1&0&0&0\\ 0&0&1&1/2&1&-1/2\\ 0&0&0&0&0&0\\ 0&0&0&0&0&0 \end{array}\right)\xrightarrow{r_1-r_2}\left(\begin{array}{ccccc:c} 1&1&0&-1/2&-1&1/2\\ 0&0&1&1/2&1&-1/2\\ 0&0&0&0&0&0\\ 0&0&0&0&0&0 \end{array}\right)$$

所以原方程组$\boldsymbol{AX}=\boldsymbol{b}$有解，并且与它同解的方程组为

$$\begin{cases} x_1=-x_2+\dfrac{1}{2}x_4+x_5+\dfrac{1}{2} \\ x_3=-\dfrac{1}{2}x_4-x_5-\dfrac{1}{2} \end{cases} \tag{4.10}$$

取自由未知量 $x_2=x_4=x_5=0$，得 $\boldsymbol{AX}=\boldsymbol{b}$ 的一个特解

$$\boldsymbol{X}_0=\begin{pmatrix}1/2\\0\\-1/2\\0\\0\end{pmatrix}$$

而与其对应的齐次线性方程组 $\boldsymbol{AX}=\boldsymbol{0}$ 等价的方程组为

$$\begin{cases}x_1=-x_2+\dfrac{1}{2}x_4+x_5\\ x_3=\quad\quad -\dfrac{1}{2}x_4-x_5\end{cases}\tag{4.11}$$

x_2,x_4,x_5 为自由未知量，令

$$\begin{pmatrix}x_2\\x_4\\x_5\end{pmatrix}=\begin{pmatrix}1\\0\\0\end{pmatrix},\ \begin{pmatrix}0\\1\\0\end{pmatrix},\ \begin{pmatrix}0\\0\\1\end{pmatrix}$$

代入方程(4.11)，得

$$\begin{pmatrix}x_1\\x_3\end{pmatrix}=\begin{pmatrix}-1\\0\end{pmatrix},\ \begin{pmatrix}1/2\\-1/2\end{pmatrix},\ \begin{pmatrix}1\\-1\end{pmatrix}$$

对应齐次线性方程组的基础解系为

$$\boldsymbol{\eta}_1=\begin{pmatrix}-1\\1\\0\\0\\0\end{pmatrix},\ \boldsymbol{\eta}_2=\begin{pmatrix}1/2\\0\\-1/2\\1\\0\end{pmatrix},\ \boldsymbol{\eta}_3=\begin{pmatrix}1\\0\\-1\\0\\1\end{pmatrix}$$

所以 $\boldsymbol{AX}=\boldsymbol{b}$ 的通解是

$$\begin{pmatrix}x_1\\x_2\\x_3\\x_4\\x_5\end{pmatrix}=\begin{pmatrix}1/2\\0\\-1/2\\0\\0\end{pmatrix}+k_1\begin{pmatrix}-1\\1\\0\\0\\0\end{pmatrix}+k_2\begin{pmatrix}1\\0\\-1\\2\\0\end{pmatrix}+k_3\begin{pmatrix}1\\0\\-1\\0\\1\end{pmatrix}$$

式中，k_1,k_2,k_3 可取任意实数。

实际上，上述解法也可以简化为以下过程。把式(4.10)直接写成

$$\begin{cases}x_1=-x_2+\dfrac{1}{2}x_4+x_5+\dfrac{1}{2}\\ x_2=\quad x_2\\ x_3=\quad\quad -\dfrac{1}{2}x_4-x_5-\dfrac{1}{2}\\ x_4=\quad\quad x_4\\ x_5=\quad\quad\quad x_5\end{cases}$$

即

$$\begin{pmatrix}x_1\\x_2\\x_3\\x_4\\x_5\end{pmatrix}=x_2\begin{pmatrix}-1\\1\\0\\0\\0\end{pmatrix}+x_4\begin{pmatrix}1/2\\0\\-1/2\\1\\0\end{pmatrix}+x_5\begin{pmatrix}1\\0\\-1\\0\\1\end{pmatrix}+\begin{pmatrix}1/2\\0\\-1/2\\0\\0\end{pmatrix}$$

将自由未知量 x_2,x_4,x_5 分别替换成 k_1,k_2,k_3，即得 $\boldsymbol{AX}=\boldsymbol{b}$ 的通解为

$$\begin{pmatrix}x_1\\x_2\\x_3\\x_4\\x_5\end{pmatrix}=k_1\begin{pmatrix}-1\\1\\0\\0\\0\end{pmatrix}+k_2\begin{pmatrix}1/2\\0\\-1/2\\1\\0\end{pmatrix}+k_3\begin{pmatrix}1\\0\\-1\\0\\1\end{pmatrix}+\begin{pmatrix}1/2\\0\\-1/2\\0\\0\end{pmatrix}$$

式中，k_1，k_2，k_3是任意实数。

【例 4.5】 已知非齐次线性方程组

$$\begin{cases}x_1+2x_2+4x_3+2x_4=\lambda\\x_1+x_2+x_3\quad+\lambda x_4=2\\2x_1+x_2-x_3\quad+x_4=1\end{cases}$$

（1）当 λ 取何值时，它有解；取何值时无解？

（2）当有解时，求它的通解。

解（1）先对增广矩阵（$\boldsymbol{A}\,|\,\boldsymbol{b}$）进行初等行变换化为阶梯形矩阵

$$(\boldsymbol{A}\,|\,\boldsymbol{b})=\left(\begin{array}{cccc:c}1&2&4&2&\lambda\\1&1&1&\lambda&2\\2&1&-1&1&1\end{array}\right)\xrightarrow[r_3+2r_1]{r_2-r_1}\left(\begin{array}{cccc:c}1&2&4&2&\lambda\\0&-1&-3&\lambda-2&2-\lambda\\0&-3&-9&-3&1-2\lambda\end{array}\right)$$

$$\xrightarrow[(-1)\ r_2]{r_3-3r_2}\left(\begin{array}{cccc:c}1&2&4&2&\lambda\\0&1&3&2-\lambda&\lambda-2\\0&0&0&3-3\lambda&\lambda-5\end{array}\right)$$

可见，当$\lambda=1$ 时，$r(\boldsymbol{A})=2$，$r(\boldsymbol{A}\,|\,\boldsymbol{b})=3$，方程组无解；当$\lambda\neq1$ 时，$r(\boldsymbol{A})=\mathrm{r}(\boldsymbol{A}, \boldsymbol{b})=3<4$，方程组有无穷多解。

（2）当 $\lambda\neq1$ 时，增广矩阵可进一步化为

$$(\boldsymbol{A}\,|\,\boldsymbol{b})\longrightarrow\left(\begin{array}{cccc:c}1&2&4&2&\lambda\\0&1&3&2-\lambda&\lambda-2\\0&0&0&1&\dfrac{\lambda-5}{3-3\lambda}\end{array}\right)$$

$$\xrightarrow[\frac{1}{3(1-\lambda)}r_3]{r_1-2r_2}\left(\begin{array}{cccc|c}1&0&-2&2\lambda-2&4-\lambda\\0&1&3&2-\lambda&\lambda-2\\0&0&0&1&\dfrac{\lambda-5}{3(1-\lambda)}\end{array}\right)$$

$$\xrightarrow[r_2-(2-\lambda)r_3]{r_1-2(\lambda-1)r_3}\left(\begin{array}{cccc|c}1&0&-2&0&\dfrac{2-\lambda}{3}\\0&1&3&0&\dfrac{2(\lambda-2)(\lambda+1)}{3(\lambda-1)}\\0&0&0&1&\dfrac{\lambda-5}{3(1-\lambda)}\end{array}\right)$$

所以原方程组的同解方程为

$$\begin{cases}x_1=2x_3+\dfrac{2-\lambda}{3}\\x_2=-3x_3+\dfrac{2(\lambda-2)(\lambda+1)}{3(\lambda-1)}\\x_3=x_3\\x_4=\dfrac{\lambda-5}{3(1-\lambda)}\end{cases}$$

令自由未知量 $x_3=k$，并把上式转化成下列向量形式，得

$$\begin{pmatrix}x_1\\x_2\\x_3\\x_4\end{pmatrix}=k\begin{pmatrix}2\\-3\\1\\0\end{pmatrix}+\begin{pmatrix}\dfrac{2-\lambda}{3}\\\dfrac{2(\lambda-2)(\lambda+1)}{3(\lambda-1)}\\0\\\dfrac{\lambda-5}{3(1-\lambda)}\end{pmatrix}$$

式中，k 为任意实数，这就是 $\lambda\neq1$ 时原方程组的通解。

应该指出的是：非齐次线性方程组，甚至是系数带有参数的非齐次线性方程组的求解问题，也完全可以通过 MATLAB 编程实现。当然其求解编程稍为复杂些。具体的方法与过程也同样可以参见书末的课程实验。

第三节*　线性方程组应用举例

在大学数学类基础性课程中，我们认为，线性代数课程是在工程实际中应用性最强的一门课程。它不仅在数学学科的其它分支，在信息、物理、化学等工程技术领域，在经济与管理等学科中都有十分广泛而且重要的应用。本节将简要介绍矩阵与线性方程组的几个实际应用的例子。

一、化学方程式配平

在化工过程中，可能碰到一些较复杂的化学方程式的配平问题。这时就可能需

要利用线性代数中线性方程组的有关知识。化学方程式描述化学反应中的物质消耗和生产的数量。例如，当丙烷气体燃烧时，丙烷（C_3H_8）与氧气（O_2）结合生成二氧化碳（CO_2）和水(H_2O)，即按照如下形式的一个方程式

$$(x_1)C_3H_8+(x_2)O_2\rightarrow(x_3)CO_2+(x_4)H_2O \tag{4.12}$$

问如何配平该方程式，这类问题的一般方法是什么？

问题求解 为了配平这个方程式，必须找到 x_1,x_2,x_3,x_4 的全体量，使得方程式左边碳(C)，氢(H)，氧(O)原子的总数等于右边相应原子的总数（因为化学反应中原子既不会被破坏，也不会被创造）。现在列出每个分子的组成原子（碳(C)，氢(H)，氧(O)）的数目如下：

$$C_3H_8:\begin{pmatrix}3\\8\\0\end{pmatrix},\ O_2:\begin{pmatrix}0\\0\\2\end{pmatrix},\ CO_2:\begin{pmatrix}1\\0\\2\end{pmatrix},\ H_2O:\begin{pmatrix}0\\2\\1\end{pmatrix}$$

要配平方程式(4.12)，系数 x_1,x_2,x_3,x_4 必须满足

$$x_1\begin{pmatrix}3\\8\\0\end{pmatrix}+x_2\begin{pmatrix}0\\0\\2\end{pmatrix}=x_3\begin{pmatrix}1\\0\\2\end{pmatrix}+x_4\begin{pmatrix}0\\2\\1\end{pmatrix}$$

移项到左边，得

$$x_1\begin{pmatrix}3\\8\\0\end{pmatrix}+x_2\begin{pmatrix}0\\0\\2\end{pmatrix}-x_3\begin{pmatrix}1\\0\\2\end{pmatrix}-x_4\begin{pmatrix}0\\2\\1\end{pmatrix}=\begin{pmatrix}0\\0\\0\end{pmatrix} \tag{4.13}$$

这是一个齐次线性方程组，对其系数矩阵作初等行变换，得到

$$\begin{pmatrix}3&0&-1&0\\8&0&0&-2\\0&2&-2&-1\end{pmatrix}\rightarrow\begin{pmatrix}1&0&0&-1/4\\0&0&0&-5/4\\0&0&1&-3/4\end{pmatrix}$$

于是得其唯一的一个基础解向量为

$$\begin{pmatrix}\frac{1}{4}\\\frac{5}{4}\\\frac{3}{4}\\1\end{pmatrix}\text{或}\begin{pmatrix}1\\5\\3\\4\end{pmatrix}$$

从而配平的方程式为

$$C_3H_8+5O_2\longrightarrow 3CO_2+4H_2O$$

虽然该配平问题本身并不复杂，我们有时也可以利用观察法等多种方法“凑出”它的解，但是运用线性方程组基础解向量的知识来求解，对其可能的配平方案等显然将有更深入、更一般性的理解。

二、电路网络分析

在工程实际中的电路，大多很复杂。这些电路是由电器元件按照一定方式连接而成的电路网络。在电路中，含有元件的导线称为**支路**，而三条或三条以上支路的连接点称为电路**节点**。电路网络分析，简略地说，就是求出电路网络上各支路上的电流与电压。电路网络的数学模型通常用线性方程或者微分方程等来描述。对稳态直流电网络的分析，一般用**基尔霍夫（Kirchhoff）定律**来解决。

基尔霍夫第一定律（节点电流定律）：电路中任一节点处流入与流出的电流强度的代数和为零（通常把流入节点的电流取为正的，而把流出节点的电流取为负的）。

基尔霍夫第二定律（回路电压定律）：电路中任一闭合回路上各支路的电压降之和为零。

【例 4.6】 现设有下面的直流电路网络。并假设各支路上的电阻都是 5Ω，在支路 1 上接入了 20V 的直流电源。试确定各支路上的电流与电压降。

解 该电路网络有四个节点、六条支路。预先选定各支路上电流的参考方向（如图 4.1）。对节点 1～3 应用节点电流定律，得

$$\begin{cases} I_1-I_3+I_4=0 \\ -I_1+I_2+I_5=0 \\ -I_2+I_3-I_6=0 \end{cases} \tag{4.14}$$

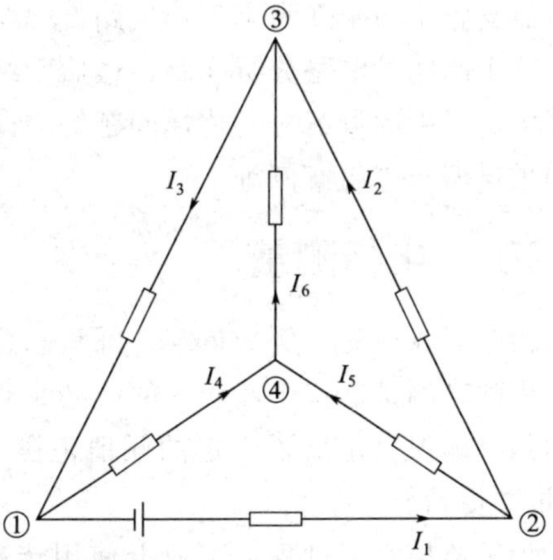

图 4.1 例 4.6 图

基尔霍夫第一定律对每个节点都是适用的。我们之所以没有列出第 4 个节点所对应的关系方程，是因为这个方程可以由上面的三个方程线性表出。此外，在列出节点电流方程之前，预先是可以任意假定各支路上的电流方向的。如果实际计算结果得到的 $I>0$，就表示电流方向与假定的正方向一致；而如果计算结果 $I<0$，则表示电流方向与假定的正方向相反。

再对以下三条封闭回路①→④→③→①，①→②→④→①，②→③→④→②分别应用回路电压定律，又有

$$\begin{cases} R_3I_3+R_4I_4+R_6I_6=0 \\ R_1I_1-R_4I_4+R_5I_5=E_1 \\ R_2I_2-R_5I_5-R_6I_6=0 \end{cases} \tag{4.15}$$

其中 $E_1=20\text{V}$ 是在支路 1 上的电源电动势。而各支路上的电阻 R_i 均为 5Ω。

电路网络中当然不止这三条回路，回路电压定律对任意其它回路也均适用。但是由其余回路列出的方程不难验证都能由上面三个方程来表示，故而将它们略去。

合并上面两个式子，得到

$$
\begin{cases}
I_1 - I_3 + I_4 = 0 \\
-I_1 + I_2 + I_5 = 0 \\
-I_2 + I_3 - I_6 = 0 \\
I_3 + I_4 + I_6 = 0 \\
I_1 - I_4 + I_5 = 4 \\
I_2 - I_5 + I_6 = 0
\end{cases} \tag{4.16}
$$

现在来求解这个线性方程组，例如，最简单的是在 MATLAB 命令窗口输入

A= [1 0 −1 1 0 0; −1 1 0 0 1 0; 0 −1 1 0 0 −1; 0 0 1 1 0 1; 1 0 0 −1 1 0; 0 1 0 0 −1 −1];

b= [0 0 0 0 4 0]′;

I=A \b

则得其解为 I=(2,1,1,−1,1,0)。即各支路电流为

$$I_1=2\text{A},\ I_2=I_3=I_5=1\text{A},\ I_4=-1\text{A},\ I_6=0\text{A}$$

而支路 1 的压降为 10V，支路 2，3，4，5 的压降为 5V，支路 6 的压降为零。

这个问题是电路分析问题，最后归结到非齐次线性方程组的求解。类似的还有物理学学科中的量纲分析建模问题等。此外还可以参见本书附录部分的案例一，投入产出模型与应用案例等。

三、 坐标测量

很多工业产品，例如鱼竿、圆盘和管子、形状均为圆形。在生产中需要质量控制工程师来测试这些生产线上的产品是否符合某种工业标准。如果在生产过程中，探测到总体误差超出了一定的阈值范围时，数控机床等产品生产设备就应当给出“警报”提示。

为了监控生产过程，工业上使用**传感器**记录工业产品圆周上点的坐标，如图 4.2 所示。为确定这些点是否还在一个圆周上，就可以根据这些数据，用最小二乘方法拟合出一个圆，并观察测量这些点与圆的接近程度。

设传感器记录的产品圆周上点的坐标为(x_i, y_i)，$(i=1,2,\cdots,m)$，将要拟合出的圆的方程设为

$$(x-c_1)^2+(y-c_2)^2=r^2$$

把方程形式改写为

$$2xc_1+2yc_2+(r^2-c_1{}^2-c_2{}^2)=x^2+y^2$$

如果令 $c_3=r^2-c_1{}^2-c_2{}^2$，上述方程就可以转化为未知量 c_1, c_2, c_3 的线性方程，即

$$2xc_1+2yc_2+c_3=x^2+y^2$$

现将 m 个拟合测量点的坐标代入方程，得到

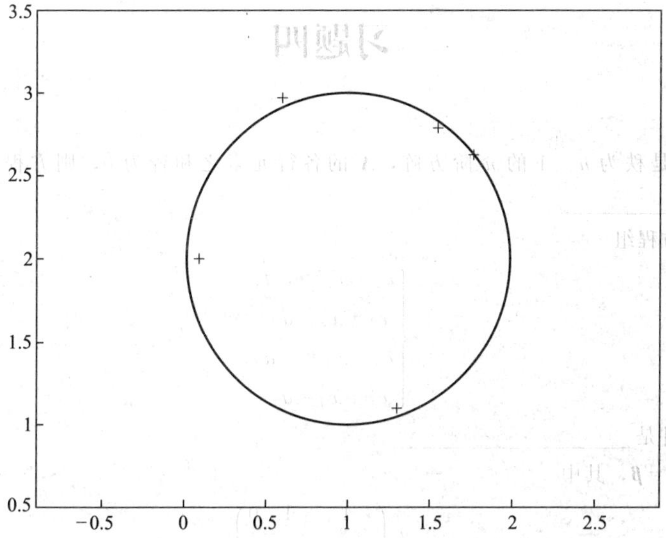

图 4.2　用传感器记录工业产品圆周上点的坐标

$$\begin{pmatrix} 2x_1 & 2y_1 & 1 \\ 2x_2 & 2y_2 & 1 \\ \vdots & \vdots & \vdots \\ 2x_m & 2y_m & 1 \end{pmatrix}\begin{pmatrix} c_1 \\ c_2 \\ c_3 \end{pmatrix}=\begin{pmatrix} x_1{}^2+y_1{}^2 \\ x_2{}^2+y_2{}^2 \\ \vdots \\ x_m{}^2+y_m{}^2 \end{pmatrix}$$

因为通常测量点个数 m 很大，这是一个**超定方程组**。它就是我们在本书第一章提到的**矛盾方程组**。该矛盾方程组的解也就是所谓“最小二乘解”，它等价于求解其**法方程组**（即方程两边同乘系数矩阵的转置矩阵；对此讨论可以参见本书附录部分案例二）

$$\begin{pmatrix} 2x_1 & 2x_2 & \cdots & 2x_m \\ 2y_1 & 2y_2 & \cdots & 2y_m \\ 1 & 1 & \cdots & 1 \end{pmatrix}\begin{pmatrix} 2x_1 & 2y_1 & 1 \\ 2x_2 & 2y_2 & 1 \\ \vdots & \vdots & \vdots \\ 2x_m & 2y_m & 1 \end{pmatrix}\begin{pmatrix} c_1 \\ c_2 \\ c_3 \end{pmatrix}=\begin{pmatrix} 2x_1 & 2x_2 & \cdots & 2x_m \\ 2y_1 & 2y_2 & \cdots & 2y_m \\ 1 & 1 & \cdots & 1 \end{pmatrix}\begin{pmatrix} x_1{}^2+y_1{}^2 \\ x_2{}^2+y_2{}^2 \\ \vdots \\ x_m{}^2+y_m{}^2 \end{pmatrix}$$

法方程组只是个三元线性方程组，而且可以证明其一定有解。一旦求得了矛盾方程组的最小二乘解，即法方程组的解 $\boldsymbol{c}=(c_1,c_2,c_3)'$，则拟合曲线圆的圆心 (c_1,c_2) 和半径

$$r=\sqrt{c_3+c_1{}^2+c_2{}^2}$$

就确定了。每个测量点与圆的接近程度可以用误差

$$r_i=r^2-(x_i-c_1)^2-(y_i-c_2)^2 \quad (i=1,2,\cdots,m)$$

来表达。总体误差则可以用误差向量 $\boldsymbol{r}=(r_1,r_2,\cdots,r_m)'$ 的模 $|\boldsymbol{r}|$ 来度量。

当总体误差超过一定的阈值（这个设定阈值就可以理解为相应产品的工业标准）范围时，数控机床等产品生产设备就应当给出“警报”提示。

习题四

1. 填空题

(1) 设 $\boldsymbol{A}$ 是秩为 $n-1$ 的 n 阶方阵，$\boldsymbol{A}$ 的各行元素之和皆为 0，则方程 $\boldsymbol{Ax}=\boldsymbol{0}$ 的通解是____________________。

(2) 线性方程组

$$\begin{cases} x_1+x_2=-a_1 \\ x_2+x_3=a_2 \\ x_3+x_4=-a_3 \\ x_1+x_4=a_4 \end{cases}$$

有解的充要条件是____________________。

(3) 设 $\boldsymbol{AX}=\boldsymbol{\beta}$，其中

$$\boldsymbol{A}=\begin{pmatrix} 1 & 1 & 0 \\ -2 & -1 & 3 \\ 0 & -1 & 2 \\ 3 & 2 & 1 \end{pmatrix}$$

则使方程组有解的所有 $\boldsymbol{\beta}$ 的一般形式是____________________。

(4) 齐次线性方程组

$$\begin{pmatrix} \lambda & 1 & 1 \\ 1 & \lambda & 1 \\ 1 & 1 & 1 \end{pmatrix}\begin{pmatrix} x_1 \\ x_2 \\ x_3 \end{pmatrix}=\begin{pmatrix} 0 \\ 0 \\ 0 \end{pmatrix}$$

只有零解，则 λ 应满足条件__________。

(5) 设四元方程组 $\boldsymbol{Ax}=\boldsymbol{b}$，且 $r(\boldsymbol{A})=3$，已知 $\boldsymbol{\alpha}_1,\boldsymbol{\alpha}_2,\boldsymbol{\alpha}_3$ 是其三个解向量，其中 $\boldsymbol{\alpha}_1=(2,0,0,8)'$，$\boldsymbol{\alpha}_2+\boldsymbol{\alpha}_3=(2,0,0,9)'$，则该方程组的通解是____________________。

2. 选择题

(1) 设 n 元齐次线性方程组 $\boldsymbol{AX}=\boldsymbol{0}$ 的系数矩阵 $\boldsymbol{A}$ 的秩为 r，则 $\boldsymbol{AX}=\boldsymbol{0}$ 有非零解的充分必要条件是（　　）。

(A) $r=n$　　(B) $r\geqslant n$　　(C) $r<n$　　(D) $r>n$

(2) 欲使 $\boldsymbol{\xi}_1=\begin{pmatrix} 1 \\ 0 \\ 2 \end{pmatrix}$，$\boldsymbol{\xi}_2=\begin{pmatrix} 0 \\ 1 \\ -1 \end{pmatrix}$ 都是方程组 $\boldsymbol{AX}=\boldsymbol{0}$ 的解，则 $\boldsymbol{A}=$（　　）。

(A) $(-2, 1, 1)$　　(B) $\begin{pmatrix} 2 & 0 & -1 \\ 0 & 1 & 1 \end{pmatrix}$

(C) $\begin{pmatrix} -1 & 0 & 2 \\ 0 & 1 & 1 \end{pmatrix}$　　(D) $\begin{pmatrix} 0 & 1 & -1 \\ 4 & -2 & -2 \\ 0 & 1 & 1 \end{pmatrix}$

(3) 设 $\boldsymbol{A}$ 为 n 阶方阵，$r(\boldsymbol{A})=n-3$，且 $\boldsymbol{\alpha}_1,\boldsymbol{\alpha}_2,\boldsymbol{\alpha}_3$ 是 $\boldsymbol{AX}=\boldsymbol{0}$ 的三个线性无关的解，则（　　）为 $\boldsymbol{AX}=\boldsymbol{0}$ 的基础解系。

(A) $\boldsymbol{\alpha}_1+\boldsymbol{\alpha}_2,\boldsymbol{\alpha}_2+\boldsymbol{\alpha}_3,\boldsymbol{\alpha}_3+\boldsymbol{\alpha}_1$　　(B) $\boldsymbol{\alpha}_2-\boldsymbol{\alpha}_1,\boldsymbol{\alpha}_3-\boldsymbol{\alpha}_2,\boldsymbol{\alpha}_1-\boldsymbol{\alpha}_3$

(C) $2\boldsymbol{\alpha}_2-\boldsymbol{\alpha}_1, \frac{1}{2}\boldsymbol{\alpha}_3-\boldsymbol{\alpha}_2, \boldsymbol{\alpha}_1-\boldsymbol{\alpha}_3$　　(D) $\boldsymbol{\alpha}_1+\boldsymbol{\alpha}_2+\boldsymbol{\alpha}_3, \boldsymbol{\alpha}_3-\boldsymbol{\alpha}_2, -\boldsymbol{\alpha}_1-2\boldsymbol{\alpha}_3$

(4)设 $\boldsymbol{A}$ 是 $m\times n$ 矩阵，$\boldsymbol{Ax}=\boldsymbol{0}$ 是 $\boldsymbol{Ax}=\boldsymbol{b}$ 对应的齐次线性方程组，试判断下列命题的正确性(　　)。

(A)若 $\boldsymbol{Ax}=\boldsymbol{0}$ 仅有零解，则 $\boldsymbol{Ax}=\boldsymbol{b}$ 有唯一解

(B)若 $\boldsymbol{Ax}=\boldsymbol{0}$ 有非零解，则 $\boldsymbol{AX}=\boldsymbol{b}$ 有无穷多解

(C)若 $\boldsymbol{Ax}=\boldsymbol{b}$ 有无穷多解，则 $\boldsymbol{Ax}=\boldsymbol{0}$ 仅有零解

(D)若 $\boldsymbol{Ax}=\boldsymbol{b}$ 有无穷多解，则 $\boldsymbol{Ax}=\boldsymbol{0}$ 有非零解

(5)对于有解(或相容)的非齐次线性方程组 $\boldsymbol{AX}=\boldsymbol{b}$，下列结论中不正确的是(　　)。

(A) $\boldsymbol{b}$ 可以由 $\boldsymbol{A}$ 的列向量组线性表示

(B)增广矩阵 $(\boldsymbol{A},\boldsymbol{b})$ 的行向量组是线性相关的

(C)增广矩阵 $(\boldsymbol{A},\boldsymbol{b})$ 的列向量组是线性相关的

(D)方程组 $\boldsymbol{AX}=\boldsymbol{b}$ 只有非零解

3. 求下列齐次线性方程组的一个基础解系及通解

(1) $\begin{cases} x_1+x_2+2x_3-x_4=0 \\ 2x_1+x_2+x_3-x_4=0 \\ 2x_1+2x_2+x_3+2x_4=0 \end{cases}$　　(2) $\begin{cases} x_1-x_2+5x_3-x_4=0 \\ x_1+x_2-2x_3+3x_4=0 \\ 3x_1-x_2+8x_3+x_4=0 \\ x_1+3x_2-9x_3+7x_4=0 \end{cases}$

(3) $\begin{cases} x_1-x_2+x_3-x_4=0 \\ 2x_1-x_2+x_4=0 \\ 3x_1+x_2+2x_3-x_4=0 \\ 4x_1+x_2-3x_3+2x_4=0 \end{cases}$　　(4) $\begin{cases} x_1+x_2+x_3+x_4+x_5=0 \\ 3x_1+2x_2+x_3+x_4-3x_5=0 \\ x_2+2x_3+2x_4+6x_5=0 \\ 5x_1+4x_2+3x_3+3x_4-x_5=0 \end{cases}$

4. 求下列线性方程组的通解

(1) $\begin{cases} 2x_1+3x_2+x_3=1 \\ x_1+x_2-2x_3=2 \\ 4x_1+7x_2+7x_3=-1 \\ x_1+3x_2+8x_3=-4 \end{cases}$　　(2) $\begin{cases} 2x_1+7x_2+3x_3+x_4=6 \\ 3x_1+5x_2+2x_3+2x_4=4 \\ 9x_1+4x_2+x_3+7x_4=2 \end{cases}$

(3) $\begin{cases} 2x_1+x_2-x_3+x_4=1 \\ 4x_1+2x_2-2x_3+2x_4=2 \\ x_1+\frac{1}{2}x_2-\frac{1}{2}x_3-\frac{1}{2}x_4=\frac{1}{2} \end{cases}$　　(4) $\begin{cases} 4x_1+2x_2-x_3=2 \\ 3x_1-x_2+2x_3=10 \\ 11x_1+3x_2=8 \end{cases}$

5. λ 取何值时，下列线性方程组无解、有唯一解或有无穷多组解？在有无穷多组解时，求出其全部解。

(1) $\begin{cases} \lambda x_1+x_2+x_3=1 \\ x_1+\lambda x_2+x_3=\lambda \\ x_1+x_2+\lambda x_3=\lambda^2 \end{cases}$　　(2) $\begin{cases} 2x_1-x_2-x_3=2 \\ x_1-2x_2+x_3=\lambda \\ x_1+x_2-2x_3=\lambda^2 \end{cases}$

6. 当 a,b 取何值时，下列线性方程组无解、有唯一解或有无穷多组解？在有解时，求出其解。

(1) $\begin{cases} ax_1+x_2+x_3=4 \\ x_1+bx_2+x_3=3 \\ x_1+2bx_2+x_3=4 \end{cases}$　　(2) $\begin{cases} x_1+x_2+x_3+x_4=0 \\ x_2+2x_3+2x_4=1 \\ -x_2+(a-3)x_3-2x_4=b \\ 3x_1+2x_2+x_3+ax_4=-1 \end{cases}$

7. 已知 $\boldsymbol{\alpha}_1=(1,0,2,3)$，$\boldsymbol{\alpha}_2=(1,1,3,5)$，$\boldsymbol{\alpha}_3=(1,-1,a+2,1)$，$\boldsymbol{\alpha}_4=(1,2,4,a+8)$ 及 $\boldsymbol{\beta}=(1,1,b+3,5)$。试问：

(1) a,b 为何值时，$\boldsymbol{\beta}$ 不能表示成 $\boldsymbol{\alpha}_1,\boldsymbol{\alpha}_2,\boldsymbol{\alpha}_3,\boldsymbol{\alpha}_4$ 的线性组合；

(2) a,b 为何值时，$\boldsymbol{\beta}$ 可以由 $\boldsymbol{\alpha}_1,\boldsymbol{\alpha}_2,\boldsymbol{\alpha}_3,\boldsymbol{\alpha}_4$ 唯一线性表示。

8. 假如 $\boldsymbol{\alpha}_1,\boldsymbol{\alpha}_2,\boldsymbol{\alpha}_3$ 是某齐次线性方程组的一个基础解系。问 $\boldsymbol{\alpha}_1+\boldsymbol{\alpha}_2,\boldsymbol{\alpha}_2+\boldsymbol{\alpha}_3,\boldsymbol{\alpha}_3+\boldsymbol{\alpha}_1$ 是不是它的基础解系？

9. 设 $\boldsymbol{A}$ 是 $m\times n$ 矩阵，$\boldsymbol{B}$ 是 $n\times m$ 矩阵，$n<m$，证明：齐次线性方程组 $(\boldsymbol{AB})\boldsymbol{X}=\boldsymbol{0}$ 有非零解。

10. 设 $\boldsymbol{A}$ 是 n 阶方阵。证明：非齐次线性方程组 $\boldsymbol{Ax}=\boldsymbol{b}$ 对任何 $\boldsymbol{b}$ 都有解的充分必要条件是 $|\boldsymbol{A}|\neq 0$。

11. 设

$$\begin{cases}x_1-x_2=a_1\\x_2-x_3=a_2\\x_3-x_4=a_3\\x_4-x_5=a_4\\x_5-x_1=a_5\end{cases}$$

证明：这个方程组有解的充分必要条件为 $\sum\limits_{i=1}^{5}a_i=0$。在有解的情形，求出它的通解。

第五章　特征值与特征向量·矩阵的对角化

矩阵的特征值和特征向量是重要的数学概念，它们不仅有助于解决数学中有关矩阵的对角化、微分方程组以及简化矩阵计算等问题，而且在工程技术中诸如振动与稳定性问题时，都有广泛的应用。本章介绍矩阵的特征值和特征向量的概念，并利用它们解决矩阵的对角化问题。

第一节　方阵的特征值与特征向量

一、特征值与特征向量的基本概念

先看一个例子。设

$$\boldsymbol{A}=\begin{pmatrix}-1&0\\0&1\end{pmatrix},\ \boldsymbol{\alpha}_1=\begin{pmatrix}x\\0\end{pmatrix},\ \boldsymbol{\alpha}_2=\begin{pmatrix}0\\y\end{pmatrix}$$

其中，x，y 是任意实数。做下面的乘法

$$\boldsymbol{A\alpha}_1=\begin{pmatrix}-1&0\\0&1\end{pmatrix}\begin{pmatrix}x\\0\end{pmatrix}=\begin{pmatrix}-x\\0\end{pmatrix}=-\boldsymbol{\alpha}_1$$

$$\boldsymbol{A\alpha}_2=\begin{pmatrix}-1&0\\0&1\end{pmatrix}\begin{pmatrix}0\\y\end{pmatrix}=\begin{pmatrix}0\\y\end{pmatrix}=\boldsymbol{\alpha}_2$$

观察上述运算有何特点？从线性变换的角度看待上述运算，即由二阶实矩阵 $\boldsymbol{A}$ 定义了一个由全体二元实向量集合 $\mathbf{R}^2$ 到 $\mathbf{R}^2$ 自身的一个线性变换，实际上是关于 y 轴的对称变换。它的对应法则为

$$\forall\,\boldsymbol{\alpha}\in\mathbf{R}^2\rightarrow\boldsymbol{A\alpha}\in\mathbf{R}^2$$

我们发现，在此变换下，x，y 轴上的向量 $\boldsymbol{\alpha}_1$，$\boldsymbol{\alpha}_2$ 的像 $\boldsymbol{A\alpha}_1$，$\boldsymbol{A\alpha}_2$ 只是原像的倍数。从几何上看，像与原像在一条直线上。是否 $\mathbf{R}^2$ 的任一向量都具备这一性质呢？

实际上，对不在 x，y 轴上的向量 $\boldsymbol{\alpha}_3=\begin{pmatrix}x\\y\end{pmatrix}$（即 $x\neq0$，$y\neq0$）

$$\boldsymbol{A\alpha}_3=\begin{pmatrix}-1&0\\0&1\end{pmatrix}\begin{pmatrix}x\\y\end{pmatrix}=\begin{pmatrix}-x\\y\end{pmatrix}\neq k\boldsymbol{\alpha}_3$$

即向量 $\boldsymbol{\alpha}_3$ 的像 $\boldsymbol{A\alpha}_3$ 就不具有这个性质。我们把特殊的向量 $\boldsymbol{\alpha}_1$，$\boldsymbol{\alpha}_2$ 称为矩阵 $\boldsymbol{A}$ 的特征向量，数 -1 和 1 分别称为 $\boldsymbol{\alpha}_1$，$\boldsymbol{\alpha}_2$ 对应的特征值。

除了几何学，在物理学等其它等学科中，都常常会提出是否有向量 $\boldsymbol{\alpha}$ 满足 $\boldsymbol{A\alpha}=\lambda\boldsymbol{\alpha}$ 的问题。于是我们抽象出下列概念。

定义 5.1　设 $\boldsymbol{A}$ 是 n 阶方阵。如果存在数 λ 和非零的 n 维向量 $\boldsymbol{\alpha}$，使得

$$\boldsymbol{A\alpha}=\lambda\boldsymbol{\alpha}\tag{5.1}$$

则称 λ 为矩阵 $\boldsymbol{A}$ 的一个**特征值**（Eigenvalue），而称 $\boldsymbol{\alpha}$ 为 $\boldsymbol{A}$ 的属于特征值 λ 的一个特征向量（Eigenvector）。

例如，设 $\boldsymbol{A}=\begin{pmatrix}2&2\\2&2\end{pmatrix}$，$\boldsymbol{\alpha}=\begin{pmatrix}1\\1\end{pmatrix}$，由于

$$\boldsymbol{A\alpha}=\begin{pmatrix}2&2\\2&2\end{pmatrix}\begin{pmatrix}1\\1\end{pmatrix}=\begin{pmatrix}4\\4\end{pmatrix}=4\begin{pmatrix}1\\1\end{pmatrix}=4\boldsymbol{\alpha}$$

则 4 为矩阵 $\boldsymbol{A}$ 的一个特征值，而 $\boldsymbol{\alpha}$ 为 $\boldsymbol{A}$ 的属于特征值 4 的一个特征向量。

应该注意到，特征值问题是对方阵而言的。此外，特征向量 $\boldsymbol{\alpha}$ 一定是非零向量。因为对零向量来说，等式 $\boldsymbol{A\alpha}=\lambda\boldsymbol{\alpha}$ 的成立不能反映出矩阵 $\boldsymbol{A}$ 的任何“特征”意义。

如果向量 $\boldsymbol{\alpha}$ 是矩阵 $\boldsymbol{A}$ 的属于特征值 λ 的特征向量，则 $\boldsymbol{\alpha}$ 的任何一个非零倍数 $k\boldsymbol{\alpha}$ 也是 $\boldsymbol{A}$ 的属于 λ 的特征向量，这是因为从式(5.1)可以推出

$$\boldsymbol{A}(k\boldsymbol{\alpha})=k\boldsymbol{A\alpha}=\lambda(k\boldsymbol{\alpha})$$

进一步地，若 $\boldsymbol{\alpha}_1,\boldsymbol{\alpha}_2,\cdots,\boldsymbol{\alpha}_s$ 都是 $\boldsymbol{A}$ 的属于特征值 λ 的特征向量，且

$$\boldsymbol{\alpha}=k_1\boldsymbol{\alpha}_1+k_2\boldsymbol{\alpha}_2+\cdots+k_s\boldsymbol{\alpha}_s\neq\boldsymbol{0}$$

则 $\boldsymbol{\alpha}$ 仍然是 $\boldsymbol{A}$ 的属于 λ 的特征向量。这说明特征向量不是被特征值所唯一决定的。相反，特征值却是被特征向量所唯一决定的。这是因为，若特征向量 $\boldsymbol{\alpha}$ 对应有两个特征值 λ_1，λ_2，即

$$\boldsymbol{A\alpha}=\lambda_1\boldsymbol{\alpha},\ \boldsymbol{A\alpha}=\lambda_2\boldsymbol{\alpha}$$

两式相减，得 $(\lambda_1-\lambda_2)\boldsymbol{\alpha}=\boldsymbol{0}$，因为 $\boldsymbol{\alpha}\neq\boldsymbol{0}$，所以 $\lambda_1=\lambda_2$，即一个特征向量只能对应唯一一个特征值。

二、特征值和特征向量的求法

设 $\boldsymbol{\alpha}$ 为 n 阶矩阵 $\boldsymbol{A}=(a_{ij})$ 的属于特征值 λ 的特征向量，即 $\boldsymbol{A\alpha}=\lambda\boldsymbol{\alpha}(\boldsymbol{\alpha}\neq\boldsymbol{0})$。其等价于 $(\boldsymbol{A}-\lambda\boldsymbol{E})\boldsymbol{\alpha}=\boldsymbol{0}$，即向量 $\boldsymbol{\alpha}$ 是齐次线性方程组 $(\boldsymbol{A}-\lambda\boldsymbol{E})\boldsymbol{X}=\boldsymbol{0}$，也就是

$$\begin{cases}(a_{11}-\lambda)x_1+a_{12}x_2+\cdots+a_{1n}x_n=0\\a_{21}x_1+(a_{22}-\lambda)x_2+\cdots+a_{2n}x_n=0\\\cdots\cdots\cdots\cdots\cdots\cdots\cdots\cdots\cdots\cdots\\a_{n1}x_1+a_{n2}x_2+\cdots+(a_{nn}-\lambda)x_n=0\end{cases}\tag{5.2}$$

的**非零解**。我们知道，齐次线性方程组有非零解的充要条件为其系数行列式等于零。于是 $\boldsymbol{\alpha}$ 是 $(\boldsymbol{A}-\lambda\boldsymbol{E})\boldsymbol{X}=\boldsymbol{0}$ 的非零解又等价于 $|\boldsymbol{A}-\lambda\boldsymbol{E}|=0$。

定义 5.2 对于任意 n 阶矩阵 $\boldsymbol{A}=(a_{ij})$，则行列式

$$f(\lambda)=|\boldsymbol{A}-\lambda\boldsymbol{E}|=\begin{vmatrix}a_{11}-\lambda&a_{12}&\cdots&a_{1n}\\a_{21}&a_{22}-\lambda&\cdots&a_{2n}\\\cdots&\cdots&\cdots&\cdots\\a_{n1}&a_{n2}&\cdots&a_{nn}-\lambda\end{vmatrix}\tag{5.3}$$

是 λ 的 n 次多项式，称它为矩阵 $\boldsymbol{A}$ 的**特征多项式**（Characteristic polynomial），而方程 $f(\lambda)=0$ 就称为 $\boldsymbol{A}$ 的**特征方程**（Characteristic equation）。

根据上面的讨论，可以得到矩阵 $\boldsymbol{A}$ 的特征值和特征向量的求法步骤：

(1) 计算矩阵 $\boldsymbol{A}$ 的特征多项式 $f(\lambda)=|\boldsymbol{A}-\lambda\boldsymbol{E}|$；

(2) 求出特征方程 $f(\lambda)=0$ 的全部根，这些根就是 $\boldsymbol{A}$ 的全部特征值；

(3) 对所求得的每一个特征值 λ，将其代入齐次线性方程组 $(\boldsymbol{A}-\lambda\boldsymbol{E})\boldsymbol{X}=\boldsymbol{0}$，求出方程组的一个基础解系：$\boldsymbol{\eta}_1,\boldsymbol{\eta}_2,\cdots\boldsymbol{\eta}_r$，则 $k_1\boldsymbol{\eta}_1+k_2\boldsymbol{\eta}_2+\cdots k_r\boldsymbol{\eta}_r$（其中 $k_1,k_2,\cdots,k_r$ 不全为 0）就是矩阵 $\boldsymbol{A}$ 的属于特征值 λ 的全部特征向量。

【例 5.1】 求二阶矩阵 $\boldsymbol{A}=\begin{pmatrix}3&4\\5&2\end{pmatrix}$ 的特征值和特征向量。

解 因为矩阵 $\boldsymbol{A}$ 的特征多项式

$$f(\lambda)=|\boldsymbol{A}-\lambda\boldsymbol{E}|=\begin{vmatrix}3-\lambda&4\\5&2-\lambda\end{vmatrix}$$

$$=(3-\lambda)(2-\lambda)-20=\lambda^2-5\lambda-14=(\lambda-7)(\lambda+2)$$

所以从 $\boldsymbol{A}$ 的特征方程 $(\lambda-7)(\lambda+2)=0$，可得 $\boldsymbol{A}$ 的特征值 $\lambda_1=7$，$\lambda_2=-2$。

对于 $\lambda_1=7$，解齐次线性方程组 $(\boldsymbol{A}-7\boldsymbol{E})\boldsymbol{X}=\boldsymbol{0}$，由初等行变换

$$\boldsymbol{A}-7\boldsymbol{E}=\begin{pmatrix}-4&4\\5&-5\end{pmatrix}\rightarrow\begin{pmatrix}1&-1\\0&0\end{pmatrix}$$

可得方程组的基础解系 $\boldsymbol{\eta}_1=\begin{pmatrix}1\\1\end{pmatrix}$。所以属于特征值 $\lambda_1=7$ 的全部特征向量是 $k_1\boldsymbol{\eta}_1=k_1\begin{pmatrix}1\\1\end{pmatrix}$，其中 $k_1\neq0$。

对于 $\lambda_2=-2$，解对应的齐次线性方程 $(\boldsymbol{A}+2\boldsymbol{E})\boldsymbol{X}=\boldsymbol{0}$，由

$$\boldsymbol{A}+2\boldsymbol{E}=\begin{pmatrix}5&4\\5&4\end{pmatrix}\rightarrow\begin{pmatrix}1&\frac{4}{5}\\0&0\end{pmatrix}$$

可得基础解系 $\boldsymbol{\eta}_2=\begin{pmatrix}-\frac{4}{5}\\1\end{pmatrix}$。所以属于特征值 $\lambda_2=-2$ 的全部特征向量为 $k_2\boldsymbol{\eta}_2$，其中 $k_2\neq0$。

【例 5.2】 求矩阵

$$\boldsymbol{A}=\begin{pmatrix}2&0&0\\1&2&-1\\1&0&1\end{pmatrix}$$

的特征值和特征向量。

解 因为矩阵 $\boldsymbol{A}$ 的特征多项式

$$f(\lambda)=|\boldsymbol{A}-\lambda\boldsymbol{E}|=\begin{vmatrix}2-\lambda&0&0\\1&2-\lambda&-1\\1&0&1-\lambda\end{vmatrix}=(1-\lambda)(2-\lambda)^2$$

$\boldsymbol{A}$ 的特征方程为 $(1-\lambda)(2-\lambda)^2=0$，即得 A 的特征值 $\lambda_1=1$，$\lambda_2=\lambda_3=2$。

对于 $\lambda_1=1$，解齐次线性方程组 $(\boldsymbol{A}-\boldsymbol{E})\boldsymbol{X}=\boldsymbol{0}$，由

$$\boldsymbol{A}-\boldsymbol{E}=\begin{pmatrix}1&0&0\\1&1&-1\\1&0&0\end{pmatrix}\to\begin{pmatrix}1&0&0\\0&1&-1\\0&0&0\end{pmatrix}$$

可得其基础解系 $\boldsymbol{\eta}_1=\begin{pmatrix}0\\1\\1\end{pmatrix}$。所以属于特征值 $\lambda_1=1$ 的全部特征向量是 $k_1\boldsymbol{\eta}_1=k_1\begin{pmatrix}0\\1\\1\end{pmatrix}$，其中 $k_1\neq0$。

对于 $\lambda_2=\lambda_3=2$，解对应的齐次线性方程 $(\boldsymbol{A}-2\boldsymbol{E})\boldsymbol{X}=\boldsymbol{0}$，由

$$\boldsymbol{A}-2\boldsymbol{E}=\begin{pmatrix}0&0&0\\1&0&-1\\1&0&-1\end{pmatrix}\to\begin{pmatrix}1&0&-1\\0&0&0\\0&0&0\end{pmatrix}$$

可得基础解系 $\boldsymbol{\eta}_2=\begin{pmatrix}0\\1\\0\end{pmatrix}$，$\boldsymbol{\eta}_3=\begin{pmatrix}1\\0\\1\end{pmatrix}$，所以属于特征值 $\lambda_2=\lambda_3=2$ 的全部特征向量为 $k_2\boldsymbol{\eta}_2+k_3\boldsymbol{\eta}_3$，其中 k_2,k_3 是不全为 0 的实数。

在这个例子中，特征值 $\lambda=2$ 的重数恰好等于其对应的线性无关的特征向量的个数，但一般而言，结论未必成立。

【例 5.3】 求矩阵

$$\boldsymbol{A}=\begin{pmatrix}2&3&2\\1&4&2\\1&-3&1\end{pmatrix}$$

的特征值和特征向量。

解 因为矩阵 $\boldsymbol{A}$ 的特征多项式

$$f(\lambda)=|\boldsymbol{A}-\lambda\boldsymbol{E}|=\begin{vmatrix}2-\lambda&3&2\\1&4-\lambda&2\\1&-3&1-\lambda\end{vmatrix}\xlongequal{r_3+r_1}\begin{vmatrix}2-\lambda&3&2\\1&4-\lambda&2\\3-\lambda&0&3-\lambda\end{vmatrix}$$

$$\xlongequal{c_1-c_3}\begin{vmatrix}-\lambda&3&2\\-1&4-\lambda&2\\0&0&3-\lambda\end{vmatrix}=(1-\lambda)(\lambda-3)^2$$

所以 $\boldsymbol{A}$ 的特征方程为 $(1-\lambda)(\lambda-3)^2=0$，解得 $\boldsymbol{A}$ 的特征值 $\lambda_1=1$，$\lambda_2=\lambda_3=3$。

对于 $\lambda_1=1$，解齐次线性方程组 $(\boldsymbol{A}-\boldsymbol{E})\boldsymbol{X}=\boldsymbol{0}$，由

$$\boldsymbol{A}-\boldsymbol{E}=\begin{pmatrix}1&3&2\\1&3&2\\1&-3&0\end{pmatrix}\to\begin{pmatrix}1&0&1\\0&3&1\\0&0&0\end{pmatrix}$$

可得其基础解系 $\boldsymbol{\eta}_1=\begin{pmatrix}-3\\-1\\3\end{pmatrix}$。所以属于特征值 $\lambda_1=1$ 的全部特征向量是 $k_1\begin{pmatrix}-3\\-1\\3\end{pmatrix}$，

其中 k_1 为不等于零的任意实数。

对于 $\lambda_2=\lambda_3=3$，解对应的齐次线性方程组 $(\boldsymbol{A}-3\boldsymbol{E})\boldsymbol{X}=\boldsymbol{0}$，由

$$\boldsymbol{A}-3\boldsymbol{E}=\begin{pmatrix}-1 & 3 & 2\\ 1 & 1 & 2\\ 1 & -3 & -2\end{pmatrix}\rightarrow\begin{pmatrix}1 & 0 & 1\\ 0 & 1 & 1\\ 0 & 0 & 0\end{pmatrix}$$

可得基础解系 $\boldsymbol{\eta}_2=\begin{pmatrix}-1\\ -1\\ 1\end{pmatrix}$，所以属于特征值 $\lambda_2=\lambda_3=3$ 的全部特征向量是 $k_2\begin{pmatrix}-1\\ -1\\ 1\end{pmatrix}$，其中 k_2 也为不等于零的任意实数。

注意到在本例中，2 重特征值 $\lambda=3$ 所对应的线性无关的特征向量的个数只有一个。

【例 5.4】 求 n 阶数量矩阵 $\boldsymbol{A}=\begin{pmatrix}a & & & \\ & a & & \\ & & \ddots & \\ & & & a\end{pmatrix}$ 的特征值和特征向量。

解　矩阵 $\boldsymbol{A}$ 的特征多项式

$$f(\lambda)=|\boldsymbol{A}-\lambda\boldsymbol{E}|=\begin{vmatrix}a-\lambda & & & \\ & a-\lambda & & \\ & & \ddots & \\ & & & a-\lambda\end{vmatrix}=(a-\lambda)^n$$

从而 $\boldsymbol{A}$ 的特征方程为 $(a-\lambda)^n=0$，得 $\boldsymbol{A}$ 的所有特征值 $\lambda_1=\lambda_2=\cdots=\lambda_n=a$。

对于 $\lambda_1=\lambda_2=\cdots=\lambda_n=a$，解齐次线性方程组 $(\boldsymbol{A}-a\boldsymbol{E})\boldsymbol{X}=\boldsymbol{0}$。因为此方程组的系数矩阵是零矩阵，所以 $\mathbf{R}^n$ 中任意 n 个线性无关的向量都是它的基础解系。现取单位向量组

$$\boldsymbol{\varepsilon}_1=\begin{pmatrix}1\\ 0\\ \vdots\\ 0\end{pmatrix},\ \boldsymbol{\varepsilon}_2=\begin{pmatrix}0\\ 1\\ \vdots\\ 0\end{pmatrix},\ \cdots,\ \boldsymbol{\varepsilon}_n=\begin{pmatrix}0\\ 0\\ \vdots\\ 1\end{pmatrix}$$

作为其基础解系，于是 $\boldsymbol{A}$ 的属于特征值 a 的全部特征向量为

$$k_1\boldsymbol{\varepsilon}_1+k_2\boldsymbol{\varepsilon}_2+\cdots+k_n\boldsymbol{\varepsilon}_n\quad(k_1,k_2,\cdots,k_n\text{ 为不全为 0 的实数})$$

大家还可以自己去考虑求 n 阶对角矩阵的特征值与特征向量问题。

三、特征值和特征向量的性质

由例 5.4 可知，任一对角矩阵 $\boldsymbol{A}$ 的特征值就是它的主对角线上的元素，从而

对角矩阵 $\boldsymbol{A}$ 的所有特征值之和等于主对角线上元素之和，而 $\boldsymbol{A}$ 的所有特征值的乘积恰好等于行列式 $|\boldsymbol{A}|$。实际上，根据多项式的根与系数之间的关系，此结论可推广到任意方阵。

定理 5.1 设 n 阶矩阵 $\boldsymbol{A}=(a_{ij})$ 的 n 个特征值为 $\lambda_1,\lambda_2,\cdots,\lambda_n$($k$ 重特征值算作 k 个特征值)，则

$$(1)\ \sum_{i=1}^{n}\lambda_i=\sum_{i=1}^{n}a_{ii} \qquad (2)\ \prod_{i=1}^{n}\lambda_i=|A| \tag{5.4}$$

其中 $\sum\limits_{i=1}^{n}a_{ii}$ 是 $\boldsymbol{A}$ 的主对角线元素之和，称为矩阵 $\boldsymbol{A}$ 的**迹**(trace)，记作 $\mathrm{tr}(\boldsymbol{A})$。

例如，对二阶方阵 $\boldsymbol{A}=(a_{ij})_{2\times 2}$，因为 $\boldsymbol{A}$ 的特征多项式

$$f(\lambda)=|\boldsymbol{A}-\lambda\boldsymbol{E}|=\begin{vmatrix} a_{11}-\lambda & a_{12} \\ a_{21} & a_{22}-\lambda \end{vmatrix}=(a_{11}-\lambda)(a_{22}-\lambda)-a_{12}a_{21}$$
$$=\lambda^2-(a_{11}+a_{22})\lambda+(a_{11}a_{22}-a_{12}a_{21})$$

且

$$|\boldsymbol{A}|=\begin{vmatrix} a_{11} & a_{12} \\ a_{21} & a_{22} \end{vmatrix}=a_{11}a_{22}-a_{12}a_{21}$$

如果 λ_1，λ_2 是 $\boldsymbol{A}$ 的特征值，即 λ_1,λ_2 是特征方程 $f(\lambda)=0$ 的根，则由二次方程的根与系数的关系，就有

$$\lambda_1+\lambda_2=a_{11}+a_{22},\quad \lambda_1\lambda_2=|\boldsymbol{A}|$$

推论 5.1 若 n 阶矩阵 $\boldsymbol{A}=(a_{ij})$ 的行列式 $|\boldsymbol{A}|=0$，即矩阵 $\boldsymbol{A}$ 不可逆，则该矩阵必定有零特征值。

【例 5.5】 设 λ 是方阵 $\boldsymbol{A}$ 的特征值，证明 λ^2 是 $\boldsymbol{A}^2$ 的特征值，而 $1-2\lambda+5\lambda^2$ 是矩阵 $\boldsymbol{E}-2\boldsymbol{A}+5\boldsymbol{A}^2$ 的特征值。

证 因为 λ 是方阵 $\boldsymbol{A}$ 的特征值，所以存在非零向量 $\boldsymbol{\alpha}$，使 $\boldsymbol{A\alpha}=\lambda\boldsymbol{\alpha}$。从而

$$\boldsymbol{A}^2\boldsymbol{\alpha}=\boldsymbol{A}(\boldsymbol{A\alpha})=\boldsymbol{A}(\lambda\boldsymbol{\alpha})=\lambda(\boldsymbol{A\alpha})=\lambda^2\boldsymbol{\alpha}$$

即 λ^2 是 $\boldsymbol{A}^2$ 的特征值。同样地，因为

$$(\boldsymbol{E}-2\boldsymbol{A}+5\boldsymbol{A}^2)\boldsymbol{\alpha}=\boldsymbol{E\alpha}-2\boldsymbol{A\alpha}+5\boldsymbol{A}^2\boldsymbol{\alpha}=\boldsymbol{\alpha}-2\lambda\boldsymbol{\alpha}+5\lambda^2\boldsymbol{\alpha}=(1-2\lambda+5\lambda^2)\boldsymbol{\alpha}$$

所以 $1-2\lambda+5\lambda^2$ 是矩阵 $\boldsymbol{E}-2\boldsymbol{A}+5\boldsymbol{A}^2$ 的特征值。

按本例结论类推，若 λ 是 $\boldsymbol{A}$ 的特征值，则 λ^k 是 $\boldsymbol{A}^k$ 的特征值。更进一步地，若设

$$\varphi(\lambda)=a_0+a_1\lambda+\cdots+a_m\lambda^m$$

是 λ 的任意多项式，则 $\varphi(\lambda)$ 就是**方阵 $\boldsymbol{A}$** 的多项式

$$\varphi(A)=a_0\boldsymbol{E}+a_1\boldsymbol{A}+\cdots+a_m\boldsymbol{A}^m$$

的特征值。这个结论的证明留作课外练习。

【例 5.6】 设三阶方阵 $\boldsymbol{A}$ 的特征值为 $1,2,-3$，求行列式 $|\boldsymbol{A}^3-3\boldsymbol{A}+\boldsymbol{E}|$。

解 设多项式 $\varphi(x)=x^3-3x+1$，则矩阵 $\varphi(\boldsymbol{A})=\boldsymbol{A}^3-3\boldsymbol{A}+\boldsymbol{E}$ 必定有相应的特征值 $\varphi(1)=-1$，$\varphi(2)=3$，$\varphi(-3)=-17$。由式(5.4) 得

$$|\boldsymbol{A}^3-3\boldsymbol{A}+\boldsymbol{E}|=-1\times3\times(-17)=51$$

【例 5.7】 考虑一煤炭产区有关污染与工业增长的模型。设 P 是目前污染的程度，D 是目前工业发展的水平（二者均以由一类适当的指标组成的单位来测量）。设 P'和 D'分别代表 3 年后的污染程度和工业发展水平。下列简单的线性关系式给出今后 3 年污染与工业发展的一种预测公式：

$$P'=P+2D,\ D'=2P+D$$

试求出 $3k$ 年后的污染度情况和工业发展水平。

解 将预测公式写成矩阵表示式为

$$\begin{pmatrix}P'\\D'\end{pmatrix}=\begin{pmatrix}1&2\\2&1\end{pmatrix}\begin{pmatrix}P\\D\end{pmatrix}$$

如我们取 P,D 的初始值均为 1，那么有

$$\begin{pmatrix}1&2\\2&1\end{pmatrix}\begin{pmatrix}1\\1\end{pmatrix}=3\begin{pmatrix}1\\1\end{pmatrix}$$

容易看到数字 3 就是矩阵 $\boldsymbol{A}=\begin{pmatrix}1&2\\2&1\end{pmatrix}$的一个特征值，而且形为$\begin{pmatrix}a\\a\end{pmatrix}$（$a\neq0$）的向量是矩阵 $\boldsymbol{A}$ 的属于特征值 3 的特征向量。从而 3^k 必定是 $\boldsymbol{A}^k$ 的一个特征值，且$\begin{pmatrix}a\\a\end{pmatrix}$（$a\neq0$）也为数 3^k 对应的特征向量。这样，$3k$ 年后的污染度和工业发展水平可由

$$\begin{pmatrix}P''\\D''\end{pmatrix}=\begin{pmatrix}1&2\\2&1\end{pmatrix}^k\begin{pmatrix}P\\D\end{pmatrix}=\begin{pmatrix}1&2\\2&1\end{pmatrix}^k\begin{pmatrix}1\\1\end{pmatrix}=3^k\begin{pmatrix}1\\1\end{pmatrix}$$

表出。

定理 5.2 设 $\lambda_1,\lambda_2,\cdots,\lambda_s$ 是矩阵 $\boldsymbol{A}$ 的互不相同的特征值，$\boldsymbol{\alpha}_1,\boldsymbol{\alpha}_2,\cdots,\boldsymbol{\alpha}_s$ 是它们对应的特征向量，则 $\boldsymbol{\alpha}_1,\boldsymbol{\alpha}_2,\cdots,\boldsymbol{\alpha}_s$ 是线性无关的，即属于互不相同的特征值的特征向量是线性无关的。

证 对不同特征值的个数作数学归纳法。当 $s=1$ 时，因为特征向量 $\boldsymbol{\alpha}_1$ 非零，所以 $\boldsymbol{\alpha}_1$ 是线性无关的，结论成立。

假设定理对 $s=k$ 成立，下面证明当 $s=k+1$ 时结论也成立。设

$$c_1\boldsymbol{\alpha}_1+c_2\boldsymbol{\alpha}_2+\cdots+c_k\boldsymbol{\alpha}_k+c_{k+1}\boldsymbol{\alpha}_{k+1}=\boldsymbol{0} \tag{5.5}$$

用矩阵 $\boldsymbol{A}$ 左乘上式两端，得

$$c_1\boldsymbol{A}\boldsymbol{\alpha}_1+c_2\boldsymbol{A}\boldsymbol{\alpha}_2+\cdots+c_k\boldsymbol{A}\boldsymbol{\alpha}_k+c_{k+1}\boldsymbol{A}\boldsymbol{\alpha}_{k+1}=\boldsymbol{0}$$

即

$$c_1\lambda_1\boldsymbol{\alpha}_1+c_2\lambda_2\boldsymbol{\alpha}_2+\cdots+c_k\lambda_k\boldsymbol{\alpha}_k+c_{k+1}\lambda_{k+1}\boldsymbol{\alpha}_{k+1}=\boldsymbol{0} \tag{5.6}$$

又将式(5.5)两端分别乘以 λ_{k+1}，得

$$c_1\lambda_{k+1}\boldsymbol{\alpha}_1+c_2\lambda_{k+1}\boldsymbol{\alpha}_2+\cdots+c_k\lambda_{k+1}\boldsymbol{\alpha}_k+c_{k+1}\lambda_{k+1}\boldsymbol{\alpha}_{k+1}=\boldsymbol{0} \tag{5.7}$$

用式(5.7)减去式（5.6），得

$$c_1(\lambda_{k+1}-\lambda_1)\boldsymbol{\alpha}_1+c_2(\lambda_{k+1}-\lambda_2)\boldsymbol{\alpha}_2+\cdots+c_k(\lambda_{k+1}-\lambda_k)\boldsymbol{\alpha}_k=\boldsymbol{0}$$

由 $\boldsymbol{\alpha}_1,\boldsymbol{\alpha}_2,\cdots,\boldsymbol{\alpha}_k$ 线性无关的归纳假设，于是有

$$c_i(\lambda_{k+1}-\lambda_i)=0,\quad i=1,2,\cdots,k$$

由已知条件 $\lambda_1,\lambda_2,\cdots,\lambda_{k+1}$ 是 $k+1$ 个不同的特征值，从而 $\lambda_{k+1}-\lambda_i\neq0(i=1,2,\cdots,k)$，所以

$$c_1=c_2=\cdots=c_k=0 \tag{5.8}$$

最后再将式(5.8) 代入式(5.5)，有

$$c_{k+1}\boldsymbol{\alpha}_{k+1}=\mathbf{0}$$

特征向量 $\boldsymbol{\alpha}_{k+1}\neq\mathbf{0}$，所以 $c_{k+1}=0$。故 $\boldsymbol{\alpha}_1,\boldsymbol{\alpha}_2,\cdots,\boldsymbol{\alpha}_{k+1}$ 线性无关。

由归纳法，定理得证。

推论 5.2 设 $\lambda_1,\lambda_2,\cdots,\lambda_s$ 是 n 阶矩阵 $\boldsymbol{A}$ 的 s 个互不相同的特征值，对应于 λ_i 的线性无关的特征向量为 $\boldsymbol{\alpha}_{i1},\boldsymbol{\alpha}_{i2},\cdots,\boldsymbol{\alpha}_{ir_i}(i=1,2,\cdots,s)$，则由所有这些特征向量构成的向量组

$$\boldsymbol{\alpha}_{11},\boldsymbol{\alpha}_{12},\cdots,\boldsymbol{\alpha}_{1r_1},\boldsymbol{\alpha}_{21},\boldsymbol{\alpha}_{22},\cdots,\boldsymbol{\alpha}_{2r_2},\cdots,\boldsymbol{\alpha}_{s1},\boldsymbol{\alpha}_{s2},\cdots,\boldsymbol{\alpha}_{sr_s}$$

线性无关。

即对于互不相同特征值，取它们各自的线性无关的特征向量，则把这些特征向量合在一起所得到的向量组仍是线性无关的。

例如在例 5.2 中，$\boldsymbol{\eta}_1$ 是属于特征值 $\lambda_1=1$ 的线性无关的特征向量，$\boldsymbol{\eta}_2,\boldsymbol{\eta}_3$ 是属于特征值 $\lambda_2=\lambda_3=2$ 的线性无关的特征向量。不难验证，$\boldsymbol{\eta}_1,\boldsymbol{\eta}_2,\boldsymbol{\eta}_3$ 是线性无关的。事实上，因为行列式

$$|\boldsymbol{\eta}_1,\boldsymbol{\eta}_2,\boldsymbol{\eta}_3|=\begin{vmatrix}0&0&1\\1&1&0\\1&0&1\end{vmatrix}=-1\neq0$$

所以三个特征向量 $\boldsymbol{\eta}_1,\boldsymbol{\eta}_2,\boldsymbol{\eta}_3$ 确实是线性无关的。

第二节　相似矩阵和矩阵的对角化

对角矩阵是最简单的一种矩阵，现在考虑对于给定的 n 阶方阵 $\boldsymbol{A}$，是否存在可逆矩阵 $\boldsymbol{P}$，使 $\boldsymbol{P}^{-1}\boldsymbol{AP}$ 成为对角矩阵，这就是方阵 $\boldsymbol{A}$ 的对角化问题。为此，首先给出相似矩阵的概念。

一、相似矩阵

定义 5.3 设 $\boldsymbol{A},\boldsymbol{B}$ 都是 n 阶方阵，若存在可逆矩阵 $\boldsymbol{P}$，使

$$\boldsymbol{P}^{-1}\boldsymbol{AP}=\boldsymbol{B}$$

则称矩阵 $\boldsymbol{A}$ 与 $\boldsymbol{B}$ **相似**(Similar)，或称 $\boldsymbol{A},\boldsymbol{B}$ 是**相似矩阵**，记为 $\boldsymbol{A}\sim\boldsymbol{B}$，可逆矩阵 $\boldsymbol{P}$ 称为将矩阵 $\boldsymbol{A}$ 变换为矩阵 $\boldsymbol{B}$ 的**相似变换矩阵**。

例如，设有矩阵

$$\boldsymbol{A}=\begin{pmatrix}1&1\\0&2\end{pmatrix},\boldsymbol{B}=\begin{pmatrix}1&0\\0&2\end{pmatrix}$$

现令 $\boldsymbol{P}=\begin{pmatrix}1&1\\0&1\end{pmatrix}$，则 $\boldsymbol{P}^{-1}=\begin{pmatrix}1&-1\\0&1\end{pmatrix}$，则

$$P^{-1}AP=\begin{pmatrix}1&-1\\0&1\end{pmatrix}\begin{pmatrix}1&1\\0&2\end{pmatrix}\begin{pmatrix}1&1\\0&1\end{pmatrix}=\begin{pmatrix}1&0\\0&2\end{pmatrix}$$

所以 $A\sim B$。

由定义可知,矩阵的相似关系也是一种特殊的等价关系,即具有如下性质:

(1)反身性:$A\sim A$;

(2)对称性:若 $A\sim B$,则 $B\sim A$;

(3)传递性:若 $A\sim B$,$B\sim C$,则 $A\sim C$。

证明留给读者作为练习。

定理 5.3　相似矩阵有相同的特征多项式,从而也有相同的特征值。

证　设 $A\sim B$,则存在可逆矩阵 P,使 $P^{-1}AP=B$,所以

$$\begin{aligned}|B-\lambda E|&=|P^{-1}AP-P^{-1}(\lambda E)P|=|P^{-1}(A-\lambda E)P|\\&=|P^{-1}||A-\lambda E||P|=|A-\lambda E|\end{aligned}$$

但必须注意，定理的逆命题并不成立。即有相同特征多项式与相同特征值的两个方阵不一定相似。例如下列方阵

$$A=\begin{pmatrix}1&1\\0&1\end{pmatrix},\ E=\begin{pmatrix}1&0\\0&1\end{pmatrix}$$

恰有相同的特征多项式 $(\lambda-1)^2$，但 A 与 E 并不相似，这是因为与单位矩阵相似的矩阵只能是单位矩阵（假若有 $P^{-1}AP=E$，则 $A=PEP^{-1}=PP^{-1}=E$）。

因此，有相同的特征多项式或相同的特征值，只是同阶方阵相似的必要条件，而不是充分条件。

推论 5.3　相似矩阵的行列式值相同，迹相同，秩也相同。

二、矩阵的对角化

最简单的矩阵是对角矩阵，而且方阵相似于对角矩阵的理论在许多问题，诸如二次曲面类型判定（其实质即为二次形化标准形问题（见下一章））和一阶线性微分方程组求解等实际问题中都有很重要的应用。

定义 5.4　如果矩阵 A 相似于某个对角矩阵

$$\Lambda=\begin{pmatrix}\lambda_1&&&\\&\lambda_2&&\\&&\ddots&\\&&&\lambda_n\end{pmatrix}$$

则称矩阵 A 可（相似）**对角化**。

定理 5.4　n 阶矩阵 A 可对角化的充分必要条件是 A 有 n 个线性无关的特征向量。

证　必要性。设 A 可对角化，则存在可逆矩阵 P，使

$$P^{-1}AP=\Lambda=\begin{pmatrix}\lambda_1&&&\\&\lambda_2&&\\&&\ddots&\\&&&\lambda_n\end{pmatrix}$$

即 $\boldsymbol{AP}=\boldsymbol{P\Lambda}$。将矩阵 $\boldsymbol{P}$ 按列分块，令 $\boldsymbol{P}=(\boldsymbol{\alpha}_1,\boldsymbol{\alpha}_2,\cdots,\boldsymbol{\alpha}_n)$，则有

$$\boldsymbol{A}(\boldsymbol{\alpha}_1,\boldsymbol{\alpha}_2,\cdots,\boldsymbol{\alpha}_n)=(\boldsymbol{\alpha}_1,\boldsymbol{\alpha}_2,\cdots,\boldsymbol{\alpha}_n)\begin{pmatrix}\lambda_1 & & & \\ & \lambda_2 & & \\ & & \ddots & \\ & & & \lambda_n\end{pmatrix}=(\lambda_1\boldsymbol{\alpha}_1,\lambda_2\boldsymbol{\alpha}_2,\cdots,\lambda_n\boldsymbol{\alpha}_n)$$

因此

$$\boldsymbol{A\alpha}_i=\lambda_i\boldsymbol{\alpha}_i\quad(i=1,2,\cdots,n)$$

因为 $\boldsymbol{P}$ 为可逆矩阵，所以 $\boldsymbol{P}$ 的 n 个列向量 $\boldsymbol{\alpha}_1,\boldsymbol{\alpha}_2,\cdots,\boldsymbol{\alpha}_n$ 都是非零向量且线性无关，因而 $\lambda_1,\lambda_2,\cdots,\lambda_n$ 是 $\boldsymbol{A}$ 的 n 个特征值，$\boldsymbol{\alpha}_1,\boldsymbol{\alpha}_2,\cdots,\boldsymbol{\alpha}_n$ 是 $\boldsymbol{A}$ 的属于特征值 λ_1，$\lambda_2,\cdots,\lambda_n$ 的 n 个线性无关的特征向量。

充分性。设 $\boldsymbol{A}$ 有 n 个线性无关的特征向量 $\boldsymbol{\alpha}_1,\boldsymbol{\alpha}_2,\cdots,\boldsymbol{\alpha}_n$，对应的特征值分别为 λ_1，λ_2，$\cdots$，λ_n，则有

$$\boldsymbol{A\alpha}_i=\lambda_i\boldsymbol{\alpha}_i\quad(i=1,2,\cdots,n)$$

以这些向量为列，构造矩阵 $\boldsymbol{P}=(\boldsymbol{\alpha}_1,\boldsymbol{\alpha}_2,\cdots,\boldsymbol{\alpha}_n)$，则 $\boldsymbol{P}$ 可逆，且

$$\boldsymbol{AP}=(\boldsymbol{A\alpha}_1,\boldsymbol{A\alpha}_2,\cdots,\boldsymbol{A\alpha}_n)=(\lambda_1\boldsymbol{\alpha}_1,\lambda_2\boldsymbol{\alpha}_2,\cdots,\lambda_n\boldsymbol{\alpha}_n)=\boldsymbol{P}\begin{pmatrix}\lambda_1 & & & \\ & \lambda_2 & & \\ & & \ddots & \\ & & & \lambda_n\end{pmatrix}$$

即 $\boldsymbol{P}^{-1}\boldsymbol{AP}$ 为对角矩阵。

从定理 5.4 的证明过程可以看出，如果矩阵 $\boldsymbol{A}$ 相似于对角阵 $\boldsymbol{\Lambda}$，那么 $\boldsymbol{\Lambda}$ 的对角线元素都是 $\boldsymbol{A}$ 的特征值（重根重复出现），而相似变换矩阵 $\boldsymbol{P}$ 的各列就是 $\boldsymbol{A}$ 的 n 个线性无关的特征向量，其排列次序与特征值在对角阵 $\boldsymbol{\Lambda}$ 中的排列次序相一致。

如果 n 阶矩阵 $\boldsymbol{A}$ 有 n 个互异的特征值，根据定理 5.2，每个不同的特征值对应的特征向量必线性无关，那么 $\boldsymbol{A}$ 必与对角矩阵相似。

推论 5.4 如果 n 阶方阵 $\boldsymbol{A}$ 有 n 个互异的特征值，那么 $\boldsymbol{A}$ 与对角矩阵相似。

首先需要指出的是，推论中的条件仅是矩阵可对角化的充分条件；此外，当 n 阶矩阵 $\boldsymbol{A}$ 有重根时，它就不一定有 n 个线性无关的特征向量，从而不一定能对角化（见下面的例子）。这时有

推论 5.5 n 阶矩阵 $\boldsymbol{A}$ 相似于对角矩阵的充要条件是 $\boldsymbol{A}$ 的每一个 r_i 重特征值对应有 $r_i(i=1,2,\cdots,s)$ 个线性无关的特征向量。

【例 5.8】 下列矩阵能否对角化？若能，求出对角阵 $\boldsymbol{\Lambda}$ 及相似变换矩阵 $\boldsymbol{P}$，使 $\boldsymbol{P}^{-1}\boldsymbol{AP}=\boldsymbol{\Lambda}$；若不能，则说明理由。

(1) $\boldsymbol{A}=\begin{pmatrix}3 & 4\\ 5 & 2\end{pmatrix}$　(2) $\boldsymbol{A}=\begin{pmatrix}2 & 0 & 0\\ 1 & 2 & -1\\ 1 & 0 & 1\end{pmatrix}$　(3) $\boldsymbol{A}=\begin{pmatrix}2 & 3 & 2\\ 1 & 4 & 2\\ 1 & -3 & 1\end{pmatrix}$

解 这是例 5.1～例 5.3 的三个矩阵。对 (1)，已经求得 $\boldsymbol{A}$ 的特征值为 $\lambda_1=7$，$\lambda_2=-2$，对应的线性无关的特征向量为

$$\boldsymbol{\eta}_1=\begin{pmatrix}1\\1\end{pmatrix},\quad \boldsymbol{\eta}_2=\begin{pmatrix}-1\\1\end{pmatrix}$$

由定理 5.3 或推论 5.4，$\boldsymbol{A}$ 可对角化，取相似变换矩阵

$$\boldsymbol{P}=(\boldsymbol{\eta}_1,\boldsymbol{\eta}_2)=\begin{pmatrix}1&-1\\1&1\end{pmatrix}$$

则

$$\boldsymbol{P}^{-1}\boldsymbol{A}\boldsymbol{P}=\begin{pmatrix}7&0\\0&-2\end{pmatrix}$$

对(2)，已求得 $\boldsymbol{A}$ 的特征值为 $\lambda_1=1$，$\lambda_2=\lambda_3=2$，对应的线性无关的特征向量为

$$\boldsymbol{\eta}_1=\begin{pmatrix}0\\1\\1\end{pmatrix},\ \boldsymbol{\eta}_2=\begin{pmatrix}0\\1\\0\end{pmatrix},\ \boldsymbol{\eta}_3=\begin{pmatrix}1\\0\\1\end{pmatrix}$$

由推论 5.5，$\boldsymbol{A}$ 可对角化，取相似变换矩阵

$$\boldsymbol{P}=(\boldsymbol{\eta}_1,\boldsymbol{\eta}_2,\boldsymbol{\eta}_3)=\begin{pmatrix}0&0&1\\1&1&0\\1&0&1\end{pmatrix}$$

则

$$\boldsymbol{P}^{-1}\boldsymbol{A}\boldsymbol{P}=\begin{pmatrix}1&&\\&2&\\&&2\end{pmatrix}$$

而对(3)，$\boldsymbol{A}$ 的特征值为 $\lambda_1=1$，$\lambda_2=\lambda_3=3$，对于二重特征值 $\lambda_2=\lambda_3=3$，线性无关的特征向量只有一个，故由推论 5.5，$\boldsymbol{A}$ 不可对角化。

【例 5.9】 设 3 阶方阵 $\boldsymbol{A}$，$4\boldsymbol{E}-\boldsymbol{A}$ 和 $\boldsymbol{A}+5\boldsymbol{E}$ 都不可逆，问：$\boldsymbol{A}$ 能否对角化？若能，写出其对角阵。

解　因为 $\boldsymbol{A}$，$4\boldsymbol{E}-\boldsymbol{A}$ 和 $\boldsymbol{A}+5\boldsymbol{E}$ 都不可逆，所以

$$|\boldsymbol{A}|=|4\boldsymbol{E}-\boldsymbol{A}|=|\boldsymbol{A}+5\boldsymbol{E}|=\boldsymbol{0}$$

即
$$|\boldsymbol{A}-0\boldsymbol{E}|=|-(\boldsymbol{A}-4\boldsymbol{E})|=|\boldsymbol{A}-(-5)\boldsymbol{E}|=0$$

从而 3 阶矩阵 $\boldsymbol{A}$ 有三个不同的特征值 0,4,−5，由推论 5.4，$\boldsymbol{A}$ 可对角化，而且

$$\boldsymbol{A}\sim\boldsymbol{\Lambda}=\begin{pmatrix}0&&\\&4&\\&&-5\end{pmatrix}$$

【例 5.10】 设 3 阶方阵 $\boldsymbol{A}$ 的特征值是 −2,1,1，对应的特征向量依次为

$$\boldsymbol{\eta}_1=\begin{pmatrix}-1\\1\\1\end{pmatrix},\ \boldsymbol{\eta}_2=\begin{pmatrix}-2\\1\\0\end{pmatrix},\ \boldsymbol{\eta}_3=\begin{pmatrix}0\\0\\1\end{pmatrix}$$

求 $\boldsymbol{A}$ 及 $\boldsymbol{A}^5$。

解 令

$$P=(\boldsymbol{\eta}_1,\boldsymbol{\eta}_2,\boldsymbol{\eta}_3)=\begin{pmatrix}-1&-2&0\\1&1&0\\1&0&1\end{pmatrix},B=\begin{pmatrix}-2&0&0\\0&1&0\\0&0&1\end{pmatrix}$$

则 $P^{-1}AP=B$，即 $A=PBP^{-1}$，而

$$P^{-1}=\begin{pmatrix}1&2&0\\-1&-1&0\\-1&-2&1\end{pmatrix}$$

故

$$A=\begin{pmatrix}-1&-2&0\\1&1&0\\1&0&1\end{pmatrix}\begin{pmatrix}-2&0&0\\0&1&0\\0&0&1\end{pmatrix}\begin{pmatrix}1&2&0\\-1&-1&0\\-1&-2&1\end{pmatrix}=\begin{pmatrix}1&6&0\\-3&-5&0\\-3&-6&1\end{pmatrix}$$

所以

$$\begin{aligned}A^5&=(PBP^{-1})^5=(PBP^{-1})(PBP^{-1})\cdots(PBP^{-1})=PB^5P^{-1}\\&=\begin{pmatrix}-1&-2&0\\1&1&0\\1&0&1\end{pmatrix}\begin{pmatrix}(-2)^5&0&0\\0&1&0\\0&0&1\end{pmatrix}\begin{pmatrix}1&2&0\\-1&-1&0\\-1&-2&1\end{pmatrix}=\begin{pmatrix}34&66&0\\-33&-65&0\\-33&-66&1\end{pmatrix}\end{aligned}$$

【例 5.11】 已知 $A=\begin{pmatrix}2&2&0\\8&2&a\\0&0&6\end{pmatrix}$，试讨论：$a$ 取何值时，A 可对角化？而当 a 取何值时，A 不可对角化？

解 根据推论 5.5，判别矩阵 A 能否对角化，应先求出 A 的特征值，再根据特征值的重数与线性无关特征向量的个数是否相同，转化为特征矩阵秩的判定，进而确定参数 a。

因为 A 的特征多项式

$$f(\lambda)=|A-\lambda E|=\begin{vmatrix}2-\lambda&2&0\\8&2-\lambda&a\\0&0&6-\lambda\end{vmatrix}=(\lambda-6)[(\lambda-2)^2-16]$$

$$=(\lambda-6)^2(\lambda+2)$$

所以 A 的特征值为 $\lambda_1=\lambda_2=6$，$\lambda_3=-2$。

（1）若 A 相似于对角矩阵 Λ，故对应于 $\lambda_1=\lambda_2=6$ 矩阵 A 应有两个线性无关的特征向量，即 $3-r(A-6E)=2$，于是有 $r(A-6E)=1$。由

$$A-6E=\begin{pmatrix}-4&2&0\\8&-4&a\\0&0&0\end{pmatrix}\rightarrow\begin{pmatrix}2&-1&0\\0&0&a\\0&0&0\end{pmatrix}$$

知道 $a=0$。故当 $a=0$ 时，A 可对角化。

（2）若 $a\neq0$，此时 $r(A-6E)=2$，于是属于 $\lambda_1=\lambda_2=6$ 的线性无关的特征向

量只有一个，故 $\boldsymbol{A}$ 不可对角化。

注意：n 阶矩阵 $\boldsymbol{A}$ 可对角化的充要条件是：对于 $\boldsymbol{A}$ 的任意 r_i 重特征根 λ_i，恒有

$$n-r(\lambda_i\boldsymbol{E}-\boldsymbol{A})=r_i\text{，即 } r(\lambda_i\boldsymbol{E}-\boldsymbol{A})=n-r_i$$

而特征单根一定只有一个线性无关的特征向量。

第三节　实对称矩阵的对角化

由上节我们知道，并不是任何矩阵都可对角化，但是有一类很重要的矩阵——实对称矩阵一定可以对角化。为了证明这个重要结论，要先讨论复矩阵的有关概念和性质。

对矩阵 $\boldsymbol{A}=(a_{ij})_{m\times n}$，把它的每个元素 a_{ij} 变成其共轭复数$\overline{a_{ij}}$，称这样得到的矩阵为 $\boldsymbol{A}$ 的共轭矩阵，记为$\overline{\boldsymbol{A}}$。由复数及矩阵运算律容易验证，共轭矩阵有以下性质

(1) $\overline{\boldsymbol{A}\pm\boldsymbol{B}}=\overline{\boldsymbol{A}}\pm\overline{\boldsymbol{B}}$　　(2) $\overline{\boldsymbol{AB}}=\overline{\boldsymbol{A}}\ \overline{\boldsymbol{B}}$

(3) $\overline{k\boldsymbol{A}}=\overline{k}\ \overline{\boldsymbol{A}}$　　(4) $(\overline{\boldsymbol{A}})'=\overline{\boldsymbol{A}'}$

一、实对称矩阵的特征值和特征向量

虽然实矩阵的特征多项式是实系数多项式，但其特征值根却有可能是复根，相应的特征向量也可能是复向量。然而对实对称矩阵而言，其特征值必定全是实数，且属于不同特征值的特征向量是正交的。下面分别给以证明。

定理 5.5　实对称矩阵的特征值都是实数。

证　设 $\boldsymbol{A}$ 为 n 阶的任意实对称矩阵，复数 λ 是矩阵 $\boldsymbol{A}$ 的任一特征值，而 $\boldsymbol{\alpha}=\begin{pmatrix}a\\a_2\\\vdots\\a_n\end{pmatrix}$为 $\boldsymbol{A}$ 的属于特征值 λ 的特征向量，则

$$\boldsymbol{A\alpha}=\lambda\boldsymbol{\alpha} \tag{5.9}$$

对此式两边取共轭，再取转置，有

$$\overline{\boldsymbol{\alpha}}'\overline{\boldsymbol{A}}'=\overline{\lambda}\ \overline{\boldsymbol{\alpha}}'$$

因为 $\boldsymbol{A}$ 是实对称矩阵，所以$\overline{\boldsymbol{A}}'=\boldsymbol{A}'=\boldsymbol{A}$，从而

$$\overline{\boldsymbol{\alpha}}'\boldsymbol{A}=\overline{\lambda}\ \overline{\boldsymbol{\alpha}}'$$

两边右乘 $\boldsymbol{\alpha}$，得

$$\overline{\boldsymbol{\alpha}}'\boldsymbol{A\alpha}=\overline{\lambda}\ \overline{\boldsymbol{\alpha}}'\boldsymbol{\alpha} \tag{5.10}$$

而由式(5.9)，又显然有

$$\overline{\boldsymbol{\alpha}}'\boldsymbol{A\alpha}=\lambda\ \overline{\boldsymbol{\alpha}}'\boldsymbol{\alpha} \tag{5.11}$$

将式(5.11)、式(5.10) 两式相减，即得

$$(\lambda-\overline{\lambda})\ \overline{\boldsymbol{\alpha}}'\boldsymbol{\alpha}=0 \tag{5.12}$$

因为 $\boldsymbol{\alpha}\neq\boldsymbol{0}$，所以

$$\overline{\boldsymbol{\alpha}}'\boldsymbol{\alpha}=\overline{a}_1a_1+\overline{a}_2a_2+\cdots+\overline{a}_na_n=\sum_{i=1}^{n}|a_i|^2>0$$

因此$\lambda=\overline{\lambda}$，即$\lambda$为实数。

显然，当特征值λ为实数时，齐次线性方程组

$$(\boldsymbol{A}-\lambda\boldsymbol{E})\boldsymbol{X}=\boldsymbol{0}$$

是实系数方程组，由行列式$|\boldsymbol{A}-\lambda\boldsymbol{E}|=0$和齐次线性方程求解方法可知，该方程组必有实的基础解系，从而对应的特征向量也一定可以取为实向量。

定理 5.6 实对称矩阵$\boldsymbol{A}$的不同特征值对应的特征向量必正交。

证 设λ_1，λ_2是$\boldsymbol{A}$的任意两个不同的特征值，$\boldsymbol{\alpha}_1,\boldsymbol{\alpha}_2$是其对应的实特征向量，即

$$\boldsymbol{A}\boldsymbol{\alpha}_1=\lambda_1\boldsymbol{\alpha}_1,\ \boldsymbol{A}\boldsymbol{\alpha}_2=\lambda_2\boldsymbol{\alpha}_2$$

从而

$$\begin{aligned}\lambda_1\boldsymbol{\alpha}'_1\boldsymbol{\alpha}_2&=(\lambda_1\boldsymbol{\alpha}_1)'\boldsymbol{\alpha}_2=(\boldsymbol{A}\boldsymbol{\alpha}_1)'\boldsymbol{\alpha}_2=\boldsymbol{\alpha}'_1\boldsymbol{A}'\boldsymbol{\alpha}_2\\&=\boldsymbol{\alpha}'_1\boldsymbol{A}\boldsymbol{\alpha}_2=\boldsymbol{\alpha}'_1(\lambda_2\boldsymbol{\alpha}_2)=\lambda_2\boldsymbol{\alpha}'_1\boldsymbol{\alpha}_2\end{aligned}\tag{5.13}$$

即

$$(\lambda_1-\lambda_2)\boldsymbol{\alpha}'_1\boldsymbol{\alpha}_2=0$$

因为$\lambda_1-\lambda_2\neq 0$，所以

$$\boldsymbol{\alpha}'_1\boldsymbol{\alpha}_2=(\boldsymbol{\alpha}_1,\boldsymbol{\alpha}_2)=0$$

即$\boldsymbol{\alpha}_1,\boldsymbol{\alpha}_2$正交。

二、 实对称矩阵的对角化

设n阶实对称矩阵$\boldsymbol{A}$有s个不同的实特征值$\lambda_1,\lambda_2,\cdots,\lambda_s$，其重数分别为$k_1,k_2,\cdots,k_s$，可以证明：实对称矩阵$\boldsymbol{A}$的每个$k_i(i=1,2,\cdots,s)$重特征值$\lambda_i$恰有$k_i$个线性无关的特征向量，且$k_1+k_2+\cdots+k_s=n$。

利用施密特正交化方法把每个特征值λ_i对应的k_i个特征向量正交化，正交化后的k_i个向量仍是$\boldsymbol{A}$的对应于特征值λ_i的特征向量。

由于$\boldsymbol{A}$的对应于不同特征值的特征向量相互正交，我们就总共可以求得$k_1+k_2+\cdots+k_s=n$个正交的特征向量，把这些特征向量单位化，它们也仍是特征向量。并且以它们为列向量构成的矩阵就是一个正交矩阵。因此有

定理 5.7 对于任一n阶实对称矩阵$\boldsymbol{A}$，必存在正交矩阵$\boldsymbol{Q}$，使得

$$\boldsymbol{Q}^{-1}\boldsymbol{A}\boldsymbol{Q}=\boldsymbol{Q}'\boldsymbol{A}\boldsymbol{Q}=\begin{pmatrix}\lambda_1&&&\\&\lambda_2&&\\&&\ddots&\\&&&\lambda_n\end{pmatrix}$$

其中$\lambda_1,\lambda_2,\cdots,\lambda_n$是$\boldsymbol{A}$的$n$个实特征值，矩阵$\boldsymbol{Q}$的列向量就是$\boldsymbol{A}$的依次对应于特征值$\lambda_1,\lambda_2,\cdots,\lambda_n$的两两正交的单位特征向量。

因为定理的证明过程较为烦琐，故而从略。

根据前面定理的结论，我们得到用正交变换矩阵将n阶实对称矩阵$\boldsymbol{A}$对角化

的具体步骤：

（1）求出实对称矩阵 $\boldsymbol{A}$ 的特征多项式 $f(\lambda)=|\boldsymbol{A}-\lambda\boldsymbol{E}|=0$ 所有的根，即 $\boldsymbol{A}$ 的特征值，设为 $\lambda_1,\lambda_2,\cdots,\lambda_s$，其重数分别为 $k_1,k_2,\cdots,k_s$，其中 $k_1+k_2+\cdots+k_s=n$；

（2）对每个 $\lambda_i(i=1,2,\cdots,s)$ 求出 k_i 个线性无关的特征向量，利用正交化方法，把它们单位正交化，得到 λ_i 个相互正交的单位特征向量；

（3）把属于每个特征值 $r_i(i=1,2,\cdots,s)$ 的正交单位特征向量放在一起，得到 $\boldsymbol{A}$ 的 n 个相互正交的单位特征向量，根据定理 5.7，以它们作为列，得正交矩阵 $\boldsymbol{Q}$，而且

$$\boldsymbol{Q}^{-1}\boldsymbol{A}\boldsymbol{Q}=\boldsymbol{Q}'\boldsymbol{A}\boldsymbol{Q}=\mathrm{diag}(\lambda_1,\cdots,\lambda_1,\cdots,\lambda_s,\cdots,\lambda_s)$$

【例 5.12】 设

$$\boldsymbol{A}=\begin{pmatrix}0&1&-1\\1&0&-1\\-1&-1&0\end{pmatrix}$$

求正交矩阵 $\boldsymbol{Q}$，使 $\boldsymbol{Q}^{-1}\boldsymbol{A}\boldsymbol{Q}$ 为对角阵。

解　因为 $\boldsymbol{A}$ 为实对称矩阵，所以这样的正交矩阵必存在。具体计算过程为：

（1）$\boldsymbol{A}$ 的特征多项式为

$$f(\lambda)=|\boldsymbol{A}-\lambda\boldsymbol{E}|=\begin{vmatrix}-\lambda&1&-1\\1&-\lambda&-1\\-1&-1&-\lambda\end{vmatrix}\xlongequal{r_1+r_3}\begin{vmatrix}-1-\lambda&0&-1-\lambda\\1&-\lambda&-1\\-1&-1&-\lambda\end{vmatrix}$$

$$\xlongequal{c_1-c_3}\begin{vmatrix}0&0&-1-\lambda\\2&-\lambda&-1\\\lambda-1&-1&-\lambda\end{vmatrix}=-(\lambda-2)(\lambda+1)^2$$

令 $f(\lambda)=0$，得到 $\boldsymbol{A}$ 的特征值为 $\lambda_1=\lambda_2=-1$，$\lambda_3=2$；

（2）对于 $\lambda_1=\lambda_2=-1$，解方程组 $(\boldsymbol{A}+\boldsymbol{E})\boldsymbol{X}=\boldsymbol{0}$，由

$$\boldsymbol{A}+\boldsymbol{E}=\begin{pmatrix}1&1&-1\\1&1&-1\\-1&-1&1\end{pmatrix}\rightarrow\begin{pmatrix}1&1&-1\\0&0&0\\0&0&0\end{pmatrix}$$

取其基础解系，可得线性无关的特征向量

$$\boldsymbol{\alpha}_1=\begin{pmatrix}-1\\1\\0\end{pmatrix},\ \boldsymbol{\alpha}_2=\begin{pmatrix}1\\0\\1\end{pmatrix}$$

正交化，得

$$\boldsymbol{\beta}_1=\boldsymbol{\alpha}_1=\begin{pmatrix}-1\\1\\0\end{pmatrix}$$

$$\boldsymbol{\beta}_2=\boldsymbol{\alpha}_2-\frac{(\boldsymbol{\alpha}_2,\ \boldsymbol{\beta}_1)}{(\boldsymbol{\beta}_1,\ \boldsymbol{\beta}_1)}\boldsymbol{\beta}_1=\begin{pmatrix}1\\0\\1\end{pmatrix}-\frac{-1}{2}\begin{pmatrix}-1\\1\\0\end{pmatrix}=\begin{pmatrix}\frac{1}{2}\\\frac{1}{2}\\1\end{pmatrix}$$

再单位化，有

$$\boldsymbol{\gamma}_1=\begin{pmatrix}-\frac{1}{\sqrt{2}}\\\frac{1}{\sqrt{2}}\\0\end{pmatrix},\ \boldsymbol{\gamma}_2=\begin{pmatrix}\frac{1}{\sqrt{6}}\\\frac{1}{\sqrt{6}}\\\frac{2}{\sqrt{6}}\end{pmatrix}$$

对于 $\lambda_3=2$，解方程组 $(\boldsymbol{A}-2\boldsymbol{E})\boldsymbol{X}=\boldsymbol{0}$，由

$$\boldsymbol{A}-2\boldsymbol{E}=\begin{pmatrix}-2&1&-1\\1&-2&-1\\-1&-1&-2\end{pmatrix}\to\begin{pmatrix}1&0&1\\0&1&1\\0&0&0\end{pmatrix}$$

取基础解系，可得线性无关的特征向量

$$\boldsymbol{\alpha}_3=\begin{pmatrix}-1\\-1\\1\end{pmatrix}$$

再单位化，得

$$\boldsymbol{\gamma}_3=\begin{pmatrix}-\frac{1}{\sqrt{3}}\\-\frac{1}{\sqrt{3}}\\\frac{1}{\sqrt{3}}\end{pmatrix}$$

(3) 令

$$\boldsymbol{Q}=(\boldsymbol{\gamma}_1,\boldsymbol{\gamma}_2,\boldsymbol{\gamma}_3)=\begin{pmatrix}-\frac{1}{\sqrt{2}}&\frac{1}{\sqrt{6}}&-\frac{1}{\sqrt{3}}\\\frac{1}{\sqrt{2}}&\frac{1}{\sqrt{6}}&-\frac{1}{\sqrt{3}}\\0&\frac{2}{\sqrt{6}}&\frac{1}{\sqrt{3}}\end{pmatrix}$$

因为 $\boldsymbol{\gamma}_1,\boldsymbol{\gamma}_2,\boldsymbol{\gamma}_3$ 是两两正交的单位特征向量，所以 $\boldsymbol{Q}$ 为正交矩阵，且

$$\boldsymbol{Q}^{-1}\boldsymbol{A}\boldsymbol{Q}=\boldsymbol{Q}'\boldsymbol{A}\boldsymbol{Q}=\begin{pmatrix}-1&&\\&-1&\\&&2\end{pmatrix}$$

从上述解题过程，应当要注意到这样几点：

① 在本例第二步求属于特征值 $\lambda_1=\lambda_2=-1$ 的特征向量时，因为对应的齐次线性方程组 $(\boldsymbol{A}+\boldsymbol{E})\boldsymbol{X}=\boldsymbol{0}$ 等价于方程

$$x_1+x_2-x_3=0 \text{ 或 } x_1=-x_2+x_3$$

由此，取其基础解系，得到了两个线性无关的特征向量

$$\boldsymbol{\alpha}_1=\begin{pmatrix}-1\\1\\0\end{pmatrix},\ \boldsymbol{\alpha}_2=\begin{pmatrix}1\\0\\1\end{pmatrix}$$

事实上，我们也可以"人为地"直接取第二个线性无关的基础解向量为

$$\widetilde{\boldsymbol{\alpha}_2}=\begin{pmatrix}1\\1\\2\end{pmatrix}$$

用 $\widetilde{\boldsymbol{\alpha}_2}$ 代替 $\boldsymbol{\alpha}_2$，所得到的基础解系 $\boldsymbol{\alpha}_1,\widetilde{\boldsymbol{\alpha}_2}$ 本身是正交的。如此可以免去将基础解系正交化的过程。

② 如取 $\boldsymbol{Q}_1=(\boldsymbol{\gamma}_3,\boldsymbol{\gamma}_2,\boldsymbol{\gamma}_1)$，则 $\boldsymbol{Q}_1$ 仍为正交矩阵，它也可以将实对称矩阵 $\boldsymbol{A}$ 对角化，但是

$$\boldsymbol{Q}_1{}^{-1}\boldsymbol{A}\boldsymbol{Q}_1=\begin{pmatrix}2&&\\&-1&\\&&-1\end{pmatrix}$$

即正交矩阵中特征向量的次序应该与对角矩阵 $\boldsymbol{\Lambda}=\boldsymbol{Q}^{-1}\boldsymbol{A}\boldsymbol{Q}$ 中特征值的次序应该是一致的。

此外，因为基础解系有多种取法，所以两两正交的单位特征向量也有多种不同求法。因此，使 $\boldsymbol{Q}^{-1}\boldsymbol{A}\boldsymbol{Q}$ 为对角阵的正交矩阵 $\boldsymbol{Q}$ 是不唯一的。

【例 5.13】 已知三阶实对称矩阵 $\boldsymbol{A}$ 的特征值为：$1,3,-3$，$\boldsymbol{p}_1=(1,-1,0)'$，$\boldsymbol{p}_2=(1,1,1)'$ 分别是 $\boldsymbol{A}$ 的属于特征值 1 和 3 的特征向量，求矩阵 $\boldsymbol{A}$。

解 设 $\boldsymbol{A}$ 对应于 -3 的特征向量为 $\boldsymbol{p}_3=(x_1,x_2,x_3)'$，根据定理 5.6，有 $\boldsymbol{p}_3\perp\boldsymbol{p}_1$，$\boldsymbol{p}_3\perp\boldsymbol{p}_2$，即

$$x_1-x_2=0,\quad x_1+x_2+x_3=0$$

解此线性方程组得 $\boldsymbol{p}_3=(1,1,-2)'$，故相似变换矩阵 $\boldsymbol{P}=(\boldsymbol{p}_1,\boldsymbol{p}_2,\boldsymbol{p}_3)$ 使得

$$\boldsymbol{P}^{-1}\boldsymbol{A}\boldsymbol{P}=\begin{pmatrix}1&&\\&3&\\&&-3\end{pmatrix}$$

于是

$$\boldsymbol{A}=\boldsymbol{P}\begin{pmatrix}1&&\\&3&\\&&-3\end{pmatrix}\boldsymbol{P}^{-1}=\begin{pmatrix}1&&2\\&1&2\\2&2&-1\end{pmatrix}$$

在上面解题过程中，没有将 $\boldsymbol{p}_1,\boldsymbol{p}_2,\boldsymbol{p}_3$ 单位化，因而相似变换矩阵 $\boldsymbol{P}=(\boldsymbol{p}_1,\boldsymbol{p}_2,\boldsymbol{p}_3)$不是正交矩阵。大家可以想一想，如果将 $\boldsymbol{p}_1,\boldsymbol{p}_2,\boldsymbol{p}_3$ 单位化，得到为正交阵的相似变换矩阵 $\boldsymbol{P}$，这对本题求解来说有何不同？

第四节* 特征值与特征向量应用举例

特征值与特征向量概念具有非常广泛而且重要的应用。本节将介绍矩阵的特征值与特征向量与矩阵对角化方法在生态系统的变化趋势预测，一阶线性微分方程组求解，递推数列求通项公式等问题中的应用。

一、 生态系统的变化趋势预测

假设 n 阶矩阵 $\boldsymbol{A}$ 可对角化，特征值为 $\lambda_1,\lambda_2,\cdots,\lambda_n$，而特征向量 $\boldsymbol{p}_1,\boldsymbol{p}_2,\cdots,\boldsymbol{p}_n$ 是一组线性无关向量，它构成 $\mathbf{R}^n$ 的一组基。故任一初始向量 $\boldsymbol{x}_0$ 可唯一表示为

$$\boldsymbol{x}_0=c_1\boldsymbol{p}_1+c_2\boldsymbol{p}_2+\cdots+c_n\boldsymbol{p}_n \tag{5.14}$$

现在计算

$$\begin{aligned}\boldsymbol{x}_1=\boldsymbol{A}\boldsymbol{x}_0&=\boldsymbol{A}(c_1\boldsymbol{p}_1+c_2\boldsymbol{p}_2+\cdots+c_n\boldsymbol{p}_n)\\&=c_1\boldsymbol{A}\boldsymbol{p}_1+c_2\boldsymbol{A}\boldsymbol{p}_2+\cdots+c_n\boldsymbol{A}\boldsymbol{p}_n=c_1\lambda\boldsymbol{p}_1+c_2\lambda\boldsymbol{p}_2+\cdots+c_n\lambda\boldsymbol{p}_n\end{aligned}$$

一般地有

$$\begin{aligned}\boldsymbol{x}_k&\triangleq\boldsymbol{A}\boldsymbol{x}_{k-1}=\boldsymbol{A}^2\boldsymbol{x}_{k-2}=\cdots=\boldsymbol{A}^k\boldsymbol{x}_0\\&=c_1\lambda_1^k\boldsymbol{p}_1+c_2\lambda_2^k\boldsymbol{p}_2+\cdots+c_n\lambda_n^k\boldsymbol{p}_n\quad(k=0,1,2,\cdots)\end{aligned} \tag{5.15}$$

若把这种递推关系应用于实际问题，就能够对很多问题给出一些具有实质性意义的解释。

1. 问题提出

调查猫头鹰和老鼠构成的生态系统。用 $\boldsymbol{x}_k=\begin{pmatrix}O_k\\R_k\end{pmatrix}$表示在时间 k（单位：月）猫头鹰和老鼠的数量，O_k 是在研究区域猫头鹰的数量，R_k 是老鼠的数量（单位是千只）。设它们满足下面的方程

$$\begin{cases}O_{k+1}=0.4O_k+0.3R_k\\R_{k+1}=-pO_k+1.2R_k\end{cases} \tag{5.16}$$

其中 p 是被指定的正参数。第 1 个方程中的 $0.4O_k$ 表示，如果没有老鼠为食物，每月仅有 40%的猫头鹰存活下来；而若有足够多的老鼠，则带来 $0.3R_k$ 的猫头鹰数量增长。第 2 个方程的 $1.2R_k$ 表明，如果没有猫头鹰捕食老鼠，则老鼠的数量每

月增长 20%；而负项 $-pO_k$ 表示由于猫头鹰的捕食所引起的老鼠的死亡数量（假设一个猫头鹰每月平均吃掉 $1000p$ 只老鼠）。当 $p=0.325$ 时，试预测由猫头鹰和老鼠构成的这一生态系统的发展趋势。

2. 问题求解

方程（5.15）的差分方程形式为 $\boldsymbol{x}_{k+1}=\boldsymbol{A}\boldsymbol{x}_k$，其中 $\boldsymbol{A}=\begin{pmatrix}0.4 & 0.3\\ -p & 1.2\end{pmatrix}$。当 $p=0.325$ 时，矩阵的特征值为 $\lambda_1=1.05$ 和 $\lambda_2=0.55$，对应的特征向量是

$$\boldsymbol{p}_1=\begin{pmatrix}6\\13\end{pmatrix},\ \boldsymbol{p}_2=\begin{pmatrix}2\\1\end{pmatrix}$$

若初始向量 $\boldsymbol{x}_0$ 可表示为 $\boldsymbol{x}_0=c_1\boldsymbol{p}_1+c_2\boldsymbol{p}_2$，那么对任意项数 $k\geqslant0$，有

$$\boldsymbol{x}_k=c_1(1.05)^k\boldsymbol{p}_1+c_2(0.55)^k\boldsymbol{p}_2=c_1(1.05)^k\begin{pmatrix}6\\13\end{pmatrix}+c_2(0.55)^k\begin{pmatrix}2\\1\end{pmatrix}$$

当 $k\to\infty$ 时，$(0.55)^k$ 很快趋于零。假设 $c_1>0$，那么对所有足够大的 k，有

$$\boldsymbol{x}_k\approx c_1(1.05)^k\begin{pmatrix}6\\13\end{pmatrix}\tag{5.17}$$

且随着月份 k 的增大，上式的近似程度会更好，故对足够大的 k

$$\boldsymbol{x}_{k+1}\approx c_1(1.05)^{k+1}\begin{pmatrix}6\\13\end{pmatrix}=1.05\cdot c_1(1.05)^k\begin{pmatrix}6\\13\end{pmatrix}=1.05\boldsymbol{x}_k\tag{5.18}$$

该近似式表明，最终 $\boldsymbol{x}_k$ 的 2 个分量（猫头鹰和老鼠的数量）每月以大约 1.05 的倍数增长，即月增长率为 5%。由式(5.17)，$\boldsymbol{x}_k$ 就近似等于向量 $(6,13)^{\mathrm{T}}$ 的倍数，因此 $\boldsymbol{x}_k$ 的 2 个分量之比率也近似于 6 与 13 的比率，也就是说，对应每 6 只猫头鹰，大约有 13000 只老鼠。

该例说明了有关生态系统 $\{\boldsymbol{x}_k\mid\boldsymbol{x}_k=\boldsymbol{A}\boldsymbol{x}_{k-1},\ \forall k\}$ 的两个基本事实：

若 $\boldsymbol{A}$ 是 n 阶矩阵，它的特征值满足 $|\lambda_1|\geqslant|\lambda_2|\geqslant\cdots\geqslant|\lambda_n|$，且设 $|\lambda_1|\geqslant1$ 和 $|\lambda_j|<1$，$(j=2,3,\cdots,n)$，$\boldsymbol{p}_1$ 是 λ_1 所对应的特征向量，若 x_0 由式（5.14）给出且 $c_1\neq0$，那么对足够大的 k

$$\boldsymbol{x}_k\approx c_1(\lambda_1)^k\boldsymbol{p}_1\tag{5.19}$$

和

$$\boldsymbol{x}_{k+1}\approx\lambda_1\boldsymbol{x}_k\tag{5.20}$$

上面两式的近似精度可根据需要通过取足够大的 k 来得到。由式(5.20)知，$\boldsymbol{x}_k$ 每时段最终以近似 λ_1 的倍数增长。因此，λ_1 确定了系统的**最终增长率**。同样由式(5.19)知，对足够大的 k，$\boldsymbol{x}_k$ 的 2 个分量之比近似等于 $\boldsymbol{p}_1$ 对应分量之比。

$\boldsymbol{x}_0$ 的这种特征向量分解预示了系统生态系统 $\{\boldsymbol{x}_k\mid\boldsymbol{x}_k=\boldsymbol{A}\boldsymbol{x}_{k-1},\ \forall k\}$ 未来的变化趋势。

二、用矩阵的对角化方法求解一阶常系数线性微分方程组

在电路网络、振动理论及控制论等应用领域中，常会遇到一阶常系数线性微分方程组的求解问题。利用矩阵的对角化理论，问题的求解就方便得多。

问题　求解齐次线性常系数微分方程组

$$\begin{cases}\dfrac{dx_1}{dt}=-\dfrac{5}{6}x_1-\dfrac{1}{2}x_2\\ \dfrac{dx_2}{dt}=-\dfrac{1}{4}x_1-\dfrac{1}{4}x_2\end{cases}$$

求解 首先将其用矩阵形式表示为

$$\frac{d\boldsymbol{x}}{dt}=\boldsymbol{A}\boldsymbol{x}$$

其中

$$\boldsymbol{x}=\begin{pmatrix}x_1\\x_2\end{pmatrix},\ \frac{d\boldsymbol{x}}{dt}=\begin{pmatrix}\dfrac{dx_1}{dt}\\ \dfrac{dx_2}{dt}\end{pmatrix},\ \boldsymbol{A}=\begin{pmatrix}-\dfrac{5}{6} & -\dfrac{1}{2}\\ -\dfrac{1}{4} & -\dfrac{1}{4}\end{pmatrix}$$

先求 $\boldsymbol{A}$ 的特征值和特征向量。由 $|\boldsymbol{A}-\lambda\boldsymbol{E}|=\boldsymbol{0}$，得特征值 $\lambda_1=-1$，$\lambda_2=-\frac{1}{12}$，对应的特征向量为 $\boldsymbol{p}_1=\begin{pmatrix}3\\1\end{pmatrix}$，$\boldsymbol{p}_2=\begin{pmatrix}2\\-3\end{pmatrix}$。取 $\boldsymbol{P}=\begin{pmatrix}3 & 2\\1 & -3\end{pmatrix}$，则

$$\boldsymbol{P}^{-1}\boldsymbol{A}\boldsymbol{P}=\begin{pmatrix}-1 & \\ & -\dfrac{1}{12}\end{pmatrix}$$

令 $\boldsymbol{x}=\boldsymbol{P}\boldsymbol{y}$，$\boldsymbol{y}=\begin{pmatrix}y_1\\y_2\end{pmatrix}$，$\dfrac{d\boldsymbol{y}}{dt}=\begin{pmatrix}\dfrac{dy_1}{dt}\\ \dfrac{dy_2}{dt}\end{pmatrix}$，则可验证 $\dfrac{d\boldsymbol{x}}{dt}=\boldsymbol{P}\dfrac{d\boldsymbol{y}}{dt}$。代入原方程 $\dfrac{d\boldsymbol{x}}{dt}=\boldsymbol{A}\boldsymbol{x}$ 中，得到 $\boldsymbol{P}\dfrac{dy}{dt}=\boldsymbol{A}\boldsymbol{P}\boldsymbol{y}$，即

$$\frac{dy}{dt}=\boldsymbol{P}^{-1}\boldsymbol{A}\boldsymbol{P}\boldsymbol{y}=\begin{pmatrix}-1 & \\ & -\dfrac{1}{12}\end{pmatrix}\boldsymbol{y}$$

写成分量形式，有

$$\frac{dy_1}{dt}=-y_1,\ \frac{dy_2}{dt}=-\frac{1}{12}y_2$$

容易得到它们的通解分别为 $y_1=C_1e^{-t}$，$y_2=C_2e^{-\frac{1}{12}t}$。于是原方程组所求通解为

$$\begin{pmatrix}x_1\\x_2\end{pmatrix}=\begin{pmatrix}3 & 2\\1 & -3\end{pmatrix}\begin{pmatrix}C_1e^{-t}\\C_2e^{-\frac{1}{12}t}\end{pmatrix}$$

即

$$\begin{cases}x_1=3C_1e^{-t}+2C_2e^{-\frac{1}{12}t}\\ x_2=C_1e^{-t}-3C_2e^{-\frac{1}{12}t}\end{cases}$$

式中，C_1, C_2为任意常数。

可见，利用函数变量可逆线性变换的方法，该类微分方程更易于求解了。而可逆变换的系数矩阵来自于方程系数矩阵对角化过程中的相似变换矩阵。

三、 用矩阵对角化方法求解递推关系式

Fibonacci 数列是由意大利数学家 Fibonacci 于 1922 年从研究兔子的繁殖问题中提出来的。

设有一对兔子，出生两个月后生下一对小兔，以后第一个月生下一对；新生的小兔也是这样繁殖后代。假定每生下一对小兔必为雌雄异性，且均无死亡，问从一对新生兔开始，此后每个月有多少对兔？

逐月列出兔子的对数，如表 5.1 所示。

表 5.1　每月兔子对数

月数	0	1	2	3	4	5	6	7	…
兔子对数	1	1	2	3	5	8	13	21	…

令 F_n代表第 n 个月的兔子对数，则有

$$F_0=1,\ F_1=1,\ F_2=2,\ F_3=3,\ F_4=5,\ F_5=8,\ \cdots$$

这个数列称为 **Fibonacci 数列**，其中的每一项称为 **Fibonacci 数**。

1. 问题提出

此数列满足如下的递推关系

$$F_{n+2}=F_{n+1}+F_n \quad (n=0,1,\cdots)$$

问怎样推导出该数列$\{F_n\}$的通项的表达式？该数列的前后项之比$\left\{\dfrac{F_{n-1}}{F_n}\right\}$的极限是否存在？

2. 问题求解

注意到补充一个恒等式 $F_{n+1}=F_{n+1}$，添加于上述递推方程，则有

$$\begin{pmatrix} F_{n+2} \\ F_{n+1} \end{pmatrix}=\begin{pmatrix} 1 & 1 \\ 1 & 0 \end{pmatrix}\begin{pmatrix} F_{n+1} \\ F_n \end{pmatrix} \quad (n=0,1,\cdots)$$

记为 $\boldsymbol{y}^{(n)}=\begin{pmatrix} F_{n+1} \\ F_n \end{pmatrix}$，和 $\boldsymbol{A}=\begin{pmatrix} 1 & 1 \\ 1 & 0 \end{pmatrix}$。则 $\boldsymbol{y}^{(0)}=\begin{pmatrix} 1 \\ 1 \end{pmatrix}$，且有矩阵递推关系

$$\boldsymbol{y}^{(n)}=\boldsymbol{A}\boldsymbol{y}^{(n-1)}=\boldsymbol{A}^2\boldsymbol{y}^{(n-2)}=\cdots=\boldsymbol{A}^n\boldsymbol{y}^{(0)}$$

于是，求数列通项 F_n的问题就归结为求 $\boldsymbol{y}^{(n)}$，也就是求矩阵 $\boldsymbol{A}$ 的n 次方幂$\boldsymbol{A}^n$（与已知向量 $\boldsymbol{y}^{(0)}$相乘）的问题。

因为矩阵 $\boldsymbol{A}$ 的特征多项式$|\boldsymbol{A}-\lambda\boldsymbol{E}|=\lambda^2-\lambda-1$，所以不难求得 $\boldsymbol{A}$ 的特征值为

$$\lambda_1=\frac{1+\sqrt{5}}{2}\ (\approx 1.6180), \qquad \lambda_2=\frac{1-\sqrt{5}}{2}=-0.618$$

对应的特征向量为

$$\boldsymbol{p}_1=\begin{pmatrix} \dfrac{1+\sqrt{5}}{2} \\ 1 \end{pmatrix},\ \boldsymbol{p}_2=\begin{pmatrix} \dfrac{1-\sqrt{5}}{2} \\ 1 \end{pmatrix}$$

因此，有相似变换矩阵

$$P=\begin{pmatrix}\frac{1+\sqrt{5}}{2} & \frac{1-\sqrt{5}}{2}\\ 1 & 1\end{pmatrix} \text{ 和 } P^{-1}=\begin{pmatrix}\frac{1}{\sqrt{5}} & -\frac{1-\sqrt{5}}{2\sqrt{5}}\\ -\frac{1}{\sqrt{5}} & \frac{1+\sqrt{5}}{2\sqrt{5}}\end{pmatrix}$$

且

$$P^{-1}AP=\begin{pmatrix}\frac{1+\sqrt{5}}{2} & 0\\ 0 & \frac{1-\sqrt{5}}{2}\end{pmatrix}=\Lambda$$

从而 $A=P\Lambda P^{-1}$，并且

$$\begin{aligned}y^{(n)}=\begin{pmatrix}F_{n+1}\\ F_n\end{pmatrix}&=A^n y(0)=(P\Lambda P^{-1})^n y(0)=P\Lambda^n P^{-1}y^{(0)}\\ &=\begin{pmatrix}\frac{1+\sqrt{5}}{2} & \frac{1-\sqrt{5}}{2}\\ 1 & 1\end{pmatrix}\begin{pmatrix}(\frac{1+\sqrt{5}}{2})^n & 0\\ 0 & (\frac{1-\sqrt{5}}{2})^n\end{pmatrix}\begin{pmatrix}\frac{1}{\sqrt{5}} & -\frac{1-\sqrt{5}}{2\sqrt{5}}\\ -\frac{1}{\sqrt{5}} & \frac{1+\sqrt{5}}{2\sqrt{5}}\end{pmatrix}\begin{pmatrix}1\\ 1\end{pmatrix}\end{aligned}$$

由此计算几个矩阵乘积，所得向量的第二个分量即为 Fibonacci 数列的通项。通项公式为

$$F_n=\frac{1}{\sqrt{5}}\left[\left(\frac{1+\sqrt{5}}{2}\right)^{n+1}-\left(\frac{1-\sqrt{5}}{2}\right)^{n+1}\right]$$

而且因为 $|\lambda_1|>1$，$|\lambda_2|<1$，该数列的前后项之比 $\left\{\frac{F_{n-1}}{F_n}\right\}$ 的极限即为

$$\frac{1}{\frac{1+\sqrt{5}}{2}}=\frac{\sqrt{5}-1}{2}\approx 0.618$$

本题的关键之处，是首先将递推数列的通项关系式，转化为矩阵递推关系式。而要求解**矩阵递推关系**，矩阵对角化方法就非常有效了。

Fibonacci 数列是个递推数列： $F_{n+2}=F_{n+1}+F_n(n=0,1,\cdots)$。与递推数列相关的概念是差分方程或离散动力系统等。这些概念与理论在数学生物学、数学生态学和数学医学等方面有很广泛的应用。

习题五

1. 填空题

(1) 设矩阵 $A=\begin{pmatrix}1 & 5\\ 5 & 1\end{pmatrix}$，则 A 的特征值是_________。

(2) 已知 $\lambda=0$ 是矩阵 $\boldsymbol{A}$ 的一个特征值，则行列式 $|\boldsymbol{A}|=$__________。

(3) 已知 3 阶矩阵 $\boldsymbol{A}$ 的特征值为 0,1,2，则矩阵 $\boldsymbol{B}=3\boldsymbol{A}-\boldsymbol{E}$（$\boldsymbol{E}$ 为 3 阶单位阵）的特征值为__________。

(4) 设 3 阶矩阵 $\boldsymbol{A}$ 满足每一行的和为 6，则 $\boldsymbol{A}$ 的一个特征值为__________，对应的特征向量为__________。

(5) 设 $\boldsymbol{A}$ 为实对称矩阵，$\boldsymbol{\alpha}_1=(6,0,3)$ 与 $\boldsymbol{\alpha}_2=(4,-3,a)$ 分别属于 $\boldsymbol{A}$ 的不同特征值的特征向量，则 $a=$__________。

2. 选择题

(1) 可逆矩阵 $\boldsymbol{A}$ 与矩阵（　　）有相同的特征值。

(A) $\boldsymbol{A}^{\mathrm{T}}$　　(B) $\boldsymbol{A}^{-1}$　　(C) $\boldsymbol{A}^2$　　(D) $\boldsymbol{A}+\boldsymbol{E}$

(2) 若可逆方阵 $\boldsymbol{A}$ 有一个特征值为 2，则方阵 $(\boldsymbol{A}^2)^{-1}$ 必有一个特征值为（　　）。

(A) 4　　(B) $\dfrac{1}{4}$　　(C) $-\dfrac{1}{4}$　　(D) $\dfrac{1}{2}$

(3) 设 $\boldsymbol{A}=(a_{ij})$ 为 4 阶矩阵，$\lambda_1,\lambda_2,\lambda_3,\lambda_4$ 是 A 的特征值，则必有（　　）。

(A) $\lambda_1,\lambda_2,\lambda_3,\lambda_4$ 互异　　(B) $\lambda_1,\lambda_2,\lambda_3,\lambda_4$ 均异于零

(C) $\lambda_1\lambda_2\lambda_3\lambda_4=a_{11}a_{22}a_{33}a_{44}$　　(D) $\lambda_1+\lambda_2+\lambda_3+\lambda_4=a_{11}+a_{22}+a_{33}+a_{44}$

(4) n 阶方阵 $\boldsymbol{A}$ 与对角矩阵相似的充要条件是（　　）。

(A) $\boldsymbol{A}$ 有 n 个互不相同的特征值　　(B) $\boldsymbol{A}$ 有 n 个互不相同的特征向量

(C) $\boldsymbol{A}$ 有 n 个线性无关的特征向量　　(D) $\boldsymbol{A}$ 有 n 个两两正交的特征向量

(5) 设 $\boldsymbol{P}$ 是可逆矩阵且 $\boldsymbol{B}=\boldsymbol{P}^{-1}\boldsymbol{A}\boldsymbol{P}$，$\lambda_0$ 是矩阵 $\boldsymbol{A}$ 的一个特征值，$\boldsymbol{\alpha}$ 是相应的特征向量，则 $\boldsymbol{B}$ 的关于 λ_0 的一个特征向量是（　　）。

(A) $\boldsymbol{\alpha}$　　(B) $\boldsymbol{P\alpha}$　　(C) $\boldsymbol{P}^{-1}\boldsymbol{\alpha}$　　(D) $\boldsymbol{P}^{\mathrm{T}}\boldsymbol{\alpha}$

3. 求下列矩阵的特征值与特征向量

(1) $\begin{pmatrix}2 & -1\\0 & 2\end{pmatrix}$　　(2) $\begin{pmatrix}0 & 0 & 1\\0 & 1 & 0\\1 & 0 & 0\end{pmatrix}$　　(3) $\begin{pmatrix}3 & -1 & 1\\2 & 0 & 1\\1 & -1 & 2\end{pmatrix}$

(4) $\boldsymbol{A}=\begin{pmatrix}a_1 & & & \\ & a_2 & & \\ & & \ddots & \\ & & & a_m\end{pmatrix}\overset{\Delta}{=}\mathrm{diag}(a_1,a_2,\cdots,a_m)$

4. 设 n 阶方阵 $\boldsymbol{A}$，使 $\boldsymbol{E}-\boldsymbol{A}$，$3\boldsymbol{E}-\boldsymbol{A}$，$\boldsymbol{E}+\boldsymbol{A}$ 均不可逆，求 $\boldsymbol{A}$ 的所有特征值。

5. 设 $\boldsymbol{\alpha}_1,\boldsymbol{\alpha}_2$ 是矩阵 $\boldsymbol{A}$ 的属于二个不同特征值 λ_1，λ_2 的特征向量，证明 $k_1\boldsymbol{\alpha}_1+k_2\boldsymbol{\alpha}_2$ $(k_1k_2\neq0)$ 不是 $\boldsymbol{A}$ 的特征向量。

6. 设 λ 是矩阵 $\boldsymbol{A}$ 的特征值多项式 $f(x)=a_0x^m+a_1x^{m-1}+\cdots+a_{m-1}x+a_m$，试证明：

(1) $f(\lambda)$ 是 $f(\boldsymbol{A})$ 的特征值；　　(2) 若 $f(\boldsymbol{A})=0$，则 $\boldsymbol{A}$ 的任一特征值满足 $f(\lambda)=0$。

7. 设 $\boldsymbol{A}^2=\boldsymbol{A}$，试证 $\boldsymbol{A}$ 的特征值只能是 0 或 1，并就 $n=2$，举例说明 0 和 1 未必都是 $\boldsymbol{A}$ 的特征值。

8. 设 n 阶方阵 $\boldsymbol{A}$ 可逆，λ 是 $\boldsymbol{A}$ 的特征值，试证：

(1) $\lambda\neq0$；　　(2) λ^{-1} 为 $\boldsymbol{A}^{-1}$ 的特征值。

9. 已知 3 阶矩阵 $\boldsymbol{A}$ 的特征值为 $1,-1,2$，设 $\boldsymbol{B}=\boldsymbol{A}^3-5\boldsymbol{A}^2$，试求 $|\boldsymbol{B}|$ 及 $|\boldsymbol{A}-5\boldsymbol{E}|$。

10. 若矩阵 $\boldsymbol{A}$ 可逆，证明：$\boldsymbol{AB}\sim\boldsymbol{BA}$。

11. 设 $\boldsymbol{A}\sim\boldsymbol{B}$，$\boldsymbol{C}\sim\boldsymbol{D}$，证明

$$\begin{pmatrix} A & O \\ O & C \end{pmatrix} \sim \begin{pmatrix} B & O \\ O & D \end{pmatrix}$$

12. 已知矩阵 $A=\begin{pmatrix} 2 & -1 & 4 \\ 0 & x & 7 \\ 0 & 0 & 3 \end{pmatrix}$ 与 $\Lambda=\begin{pmatrix} 1 & & \\ & 2 & \\ & & y \end{pmatrix}$ 相似，求 x, y。

13. 设矩阵 $A=\begin{pmatrix} 2 & 1 \\ 2 & 3 \end{pmatrix}$，求 A^{100}。

14. 第1题中的矩阵能否对角化？若能，求矩阵 P 和对角阵 Λ，使 $P^{-1}AP=\Lambda$。

15. 设3阶方阵 A 的特征值为 $\lambda_1=1$，$\lambda_2=0$，$\lambda_3=-1$，对应的特征向量分别为

$$\alpha_1=\begin{pmatrix} 1 \\ 2 \\ 2 \end{pmatrix}, \quad \alpha_2=\begin{pmatrix} 2 \\ -2 \\ 1 \end{pmatrix}, \quad \alpha_3=\begin{pmatrix} -2 \\ -1 \\ 2 \end{pmatrix}$$

求 A。

16. 求正交矩阵 Q，使 $Q^{-1}AQ$ 为对角矩阵

(1) $A=\begin{pmatrix} 2 & -2 & 0 \\ -2 & 1 & -2 \\ 0 & -2 & 0 \end{pmatrix}$　　(2) $A=\begin{pmatrix} 1 & 1 & 1 \\ 1 & 1 & 1 \\ 1 & 1 & 1 \end{pmatrix}$

17. 设 A 相似 Λ，其中

$$A=\begin{pmatrix} 1 & a & 1 \\ a & 1 & b \\ 1 & b & 1 \end{pmatrix}, \quad \Lambda=\begin{pmatrix} 0 & 0 & 0 \\ 0 & 1 & 0 \\ 0 & 0 & 2 \end{pmatrix}$$

求实数 a，b 及正交矩阵 Q，使 $Q^{-1}AQ=\Lambda$。

18. 已知三阶实对称矩阵的特征值为：$-2,1,4$，$\alpha_1=(0,-1,1)'$，$\alpha_2=(1,-1,-1)'$ 分别是 A 的属于 -2 和 1 的特征向量，求 A。

19. 设 A 为实对称矩阵，证明：存在实对称矩阵 B，使 $A=B^3$。

第六章　二次型

二次型的研究起源于解析几何中化二次曲线与二次曲面方程为标准形式的问题，不仅在几何中，而且在数学的其它分支及物理、力学和网络计算中也常会碰到二次型问题。在本章中，我们将利用矩阵工具讨论二次型的化简、惯性定理及正定二次型等基本理论。

第一节　二次型及其矩阵表示

一、二次型及其表示方法

在解析几何当中，我们曾经研究过一些最常见的二次曲线与二次曲面。例如

$$5x^2+5y^2-6xy=8$$

和
$$5x^2+2y^2+11z^2+20xy+16xz-4yz+30x-12y+30z=9$$

是较一般的二次曲线和二次曲面方程，很难回答它们是什么样的二次曲线或二次曲面，除非我们有办法能够把这两个方程加以必要的化简，例如把方程化成左边只剩下平方项的形式。

注意到第一个方程式的左端是关于两个变量 x,y 的二次齐次多项式，而第二个方程的左端前面有若干项是三个变量 x,y,z 的二次齐次多项式（后面的 3 个一次项通常要好处理一些）。在数学的其它分支和工程技术问题中常常还会遇到变量个数更多的**二次齐次多项式**（quadratic homogeneous polynomial）及其化简问题。

定义 6.1　n 个变量 x_1，x_2，…，x_n 的二次齐次多项式

$$\begin{aligned}f(x_1,x_2,\cdots,x_n)=&a_{11}x_1{}^2+2a_{12}x_1x_2+2a_{13}x_1x_3+\cdots+2a_{1n}x_1x_n\\&+a_{22}x_2{}^2+2a_{23}x_2x_3+\cdots+2a_{2n}x_2x_n\\&+\cdots\\&+a_{nn}x_n{}^2\end{aligned}\qquad(6.1)$$

称为 ***n* 元二次型**，简称**二次型**（Quadratic forms）。

当所有系数 a_{ij} 为复数时，f 称为复二次型；而当 a_{ij} 都为实数时，f 称为实二次型。本章中只讨论**实二次型**。

由于一般二次型比较复杂，我们希望能借助于已经熟悉的矩阵工具来表示它。对于 n 元二次型，需要将式(6.1) 稍加变形，令 $a_{ji}=a_{ij}$（$i<j$；$i,j=1,2,\cdots,n$），即可将 x_ix_j（$i\neq j$）的系数 $2a_{ij}$ 可以分解成 $a_{ij}+a_{ji}$，于是式(6.1) 可写成

$$f(x_1,x_2,\cdots,x_n)=\sum_{i,\ j=1}^{n}a_{ij}x_ix_j$$

$$
\begin{aligned}
&= a_{11}x_1{}^2 + a_{12}x_1x_2 + \cdots + a_{1n}x_1x_n \\
&+ a_{21}x_2x_1 + a_{22}x_2{}^2 + \cdots + a_{2n}x_2x_n \\
&+ \cdots \\
&+ a_{n1}x_nx_1 + a_{n2}x_nx_2 + \cdots + a_{nn}x_n{}^2
\end{aligned}
$$

从上面每一行分别提取变量公因子 $x_1, x_2, \cdots, x_n$，则有

$$
\begin{aligned}
f(x_1, x_2, \cdots, x_n) &= x_1(a_{11}x_1 + a_{12}x_2 + \cdots + a_{1n}x_n) \\
&+ x_2(a_{21}x_1 + a_{22}x_2 + \cdots + a_{2n}x_n) \\
&+ \cdots \\
&+ x_n(a_{n1}x_1 + a_{n2}x_2 + \cdots + a_{nn}x_n)
\end{aligned}
$$

这种两两乘积的形式，可以理解为两个 n 维向量的内积

$$
f(x_1, x_2, \cdots, x_n) = (x_1, x_2, \cdots, x_n)\begin{pmatrix} a_{11}x_1 + a_{12}x_2 + \cdots + a_{1n}x_n \\ a_{21}x_1 + a_{22}x_2 + \cdots + a_{2n}x_n \\ \cdots\cdots\cdots\cdots\cdots\cdots \\ a_{n1}x_1 + a_{n2}x_2 + \cdots + a_{nn}x_n \end{pmatrix}
$$

而且后一列向量显然还可以进一步表达为矩阵与向量的乘积，即

$$
f(x_1, x_2, \cdots, x_n) = (x_1, x_2, \cdots, x_n)\begin{pmatrix} a_{11} & a_{12} & \cdots & a_{1n} \\ a_{21} & a_{22} & \cdots & a_{2n} \\ \cdots & \cdots & \cdots & \cdots \\ a_{n1} & a_{n2} & \cdots & a_{nn} \end{pmatrix}\begin{pmatrix} x_1 \\ x_2 \\ \vdots \\ x_n \end{pmatrix}
$$

令

$$
\boldsymbol{A} = \begin{pmatrix} a_{11} & a_{12} & \cdots & a_{1n} \\ a_{21} & a_{22} & \cdots & a_{2n} \\ \cdots & \cdots & \cdots & \cdots \\ a_{n1} & a_{n2} & \cdots & a_{nn} \end{pmatrix}, \quad \boldsymbol{X} = \begin{pmatrix} x_1 \\ x_2 \\ \vdots \\ x_n \end{pmatrix}
$$

则二次型(6.1)可写成下列矩阵乘积形式

$$
f(x_1, x_2, \cdots, x_n) = \boldsymbol{X}'\boldsymbol{A}\boldsymbol{X} \tag{6.2}
$$

其中 $\boldsymbol{A} = (a_{ij})_{n\times n}$ 为实对称矩阵，它的主对角线元素 a_{ii} 是二次型 $f(x_1, x_2, \cdots, x_n)$ 中平方项 $x_i{}^2$ 的系数，其余元素 $a_{ij} = a_{ji}$ （$i \neq j$）是 f 中交叉项 x_ix_j 系数的一半。由此容易看出，二次型与对称矩阵之间存在一一对应的关系，我们称实对称阵 $\boldsymbol{A}$ 为**二次型 f 的矩阵**，称矩阵 $\boldsymbol{A}$ 的秩为**二次型 f 的秩**。

【例 6.1】 将二次型 $f(x_1, x_2, x_3) = -x_1{}^2 + 4x_1x_2 + 2x_1x_3$ 表示为矩阵形式，试写出 f 的矩阵，并求 f 的秩。

解

$$
f(x_1, x_2, x_3) = (x_1, x_2, x_3)\begin{pmatrix} -1 & 2 & 1 \\ 2 & 0 & 0 \\ 1 & 0 & 0 \end{pmatrix}\begin{pmatrix} x_1 \\ x_2 \\ x_3 \end{pmatrix}
$$

因此 f 的矩阵为

$$A=\begin{pmatrix}-1 & 2 & 1\\ 2 & 0 & 0\\ 1 & 0 & 0\end{pmatrix}$$

该矩阵的秩为 2，从而二次型 f 的秩为 2。

二、 线性变换与矩阵合同

在解析几何中，为了判别二次曲线和二次曲面的类型，需要对变量作线性变换将其化为标准形式。对于一般的 n 元二次型，如果对其作变量的线性变换，那么二次型会发生什么变化呢？

定义 6.2　给定实数域上的矩阵 $C=(c_{ij})_{n\times n}$，则关系式

$$\begin{cases}x_1=c_{11}y_1+c_{12}y_2+\cdots+c_{1n}y_n\\ x_2=c_{21}y_1+c_{22}y_2+\cdots+c_{2n}y_n\\ \cdots\cdots\cdots\cdots\cdots\cdots\cdots\cdots\cdots\cdots\cdots\\ x_n=c_{n1}y_1+c_{n2}y_2+\cdots+c_{nn}y_n\end{cases}\tag{6.3}$$

称为从变量 $x_1, x_2, \cdots, x_n$ 到变量 $y_1, y_2, \cdots, y_n$ 的一个**线性变换**（Linear transform）。又设

$$\boldsymbol{X}=\begin{pmatrix}x_1\\ x_2\\ \vdots\\ x_n\end{pmatrix},\ \boldsymbol{Y}=\begin{pmatrix}y_1\\ y_2\\ \vdots\\ y_n\end{pmatrix}$$

则式(6.3)也可以写成以下矩阵形式

$$\boldsymbol{X}=\boldsymbol{CY}\tag{6.4}$$

当 $|\boldsymbol{C}|\neq 0$ 时，称 $\boldsymbol{X}=\boldsymbol{CY}$ 为**可逆的**（或非退化的）**线性变换**。特别地，当矩阵 $\boldsymbol{C}$ 是正交矩阵时，称 $\boldsymbol{X}=\boldsymbol{CY}$ 为正交变换。显然在可逆线性变换之下，向量 $\boldsymbol{X}$ 与 $\boldsymbol{Y}$ 是相互唯一确定的

$$\boldsymbol{X}=\boldsymbol{CY}\Leftrightarrow\boldsymbol{Y}=\boldsymbol{C}^{-1}\boldsymbol{X}\tag{6.5}$$

线性变换是处理代数问题的一个基本工具。如果对二次型式(6.1)做可逆线性变换 $\boldsymbol{X}=\boldsymbol{CY}$，则

$$f(\boldsymbol{X})=\boldsymbol{X}'\boldsymbol{AX}=(\boldsymbol{CY})'\boldsymbol{A}(\boldsymbol{CY})=\boldsymbol{Y}'(\boldsymbol{C}'\boldsymbol{AC})\boldsymbol{Y}\overset{\Delta}{=}g(\boldsymbol{Y})$$

记 $\boldsymbol{B}=\boldsymbol{C}'\boldsymbol{AC}$，因为 $\boldsymbol{A}$ 是实对称矩阵，所以

$$\boldsymbol{B}'=(\boldsymbol{C}'\boldsymbol{AC})'=\boldsymbol{C}'\boldsymbol{A}'\boldsymbol{C}=\boldsymbol{C}'\boldsymbol{AC}=\boldsymbol{B}$$

即 $\boldsymbol{B}$ 也是实对称矩阵。因而 $g(\boldsymbol{Y})=\boldsymbol{Y}'\boldsymbol{BY}$ 就是关于变量 $y_1, y_2, \cdots, y_n$ 的一个 n 元二次型，于是得到

定理 6.1　二次型 $f(\boldsymbol{X})=\boldsymbol{X}'\boldsymbol{AX}$ 经可逆线性变换 $\boldsymbol{X}=\boldsymbol{CY}$ 之后，所得到的 $g(\boldsymbol{Y})=\boldsymbol{Y}'\boldsymbol{BY}$ 仍然是一个二次型，且新的二次型的矩阵为 $\boldsymbol{B}=\boldsymbol{C}'\boldsymbol{AC}$。

需要指出，对于二次型进行线性变换时，总要求所作的变换是可逆的。从几何

上看，这一点是很自然的。首先，坐标变换往往都是可逆变换；其次，只有当线性变换是可逆时，才能确保新、旧二次型之间有一一对应关系。即当对二次型$f(\boldsymbol{X})=\boldsymbol{X}^{\mathrm{T}}\boldsymbol{A}\boldsymbol{X}$用可逆线性变换$\boldsymbol{X}=\boldsymbol{C}\boldsymbol{Y}$化为新的二次型$g(\boldsymbol{Y})=\boldsymbol{Y}^{\mathrm{T}}\boldsymbol{B}\boldsymbol{Y}$时，其逆变换$\boldsymbol{Y}=\boldsymbol{C}^{-1}\boldsymbol{X}$就将所得到的二次型还原。

定义 6.3 对于两个 n 阶矩阵$\boldsymbol{A},\boldsymbol{B}$，若存在 n 阶可逆矩阵$\boldsymbol{C}$，使

$$\boldsymbol{C}'\boldsymbol{A}\boldsymbol{C}=\boldsymbol{B}$$

则称矩阵 $\boldsymbol{A}$ 与 $\boldsymbol{B}$ **合同**（Congruent）。

矩阵的合同关系与相似关系类似，也是一种特殊的等价关系，具有自身性、对称性和传递性。

由定理 6.1 可知，经过可逆线性变换后，新旧二次型的矩阵彼此合同，又合同矩阵具有相同的秩，所以可逆线性变换不改变二次型的秩。

【例 6.2】 写出二次型 $f(x_1,x_2,x_3)=2x_1x_2-4x_1x_3+10x_2x_3$经可逆线性变换

$$\begin{cases} x_1=y_1-y_2-5y_3 \\ x_2=y_1+y_2+2y_3 \\ x_3=\qquad\qquad\quad y_3 \end{cases}$$

得到的新二次型，并写出对应的矩阵。

解 我们可以将线性变换直接代入二次型，但现在采用矩阵方式，二次型 f 的矩阵为

$$\boldsymbol{A}=\begin{pmatrix} 0 & 1 & -2 \\ 1 & 0 & 5 \\ -2 & 5 & 0 \end{pmatrix}$$

从变量 x_1,x_2,x_3到变量 y_1,y_2,y_3的上述线性变换矩阵为

$$\boldsymbol{C}=\begin{pmatrix} 1 & -1 & -5 \\ 1 & 1 & 2 \\ 0 & 0 & 1 \end{pmatrix}$$

所以

$$\boldsymbol{C}'\boldsymbol{A}\boldsymbol{C}=\begin{pmatrix} 1 & 1 & 0 \\ -1 & 1 & 0 \\ -5 & 2 & 1 \end{pmatrix}\begin{pmatrix} 0 & 1 & -2 \\ 1 & 0 & 5 \\ -2 & 5 & 0 \end{pmatrix}\begin{pmatrix} 1 & -1 & -5 \\ 1 & 1 & 2 \\ 0 & 0 & 1 \end{pmatrix}=\begin{pmatrix} 2 & 0 & 0 \\ 0 & -2 & 0 \\ 0 & 0 & 20 \end{pmatrix}$$

从而经过可逆线性变换$\boldsymbol{X}=\boldsymbol{C}\boldsymbol{Y}$后，二次型化为

$$f(x_1,x_2,x_3)=(x_1,x_2,x_3)\begin{pmatrix} 0 & 1 & -2 \\ 1 & 0 & 5 \\ -2 & 5 & 0 \end{pmatrix}\begin{pmatrix} x_1 \\ x_2 \\ x_3 \end{pmatrix}$$

$$=(y_1,y_2,y_3)\begin{pmatrix} 1 & 1 & 0 \\ -1 & 1 & 0 \\ -5 & 2 & 1 \end{pmatrix}\begin{pmatrix} 0 & 1 & -2 \\ 1 & 0 & 5 \\ -2 & 5 & 0 \end{pmatrix}\begin{pmatrix} 1 & -1 & -5 \\ 1 & 1 & 2 \\ 0 & 0 & 1 \end{pmatrix}\begin{pmatrix} y_1 \\ y_2 \\ y_3 \end{pmatrix}$$

$$=(y_1,y_2,y_3)\begin{pmatrix}2&0&0\\0&-2&0\\0&0&20\end{pmatrix}\begin{pmatrix}y_1\\y_2\\y_3\end{pmatrix}=2y_1{}^2-2y_2{}^2+20y_3{}^2$$

新的二次型的矩阵为对角矩阵是

$$\begin{pmatrix}2&0&0\\0&-2&0\\0&0&20\end{pmatrix}$$

第二节　化二次型为标准形

在解析几何当中，为了辨别二次曲线 $ax^2+2bxy+cy^2=1$ 的类型，从而了解其几何特性，通常我们让坐标系统绕原点旋转一个适当的角度 θ，即作旋转变换（这是 $\mathbf{R}^2$ 上的一个正交线性变换）

$$\begin{cases}x=x'\cos\theta-y'\sin\theta\\y=x'\sin\theta+y'\cos\theta\end{cases}$$

就可以把原方程化为左端只含有变量平方项的标准形式的方程

$$k_1x'^2+k_2y'^2=1$$

而对标准形式的方程，只要根据系数 k_1,k_2 取值的正负情况，即可回答该二次曲线是什么样类型的二次曲线了。

定义 6.4　只含平方项而不含交叉项的二次型

$$\lambda_1y_1{}^2+\lambda_2y_2{}^2+\cdots+\lambda_ny_n{}^2$$

称为标准形式的二次型，简称为**标准形**。

显然，标准形式的二次型是最简单的一种二次型，它对应的矩阵是对角矩阵

$$\boldsymbol{\Lambda}=\begin{pmatrix}\lambda_1&&&\\&\lambda_2&&\\&&\ddots&\\&&&\lambda_n\end{pmatrix}$$

下面介绍化二次型为标准型的两种常用方法：正交变换法和配方法。

一、　正交变换法

化一般二次型为标准型，就是要寻找一个可逆线性变换 $\boldsymbol{X}=\boldsymbol{CY}$，将二次型 $f(\boldsymbol{X})=\boldsymbol{X}'\boldsymbol{AX}$ 变成只含平方项的形式。从矩阵的角度讲，就是寻找可逆方阵 $\boldsymbol{C}$，使得

$$\boldsymbol{C}'\boldsymbol{AC}=\boldsymbol{\Lambda}=\begin{pmatrix}\lambda_1&&&\\&\lambda_2&&\\&&\ddots&\\&&&\lambda_n\end{pmatrix}$$

那么使得 $C'AC$ 成为对角矩阵的可逆矩阵阵 C 是否存在呢？注意到 A 为实对称矩阵，由第五章定理 5.7 可知，一定存在正交矩阵 Q，使得

$$Q'AQ=Q^{-1}AQ=\Lambda=\begin{pmatrix}\lambda_1 & & & \\ & \lambda_2 & & \\ & & \vdots & \\ & & & \lambda_n\end{pmatrix}$$

式中，$\lambda_1,\lambda_2,\cdots,\lambda_n$ 是矩阵 A 的全部特征值。因此，对应的正交变换 $X=QY$，就是所要找的可逆线性变换。用它即可将 f 化成标准形。

定理 6.2 任意一个 n 元二次型 $f(x_1,x_2,\cdots,x_n)=X'AX$（$A$ 是实对称阵），总可以经过正交变换 $X=QY$（Q 为正交矩阵）化为标准形

$$\begin{aligned}f(x_1,x_2,\cdots,x_n)&=X'AX=Y'(Q'AQ)Y=Y'\Lambda Y\\&=\lambda_1 y_1{}^2+\lambda_2 y_2{}^2\cdots+\lambda_n y_n{}^2\end{aligned}\tag{6.6}$$

式中，$\lambda_1,\lambda_2,\cdots,\lambda_n$ 是矩阵 $A=(a_{ij})$ 的全部特征值。式(6.6)称为二次型在正交变换下的标准形。

我们通常称之为**主轴定理**。主轴定理可以作这样的几何解释：平面上任何有心二次曲线，通过坐标变换，总可以找到一个适当位置的直角坐标系，使这条二次曲线的主轴位于新的坐标轴上，这时候二次曲线在新的坐标系下的方程就是标准方程。对二次曲面，主轴定理也可以作同样的几何解释。这也正是称定理 6.1 为主轴定理的原因。

我们知道，**正交变换保持线段的长度不变**（即保持空间任意两点之间的距离），所以用正交变换化二次型为标准形，具有保持曲线或曲面几何形状不变的优点。因此正交变换法无论在理论上还是在实际应用中都具有十分重要的作用。

【例 6.3】 用正交变换化下面的二次型为标准形

$$f(x_1,x_2,x_3)=2x_1x_2-2x_1x_3-2x_2x_3$$

并判断二次曲面 $f(x_1,x_2,x_3)=1$ 的类型。

解 二次型 f 的矩阵为

$$A=\begin{pmatrix}0 & 1 & -1\\ 1 & 0 & -1\\ -1 & -1 & 0\end{pmatrix}$$

在第五章例 5.12 中，我们已求得 A 的特征值为 $\lambda_1=\lambda_2=-1$，$\lambda_3=2$，并求出使 A 相似于对角矩阵的正交矩阵

$$Q=\begin{pmatrix}-1/\sqrt{2} & 1/\sqrt{6} & -1/\sqrt{3}\\ 1/\sqrt{2} & 1/\sqrt{6} & -1/\sqrt{3}\\ 0 & 2/\sqrt{6} & 1/\sqrt{3}\end{pmatrix}$$

根据定理 6.2，作正交变换 $X=QY$，就可以使二次型化为标准形

$$f(x_1,x_2,x_3)=-y_1{}^2-y_2{}^2+2y_3{}^2$$

二次曲面 $f(x_1,x_2,x_3)=1$，经正交变换 $\boldsymbol{X}=\boldsymbol{QY}$ 化为标准形

$$y_1^2+y_2^2-\frac{y_3^2}{(1/\sqrt{2})^2}=-1$$

因此二次曲面 $f=1$ 表示旋转双曲面。

二、 配方法

用正交变换法化二次型为标准形，通常计算量比较大。如果不要求作正交变换，而只要求作一般的可逆线性代换的话，那么化二次型为标准形可用一种简便的方法——配方法。下面我们用具体例子来说明这种方法。

【例 6.4】 用可逆线性变换化下列二次型为标准形，并用矩阵形式写出所用线性变换。

（1） $f(x_1,x_2,x_3)=x_1^2+2x_2^2-x_3^2+4x_1x_2-2x_1x_3$

（2） $f(x_1,x_2,x_3)=x_1x_2-3x_1x_3+x_2x_3$

解 （1）因为 f 中的 x_1^2 系数不为零，故把含 x_1 的项集中起来，配方可得

$$\begin{aligned}f(x_1,x_2,x_3)&=x_1^2+2(2x_2-x_3)x_1+2x_2^2-x_3^2\\&=(x_1+2x_2-x_3)^2-(2x_2-x_3)^2+2x_2^2-x_3^2\\&=(x_1+2x_2-x_3)^2-2x_2^2+4x_2x_3-2x_3^2\end{aligned}$$

上式右端除第一项外已不再含 x_1，继续配方，可得

$$f(x_1,x_2,x_3)=(x_1+2x_2-x_3)^2-2(x_2-x_3)^2$$

令

$$\begin{cases}y_1=x_1+2x_2-x_3\\y_2=\qquad\quad x_2-x_3\\y_3=\qquad\qquad\quad x_3\end{cases}$$

即

$$\begin{cases}x_1=y_1-2y_2-y_3\\x_2=\qquad\quad y_2+y_3\\x_3=\qquad\qquad\quad y_3\end{cases}$$

用矩阵形式表示为

$$\begin{pmatrix}x_1\\x_2\\x_3\end{pmatrix}=\begin{pmatrix}1&-2&-1\\0&1&1\\0&0&1\end{pmatrix}\begin{pmatrix}y_1\\y_2\\y_3\end{pmatrix}$$

令

$$\boldsymbol{X}=\begin{pmatrix}x_1\\x_2\\x_3\end{pmatrix},\ \boldsymbol{Y}=\begin{pmatrix}y_1\\y_2\\y_3\end{pmatrix},\ \boldsymbol{C}=\begin{pmatrix}1&-2&-1\\0&1&1\\0&0&1\end{pmatrix}$$

则 $|\boldsymbol{C}|=1\neq0$，故 $\boldsymbol{X}=\boldsymbol{CY}$ 为可逆线性变换，且将二次型 f 化为标准形

$$f=y_1^2-2y_2^2$$

(2) 因为二次型 f 中没有平方项，无法像 (1) 那样直接配方，所以先作一个可逆线性变换，使其出现平方项。由于含有 x_1x_2 交叉项。故令

$$\begin{cases}x_1=y_1+y_2\\x_2=y_1-y_2\\x_3=y_3\end{cases}$$

即

$$\begin{pmatrix}x_1\\x_2\\x_3\end{pmatrix}=\begin{pmatrix}1&1&0\\1&-1&0\\0&0&1\end{pmatrix}\begin{pmatrix}y_1\\y_2\\y_3\end{pmatrix}$$

代入可得

$$f(x_1,x_2,x_3)=y_1^2-y_2^2-2y_1y_3-4y_2y_3$$

再用 (1) 中的配方法，先对含 y_1 的项配完全方，然后对含 y_2 的项配完全平方，得到

$$\begin{aligned}f(x_1,x_2,x_3)&=(y_1-y_3)^2-y_2^2-4y_2y_3-y_3^2\\&=(y_1-y_3)^2-(y_2+2y_3)^2+3y_3^2\end{aligned}$$

再令

$$\begin{cases}z_1=y_1-y_3\\z_2=y_2+2y_3\\z_3=\quad\quad y_3\end{cases}$$

即

$$\begin{cases}y_1=z_1+z_3\\y_2=z_2-2z_3\\y_3=\quad\quad z_3\end{cases}$$

综合以上两个可逆线性变换，得

$$\begin{aligned}\boldsymbol{X}=\begin{pmatrix}x_1\\x_2\\x_3\end{pmatrix}&=\begin{pmatrix}1&1&0\\1&-1&0\\0&0&1\end{pmatrix}\begin{pmatrix}y_1\\y_2\\y_3\end{pmatrix}=\begin{pmatrix}1&1&0\\1&-1&0\\0&0&1\end{pmatrix}\begin{pmatrix}1&0&1\\0&1&-2\\0&0&1\end{pmatrix}\begin{pmatrix}z_1\\z_2\\z_3\end{pmatrix}\\&=\begin{pmatrix}1&1&-1\\1&-1&3\\0&0&1\end{pmatrix}\begin{pmatrix}z_1\\z_2\\z_3\end{pmatrix}=\boldsymbol{CZ}\end{aligned}$$

所以，在可逆线性变换 $\boldsymbol{X}=\boldsymbol{CZ}$ 下，f 可化为标准形

$$f(x_1,x_2,x_3)=z_1^2-z_2^2+3z_3^2$$

注意：用配方法化成的标准形中变量平方项的系数一般不是二次型矩阵的特征值。这一点与正交变换法不同。

定理 6.3 任何实二次型都可以经过可逆线性变换化为标准形。

第三节 惯性定理

任何一个二次型都可以经过可逆线性变换化为标准形，但是，如果所用的变换

不同，那么所得到的二次型的标准形也可能不相同，即二次型的标准形是不唯一的。例如例 6.4 中的二次型

$$f(x_1,x_2,x_3)=x_1^2+2x_2^2-x_3^2+4x_1x_2-2x_1x_3$$

经可逆线性变换

$$\begin{pmatrix}x_1\\x_2\\x_3\end{pmatrix}=\begin{pmatrix}1&-2&-1\\0&1&1\\0&0&1\end{pmatrix}\begin{pmatrix}y_1\\y_2\\y_3\end{pmatrix}$$

化为标准形

$$f=y_1^2-2y_2^2$$

另一方面

$$f(x_1,x_2,x_3)=2(x_1+x_2)^2-(x_1+x_3)^2$$

若作可逆线性变换

$$\begin{cases}z_1=x_1+x_2\\z_2=x_1+x_3\\z_3=x_3\end{cases}$$

即

$$\begin{pmatrix}x_1\\x_2\\x_3\end{pmatrix}=\begin{pmatrix}0&1&-1\\1&-1&1\\0&0&1\end{pmatrix}\begin{pmatrix}z_1\\z_2\\z_3\end{pmatrix}$$

则原二次型 f 又可化为标准形

$$f=2z_1^2-z_2^2$$

比较 f 的二个标准形，可以发现 f 的标准形虽然不唯一，但是 f 的不同标准形中不仅系数不为零的平方项的个数是一样的，而且正平方项、负平方项的个数也相同，这不是偶然的，它就是下面的惯性定理。

定理 6.4（惯性定理） 对于秩为 r 的 n 元二次型 $f=\boldsymbol{X}'\boldsymbol{A}\boldsymbol{X}$，不论用什么可逆线性变换。把 f 化为标准形，其中正平方项的个数 p 和负平方项的个数 q 都是唯一确定的，且 $p+q=r$。

证　首先证明系数不为 0 的平方项的个数 $p+q=r$。

因为标准形的矩阵 $\boldsymbol{B}$ 是对角矩阵，而对角矩阵 $\boldsymbol{B}$ 的秩等于对角线上非零元素的个数 $p+q$，所以二次型 f 的秩 $r=r(\boldsymbol{A})=r(\boldsymbol{B})=p+q$，即 $p+q=r$。

接着证明正平方项的个数 p 是唯一确定的。设二次型 f 经过二个不同的可逆线性变换

$$\boldsymbol{X}=\boldsymbol{P}\boldsymbol{Y} \text{ 和 } \boldsymbol{X}=\boldsymbol{Q}\boldsymbol{Z} \tag{6.7}$$

分别化为以下标准形

$$f=k_1y_1^2+k_2y_2^2+\cdots+k_py_p^2-k_{p+1}y_{p+1}^2-\cdots-k_ry_r^2 \tag{6.8}$$

$$f=l_1z_1^2+l_2z_2^2+\cdots+l_sz_s^2-l_{s+1}z_{s+1}^2-\cdots-l_rz_r^2 \tag{6.9}$$

式中，$k_i,l_i>0(i=1,2,\cdots,r)$。

现用反证法证明 $p=s$。假设 $p>s$。由式(6.8)、式(6.9)，有

$$k_1y_1^2+k_2y_2^2+\cdots+k_py_p^2-k_{p+1}y_{p+1}^2-\cdots-k_ry_r^2$$

$$=l_1z_1^2+l_2z_2^2+\cdots+l_sz_s^2-l_{s+1}z_{s+1}^2-\cdots-l_rz_r^2 \quad (6.10)$$

式中，$\boldsymbol{PY}=\boldsymbol{QZ}$，即 $\boldsymbol{Z}=\boldsymbol{Q}^{-1}\boldsymbol{PY}$。令 $\boldsymbol{Q}^{-1}\boldsymbol{P}=\boldsymbol{R}=(r_{ij})_{n\times n}$，则有

$$\begin{cases} z_1=r_{11}y_1+r_{12}y_2+\cdots+r_{1n}y_n \\ z_2=r_{21}y_1+r_{22}y_2+\cdots+r_{2n}y_n \\ \cdots\cdots\cdots\cdots\cdots\cdots \\ z_n=r_{n1}y_1+r_{n2}y_2+\cdots+r_{nn}y_n \end{cases} \quad (6.11)$$

在上式中，令 $z_1=z_2=\cdots=z_s=0$，$y_{p+1}=y_{p+2}=\cdots=y_n=0$ 得

$$\begin{cases} r_{11}y_1+r_{12}y_2+\cdots+r_{1n}y_n=0 \\ \cdots\cdots\cdots\cdots\cdots\cdots \\ r_{s1}y_1+r_{s2}y_2+\cdots+r_{sn}y_n=0 \\ y_{p+1}=0 \\ \cdots\cdots\cdots\cdots\cdots\cdots \\ y_n=0 \end{cases} \quad (6.12)$$

式(6.12)是一个齐次线性方程组，方程个数 $s+(n-p)=n-(p-s)$ 小于其未知数个数 n，从而方程组有非零解。设其中一个非零解为

$$y_1=c_1,\ y_2=c_2,\ \cdots,\ y_p=c_p,\ y_{p+1}=0,\ \cdots,\ y_n=0$$

显然 $c_1,c_2,\cdots,c_p$ 不全为 0。将此非零解代入式(6.10)左端，得到

$$k_1c_1^2+k_2c_2^2+\cdots+k_pc_p^2>0 \quad (6.13)$$

再将非零解

$$y_1=c_1,\ y_2=c_2,\ \cdots,\ y_p=c_p,\ y_{p+1}=0,\ \cdots,\ y_n=0$$

代入式(6.11)，得到 z_1，z_2，…，z_n 一组值 $z_1=z_2=\cdots=z_s=0,z_{s+1}=d_{s+1},\cdots,z_n=d_n$，再将这组值 $z_1,z_2,\cdots,z_n$ 代入式(6.10)右端，可得

$$-l_sd_s^2-l_{s+1}d_{s+1}^2-\cdots-l_nd_n^2\leqslant 0 \quad (6.14)$$

式(6.13)、式(6.14)显然是矛盾的，故假设 $p>s$ 是不对的，从而 $p\leqslant s$。同理可证：$s\leqslant p$，因此 $p=s$。这就证明了二次型的标准形中，正平方项的个数 p 是唯一确定的，从而负平方项的个数 $q=r-p$ 也是唯一确定的。证毕。

定义 6.5 在二次型 $f(x_1,x_2,\cdots,x_n)=\boldsymbol{X}'\boldsymbol{AX}$ 的标准形中，正平方项的个数 p 称为二次型 f 的**正惯性指数**（Positive index of inertia），负平方项的个数 $q=r-p$ 称为 f 的**负惯性指数**（Negative index of inertia），它们的差 $p-q$ 称为 f 的**符号差**（Signature）。

例 6.4 中的二次型（1），其正、负惯性指数都是 1，符号差为 0，秩为 2；二次型（2），其正、负惯性指数分别是 2 和 1，符号差为 1，秩为 3。

由惯性定理可得下面的推论。

推论 6.1 对于任何二次型 $f(x_1,x_2,\cdots,x_n)=\boldsymbol{X}'\boldsymbol{AX}$，都存在可逆线性变换 $\boldsymbol{X}=\boldsymbol{CY}$，使

$$f=y_1^2+\cdots+y_p^2-y_{p+1}^2-\cdots-y_{p+q}^2 \quad (6.15)$$

式中，p，q 分别为 f 的正、负惯性指数。式(6.15)右端又称为二次型 f 的**规范形**，显然，它是唯一的。

【例 6.5】 求二次型

$$f(x_1,x_2,x_3)=(x_1+x_2)^2+(x_2-x_3)^2+(x_3+x_1)^2$$

的正、负惯性指数，指出方程 $f(x_1,x_2,x_3)=1$ 表示何种二次曲面。

解法一 用配方法将二次型化为标准形，从而得到正负惯性指数。由于

$$\begin{aligned}f(x_1,x_2,x_3)&=(2x_1^2+2x_1x_2+2x_1x_3)+2x_2^2-2x_2x_3+2x_3^2\\&=2\left(x_1+\frac{1}{2}x_2+\frac{1}{2}x_3\right)^2+\frac{3}{2}(x_2+x_3)^2\end{aligned}$$

所以二次型的标准形是 $2y_1^2+\frac{3}{2}y_2^2$，故正负惯性指数分别是 $p=2$，$q=0$，而 $f=1$，即 $2y_1^2+\frac{3}{2}y_2^2=1$ 表示椭圆柱面。

解法二 用正交变换法求出标准形，从而得到正负惯性指数。因为二次型 f 的矩阵为

$$\boldsymbol{A}=\begin{pmatrix}2&1&1\\1&2&-1\\1&-1&2\end{pmatrix}$$

$\boldsymbol{A}$ 的特征多项式

$$f(\lambda)=|\boldsymbol{A}-\lambda\boldsymbol{E}|=\begin{vmatrix}2-\lambda&1&1\\1&2-\lambda&-1\\1&-1&2-\lambda\end{vmatrix}=-\lambda(\lambda-3)^2$$

得 $\boldsymbol{A}$ 的特征值 $\lambda_1=\lambda_2=3$，$\lambda_3=0$。故 $\boldsymbol{A}$ 的标准形为 $3y_1^2+3y_2^2$，所以正负惯性指数分别为 $p=2$，$q=0$，$3y_1^2+3y_2^2=1$ 表示椭圆柱面，与解法一结论一致。

注意：二次型 $f(x_1,x_2,x_3)=(x_1+x_2)^2+(x_2-x_3)^2+(x_3+x_1)^2$ 虽然已表示成平方和，但若令

$$\begin{cases}y_1=x_1+x_2\\y_2=\qquad x_2-x_3\\y_3=x_1\qquad +x_3\end{cases}$$

则因行列式

$$\begin{vmatrix}1&1&0\\0&1&-1\\1&0&1\end{vmatrix}=\begin{vmatrix}1&1&0\\0&1&-1\\0&-1&1\end{vmatrix}=0$$

可见上述变换不是可逆变换，如认为 f 的标准形是 $y_1^2+y_2^2+y_3^2$，而得出正惯性指数 $p=3$ 则是错误的。

从本例解法二可见，二次型的正、负惯性指数完全由二次型矩阵的正、负特征值的个数确定。

推论 6.2 对于任意两个二次型 $f(\boldsymbol{X})=\boldsymbol{X}'\boldsymbol{A}\boldsymbol{X}$ 和 $g(\boldsymbol{X})=\boldsymbol{X}'\boldsymbol{B}\boldsymbol{X}$。则二次型的矩阵 $\boldsymbol{A}$ 与 $\boldsymbol{B}$ 合同的充要条件是这两个二次型的正、负惯性指数分别相等。

证明留给大家自己去完成。

第四节　正定二次型与正定矩阵

在实二次型中，正定二次型具有重要的地位，它们在最优化理论和其它工程技术问题中都有着广泛的应用。下面我们从二元函数极值问题，引入二次型正定的概念。例如，对于二元函数

$$f(x,y)=4x^2+8xy+9y^2$$

当 x,y 不全为零，即当 $\boldsymbol{\alpha}=(x,y)'$不是非零向量时，其值

$$f(x,y)=4x^2+8xy+9y^2=4(x+y)^2+5y^2>0=f(0,0)$$

故$(0,0)$是 $f(x,y)$的极小值点。

这个例子表明，二元函数 $f(x,y)$的极值问题与二次型的一个性质密切相关，这里的二次型 $f(x,y)=4x^2+8xy+9y^2$就是本节要讨论的正定二次型。

一、正定(或负定)二次型

定义 6.6　实二次型 $f(x_1,x_2,\cdots,x_n)=\boldsymbol{X}'\boldsymbol{AX}$，如果对于任何非零向量 $\boldsymbol{X}=(x_1,x_2,\cdots,x_n)'$，恒有

(1) $f(x_1,x_2,\cdots,x_n)>0$，则称二次型 f 为**正定二次型**（positive quadratic form)，其对应的矩阵 A 称为**正定矩阵**（positive matrix)；

(2) $f(x_1,x_2,\cdots,x_n)<0$，则称二次型 f 为**负定二次型**（negative quadratic form)，其对应的矩阵 A 称为**负定矩阵**（negative matrix)。

除了正定性外，我们也可以相应给出**半正定**（half positive quadratic form)，**半负定**（half negative quadratic form）与**不定二次型**（indefinite quadratic form）的定义。

例如，实二次型 $f(x_1,x_2,x_3)=x_1{}^2+2x_2{}^2+3x_3{}^2$ 显然为正定二次型，而 $g(x_1,x_2,x_3)=x_1{}^2+2x_2{}^2-5x_3{}^2$和 $h(x_1,x_2,x_3)=x_1{}^2+2x_2{}^2$就不是正定二次型，这是因为

$$g(0,0,1)=-5<0,\ h(0,0,1)=0$$

具体说，$h(x_1,x_2,x_3)$是半正定二次型，而 $g(x_1,x_2,x_3)$是不定二次型。

性质 6.1　标准形式的实二次型 $f(x_1,x_2,\cdots,x_n)=k_1x_1{}^2+k_2x_2{}^2+\cdots+k_nx_n{}^2$正定的充要条件是 $k_i>0$ $(i=1,2,\cdots,n)$。

证　充分性。因为 $k_1,k_2,\cdots,k_n>0$，所以对于任意 $\boldsymbol{X}=(x_1,x_2,\cdots,x_n)'\neq0$，必有

$$f(x_1,x_2,\cdots,x_n)=k_1x_1{}^2+k_22x_2{}^2+\cdots+k_nx_n{}^2>0$$

因而 f 为正定二次型。

必要性。因为 f 为正定二次型，所以对非零向量 $\boldsymbol{\varepsilon}_i=(0,\cdots,0,1,0,\cdots,0)'$，有

$$f(0,\cdots,0,1,0,\cdots,0)=k_i>0 \quad (i=1,2,\cdots,n)$$

即系数全大于零。

性质 6.2　实二次型 $f(x_1,x_2,\cdots,x_n)=\boldsymbol{X}'\boldsymbol{A}\boldsymbol{X}$ 经可逆线性交换后其正定性不变。

证　设 f 为正定二次型，经可逆线性变换 $\boldsymbol{X}=\boldsymbol{C}\boldsymbol{Y}$ 后变为

$$f(x_1,x_2,\cdots,x_n)=\boldsymbol{X}'\boldsymbol{A}\boldsymbol{X}=\boldsymbol{Y}'(\boldsymbol{C}'\boldsymbol{A}\boldsymbol{C})\boldsymbol{Y}=\boldsymbol{Y}'\boldsymbol{B}\boldsymbol{Y}=g(y_1,y_2,\cdots,y_n)$$

对于任意非零向量 $\boldsymbol{Y}=(y_1,y_2,\cdots,y_n)'$，由于 $\boldsymbol{C}$ 可逆，从而对应的 $\boldsymbol{X}=\boldsymbol{C}\boldsymbol{Y}$ 是非零向量（假若 $\boldsymbol{X}=\boldsymbol{0}$，即 $\boldsymbol{C}\boldsymbol{Y}=\boldsymbol{0}$，从而 $\boldsymbol{C}^{-1}\boldsymbol{C}\boldsymbol{Y}=\boldsymbol{Y}=\boldsymbol{0}$，矛盾）。再结合二次型 f 的正定性条件，从而

$$g(y_1,y_2,\cdots,y_n)=\boldsymbol{Y}'\boldsymbol{B}\boldsymbol{Y}=\boldsymbol{X}'\boldsymbol{A}\boldsymbol{X}=f(x_1,x_2,\cdots,x_n)>0$$

即 $g(y_1,y_2,\cdots,y_n)$ 也是正定二次型。

二、 二次型正定性的判定方法

根据以上二个性质，可以得到判别二次型是否正定二次型的几个等价条件。

定理 6.5　对于 n 元实二次型 $f(x_1,x_2,\cdots,x_n)=\boldsymbol{X}'\boldsymbol{A}\boldsymbol{X}$，以下命题等价：

(1) f 是正定二次型（或 $\boldsymbol{A}$ 是正定矩阵）；

(2) f 的正惯性指数 $p=n$（或 $\boldsymbol{A}$ 合同于单位矩阵）；

(3) $\boldsymbol{A}$ 的 n 个特征值 $\lambda_1,\lambda_2,\cdots,\lambda_n$ 全大于零。

证　由定理 6.2，存在正交变换 $\boldsymbol{X}=\boldsymbol{Q}\boldsymbol{Y}$，使得

$$f=\boldsymbol{X}'\boldsymbol{A}\boldsymbol{X}=\lambda_1 y_1{}^2+\lambda_2 y_2{}^2+\cdots+\lambda_n y_n{}^2$$

式中，$\lambda_1,\lambda_2,\cdots,\lambda_n$ 是 $\boldsymbol{A}$ 的全部特征值。

先证 (1) ⇒ (2)。设 f 是正定二次型，则由前面的结论 (1)、(2) 可知，λ_1，$\lambda_2,\cdots,\lambda_n$ 都大于零，从而 f 的正惯性指数为 n。其矩阵合同于对角矩阵

$$\boldsymbol{\Lambda}=\begin{pmatrix}\lambda_1 & & & \\ & \lambda_2 & & \\ & & \ddots & \\ & & & \lambda_n\end{pmatrix}$$

又

$$\boldsymbol{\Lambda}=\begin{pmatrix}\lambda_1 & & & \\ & \lambda_2 & & \\ & & \ddots & \\ & & & \lambda_n\end{pmatrix}=\begin{pmatrix}\sqrt{\lambda_1} & & & \\ & \sqrt{\lambda_2} & & \\ & & \ddots & \\ & & & \sqrt{\lambda_n}\end{pmatrix}\boldsymbol{E}\begin{pmatrix}\sqrt{\lambda_1} & & & \\ & \sqrt{\lambda_2} & & \\ & & \ddots & \\ & & & \sqrt{\lambda_n}\end{pmatrix}$$

即二次型矩阵合同于单位矩阵；

(2) ⇒ (3) 显然；

再证 (3) ⇒ (1)。设 $\boldsymbol{A}$ 的 n 个特征值 $\lambda_1,\lambda_2,\cdots,\lambda_n$ 都大于零，则标准形

$$\lambda_1 y_1{}^2+\lambda_2 y_2{}^2+\cdots+\lambda_n y_n{}^2$$

是正定二次型，从而二次型 f 是正定的。

最后再介绍一个直接从二次型的矩阵 $\boldsymbol{A}$ 本身判别它是否正定的方法。

定理 6.6 n 元实二次型 $f=\boldsymbol{X}'\boldsymbol{A}\boldsymbol{X}$ 正定的充分必要条件是 $\boldsymbol{A}$ 的各阶顺序主子式都大于零，即

$$A_1=a_{11}>0,\ A_2=\begin{vmatrix} a_{11} & a_{12} \\ a_{21} & a_{22} \end{vmatrix}>0,\ \cdots,$$

$$A_k=\begin{vmatrix} a_{11} & a_{12} & \cdots & a_{1k} \\ a_{21} & a_{22} & \cdots & a_{2k} \\ \cdots & \cdots & \cdots & \cdots \\ a_{k1} & a_{k2} & \cdots & a_{kk} \end{vmatrix}>0,\ \cdots,\ A_n=\begin{vmatrix} a_{11} & a_{12} & \cdots & a_{1n} \\ a_{21} & a_{22} & \cdots & a_{2n} \\ \cdots & \cdots & \cdots & \cdots \\ a_{n1} & a_{n2} & \cdots & a_{nn} \end{vmatrix}>0$$

证略。

【例 6.6】 判断下列二次型是否正定

$$f(x_1,x_2,x_3)=5x_1{}^2+6x_2{}^2+4x_3{}^2-4x_1x_2-4x_2x_3$$

解 二次型 f 的矩阵为

$$\boldsymbol{A}=\begin{pmatrix} 5 & -2 & 0 \\ -2 & 6 & -2 \\ 0 & -2 & 4 \end{pmatrix}$$

$\boldsymbol{A}$ 的各阶主子式

$$A_1=5>0$$

$$A_2=\begin{vmatrix} 5 & -2 \\ -2 & 6 \end{vmatrix}=26>0$$

$$A_3=|\boldsymbol{A}|=\begin{vmatrix} 5 & -2 & 0 \\ -2 & 6 & -2 \\ 0 & -2 & 4 \end{vmatrix}=84>0$$

根据定理 6.6 可知，二次型 f 是正定的。

【例 6.7】 证明：n 阶矩阵 $\boldsymbol{A}$ 正定的充分必要条件是存在 n 阶正定矩阵 $\boldsymbol{B}$，使 $\boldsymbol{A}=\boldsymbol{B}^2$。

证 充分性。假设存在 n 阶正定矩阵 $\boldsymbol{B}$，使 $A=B^2$。由 $\boldsymbol{B}$ 对称得 $\boldsymbol{A}$ 对称。再根据 $\boldsymbol{B}$ 正定，则 $\boldsymbol{B}$ 的 n 个特征值 $\lambda_1,\lambda_2,\cdots,\lambda_n$ 都大于零，从而 $\boldsymbol{A}$ 的 n 个特征值 $\lambda_1{}^2,\lambda_2{}^2,\cdots,\lambda_n{}^2$ 都大于零，由定理 6.5 可以得到，$\boldsymbol{A}$ 是正定矩阵。

必要性。设 $\boldsymbol{A}$ 是 n 阶正定矩阵，则 $\boldsymbol{A}$ 必是实对称矩阵，从而存在正交矩阵 $\boldsymbol{Q}$，使得

$$\boldsymbol{Q}^{-1}\boldsymbol{A}\boldsymbol{Q}=\boldsymbol{Q}'\boldsymbol{A}\boldsymbol{Q}=\begin{pmatrix} \lambda_1 & & & \\ & \lambda_2 & & \\ & & \ddots & \\ & & & \lambda_n \end{pmatrix}$$

即

$$\boldsymbol{A}=\boldsymbol{Q}\begin{pmatrix} \lambda_1 & & & \\ & \lambda_2 & & \\ & & \ddots & \\ & & & \lambda_n \end{pmatrix}\boldsymbol{Q}'$$

式中，$\lambda_1,\lambda_2,\cdots,\lambda_n$是$\boldsymbol{A}$的$n$个特征值，且都大于零，所以

$$\boldsymbol{A}=\boldsymbol{Q}\begin{pmatrix}\sqrt{\lambda_1}&&&\\&\sqrt{\lambda_2}&&\\&&\ddots&\\&&&\sqrt{\lambda_n}\end{pmatrix}^2\boldsymbol{Q}'=\left[\boldsymbol{Q}\begin{pmatrix}\sqrt{\lambda_1}&&&\\&\sqrt{\lambda_2}&&\\&&\ddots&\\&&&\sqrt{\lambda_n}\end{pmatrix}\boldsymbol{Q}'\right]^2$$

取

$$\boldsymbol{B}=\boldsymbol{Q}\begin{pmatrix}\sqrt{\lambda_1}&&&\\&\sqrt{\lambda_2}&&\\&&\ddots&\\&&&\sqrt{\lambda_n}\end{pmatrix}\boldsymbol{Q}'$$

则$\boldsymbol{B}'=\boldsymbol{B}$，$\boldsymbol{A}=\boldsymbol{B}^2$。又$\boldsymbol{B}$的$n$个特征值$\sqrt{\lambda_1},\sqrt{\lambda_2},\cdots,\sqrt{\lambda_n}$都大于零，所以矩阵$\boldsymbol{B}$也是正定矩阵，从而命题得证。

为了体现与高等数学等课程知识的联系，最后再举一个关于二次齐次多项式函数极值的问题。

【例 6.8】 求二次型$f(x)=\boldsymbol{x}^{\mathrm{T}}\boldsymbol{A}\boldsymbol{x}$在满足条件$\boldsymbol{x}^{\mathrm{T}}\boldsymbol{x}=1$时的最大值。其中$\boldsymbol{A}$是实对称矩阵。

满足条件$\boldsymbol{x}^{\mathrm{T}}\boldsymbol{x}=1$的点$\boldsymbol{x}\in\mathbf{R}^n$构成了$n$维空间的单位球面，本题即要求在单位球上，该二次齐次函数的最大值。对二元二次型，其几何意义可以参见图 6.1。

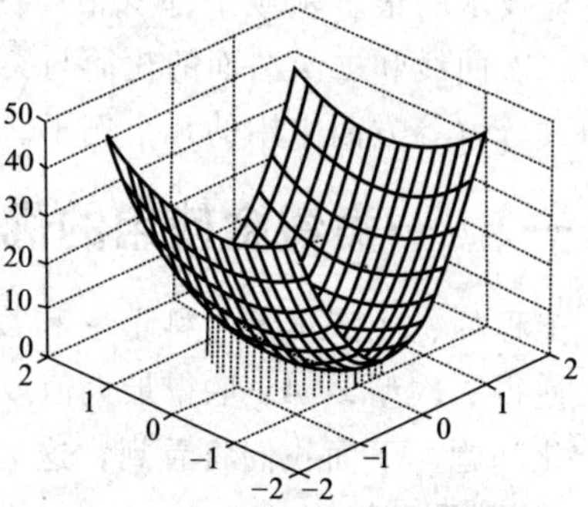

图 6.1　二元二次型（曲面）在单位圆（柱面）上的最大与最小值示例

设实对称矩阵$\boldsymbol{A}$的n个特征值依照从大到小的次序分别为$\lambda_1\geqslant\lambda_2\geqslant\cdots\geqslant\lambda_n$，而对应的单位化以后的特征向量依次为$x_1$，$x_2,\cdots,x_n$。有两种解法。

解法一　这可以归结为高等数学课程中介绍的拉格朗日（Lagrange）条件极值问题。构成拉格朗日函数

$$L(\boldsymbol{x},\lambda)=\boldsymbol{x}^{\mathrm{T}}\boldsymbol{A}\boldsymbol{x}-\lambda(\boldsymbol{x}^{\mathrm{T}}\boldsymbol{x}-1)$$

并令它关于变量$\boldsymbol{x}$与λ的偏导数等于零

$$L_x(\boldsymbol{x},\lambda)=2\boldsymbol{A}\boldsymbol{x}-2\lambda\boldsymbol{x}=0\text{ 和 }L_\lambda(\boldsymbol{x},\lambda)=\boldsymbol{x}^{\mathrm{T}}\boldsymbol{x}-1=0$$

由前一式，拉格朗日函数函数的驻点$\boldsymbol{x}^*$满足$\boldsymbol{A}\boldsymbol{x}^*=\lambda\boldsymbol{x}^*$，即驻点必为矩阵$\boldsymbol{A}$的特征向量。而在任意特征向量$\boldsymbol{x}_i(i=1,2,\cdots,n)$处（注意到这些特征向量$\boldsymbol{x}_i$经过了单位化），二次型的值

$$f(\boldsymbol{x}_i)=\boldsymbol{x}_i^{\mathrm{T}}\boldsymbol{A}\boldsymbol{x}_i=\boldsymbol{x}_i^{\mathrm{T}}(\lambda_i\boldsymbol{x}_i)=\lambda_i(\boldsymbol{x}_i^{\mathrm{T}}\boldsymbol{x}_i)=\lambda_i\cdot1=\lambda_i$$

所以在单位球面$\boldsymbol{x}^{\mathrm{T}}\boldsymbol{x}=1$上，二次型$f(\boldsymbol{x})=\boldsymbol{x}^{\mathrm{T}}\boldsymbol{A}\boldsymbol{x}$的最大值即为矩阵$\boldsymbol{A}$的最大特征值$\lambda_1$。

解法二　由定理 6.2（**主轴定理**）可知，有正交变换$\boldsymbol{x}=\boldsymbol{Q}\boldsymbol{y}$($\boldsymbol{Q}$为正交矩阵)化

二次型为标准形

$$f(\boldsymbol{x})=\boldsymbol{x}^{\mathrm{T}}\boldsymbol{A}\boldsymbol{x}=\boldsymbol{y}^{\mathrm{T}}(\boldsymbol{Q}^{\mathrm{T}}\boldsymbol{A}\boldsymbol{Q})\boldsymbol{y}=\boldsymbol{y}^{\mathrm{T}}\boldsymbol{\Lambda}\boldsymbol{y}=\lambda_1{y_1}^2+\lambda_2{y_2}^2+\cdots+\lambda_n{y_n}^2$$

又 $\boldsymbol{Q}$ 为正交矩阵，有

$$\boldsymbol{x}^{\mathrm{T}}\boldsymbol{x}=(\boldsymbol{Q}\boldsymbol{y})^{\mathrm{T}}\boldsymbol{Q}\boldsymbol{y}=\boldsymbol{y}^{\mathrm{T}}(\boldsymbol{Q}^{\mathrm{T}}\boldsymbol{Q})\boldsymbol{y}=\boldsymbol{y}^{\mathrm{T}}\boldsymbol{y}$$

于是

$$\begin{aligned}\max_{1=\boldsymbol{x}^{\mathrm{T}}\boldsymbol{x}} f(\boldsymbol{x})&=\max_{1=\boldsymbol{y}^{\mathrm{T}}\boldsymbol{y}}\boldsymbol{y}^{\mathrm{T}}\boldsymbol{\Lambda}\boldsymbol{y}=\max_{1=\boldsymbol{y}^{\mathrm{T}}\boldsymbol{y}}(\lambda_1{y_1}^2+\lambda_2{y_2}^2+\cdots+\lambda_n{y_n}^2)\\&\leqslant\lambda_1({y_1}^2+{y_2}^2+\cdots+{y_n}^2)=\lambda_1\end{aligned}$$

另一方面，取 $\boldsymbol{y}_0=\boldsymbol{e}_1=(1,0,\cdots,0)$，即 $\boldsymbol{y}_0$ 是第一个分量是 1 的单位坐标向量。且记 $\boldsymbol{x}_0=\boldsymbol{Q}\boldsymbol{y}_0$，则有

$$f(\boldsymbol{x}_0)={\boldsymbol{x}_0}^{\mathrm{T}}\boldsymbol{A}\boldsymbol{x}_0={\boldsymbol{y}_0}^{\mathrm{T}}\boldsymbol{\Lambda}\boldsymbol{y}_0=\lambda_1$$

综合上述，仍然得知二次型 $f(\boldsymbol{x})=\boldsymbol{x}^{\mathrm{T}}\boldsymbol{A}\boldsymbol{x}$ 在单位球面 $\boldsymbol{x}^{\mathrm{T}}\boldsymbol{x}=1$ 上的最大值即为最大特征值 λ_1。同理，二次型 $f(\boldsymbol{x})=\boldsymbol{x}^{\mathrm{T}}\boldsymbol{A}\boldsymbol{x}$ 在单位球面 $\boldsymbol{x}^{\mathrm{T}}\boldsymbol{x}=1$ 上的最小值即为最小特征值 λ_n。

第五节* 二次型理论应用举例

二次型理论就是用矩阵方法去研究 n 元二次齐次多项式函数，它在自然科学与工程技术的很多领域中都有很广泛的应用。本节将介绍一类资金使用的优化问题，二次曲线和二次曲面的化简与类型判别，以及二次型在不等式证明与多元多项式因式分解等方面应用的几个例子。

一、一类资金使用的优化问题

工程师、经济学家、科学家和数学家常常要在一些特定集合内寻找变量 x 的值，使得二次型 $\boldsymbol{x}^{\mathrm{T}}\boldsymbol{A}\boldsymbol{x}$ 取得最大值或最小值。这类问题可化为以单位向量 $\boldsymbol{x}$ 为变量的优化问题。下面我们将看到，这类条件优化问题有一个有趣且精彩的解。

1. 问题提出

在下一年度内，某县政府计划用一笔资金修建 x 百千米的公路，修整 y 百平方千米的公园，政府部门必须确定在两个项目上如何分配它的资金，如果可能的话，可以同时开始两个项目，而不是仅开始一个项目。假设资金使用量要求工作计划 x 和 y 必须满足下面限制条件

$$16x^2+25y^2\leqslant 400,\ x,y\geqslant 0$$

见图 6.2，其中阴影部分称为该约束条件的**可行解集**，其中每个点 (x,y) 表示一个可能的年度工作计划。

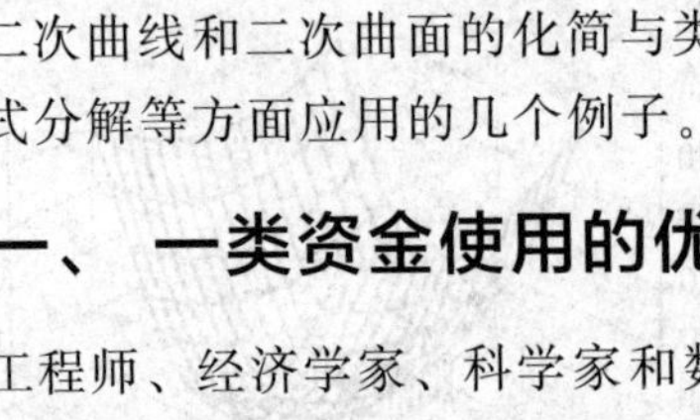

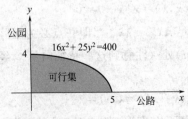

图 6.2 约束问题的可行解集合

为了制订工作计划，政府需要考虑居民的意见，为度量居民分配各类工作计划 (x,y) 的值或效用，经济学家常利用下面的

函数

$$q(x,y)=xy$$

称之为**效用函数**，曲线 $\boldsymbol{xy}=\boldsymbol{c}$($c$ 为常数)称之为无差异曲线，因为在该曲线上的任意点的效用值相等。

现要制定一个资金使用的工作计划方案(x,y)，要求在限制曲线

$$16x^2+25y^2\leqslant 400$$

允许范围内的点，使得资金利用效果达到最大，即使得效用函数达到最大值。该问题的数学表达模型即为

$$\begin{gathered}\max q(x,y)=xy\\ s.t.\ 16x^2+25y^2\leqslant 400\\ x,\ y\geqslant 0\end{gathered}$$

式中，$s.t.$ 即英文 subject to，是“受限制于”（什么条件）的意思。资金使用问题就是一个带有不等式约束的**非线性规划问题**。

2. 问题求解

在高等数学中我们知道，对带有等式约束的极值问题，可以用拉格朗日（Lagrange）乘数法。本题也是这样，我们可以证明：资金使用问题的最大值点一定会在该约束优化问题的**可行解集合**的边界上达到，即上述优化问题的最大值点（x，y）应该使等式 $16x^2+25y^2=400$ 成立（具体证明留给读者去做）。

为了使问题求解更简化，在约束条件方程 $16x^2+25y^2=400$ 中进行变量代换修正这个问题。把约束条件方程变形为：$(\frac{x}{5})^2+(\frac{y}{4})^2=1$。令 $u=\frac{x}{5},v=\frac{y}{4}$，则约束条件变成 $u^2+v^2=1$。效用函数变成

$$q(x,y)=q(5u,4v)=(5u)(4v)=20uv$$

又若记向量 $\boldsymbol{X}=\begin{pmatrix}u\\v\end{pmatrix}$，则原问题变为，即在限制条件 $\boldsymbol{X}^{\mathrm{T}}\boldsymbol{X}=1$ 下求函数 $f(\boldsymbol{X})=20uv$ 的最大值问题。即

$$\begin{gathered}\max f(u,v)=20uv\\ s.t.\ u^2+v^2=1\\ u,\ v\geqslant 0\end{gathered}$$

优化问题的目标二元函数 $f(\boldsymbol{X})=20uv$ 是变量 u,v 的**二次型**。该**二次型的矩阵**为

$$\boldsymbol{A}=\begin{pmatrix}0&10\\10&0\end{pmatrix}$$

矩阵 $\boldsymbol{A}$ 的特征值为± 10，而最大特征值 10 对应于的单位特征向量为

$$\boldsymbol{\alpha}=\begin{pmatrix}\frac{1}{\sqrt{2}}\\ \frac{1}{\sqrt{2}}\end{pmatrix}$$

利用带有等式约束极值问题的拉格朗日（Lagrange）乘数法，不难求得，$f(\boldsymbol{X})=20uv$ 的最大值为 10，且在 $u=v=\dfrac{1}{\sqrt{2}}$ 处取得。对应的工作计划量(x,y)分别为

$$x=5u=\frac{5}{\sqrt{2}}=3.5355,\quad y=4v=\frac{4}{\sqrt{2}}=2.8284$$

于是，资金使用问题最优的工作决策方案，就是修建大约 3.5 百千米的公路，修整 2.8 百平方千米的公园。

最优工作计划点是限制条件曲线 $16x^2+25y^2=400$ 和无差异曲线 $xy=c$（c 为某个常数）的切点。具有更大效用的点(x,y)位于和限制曲线不相交的无差异曲线上，见图 6.3。

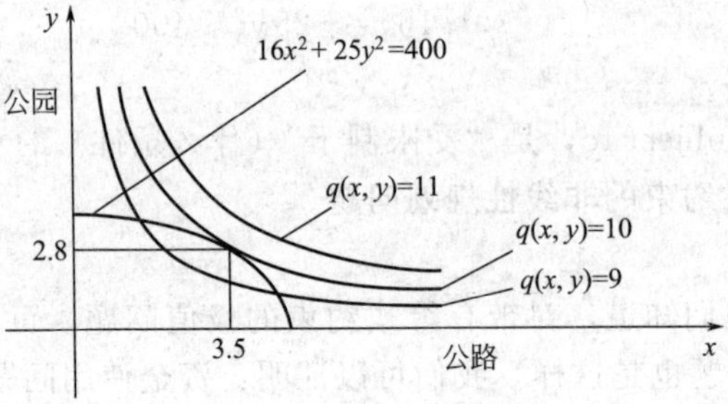

图 6.3　限制条件与无差异曲线

由图 6.3 可知，最优工作计划约为（3.5，2.8），是限制条件曲线和无差异曲线的切点。

二、 二次曲线、 曲面的化简与类型判别问题

在平面坐标系下，变量 x,y 的二元二次一般方程

$$ax^2+bxy+cy^2+dx+ey+f=0$$

都表示一个**二次曲线**，具体包括椭圆，双曲线，抛物线等不同类型。那么在得到一个给定的二次方程以后，它是何种二次曲线，这怎么来判断和加以区别呢？

问题　判定方程 $5x^2+5y^2-6xy=8$ 在平面坐标系下表示何种二次曲线。

求解　注意到这个方程的左边只有二次项，于是曲线方程可写成

$$f(x,y)=(x,y)\begin{pmatrix}5 & -3\\ -3 & 5\end{pmatrix}\begin{pmatrix}x\\ y\end{pmatrix}=8$$

这是个二次型，f 对应的矩阵 $\boldsymbol{A}=\begin{pmatrix}5 & -3\\ -3 & 5\end{pmatrix}$。矩阵 $\boldsymbol{A}$ 的特征多项式

$$f(\lambda)=|\boldsymbol{A}-\lambda\boldsymbol{E}|=\begin{vmatrix}5-\lambda & -3\\ -3 & 5-\lambda\end{vmatrix}=(5-\lambda)(5-\lambda)-9$$
$$=\lambda^2-10\lambda+16=(\lambda-2)(\lambda-8)$$

可得 $\boldsymbol{A}$ 的特征值 $\lambda_1=2,\lambda_2=8$。对应于特征值 $\lambda_1=2,\lambda_2=8$ 的单位特征向量分别可

取为

$$\boldsymbol{q}_1=\begin{pmatrix}\dfrac{1}{\sqrt{2}}\\ \dfrac{1}{\sqrt{2}}\end{pmatrix},\boldsymbol{q}_2=\begin{pmatrix}-\dfrac{1}{\sqrt{2}}\\ \dfrac{1}{\sqrt{2}}\end{pmatrix}$$

令正交矩阵 $\boldsymbol{Q}$ 并作相应的正交变换

$$\boldsymbol{Q}=\begin{pmatrix}\dfrac{1}{\sqrt{2}} & -\dfrac{1}{\sqrt{2}}\\ \dfrac{1}{\sqrt{2}} & \dfrac{1}{\sqrt{2}}\end{pmatrix},\begin{pmatrix}x\\ y\end{pmatrix}=\boldsymbol{Q}\begin{pmatrix}x'\\ y'\end{pmatrix}=\begin{pmatrix}\dfrac{1}{\sqrt{2}} & -\dfrac{1}{\sqrt{2}}\\ \dfrac{1}{\sqrt{2}} & \dfrac{1}{\sqrt{2}}\end{pmatrix}\begin{pmatrix}x'\\ y'\end{pmatrix}$$

就可以使二次型化为标准形

$$f(x,y)=\lambda_1 x'^2+\lambda_2 y'^2=2x'^2+8y'^2$$

对比平面坐标系下的坐标旋转变换

$$\begin{cases}x=x'\cos\theta-y'\sin\theta\\ y=x'\sin\theta+y'\cos\theta\end{cases}$$

可知，上述正交变换 $\boldsymbol{X}=\boldsymbol{QY}$ 就是当旋转角 $\theta=\dfrac{\pi}{4}$ 时的坐标旋转变换（一般地，行列式等于 1 的 2 阶正交矩阵对应的正交变换就是平面上的坐标旋转变换）。

将此变换代入原方程，则曲线方程化为

$$2x'^2+8y'^2=8,\text{ 即}\frac{x'^2}{4}+y'^2=1$$

显然方程化简后的二次曲线是 $x'Oy'$ 坐标系下的一个椭圆（图 6.4）。因为**正交变换保持平面上任意两点之间的距离不变**，也就保持平面曲线的形状不变，所以原方程表示的是同类型的二次曲线。

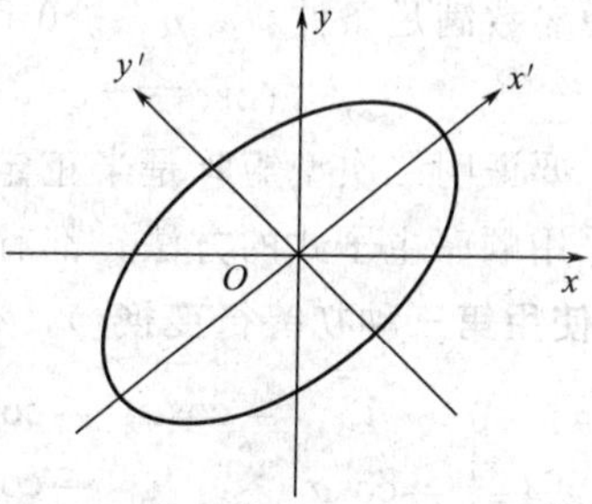

图 6.4　二次曲线方程化简后的图形

注意到在上面的例子中，二次曲线方程左边没有出现变量 x，y 的一次项，如果出现了一次项，则不仅需要做旋转正交变换，而且还需要做一次坐标平移（通过配方消除一次项）。

此外，最后化简得到的二次型标准形为 $f(x,y)=\lambda_1 x'^2+\lambda_2 y'^2$。所以一般二次曲线

$$f(x,y)=ax^2+bxy+cy^2+dx+ey+f=0$$

代表什么样的二次曲线？这完全取决于它的二次项 $g(x,y)=ax^2+bxy+cy^2$ 构成的二次型矩阵的两个特征值 λ_1,λ_2 取值的正负等情况，即取决于二次型的秩与正负惯性指数或符号差的情况。具体可以总结为：

二次曲线的类型判断：

（1）如果二次型的秩等于 1，则二次曲线是抛物线型的；

（2）如果二次型的秩等于 2，并且

① 若其符号差为±2，则曲线为椭圆型的；

② 若其符号差为 0，则曲线为双曲型的。

对于在本章一开头我们提出的一般二次曲面方程

$$5x^2+2y^2+11z^2+20xy+16xz-4yz+30x-12y+30z=9$$

该方程中既有二次项，也有一次项。你能判定，它在空间坐标系下它表示何种二次曲面呢？这留给大家自已去考虑，也可参见本书后面的课程实验。

三、一个不等式证明问题

下面再介绍二次型方法在一个不等式证明过程中的应用。

问题　初等不等式证明。设任意三角形的三个内角为 a,b,c，试证明对任意实数 x,y,z 都有

$$x^2+y^2+z^2\geqslant 2xy\cos a+2xz\cos b+2yz\cos c$$

证明　把不等式各项全部移项到左边，并记

$$f(\boldsymbol{X})=\boldsymbol{X}^{\mathrm{T}}\boldsymbol{A}\boldsymbol{X}=x^2+y^2+z^2-2xy\cos a-2xz\cos b-2yz\cos c$$

式中，$\boldsymbol{X}=(x,y,z)^{\mathrm{T}}$，这是变量 x,y,z 的三元二次型。对任意$(x,y,z)\neq 0$，要证明 $f(\boldsymbol{X})\geqslant 0$，即要证明该二次型，或者二次型的矩阵是**半正定的**。

事实上，该二次型的矩阵为

$$\boldsymbol{A}=\begin{pmatrix}1 & -\cos a & -\cos b\\ -\cos a & 1 & -\cos c\\ -\cos b & -\cos c & 1\end{pmatrix}$$

其中参数满足条件：$a,b,c>0$ 且 $a+b+c=\pi$，所以

$$\cos c=-\cos(a+b)=-(\cos a\cos b-\sin a\sin b)$$

要证明二次型矩阵是半正定的，无论用求矩阵 $\mathbf{A}$ 的特征多项式、特征值，还是采用顺序主子式的方法，都有相当的复杂性。我们现在对矩阵 $\mathbf{A}$ 做初等行变换（**仅使用第三种初等行变换！**），有

$$\boldsymbol{A}=\begin{pmatrix}1 & -\cos a & -\cos b\\ -\cos a & 1 & -\cos c\\ -\cos b & -\cos c & 1\end{pmatrix}\xrightarrow{r_2+\cos a r_1}\begin{pmatrix}1 & -\cos a & -\cos b\\ 0 & \sin^2 a & -\sin a\sin b\\ -\cos b & -\cos c & 1\end{pmatrix}$$

$$\xrightarrow{r_3+\cos b r_1}\begin{pmatrix}1 & -\cos a & -\cos b\\ 0 & \sin^2 a & -\sin a\sin b\\ 0 & -\sin a & \sin b\sin^2 b\end{pmatrix}$$

$$\xrightarrow{r_3+\frac{\sin b}{\sin a}r_2}\begin{pmatrix}1 & -\cos a & -\cos b\\ 0 & \sin^2 a & -\sin a\sin b\\ 0 & 0 & 0\end{pmatrix}\triangleq\boldsymbol{B}$$

最后得到的 $\boldsymbol{B}$ 矩阵是个上三角矩阵，不难看到其特征值分别为：1，$\sin^2 a$ 和 0（皆非负）。

由初等行变换与初等矩阵的等价关系，即存在（与第三种初等变换对应的）初等矩阵 $\boldsymbol{P}_1,\boldsymbol{P}_2,\boldsymbol{P}_3$，使得

$$\boldsymbol{P}_3\boldsymbol{P}_2\boldsymbol{P}_1\boldsymbol{A}=\boldsymbol{B}$$

若对矩阵 $\boldsymbol{A}$ 再做对应的转置列变换（合同变换），即

$$\boldsymbol{P}_3\boldsymbol{P}_2\boldsymbol{P}_1\boldsymbol{A}\boldsymbol{P}'_1\boldsymbol{P}'_2\boldsymbol{P}'_3=\boldsymbol{B}\boldsymbol{P}'_1\boldsymbol{P}'_2\boldsymbol{P}'_3\triangleq\boldsymbol{\Lambda}$$

则 $\boldsymbol{A}$ 与矩阵 $\boldsymbol{\Lambda}$ 合同。

注意到前面做的是第三种初等行变换，不难证明相应的**转置列变换**不会改变矩阵 $\boldsymbol{B}$ 的主对角元素，即 $\boldsymbol{B}$ 矩阵与最终合同于 $\boldsymbol{A}$ 矩阵的 $\boldsymbol{\Lambda}$ 矩阵有相同的主对角元。因而**用第三种初等行变换简化得到的 $\boldsymbol{B}$ 矩阵，它不会改变二次型（及其矩阵）的秩与正、负惯性指数**（对此也作为思考题留给大家）。

所以矩阵 $\boldsymbol{A}$ 的特征值也都非负，即矩阵 $\boldsymbol{A}$ 是半正定的。从而对于任意实数 x，y，z，有

$$f(x)\geqslant 0$$

得证。

实际上，我们不仅证明了上述不等式，而且因为经过初等行变换前后的矩阵都有 0 特征值，且矩阵 $\boldsymbol{A}$ 的行列式为

$$|\boldsymbol{A}|=1-\cos^2 a-\cos^2 b-\cos^2 c-2\cos a\cos b\cos c$$

由 $|\boldsymbol{A}|=0$，还可以得到一个附带的结论：设 a,b,c 为任意三角形的三个内角，则一定有

$$\cos^2 a+\cos^2 b+\cos^2 c+2\cos a\cos b\cos c=1$$

这个恒等式若用三角方法去证明，也是有一定难度的。

四、 多元多项式的因式分解问题

多元多项式的因式分解问题也是一个应用性很广泛的问题。比如在符号运算与计算机机器证明等学科领域中，就会涉及它。

问题　设有二元二次多项式函数 $f(x_1,x_2)=x_1^2-2x_2^2+x_1x_2-x_1-5x_2-2$，问其在实数范围内能否因式分解？

求解　二元二次多项式函数 $f(x_1,x_2)$ 中既有二次项，也有一次项，于是首先构造一个对应的三元二次型

$$g(x_1,x_2,x_3)=x_1^2-2x_2^2+x_1x_2-x_1x_3-5x_2x_3-2x_3^2$$

则有

$$f(x_1,x_2)=g(x_1,x_2,1)$$

所以 $f(x_1,x_2)$ 能够因式分解，即它能分解为变量 x_1,x_2 的两个一次式的乘积，即

$$f(x_1,x_2)=(a_1x_1+a_2x_2+a_3)\cdot(b_1x_1+b_2x_2+b_3)$$

的充要条件是：二次型 $g(x_1,x_2,x_3)$ 也能分解成

$$g(x_1,x_2,x_3)=(a_1x_1+a_2x_2+a_3x_3)\cdot(b_1x_1+b_2x_2+b_3x_3)$$

对二次型 $g(x_1,x_2,x_3)$ 来说，它什么时候能分解呢？假设它确能分解，即上式成立。下面分两种情况来讨论：

(1) 如果分解因式的系数向量 (a_1,a_2,a_3) 与 (b_1,b_2,b_3) 不对应成比例，则令

$$\begin{cases} y_1=a_1x_1+a_2x_2+a_3x_3 \\ y_2=b_1x_1+b_2x_2+b_3x_3 \\ y_3=\qquad\qquad\qquad\quad x_3 \end{cases}$$

这是一个**可逆线性变换**，并且它把二次型 $g(x_1,x_2,x_3)$ 化简为

$$g(x_1,x_2,x_3)=y_1y_2\triangleq h(y_1,y_2,y_3)$$

接着再令可逆变换

$$\begin{cases} y_1=z_1+z_2 \\ y_2=z_1-z_2 \\ y_3=\qquad\ z_3 \end{cases}$$

二次型继续化为

$$g(x_1,x_2,x_3)=h(y_1,y_2,y_3)=(z_1+z_2)(z_1-z_2)=z_1{}^2-z_2{}^2\triangleq I(z_1,z_2,z_3)$$

即此时二次型的秩等于 2，正、负惯性指数都等于 1，符号差等于 0。

(2) 如果系数向量 (a_1,a_2,a_3) 与 (b_1,b_2,b_3) 对应成比例，即 $\dfrac{b_i}{a_i}=k\,(i=1,2,3)$，不妨设 $a_1\neq0$，则令

$$\begin{cases} y_1=a_1x_1+a_2x_2+a_3x_3 \\ y_2=\qquad\qquad x_2 \\ y_3=\qquad\qquad\qquad\quad x_3 \end{cases}$$

这也是一个**可逆线性变换**，并且它把二次型 $g(x_1,x_2,x_3)$ 化简为

$$g(x_1,x_2,x_3)=ky_1{}^2\triangleq h(y_1,y_2,y_3)$$

这时二次型的秩等于 1。

所以二次型 $g(x_1,x_2,x_3)$ 能够分解，其**充要条件**是：该二次型的秩等于 1，或者秩等于 2 且符号差等于 0。

现在来回答前面给出的二元二次多项式函数 $f(x_1,x_2)=x_1{}^2-2x_2{}^2+x_1x_2-x_1-5x_2-2$ 能否分解的问题。因为对应的二次型

$$g(x_1,x_2,x_3)=x_1{}^2-2x_2{}^2+x_1x_2-x_1x_3-5x_2x_3-2x_3{}^2$$

的系数矩阵

$$\boldsymbol{A}=\begin{pmatrix} 1 & 1/2 & -1/2 \\ 1/2 & -2 & -5/2 \\ -1/2 & -5/2 & -2 \end{pmatrix}$$

不难求得该矩阵的特征值为 $\dfrac{3}{2}$，$-\dfrac{9}{2}$，0，由此看到，二次型 $g(x_1,x_2,x_3)$ 的秩等于 2，符号差等于 0（正、负惯性指数都等于 1），所以该二次型能分解。于是原来的二元二次多项式函数 $f(x_1,x_2)$ 也一定能分解。

至于多项式函数 $f(x_1,x_2)$ 或者二次型 $g(x_1,x_2,x_3)$ 具体怎么分解，分解得到的结果是什么？这也有多种解决方法。

例如，求出二次型 $g(x_1,x_2,x_3)$ 矩阵对应的特征向量为

$$\boldsymbol{\alpha}=\begin{pmatrix}-2\\-1\\1\end{pmatrix},\ \boldsymbol{\beta}=\begin{pmatrix}0\\1\\1\end{pmatrix},\ \boldsymbol{\gamma}=\begin{pmatrix}1\\-1\\1\end{pmatrix}$$

把上面三个向量单位化，令**相似变换矩阵（正交矩阵）与相似变换**为

$$\boldsymbol{P}=\left(\frac{\boldsymbol{\alpha}}{|\boldsymbol{\alpha}|},\ \frac{\boldsymbol{\beta}}{|\boldsymbol{\beta}|},\ \frac{\boldsymbol{\gamma}}{|\boldsymbol{\gamma}|}\right)=\begin{pmatrix}-\frac{\sqrt{6}}{3} & 0 & \frac{\sqrt{3}}{3}\\ -\frac{\sqrt{6}}{6} & \frac{\sqrt{2}}{2} & -\frac{\sqrt{3}}{3}\\ \frac{\sqrt{6}}{6} & \frac{\sqrt{2}}{2} & \frac{\sqrt{3}}{3}\end{pmatrix},\ \boldsymbol{X}=\boldsymbol{PY}=\begin{pmatrix}-\frac{\sqrt{6}}{3} & 0 & \frac{\sqrt{3}}{3}\\ -\frac{\sqrt{6}}{6} & \frac{\sqrt{2}}{2} & -\frac{\sqrt{3}}{3}\\ \frac{\sqrt{6}}{6} & \frac{\sqrt{2}}{2} & \frac{\sqrt{3}}{3}\end{pmatrix}\begin{pmatrix}y_1\\y_2\\y_3\end{pmatrix}$$

即可把二次型 $g(x_1,x_2,x_3)$ 化简为

$$g(x_1,x_2,x_3)=h(y_1,y_2,y_3)=\frac{3}{2}y_1^2-\frac{9}{2}y_2^2=\frac{3}{2}(y_1+\sqrt{3}y_2)(y_1-\sqrt{3}y_2)$$

最后把逆变换

$$\boldsymbol{Y}=\boldsymbol{P}^{-1}\boldsymbol{X}=\boldsymbol{P}^{\mathrm{T}}\boldsymbol{X}=\begin{pmatrix}-\sqrt{6}/3 & -\sqrt{6}/6 & \sqrt{6}/6\\ 0 & \sqrt{2}/2 & \sqrt{2}/2\\ \sqrt{3}/3 & -\sqrt{3}/3 & \sqrt{3}/3\end{pmatrix}\begin{pmatrix}x_1\\x_2\\x_3\end{pmatrix}$$

中的变量 y_1,y_2 代入上式，化简有

$$g(x_1,x_2,x_3)=(x_1-x_2-2x_3)\cdot(x_1+2x_2+x_3)$$

令 $x_3=1$，即得

$$\begin{aligned}f(x_1,x_2)&=x_1^2-2x_2^2+x_1x_2-x_1-5x_2-2=g(x_1,x_2,1)\\&=(x_1-x_2-2)\cdot(x_1+2x_2+1)\end{aligned}$$

实际上若对二次型 $g(x_1,x_2,x_3)$ 采用配方法，同样也可以得到

$$g(x_1,x_2,x_3)=(x_1+2x_2+x_3)\cdot(x_1-x_2-2x_3)$$

二次型及其正定性理论的应用性是非常广泛的，绝不限于我们上面举的四个例子。读者亦可以参见附录部分的案例四。

习题六

1. 填空题

(1) 二次型 $f(x_1,x_2,x_3)=x_1^2+2x_2^2-3x_3^2-4x_1x_2-6x_1x_3+4x_2x_3$ 的矩阵是________。

(2) 线性变换 $\begin{cases}x_1=y_1+y_2-4y_3\\x_2=y_1-y_2+5y_3\\x_3=\qquad\qquad y_3\end{cases}$ 可用矩阵形式表示为________。

(3) 二次型 $f(x_1,x_2,x_3)=x_1x_2+x_2x_3+x_3x_1$ 的秩为__________。

(4) 二次型 $f(x_1,x_2,x_3)=x_1{}^2-3x_2{}^2+2x_1x_3$ 的负惯性指数 $q=$__________。

(5) 设 $\boldsymbol{A}$ 为 2 阶实对称矩阵，且合同与矩阵 $\begin{pmatrix}-1 & 0\\ 0 & 2\end{pmatrix}$，则二次型 $f=\boldsymbol{X}'\boldsymbol{A}\boldsymbol{X}$ 的规范形是__________。

2. 选择题

(1) 矩阵 $\boldsymbol{A}=\begin{pmatrix}1 & -1 & 0\\ -1 & 4 & 2\\ 0 & 2 & 0\end{pmatrix}$ 是下列二次型中（　　）的矩阵。

(A) $f(x_1,x_2,x_3)=x_1^2-x_1x_2+2x_2x_3+4x_2^2$

(B) $f(x_1,x_2,x_3)=x_1^2+4x_2^2-2x_1x_2+4x_2x_3$

(C) $f(x_1,x_2)=x_1^2+4x_2^2-x_1x_2$

(D) $f(x_1,x_2,x_3,x_4)=x_1^2+4x_2^2-2x_1x_2+4x_2x_3$

(2) 与矩阵 $\begin{pmatrix}1 & 0 & 0\\ 0 & -1 & 2\\ 0 & 2 & 2\end{pmatrix}$ 合同的矩阵是（　　）。

(A) $\begin{pmatrix}1 & & \\ & -1 & \\ & & 0\end{pmatrix}$　(B) $\begin{pmatrix}1 & & \\ & 1 & \\ & & -1\end{pmatrix}$　(C) $\begin{pmatrix}1 & & \\ & -1 & \\ & & -1\end{pmatrix}$　(D) $\begin{pmatrix}-1 & & \\ & -1 & \\ & & -1\end{pmatrix}$

(3) 实二次型 $f(x_1,x_2,x_3)$ 的秩为 3，符号差为 -1，则 f 的标准形可能为（　　）。

(A) $-y_1^2+2y_2^2-y_3^2$　　(B) $y_1^2-2y_2^2+y_3^2$

(C) $y_1^2+2y_2^2-y_3^2$　　(D) $-y_1^2$

(4) 如果把任意 $x_1\neq 0,x_2\neq 0,\cdots,x_n\neq 0$ 代入实二次型 $f(x_1,\cdots,x_n)$ 中都有 $f>0$，则 f（　　）。

(A) 是正定的　　(B) 是负定的

(C) 不一定正定　　(D) 不是正定的向量

(5) 若矩阵 $\boldsymbol{A}=\begin{pmatrix}2 & 0 & 0\\ 0 & 2 & 2\\ 0 & 2 & \lambda\end{pmatrix}$ 正定，则 λ 的取值范围是（　　）。

(A) $\lambda>0$　　(B) $\lambda\geqslant 0$　　(C) $\lambda\in\mathbf{R}$　　(D) $\lambda>2$

3. 用矩阵形式表示下列二次型

(1) $f(x,y,z)=x^2+2y^2+3z^2+2xy+4xz+6yz$；

(2) $f(x_1,x_2,x_3,x_4)=x_1{}^2+3x_2{}^2-x_3{}^2+x_1x_2-2x_1x_3+3x_2x_3$。

4. 设 $\boldsymbol{A}$ 是一个 n 阶方阵，证明

(1) 若 $\boldsymbol{A}$ 为对称方阵，且对任意的 n 维向量 $\boldsymbol{X}$ 都有 $\boldsymbol{X}'\boldsymbol{A}\boldsymbol{X}=\boldsymbol{O}$，则 $\boldsymbol{A}=\boldsymbol{O}$；

(2) 若 $\boldsymbol{A},\boldsymbol{B}$ 都是对称矩阵，且对任意的 n 维向量都有 $\boldsymbol{X}'\boldsymbol{A}\boldsymbol{X}=\boldsymbol{X}'\boldsymbol{B}\boldsymbol{X}$，则 $\boldsymbol{A}=\boldsymbol{B}$。

5. 设 $\boldsymbol{A}=\begin{pmatrix}\boldsymbol{A}_1 & \boldsymbol{O}\\ \boldsymbol{O} & \boldsymbol{A}_2\end{pmatrix}$，$\boldsymbol{B}=\begin{pmatrix}\boldsymbol{B}_1 & \boldsymbol{O}\\ \boldsymbol{O} & \boldsymbol{B}_2\end{pmatrix}$。证明　如果 $\boldsymbol{A}_1$ 与 $\boldsymbol{B}_1$ 合同，$\boldsymbol{A}_2$ 与 $\boldsymbol{B}_2$ 合同，则 $\boldsymbol{A}$ 与 $\boldsymbol{B}$ 合同。

6. 用正交变换法化下面二次型为标准形

(1) $f(x_1,x_2,x_3)=2x_1{}^2+x_2{}^2+2x_3{}^2-4x_1x_3$

(2) $f(x_1,x_2,x_3)=x_1^2+4x_2^2+x_3^2-4x_1x_2-8x_1x_3-4x_2x_3$

7. 用可逆线性变换化下列二次型为标准形

(1) $f(x_1,x_2,x_3)=x_1^2+2x_1x_2+2x_2^2+4x_2x_3+4x_3^2$

(2) $f(x_1,x_2,x_3)=2x_1x_2+2x_1x_3-6x_2x_3$

8. 求二次型 $f(x_1,x_2,x_3)=x_1^2+5x_1x_2-3x_2x_3$ 的秩与符号差。

9. 下列矩阵是否合同，为什么？

(1) $\boldsymbol{A}=\begin{pmatrix}1&1\\0&1\end{pmatrix}$ 与 $\boldsymbol{B}=\begin{pmatrix}1&0\\0&1\end{pmatrix}$　　(2) $\boldsymbol{A}=\begin{pmatrix}1&1\\0&3\end{pmatrix}$ 与 $\boldsymbol{B}=\begin{pmatrix}4&0\\0&-5\end{pmatrix}$

(3) $\boldsymbol{A}=\begin{pmatrix}2&3\\3&0\end{pmatrix}$ 与 $\boldsymbol{B}=\begin{pmatrix}1&0\\0&-1\end{pmatrix}$

10. 证明：正定矩阵的对角线元素全大于零。

11. 仿照本章定理 6.5 和定理 6.6，给出 $f=\boldsymbol{X}'\boldsymbol{A}\boldsymbol{X}$ 负定的等价条件。

12. 判别下列二次型的正定性

(1) $f(x_1,x_2,x_3)=5x_1^2+x_2^2+5x_3^2+4x_1x_2-8x_1x_3-4x_2x_3$

(2) $f(x_1,x_2,x_3)=-2x_1^2-6x_2^2-4x_3^2+2x_1x_2+2x_1x_3$

13. 证明：实对称矩阵 $\boldsymbol{A}$ 正定的充分必要条件是存在可逆矩阵 $\boldsymbol{C}$，使 $\boldsymbol{A}=\boldsymbol{C}'\boldsymbol{C}$。

14. 设 $\boldsymbol{A}$ 是 n 阶正定矩阵，试证明 $|\boldsymbol{A}+\boldsymbol{E}|>1$。

15*. 已知二元二次函数 $f(x_1,x_2)=x_1^2+x_2^2+x_1x_2-x_1-2x_2+1$。问：

(1) 二次方程 $f(x_1,x_2)=0$ 代表什么样的二次曲线？

(2) 该二次多项式函数在实数范围内可否因式分解？

第七章　线性空间与线性变换

第三章在向量与线性运算的基础上引入了 n 维向量空间的概念。本章我们把向量空间推广到更一般的情形，得到线性代数的一个基本概念——线性空间；然后介绍线性空间中的一种最基本变换——线性变换。

第一节　线性空间的定义与性质

为下面讨论需要，先引入数域的概念。

定义 7.1　设 $\boldsymbol{P}$ 是由一些复数组成的集合，如果它包含 0 与 1，且 $\boldsymbol{P}$ 中任意两个数的和、差、积、商（除数不为零）仍然属于 $\boldsymbol{P}$，则称 $\boldsymbol{P}$ 为一个**数域**（number field）。

显然，有理数集 $\mathbf{Q}$、实数集 $\mathbf{R}$ 和复数集 $\mathbf{C}$ 都是数域，分别称为有理数域、实数域和复数域。再例如，数集

$$\boldsymbol{Q}(\sqrt{3})=\{a+b\sqrt{3}\mid a,b\in\mathbf{Q}\}$$

也构成一个数域，但整数集 $\mathbf{Z}$ 不是数域，无理数集 $\overline{\mathbf{Q}}$ 也不是数域。

我们知道 n 维向量空间 $\mathbf{R}^n$ 就是全体 n 维向量组成的集合，在其中定义了加法运算和实数与向量的数乘运算，并且这二种运算满足加法交换律、结合律等 8 条定律（见第三章第一节）。

另外，在全体 $m\times n$ 阶实矩阵组成的集合 $\mathbf{R}^{m\times n}$ 中，也定义了矩阵的加法运算和实数与矩阵的数乘运算，且这两种运算满足 8 条定律。

还有很多这样的例子，从这些例子中可见，所考虑的对象虽然完全不同，但它们有一个共同点，即它们都具有两种运算：一种是两个元素之间的加法运算；另一种运算是数与元素之间的数乘运算，且满足 8 条定律。我们撇开这些对象的具体含义，加以抽象化，得到线性空间的概念。

定义 7.2　设 $\boldsymbol{P}$ 是一个**数域**，$\boldsymbol{V}$ 是一个**非空集合**，如果：

1. $\boldsymbol{V}$ 中元素具有可加性

对任意 $\boldsymbol{\alpha},\boldsymbol{\beta}\in\boldsymbol{V}$，在 $\boldsymbol{V}$ 中总存在唯一元素 $\boldsymbol{\gamma}$ 与它们对应，$\boldsymbol{\gamma}$ 称为 $\boldsymbol{\alpha}$ 与 $\boldsymbol{\beta}$ 的和，记作 $\boldsymbol{\gamma}=\boldsymbol{\alpha}+\boldsymbol{\beta}$，并且对任意 $\boldsymbol{\alpha},\boldsymbol{\beta},\boldsymbol{\gamma}\in\boldsymbol{V}$ 满足：

（1）交换律　$\boldsymbol{\alpha}+\boldsymbol{\beta}=\boldsymbol{\beta}+\boldsymbol{\alpha}$；

（2）结合律　$(\boldsymbol{\alpha}+\boldsymbol{\beta})+\boldsymbol{\gamma}=\boldsymbol{\alpha}+(\boldsymbol{\beta}+\boldsymbol{\gamma})$；

（3）在 $\boldsymbol{V}$ 中存在零元素 $\mathbf{0}$，使对任意 $\boldsymbol{\alpha}\in\boldsymbol{V}$，都有 $\boldsymbol{\alpha}+\mathbf{0}=\boldsymbol{\alpha}$；

（4）对任意 $\boldsymbol{\alpha}\in\boldsymbol{V}$，存在 $\boldsymbol{V}$ 中的元素 $\boldsymbol{\beta}$，使得 $\boldsymbol{\alpha}+\boldsymbol{\beta}=\mathbf{0}$（$\boldsymbol{\beta}$ 称为 $\boldsymbol{\alpha}$ 的负元素，记为 $-\boldsymbol{\alpha}$）；

2. $\boldsymbol{V}$ 中元素与数域 $\boldsymbol{P}$ 中的数具有可乘性

对任意 $k \in \boldsymbol{P}$ 和任意 $\boldsymbol{\alpha} \in \boldsymbol{V}$，在 $\boldsymbol{V}$ 中总存在唯一元素 $\boldsymbol{\delta}$ 与之对应，$\boldsymbol{\delta}$ 称为数 k 与 $\boldsymbol{\alpha}$ 的**数量乘法**（简称**数乘**），记为 $\boldsymbol{\delta} = k\boldsymbol{\alpha}$，并且对任意 $k, l \in \boldsymbol{P}$，任意 $\boldsymbol{\alpha} \in \boldsymbol{V}$，满足：

（5）$1\boldsymbol{\alpha} = \boldsymbol{\alpha}$；

（6）结合律　$k(l\boldsymbol{\alpha}) = (kl)\boldsymbol{\alpha}$；

（7）左分配律　$(k+l)\boldsymbol{\alpha} = k\boldsymbol{\alpha} + l\boldsymbol{\alpha}$；

（8）右分配律　$k(\boldsymbol{\alpha} + \boldsymbol{\beta}) = k\boldsymbol{\alpha} + k\boldsymbol{\beta}$。

则称非空集合 $\boldsymbol{V}$ 为数域 $\boldsymbol{P}$ 上的一个**线性空间**（linear space）；满足上述规律的加法和数乘运算统称为**线性运算**。

在本书中，我们主要讨论实数域上的线性空间，简称为**实线性空间**。下面列举一些线性空间的例子。

【例 7.1】 全体 n 维实向量构成的向量空间

$$\mathbf{R}^n = \{(a_1, a_2, \cdots, a_n) \mid a_1, a_2, \cdots, a_n \in \mathbf{R}\}$$

对于通常的向量的加法及数与向量的乘法满足定义 7.2 中的 8 条定律，因此 $\boldsymbol{R}^n$ 是一实线性空间；同样 n 维复向量集合

$$\mathbf{C}^n = \{(c_1, c_2, \cdots, c_n) \mid c_1, c_2, \cdots, c_n \in \mathbf{C}\}$$

对于通常的向量加法及数与向量的乘法构成一复线性空间，也可构成一实线性空间。

【例 7.2】 设 $\mathbf{R}^{m \times n}$ 为所有 $m \times n$ 实矩阵构成的集合，对于矩阵的加法运算及任意实数与矩阵的数乘运算，构成实数域上的线性空间，称为**矩阵空间**。

【例 7.3】 所有实系数一元多项式构成的集合 $\boldsymbol{R}[x]$，对于通常的多项式的加法及实数与多项式的乘法构成一实线性空间；同样，次数小于 n 的所有实系数一元多项式添上零多项式对于 $\boldsymbol{R}[x]$ 中的加法与数乘也构成实线性空间，记为 $\boldsymbol{R}[x]_n$。

【例 7.4】 设 $\boldsymbol{A}_{m \times n}$ 为实矩阵，记

$$N(\mathbf{A}) = \{\boldsymbol{x} \mid \mathbf{A}\boldsymbol{x} = \mathbf{0}, x \in \mathbf{R}^n\} \tag{7.1}$$

则 $N(\mathbf{A})$ 构成实数域 $\mathbf{R}$ 上的线性空间，称为齐次线性方程组 $\boldsymbol{Ax} = \mathbf{0}$ 的**解空间**.

【例 7.5】 设 $\boldsymbol{A}_{m \times n}$ 为实矩阵，记

$$R(\mathbf{A}) = \{\boldsymbol{y} \mid \boldsymbol{y} = \boldsymbol{Ax}, \boldsymbol{x} \in \boldsymbol{C}^n\} \tag{7.2}$$

则 $R(\mathbf{A})$ 构成实数域 $\mathbf{R}$ 上的线性空间，称为矩阵 $\mathbf{A}$ 的**值域空间**。

【例 7.6】 实数区间 $[a, b]$ 上的所有实值连续函数构成的集合 $\mathbf{C}[a, b]$，对于通常函数的加法及实数与函数的乘法构成实线性空间，称之为连续函数空间。记 $\boldsymbol{C}(R)$ 为由所有定义在实数 $\mathbf{R}$ 上的连续函数组成的空间。

线性空间是从向量空间推广而抽象出来的，因此线性空间的元素也称为向量，

线性空间也称向量空间。从以上例题可看出，构成线性空间的向量可以是数组、矩阵，也可以是多项式、函数等，它的含义比原来 n 维向量要广泛得多。

由定义可以推出线性空间的一些简单性质。

性质 7.1 线性空间 $\boldsymbol{V}$ 的零元素是唯一的。

证 设$\boldsymbol{0}_1$ 和 $\boldsymbol{0}_2$ 是 $\boldsymbol{V}$ 的两个零元素，有

$$\boldsymbol{0}_1=\boldsymbol{0}_1+\boldsymbol{0}_2=\boldsymbol{0}_2+\boldsymbol{0}_1=\boldsymbol{0}_2$$

性质 7.2 线性空间 $\boldsymbol{V}$ 中任一元素的负元素是唯一的。

证 设 $\boldsymbol{V}$ 的元素 $\boldsymbol{\alpha}$ 有两个负元素 $\boldsymbol{\beta}$ 和 $\boldsymbol{\gamma}$，即 $\boldsymbol{\alpha}+\boldsymbol{\beta}=\boldsymbol{0}$，$\boldsymbol{\alpha}+\boldsymbol{\gamma}=0$。于是

$$\boldsymbol{\beta}=\boldsymbol{\beta}+\boldsymbol{0}=\boldsymbol{\beta}+(\alpha+\boldsymbol{\gamma})=(\boldsymbol{\beta}+\boldsymbol{\alpha})+\boldsymbol{\gamma}=\boldsymbol{0}+\gamma=\gamma$$

由于负向量的唯一性，我们可以将 $\boldsymbol{\alpha}$ 的负向量记为$-\boldsymbol{\alpha}$。

性质 7.3 $0\boldsymbol{\alpha}=\boldsymbol{0}$，$k\boldsymbol{0}=\boldsymbol{0}$，$(-1)\boldsymbol{\alpha}=-\boldsymbol{\alpha}$。

证 因为 $\boldsymbol{\alpha}+0\boldsymbol{\alpha}=1\boldsymbol{\alpha}+0\boldsymbol{\alpha}=(1+0)\boldsymbol{\alpha}=1\boldsymbol{\alpha}=\boldsymbol{\alpha}$，所以 $0\boldsymbol{\alpha}=\boldsymbol{0}$；而 $\boldsymbol{\alpha}+(-1)\boldsymbol{\alpha}=1\boldsymbol{\alpha}+(-1)\boldsymbol{\alpha}=[1+(-1)]\boldsymbol{\alpha}=0\boldsymbol{\alpha}=\boldsymbol{0}$,于是$(-1)\boldsymbol{\alpha}=-\boldsymbol{\alpha}$；又由于，$k\boldsymbol{0}=\mathrm{k}[\boldsymbol{\alpha}+(-1)\boldsymbol{\alpha}]=k\boldsymbol{\alpha}+(-k)\boldsymbol{\alpha}=[k+(-k)]\boldsymbol{\alpha}=0\boldsymbol{\alpha}=\boldsymbol{0}$,即 $k\boldsymbol{0}=\boldsymbol{0}$。

性质 7.4 若 $k\boldsymbol{\alpha}=0$，则有 $k=0$ 或者 $\boldsymbol{\alpha}=\boldsymbol{0}$。

证 假设 $k\neq0$，则 $k^{-1}(k\boldsymbol{\alpha})=k^{-1}0=0$；另一方面，有 $\mathrm{k}^{-1}(\mathrm{k}\boldsymbol{\alpha})=(k^{-1}k)\boldsymbol{\alpha}=1\boldsymbol{\alpha}=\boldsymbol{\alpha}$，即有

$$\boldsymbol{\alpha}=\boldsymbol{0}$$

在例 7.3 中我们讨论过，对于通常的多项式的加法和数乘，$R[\boldsymbol{x}]_n$ 和 $R[\boldsymbol{x}]$都是实线性空间，而 $R[\boldsymbol{x}]_n$ 是 $R[\boldsymbol{x}]$的子集，对于这种情况，称 $R[\boldsymbol{x}]_n$ 是 $R[\boldsymbol{x}]$的子空间。下面给出子空间的一般定义。

定义 7.3 设 $\boldsymbol{V}$ 是数域 $\boldsymbol{P}$ 上的线性子空间，$\boldsymbol{W}$ 是 $\boldsymbol{V}$ 的一个非空子集，若 $\boldsymbol{W}$ 对于 $\boldsymbol{V}$ 上的加法和数乘运算，也构成一个线性空间，则称 $\boldsymbol{W}$ 为 $\boldsymbol{V}$ 的一个**线性子空间**(linear subspace)，简称**子空间**。

每个非零线性空间 $\boldsymbol{V}$ 至少有两个线性子空间，一个是它自身 $\boldsymbol{V}$，另一个是仅由零向量构成的子集合，称为**零子空间**。

一个非空子集满足什么条件才可构成子空间？$\boldsymbol{W}$ 既然是 $\boldsymbol{V}$ 的子集合，那么 $\boldsymbol{W}$ 中的元素满足定义 7.2 中的条件(1),(2)和(5)～(8)是显然的，而只要 $\boldsymbol{W}$ 满足对线性运算封闭，就有 W 满足条件(3),(4)。于是我们有

定理 7.1 线性空间 $\boldsymbol{V}$ 的非空子集 $\boldsymbol{W}$ 构成 $\boldsymbol{V}$ 的一个子空间的充分必要条件是：$\boldsymbol{W}$ 对于 $\boldsymbol{V}$ 上的线性运算封闭。

【例 7.7】 设线性空间 $R[\boldsymbol{x}]_n$ 中次数小于 $r(r\leqslant n)$的多项式全体，构成 $R[\boldsymbol{x}]_n$ 的一个线性子空间。

【例 7.8】 设 $\boldsymbol{\alpha}_1$，$\boldsymbol{\alpha}_2$，…，$\boldsymbol{\alpha}_s$ 是线性空间 $\boldsymbol{V}$ 中一组向量，其所有可能的线性组合的集合

$$\boldsymbol{S}=\mathrm{Span}\{\boldsymbol{\alpha}_1,\boldsymbol{\alpha}_2,\cdots,\boldsymbol{\alpha}_s\}=\{k_1\boldsymbol{\alpha}_1+k_2\boldsymbol{\alpha}_2+\cdots+k_s\boldsymbol{\alpha}_s \mid k_i\in\boldsymbol{F}(i=1,2,\cdots,s)\} \quad (7.3)$$

非空，并且对线性运算是封闭的，因此构成的 V 的线性子空间

$$\boldsymbol{S}=\mathrm{Span}\{\boldsymbol{\alpha}_1,\boldsymbol{\alpha}_2,\cdots,\boldsymbol{\alpha}_s\} \tag{7.4}$$

称为是由向量组 $\boldsymbol{\alpha}_1,\boldsymbol{\alpha}_2,\cdots,\boldsymbol{\alpha}_s$ 生成的**生成子空间**。

第二节　线性空间的维数、基与坐标

在第三章中讨论 n 维向量时，我们曾引进了线性组合、线性相关（无关）、等价向量组、极大无关组等许多重要概念，而这些概念不难将它们推广到一般数域 $\boldsymbol{P}$ 上的线性空间 $\boldsymbol{V}$ 上去。作为例子，我们仅讨论线性相关与线性无关。

定义 7.4　设 $\boldsymbol{\alpha}_1,\boldsymbol{\alpha}_2,\cdots,\boldsymbol{\alpha}_r$ 是线性空间 $\boldsymbol{V}$ 中的向量组，若存在不全为 0 的数 $k_1,k_2,\cdots,k_r\in\boldsymbol{P}$ 使得

$$k_1\boldsymbol{\alpha}_1+k_2\boldsymbol{\alpha}_2+\cdots+k_r\boldsymbol{\alpha}_r=\boldsymbol{0}$$

则称向量组 $\boldsymbol{\alpha}_1,\boldsymbol{\alpha}_2,\cdots,\boldsymbol{\alpha}_r$ 是**线性相关**的，反之，仅当 $k_1=k_2=\cdots=k_r=0$ 时，才有上式成立，则称 $\boldsymbol{\alpha}_1,\boldsymbol{\alpha}_2,\cdots,\boldsymbol{\alpha}_r$ 是**线性无关**的。

【例 7.9】　在连续函数空间 $C(R)$ 中，讨论向量组 1，$\cos 2x$，$\cos^2 x$ 的线性相关性。

解　因为

$$\cos 2x=2\cos^2 x-1$$

所以

$$1+\cos 2x+(-2)\cos^2 x=0$$

根据定义 7.4，向量组 $1,\cos 2x,\cos^2 x$ 是线性相关的，但注意向量组 $1,\cos 2x,\cos^2 x$ 中任意两个都是线性无关的。

【例 7.10】　在多项式空间 $R[\boldsymbol{x}]$ 中，讨论向量组 $1,x,x^2,\cdots,x^{n-1}$ 的线性相关性。

解　若 $k_0+k_1x+k_2x^2+\cdots+k_{n-1}x^{n-1}=0$，则必有

$$k_0=k_1=k_2=\cdots=k_{n-1}=0$$

所以 $1,x,x^2,\cdots,x^{n-1}$ 是线性无关的。

仿照以前的证明，可得以下常用的一些结论。

（1）单个向量 $\boldsymbol{\alpha}$ 是线性相关的充要条件是 $\boldsymbol{\alpha}$ 是零向量；两个以上的向量 $\boldsymbol{\alpha}_1,\boldsymbol{\alpha}_2,\cdots,\boldsymbol{\alpha}_r$ 线性相关的充要条件是其中一个向量可用其余向量线性表示。

（2）若向量组 $\boldsymbol{\alpha}_1,\boldsymbol{\alpha}_2,\cdots,\boldsymbol{\alpha}_r$ 线性无关，但向量组 $\boldsymbol{\alpha}_1,\boldsymbol{\alpha}_2,\cdots,\boldsymbol{\alpha}_r,\boldsymbol{\beta}$ 线性相关，则 $\boldsymbol{\beta}$ 可由 $\boldsymbol{\alpha}_1,\boldsymbol{\alpha}_2,\cdots,\boldsymbol{\alpha}_r$ 唯一地线性表示。

（3）若向量组 $\boldsymbol{\alpha}_1,\boldsymbol{\alpha}_2,\cdots,\boldsymbol{\alpha}_r$ 线性无关，而且可以被 $\boldsymbol{\beta}_1,\boldsymbol{\beta}_2,\cdots,\boldsymbol{\beta}_s$ 线性表示，则 $r\leqslant s$。由此推出，两个等价的线性无关向量组必定含有相同个数的向量。

有了以上的准备之后，我们可以引入下列定义。

定义 7.5　设数域 $\boldsymbol{P}$ 上的线性空间 $\boldsymbol{V}$ 中的 n 个向量 $\boldsymbol{\alpha}_1,\boldsymbol{\alpha}_2,\cdots,\boldsymbol{\alpha}_n$ 满足：

（1）$\boldsymbol{\alpha}_1,\boldsymbol{\alpha}_2,\cdots,\boldsymbol{\alpha}_n$ 线性无关；

（2）任意的 $\boldsymbol{\alpha}\in\boldsymbol{V}$ 都可由 $\boldsymbol{\alpha}_1,\boldsymbol{\alpha}_2,\cdots,\boldsymbol{\alpha}_n$ 线性表示，即存在一组有序数 $k_1,k_2,\cdots,k_n$，使

$$\boldsymbol{\alpha}=k_1\boldsymbol{\alpha}_1+k_2\boldsymbol{\alpha}_2+\cdots+k_n\boldsymbol{\alpha}_n \tag{7.5}$$

则将向量组 $\boldsymbol{\alpha}_1,\boldsymbol{\alpha}_2,\cdots,\boldsymbol{\alpha}_n$ 称为线性空间 $\mathbf{V}$ 的一组**基**（basis）；向量组所含向量数 n 称为线性空间 V 的**维数**（dimension），记为 $\dim(\mathbf{V})=\mathrm{n}$。

维数为 n 的线性空间称为 n **维线性空间**，记为 $\mathbf{V}^n$。由定义 7.5 可见，线性空间的维数就是它的一组基所含的向量个数。当确定了一组基之后，线性空间中的任一向量在该组基下的表示就是唯一的。

设 $\boldsymbol{\alpha}_1,\boldsymbol{\alpha}_2,\cdots,\boldsymbol{\alpha}_n$ 为线性空间 $\mathbf{V}^n$ 的一组基，则对任意的元素 $\boldsymbol{\alpha}\in\mathbf{V}^n$，都有一组有序数 $x_1,x_2,\cdots,x_n$，使式（7.5）成立；并且可以证明，这组有序数是唯一的。

反之，任给一组有序数 $x_1,x_2,\cdots,x_n$，总有唯一的元素 $\boldsymbol{\alpha}\in\mathbf{V}^n$ 可以由 $\boldsymbol{\alpha}_1,\boldsymbol{\alpha}_2,\cdots,\boldsymbol{\alpha}_n$ 线性表示，即同样式（7.5）成立。

由此可知，如果 $\boldsymbol{\alpha}_1,\boldsymbol{\alpha}_2,\cdots,\boldsymbol{\alpha}_n$ 是线性空间 $\mathbf{V}^n$ 的一组基，对任一元素 $\boldsymbol{\alpha}\in\mathbf{V}^n$，都可以表示为

$$\boldsymbol{\alpha}=x_1\boldsymbol{\alpha}_1+x_2\boldsymbol{\alpha}_2+\cdots+x_n\boldsymbol{\alpha}_n=(\boldsymbol{\alpha}_1,\boldsymbol{\alpha}_2,\cdots,\boldsymbol{\alpha}_n)\begin{pmatrix}x_1\\x_2\\\vdots\\x_n\end{pmatrix} \tag{7.6}$$

这样，$\mathbf{V}^n$ 的元素 $\boldsymbol{\alpha}$ 与有序数组 $(x_1,x_2,\cdots,x_n)'$ 之间存在着一种一一对应关系，因此可以用这有序数组来表示元素 $\boldsymbol{\alpha}$。于是我们有

定义 7.6 设 $\boldsymbol{\alpha}_1,\boldsymbol{\alpha}_2,\cdots,\boldsymbol{\alpha}_n$ 是线性空间 $\mathbf{V}^n$ 的一组基，对于任一元素 $\boldsymbol{\alpha}\in\mathbf{V}^n$，有且仅有一组有序数 $x_1,x_2,\cdots,x_n$，使式（7.5）成立，则称该有序数组为元素 $\boldsymbol{\alpha}$ 在基 $\boldsymbol{\alpha}_1,\boldsymbol{\alpha}_2,\cdots,\boldsymbol{\alpha}_n$ 下的**坐标**（coordinates），并记元素 $\boldsymbol{\alpha}$ 的**坐标**为

$$(x_1,x_2,\cdots,x_n)' \tag{7.7}$$

【例 7.11】 在 n 维线性空间 $\mathbf{R}^n$ 中，它的一组基为

$$\boldsymbol{\varepsilon}_1=(1,0,\cdots,0)',\ \boldsymbol{\varepsilon}_2=(0,1,\cdots,0)',\ \cdots,\ \boldsymbol{\varepsilon}_n=(0,0,\cdots,1)'$$

对于任一向量 $\boldsymbol{\alpha}=(a_1,a_2,\cdots,a_n)\in\mathbf{R}^n$，有

$$\boldsymbol{\alpha}=a_1\boldsymbol{\varepsilon}_1+a_2\boldsymbol{\varepsilon}_2+\cdots+a_n\boldsymbol{\varepsilon}_n$$

所以向量 $\boldsymbol{\alpha}$ 在基 $\boldsymbol{\varepsilon}_1,\boldsymbol{\varepsilon}_2,\cdots,\boldsymbol{\varepsilon}_n$ 下的坐标为 $(a_1,a_2,\cdots,a_n)'$。而在 $\mathbf{R}^n$ 的另一组基

$$\boldsymbol{\varepsilon}'_1=(1,1,\cdots,1)',\boldsymbol{\varepsilon}'_2=(0,1,\cdots,1)',\cdots,\boldsymbol{\varepsilon}'_n=(0,0,\cdots,1)'$$

下，向量 $\boldsymbol{\alpha}$ 可以表示为

$$\boldsymbol{\alpha}=a_1\boldsymbol{\varepsilon}'_1+(a_2-a_1)\boldsymbol{\varepsilon}'_2+\cdots+(a_n-a_{n-1})\boldsymbol{\varepsilon}'_n$$

向量 $\boldsymbol{\alpha}$ 在基 $\boldsymbol{\varepsilon}'_1,\boldsymbol{\varepsilon}'_2,\cdots,\boldsymbol{\varepsilon}'_n$ 下的坐标为 $(a_1,a_2-a_1,\cdots,a_n-a_{n-1})'$。

【例 7.12】 求例 7.3 中实线性空间 $R[x]_n$ 的一个基、维数及多项式 $f(x)=a_0+a_1x+\cdots+a_{n-1}x^{n-1}$ 在这个基下的坐标。

解 由例 7.10 可知，$1,x,\cdots,x^{n-1}$ 是线性无关的，且任意

$$f(x)=a_0+a_1x+\cdots+a_{n-1}x^{n-1}\in R[x]_n$$

可由 $1,x,\cdots,x^{n-1}$ 线性表示，所以 $1,x,\cdots,x^{n-1}$ 为 $R[x]_n$ 的一个基，其维数 $\dim R[x]_n=n$，$f(x)$ 在这个基下的坐标为 $(a_0,a_1,\cdots,a_{n-1})$。

另外，容易验证 $\alpha_1=1,\alpha_2=x-a,\cdots,\alpha_n=(x-a)^{n-1}$（$a$ 为任意实数）也是 $R[x]_n$ 的一个基。根据 Taylor 公式，任意 $f(x)\in R[x]_n$ 有

$$f(x)=f(a)+f'(a)(x-a)+\frac{f''(a)}{2!}(x-a)^2+\cdots+\frac{f^{(n-1)}(a)}{(n-1)!}(x-a)^{n-1}$$

故 $f(x)$ 在 $1,(x-a),\cdots,(x-a)^{n-1}$ 下的坐标为 $\left(f(a),f'(a),\frac{f''(a)}{2!},\cdots,\frac{f^{(n-1)}(a)}{(n-1)!}\right)$。

【例 7.13】 求实线性空间 $\mathbf{R}^{2\times2}=\{\mathbf{A}=(a_{ij})_{2\times2}\mid a_{ij}\in\mathbf{R},i,j=1,2\}$ 的一个基、维数及任意矩阵 $\mathbf{A}=(a_{ij})_{2\times2}$ 在这个基下的坐标。

解　设

$$\mathbf{E}_{11}=\begin{pmatrix}1&0\\0&0\end{pmatrix},\quad \mathbf{E}_{12}=\begin{pmatrix}0&1\\0&0\end{pmatrix}$$

$$\mathbf{E}_{21}=\begin{pmatrix}0&0\\1&0\end{pmatrix},\quad \mathbf{E}_{22}=\begin{pmatrix}0&0\\0&1\end{pmatrix}$$

若有实数 k_1,k_2,k_3,k_4，使得

$$k_1\mathbf{E}_{11}+k_2\mathbf{E}_{12}+k_3\mathbf{E}_{21}+k_4\mathbf{E}_{22}=0$$

则容易推得 $k_1=k_2=k_3=k_4=0$，故 $\mathbf{E}_{11},\mathbf{E}_{12},\mathbf{E}_{21},\mathbf{E}_{22}$ 是 $\mathbf{R}^{2\times2}$ 中线性无关组，又对任意 $\mathbf{A}=(a_{ij})_{2\times2}\in\mathbf{R}^{2\times2}$，有

$$\mathbf{A}=a_{11}\mathbf{E}_{11}+a_{12}\mathbf{E}_{12}+a_{21}\mathbf{E}_{21}+a_{22}\mathbf{E}_{22}$$

所以 $\mathbf{E}_{11},\mathbf{E}_{12},\mathbf{E}_{21},\mathbf{E}_{22}$ 是 $\mathbf{R}^{2\times2}$ 的一个基，$\dim\mathbf{R}^{2\times2}=4$，任意矩阵 $\mathbf{A}$ 在这个基下的坐标为 $(a_{11},a_{12},a_{21},a_{22})'$。

引入了线性空间中向量坐标的概念后，不仅将抽象的向量 $\boldsymbol{\alpha}$ 与具体的数组向量 $(x_1,x_2,\cdots,x_n)'$ 联系在一起；同时也将线性空间 $\mathbf{V}^n$ 中抽象的线性运算与具体的数组向量的线性运算联系在一起。

设向量 $\boldsymbol{\alpha}_1,\boldsymbol{\alpha}_2,\cdots,\boldsymbol{\alpha}_n$ 是 n 维线性空间 $\mathbf{V}^n$ 的一组基，向量 $\boldsymbol{\alpha},\boldsymbol{\beta}\in\mathbf{V}^n$，且

$$\boldsymbol{\alpha}=(\boldsymbol{\alpha}_1,\boldsymbol{\alpha}_2,\cdots,\boldsymbol{\alpha}_n)\begin{pmatrix}x_1\\x_2\\\vdots\\x_n\end{pmatrix},\quad \boldsymbol{\beta}=(\boldsymbol{\alpha}_1,\boldsymbol{\alpha}_2,\cdots,\boldsymbol{\alpha}_n)\begin{pmatrix}y_1\\y_2\\\vdots\\y_n\end{pmatrix}\tag{7.8}$$

$\lambda \in \mathbf{R}$,则有向量之间的线性运算

$$\boldsymbol{\alpha}+\boldsymbol{\beta}=(\boldsymbol{\alpha}_1,\boldsymbol{\alpha}_2,\cdots,\boldsymbol{\alpha}_n)\begin{pmatrix}x_1+y_1\\x_2+y_2\\\vdots\\x_n+y_n\end{pmatrix} \tag{7.9}$$

$$\lambda\boldsymbol{\alpha}=(\boldsymbol{\alpha}_1,\boldsymbol{\alpha}_2,\cdots,\boldsymbol{\alpha}_n)\begin{pmatrix}\lambda x_1\\\lambda x_2\\\vdots\\\lambda x_n\end{pmatrix} \tag{7.10}$$

即在给定 n 维线性空间 $\mathbf{V}^n$ 的一组基 $\boldsymbol{\alpha}_1,\boldsymbol{\alpha}_2,\cdots,\boldsymbol{\alpha}_n$ 后，不仅 $\mathbf{V}^n$ 中的向量 $\boldsymbol{\alpha}$ 与 n 维数组向量空间 $\mathbf{R}^n$ 中的向量 $(x_1,x_2,\cdots,x_n)'$ 之间有一个一一对应的关系，而且这个对应关系还保持线性运算的对应。因此，n 维线性空间 $\mathbf{V}^n$ 与 n 维数组向量空间 $\mathbf{R}^n$ 有相同的结构，称 $\mathbf{V}^n$ 与 $\mathbf{R}^n$ 同构。一般地，有

定义 7.7 如果两个线性空间满足下面的条件：

(1) 它们的元素之间存在一一对应关系；

(2) 这种对应关系保持线性运算的对应。

则称这两个线性空间是**同构的**。

同构是线性空间之间的一种关系。显然任何一个 n 维线性空间都与 $\mathbf{R}^n$ 同构，即维数相等的线性空间都同构，这样线性空间的结构就完全由它的维数决定。线性空间是 n 维实向量空间的推广，线性空间经过同构又可转化为向量空间来研究。这种由特殊到一般，再由一般到特殊的思考问题方式，正是人们认识自然世界的一个基本方法。

第三节 基变换与坐标变换

在 n 维线性空间 $\mathbf{V}^n$ 中，任何含有 n 个向量的线性无关组都可以作为该线性空间的一组基，所以线性空间的基不唯一；因为同一向量在不同的基之下的坐标一般是不同的，例如例 7.11 和例 7.12，所以需要讨论基向量组发生改变时，向量的坐标如何发生变化。首先来看一个例子。

【例 7.14】 平面解析几何中的直角坐标系有时需要作旋转（如图 7.1），这实际上是坐标向量 $\boldsymbol{\varepsilon}_1,\boldsymbol{\varepsilon}_2$ 绕原点作旋转，设坐标轴逆时针旋转角度 θ，那么不难看出，新坐标向量 $(\boldsymbol{\eta}_1,\boldsymbol{\eta}_2)$ 与原坐标向量 $\boldsymbol{\varepsilon}_1,\boldsymbol{\varepsilon}_2$ 之间的关系为

$$\begin{cases}\boldsymbol{\eta}_1=(\cos\theta)\boldsymbol{\varepsilon}_1+(\sin\theta)\boldsymbol{\varepsilon}_2\\\boldsymbol{\eta}_2=(-\sin\theta)\boldsymbol{\varepsilon}_1+(\cos\theta)\boldsymbol{\varepsilon}_2\end{cases}$$

或者写为

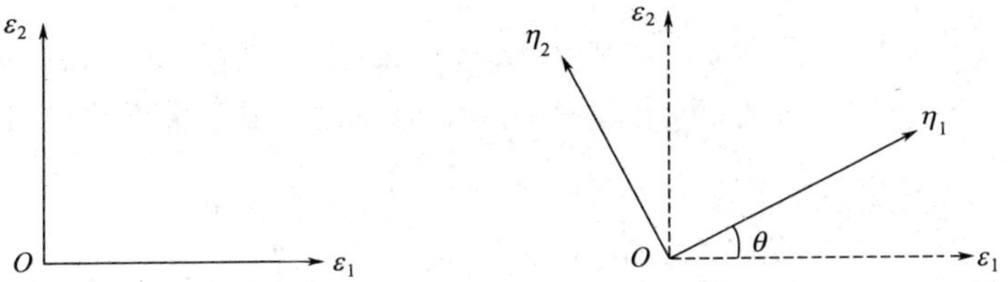

图 7.1　例 7.14 图

$$(\boldsymbol{\eta}_1,\boldsymbol{\eta}_2)=(\boldsymbol{\varepsilon}_1,\boldsymbol{\varepsilon}_2)\begin{pmatrix}\cos\theta & -\sin\theta\\ \sin\theta & \cos\theta\end{pmatrix}$$

若向量 $\boldsymbol{\alpha}$ 在原坐标系和新坐标系的坐标分别为 $\begin{pmatrix}x_1\\x_2\end{pmatrix}$ 和 $\begin{pmatrix}y_1\\y_2\end{pmatrix}$，即

$$\boldsymbol{\alpha}=x_1\boldsymbol{\varepsilon}_1+x_2\boldsymbol{\varepsilon}_2=y_1\boldsymbol{\eta}_1+y_2\boldsymbol{\eta}_2$$

将前式代入，有

$$\begin{aligned}\boldsymbol{\alpha}&=y_1(\cos\theta\boldsymbol{\varepsilon}_1+\sin\theta\boldsymbol{\varepsilon}_2)+y_2(-\sin\theta\boldsymbol{\varepsilon}_1+\cos\theta\boldsymbol{\varepsilon}_2)\\&=(y_1\cos\theta-y_2\sin\theta)\boldsymbol{\varepsilon}_1+(y_1\sin\theta+y_2\cos\theta)\boldsymbol{\varepsilon}_2\end{aligned}$$

由向量坐标的唯一性，比较上面两式，得到

$$\begin{cases}x_1=y_1\cos\theta-y_2\sin\theta\\ x_2=y_1\sin\theta+y_2\cos\theta\end{cases}$$

或者写为

$$\begin{pmatrix}x_1\\x_2\end{pmatrix}=\begin{pmatrix}\cos\theta & -\sin\theta\\ \sin\theta & \cos\theta\end{pmatrix}\begin{pmatrix}y_1\\y_2\end{pmatrix}$$

这就是向量 $\boldsymbol{\alpha}$ 在新旧坐标系下坐标之间的关系。下面将它推广到一般情况。

定义 7.8　设 $\boldsymbol{\alpha}_1,\boldsymbol{\alpha}_2,\cdots,\boldsymbol{\alpha}_n$ 和 $\boldsymbol{\beta}_1,\boldsymbol{\beta}_2,\cdots,\boldsymbol{\beta}_n$ 是线性空间 $\boldsymbol{V}^n$ 的两组不同的基，并且满足

$$\boldsymbol{\beta}_j=p_{1j}\boldsymbol{\alpha}_1+p_{2j}\boldsymbol{\alpha}_2+\cdots+p_{nj}\boldsymbol{\alpha}_n\quad(j=1,2,\cdots,n)\tag{7.11}$$

或者写成

$$(\boldsymbol{\beta}_1,\boldsymbol{\beta}_2,\cdots,\boldsymbol{\beta}_n)=(\boldsymbol{\alpha}_1,\boldsymbol{\alpha}_2,\cdots,\boldsymbol{\alpha}_n)\boldsymbol{P}\tag{7.12}$$

其中矩阵

$$\boldsymbol{P}=\begin{pmatrix}p_{11} & p_{12} & \cdots & p_{1n}\\ p_{21} & p_{22} & \cdots & p_{2n}\\ \vdots & \vdots & \cdots & \vdots\\ p_{n1} & p_{n2} & \cdots & p_{nn}\end{pmatrix}\tag{7.13}$$

称为从基 $\boldsymbol{\alpha}_1,\boldsymbol{\alpha}_2,\cdots,\boldsymbol{\alpha}_n$ 到基 $\boldsymbol{\beta}_1,\boldsymbol{\beta}_2,\cdots,\boldsymbol{\beta}_n$ 的**过渡矩阵**；并将式(7.12)式称为**基变换公式**。

由于向量组 $\boldsymbol{\alpha}_1,\boldsymbol{\alpha}_2,\cdots,\boldsymbol{\alpha}_n$ 和 $\boldsymbol{\beta}_1,\boldsymbol{\beta}_2,\cdots,\boldsymbol{\beta}_n$ 都是线性无关的，所以过渡矩阵 $\boldsymbol{P}$

是可逆的。

定理 7.2 设 $\mathbf{V}^n$ 中元素 $\boldsymbol{\xi}$，在基 $\boldsymbol{\alpha}_1,\boldsymbol{\alpha}_2,\cdots,\boldsymbol{\alpha}_n$ 下的坐标为 $(a_1,a_2,\cdots,a_n)'$；在基 $\boldsymbol{\beta}_1,\boldsymbol{\beta}_2,\cdots,\boldsymbol{\beta}_n$ 下的坐标为 $(b_1,b_2,\cdots,b_n)'$；且基之间满足关系式(7.12)，则有**坐标变换公式**

$$\begin{pmatrix}a_1\\a_2\\\vdots\\a_n\end{pmatrix}=\boldsymbol{P}\begin{pmatrix}b_1\\b_2\\\vdots\\b_n\end{pmatrix}\quad\text{或}\quad\begin{pmatrix}b_1\\b_2\\\vdots\\b_n\end{pmatrix}=\boldsymbol{P}^{-1}\begin{pmatrix}a_1\\a_2\\\vdots\\a_n\end{pmatrix}\tag{7.14}$$

（证明作为习题，请读者自行推导）

定理 7.2 的逆命题也成立，即若线性空间中任一元素在两组基下的坐标满足坐标变换公式(7.14)，则这两组基一定满足基变换公式(7.12)。

【例 7.15】 设有 $\mathbf{R}^{2\times 2}$ 中向量组

$$\boldsymbol{\alpha}_1=\begin{pmatrix}1&0\\0&0\end{pmatrix},\ \boldsymbol{\alpha}_2=\begin{pmatrix}1&1\\0&0\end{pmatrix},\ \boldsymbol{\alpha}_3=\begin{pmatrix}1&1\\1&0\end{pmatrix},\ \boldsymbol{\alpha}_4=\begin{pmatrix}1&1\\1&1\end{pmatrix}$$

(1) 证明 $\boldsymbol{\alpha}_1,\boldsymbol{\alpha}_2,\boldsymbol{\alpha}_3,\boldsymbol{\alpha}_4$ 是 $\mathbf{R}^{2\times 2}$ 的一个基；

(2) 求从基 $\boldsymbol{E}_{11},\boldsymbol{E}_{12},\boldsymbol{E}_{21},\boldsymbol{E}_{22}$（其中 $\boldsymbol{E}_{ij}$ 表示第(i,j)元素为 1，其余元素都为 0 的二阶方阵）到基 $\boldsymbol{\alpha}_1,\boldsymbol{\alpha}_2,\boldsymbol{\alpha}_3,\boldsymbol{\alpha}_4$ 的过渡矩阵；

(3) 求矩阵 $\boldsymbol{A}=\begin{pmatrix}1&-1\\0&2\end{pmatrix}$ 在基 $\boldsymbol{\alpha}_1,\boldsymbol{\alpha}_2,\boldsymbol{\alpha}_3,\boldsymbol{\alpha}_4$ 下的坐标。

解 (1) 因为 $\dim\mathbf{R}^{2\times 2}=4$，所以只要证明 $\boldsymbol{\alpha}_1,\boldsymbol{\alpha}_2,\boldsymbol{\alpha}_3,\boldsymbol{\alpha}_4$ 线性无关即可。设

$$k_1\boldsymbol{\alpha}_1+k_2\boldsymbol{\alpha}_2+k_3\boldsymbol{\alpha}_3+k_4\boldsymbol{\alpha}_4=\mathbf{0}$$

即

$$k_1\begin{pmatrix}1&0\\0&0\end{pmatrix}+k_2\begin{pmatrix}1&1\\0&0\end{pmatrix}+k_3\begin{pmatrix}1&1\\1&0\end{pmatrix}+k_4\begin{pmatrix}1&1\\1&1\end{pmatrix}=\begin{pmatrix}0&0\\0&0\end{pmatrix}$$

故

$$\begin{cases}k_1+k_2+k_3+k_4=0\\ \qquad k_2+k_3+k_4=0\\ \qquad\qquad k_3+k_4=0\\ \qquad\qquad\qquad k_4=0\end{cases}$$

得 $k_1=k_2=k_3=k_4=0$，因此 $\boldsymbol{\alpha}_1,\boldsymbol{\alpha}_2,\boldsymbol{\alpha}_3,\boldsymbol{\alpha}_4$ 线性无关，从而是 $\mathbf{R}^{2\times 2}$ 的一个基。

(2) 因为

$$\boldsymbol{\alpha}_1=\boldsymbol{E}_{11}$$
$$\boldsymbol{\alpha}_2=\boldsymbol{E}_{11}+\boldsymbol{E}_{12}$$
$$\boldsymbol{\alpha}_3=\boldsymbol{E}_{11}+\boldsymbol{E}_{12}+\boldsymbol{E}_{21}$$
$$\boldsymbol{\alpha}_4=\boldsymbol{E}_{11}+\boldsymbol{E}_{12}+\boldsymbol{E}_{21}+\boldsymbol{E}_{22}$$

所以从基 $\boldsymbol{E}_{11},\boldsymbol{E}_{12},\boldsymbol{E}_{21},\boldsymbol{E}_{22}$ 到基 $\boldsymbol{\alpha}_1,\boldsymbol{\alpha}_2,\boldsymbol{\alpha}_3,\boldsymbol{\alpha}_4$ 的过渡矩阵为

$$\boldsymbol{P}=\begin{pmatrix}1&1&1&1\\0&1&1&1\\0&0&1&1\\0&0&0&1\end{pmatrix}$$

(3) 显然，矩阵 $\boldsymbol{A}$ 在 $\boldsymbol{E}_{11},\boldsymbol{E}_{12},\boldsymbol{E}_{21},\boldsymbol{E}_{22}$ 下的坐标是(1,－1,0,2)，由定理 7.2，$\boldsymbol{A}$ 在基 $\boldsymbol{\alpha}_1,\boldsymbol{\alpha}_2,\boldsymbol{\alpha}_3,\boldsymbol{\alpha}_4$ 下的坐标为

$$\boldsymbol{P}^{-1}\begin{pmatrix}1\\-1\\0\\2\end{pmatrix}=\begin{pmatrix}1&1&1&1\\0&1&1&1\\0&0&1&1\\0&0&0&1\end{pmatrix}^{-1}\begin{pmatrix}1\\-1\\0\\2\end{pmatrix}=\begin{pmatrix}1&-1&0&0\\0&1&-1&0\\0&0&1&-1\\0&0&0&1\end{pmatrix}\begin{pmatrix}1\\-1\\0\\2\end{pmatrix}=\begin{pmatrix}2\\-1\\-2\\2\end{pmatrix}$$

【例 7.16】 在线性空间 $R[x]_3$ 中取两组基分别为

$$\alpha_1=1,\ \alpha_2=-1+x,\ \alpha_3=-1-x+x^2$$

$$\beta_1=1+x+x^2,\ \beta_2=x+x^2,\ \beta_3=x^2$$

求坐标变换公式。

解 为了求出从基 $\alpha_1,\alpha_2,\alpha_3$ 到 β_1,β_2,β_3 的过渡矩阵，先将它们与另一个基 1，x,x^2 联系起来

$$(\alpha_1,\alpha_2,\alpha_3)=(1,x,x^2)\begin{pmatrix}1&-1&-1\\0&1&-1\\0&0&1\end{pmatrix}$$

$$(\beta_1,\beta_2,\beta_3)=(1,x,x^2)\begin{pmatrix}1&0&0\\1&1&0\\1&1&1\end{pmatrix}$$

于是

$$(1,x,x^2)=(\alpha_1,\alpha_2,\alpha_3)\begin{pmatrix}1&-1&-1\\0&1&-1\\0&0&1\end{pmatrix}^{-1}$$

$$(\beta_1,\beta_2,\beta_3)=(\alpha_1,\alpha_2,\alpha_3)\begin{pmatrix}1&-1&-1\\0&1&-1\\0&0&1\end{pmatrix}^{-1}\begin{pmatrix}1&0&0\\1&1&0\\1&1&1\end{pmatrix}$$

$$=(\alpha_1,\alpha_2,\alpha_3)\begin{pmatrix}4&3&2\\2&2&1\\1&1&1\end{pmatrix}$$

则坐标变换公式为

$$\begin{pmatrix}x_1\\x_2\\x_3\end{pmatrix}=\begin{pmatrix}4&3&2\\2&2&1\\1&1&1\end{pmatrix}\begin{pmatrix}y_1\\y_2\\y_3\end{pmatrix} \quad 或 \quad \begin{pmatrix}y_1\\y_2\\y_3\end{pmatrix}=\begin{pmatrix}1&-1&-1\\-1&2&0\\0&-1&2\end{pmatrix}\begin{pmatrix}x_1\\x_2\\x_3\end{pmatrix}$$

第四节　欧氏空间

在线性空间中，向量的基本运算仅有加法运算和数乘运算两种，无法反映出向量的长度、夹角、正交等度量性质，局限了线性空间理论的应用。下面我们在内积运算的基础上，将向量的长度等度量概念引入线性空间，得到欧氏空间。

定义 7.9　设 $\mathbf{V}$ 是实数域 $\mathbf{R}$ 上的线性空间，$\boldsymbol{\alpha},\boldsymbol{\beta},\boldsymbol{\gamma}\in\mathbf{V},k\in\mathbf{R}$。对 $\mathbf{V}$ 中任意两向量 $\boldsymbol{\alpha}$ 和 $\boldsymbol{\beta}$,定义一个满足下列条件的实值函数$(\boldsymbol{\alpha},\boldsymbol{\beta})$：

(1) **(对称性)**$(\boldsymbol{\alpha},\boldsymbol{\beta})=(\boldsymbol{\beta},\boldsymbol{\alpha})$；

(2) **(齐次性)**$(k\boldsymbol{\alpha},\boldsymbol{\beta})=k(\boldsymbol{\beta},\boldsymbol{\alpha})$；

(3) **(分配律)**$(\boldsymbol{\alpha}+\boldsymbol{\beta},\boldsymbol{\gamma})=(\boldsymbol{\alpha},\boldsymbol{\gamma})+(\boldsymbol{\beta},\boldsymbol{\gamma})$；

(4) **(非负性)**$(\boldsymbol{\alpha},\boldsymbol{\alpha})\geqslant 0$，当且仅当 $\boldsymbol{\alpha}=0$ 时$(\boldsymbol{\alpha},\boldsymbol{\alpha})=0$。

称函数$(\boldsymbol{\alpha},\boldsymbol{\beta})$为向量 $\boldsymbol{\alpha}$ 与 $\boldsymbol{\beta}$ 的**内积**；称上述定义了内积的线性空间 $\mathbf{V}$ 为**欧几里得空间**（Euclidean space），简称**欧氏空间**。

欧氏空间实际上就是定义了内积的实线性空间，是一个特殊的线性空间，也可称为**内积空间**。对于同一个线性空间，规定了不同的内积形式后，就可以得到不同构造的欧氏空间，向量的数量积是最常见的内积形式。欧氏空间比解析几何中的几何空间意义更广泛。

【例 7.17】　在线性空间 $\mathbf{R}^n$ 中，对于任意两个向量

$$\boldsymbol{\alpha}=(a_1,a_2,\cdots,a_n),\boldsymbol{\beta}=(b_1,b_2,\cdots,b_n)$$

我们在 $\mathbf{R}^n$ 中定义了向量内积

$$(\boldsymbol{\alpha},\boldsymbol{\beta})=a_1b_1+a_2b_2+\cdots+a_nb_n \tag{7.15}$$

容易验证，以上如此定义的内积满足**欧氏空间**内积定义中的四个条件。因而 $\mathbf{R}^n$ 对于式(7.15)构成一欧氏空间，以后仍用 $\mathbf{R}^n$ 来表示这个欧氏空间。

当 $n=2$ 或 3 时，式(7.15)就是几何空间中所称为向量的数量积或点积。又如果定义

$$(\boldsymbol{\alpha},\boldsymbol{\beta})=a_1b_1+2a_2b_2+\cdots+na_nb_n$$

同样可以验证带有这样的内积的 $\mathbf{R}^n$ 也构成一个欧氏空间。因此对于同一线性空间，可以定义不同的内积，使它成为欧氏空间。以后用到欧氏空间 $\mathbf{R}^n$，内积总是指定义式（7.15）。

【例 7.18】　在实连续函数组成的线性空间 $C[a,b]$中，对任意 $f(x),g(x)\in C[a,b]$，定义内积

$$(f(x),g(x))=\int_a^b f(x)g(x)\mathrm{d}x \tag{7.16}$$

根据定积分基本性质，容易验证$(f(x), g(x))$满足定义 7.9 的四个条件，因此$C[a,b]$构成一个欧氏空间。同样地，线性空间$R[x]$,$R[x]_n$对于内积式（7.16）也构成欧氏空间。

在几何空间$\mathbf{R}^2$,$\mathbf{R}^3$中，向量$\boldsymbol{\alpha}$的长度等于$\sqrt{(\boldsymbol{\alpha},\boldsymbol{\alpha})}$，在一般的欧氏空间中，对任意向量$\boldsymbol{\alpha}\in\mathbf{V}$,$(\boldsymbol{\alpha},\boldsymbol{\alpha})\geqslant 0$,$\sqrt{(\boldsymbol{\alpha},\boldsymbol{\alpha})}$也是有意义的。

定义 7.10　设$\mathbf{V}$是欧氏空间。对于$\forall\boldsymbol{\alpha}\in\mathbf{V}$，将非负实数$\sqrt{(\boldsymbol{\alpha},\boldsymbol{\alpha})}$称为**向量$\boldsymbol{\alpha}$的长度**（length），记为$|\boldsymbol{\alpha}|$。

特别地，将长度为 1 的向量称为**单位向量**。对任意的非零向量$\boldsymbol{\alpha}\in\mathbf{V}$，由内积的性质可知，$\dfrac{\boldsymbol{\alpha}}{|\boldsymbol{\alpha}|}$是单位向量，这样得到单位向量的方法称为向量$\boldsymbol{\alpha}$的**单位化**。

为了引入向量夹角概念，先证明下面的不等式。

【例 7.19】　证明：对于欧氏空间中任意两向量$\boldsymbol{\alpha}$和$\boldsymbol{\beta}$，有

$$|(\boldsymbol{\alpha},\boldsymbol{\beta})|\leqslant|\boldsymbol{\alpha}||\boldsymbol{\beta}| \tag{7.17}$$

其中等号仅在$\boldsymbol{\alpha}$与$\boldsymbol{\beta}$线性相关时成立。

证　若$\boldsymbol{\alpha}$与$\boldsymbol{\beta}$线性相关，则有$\boldsymbol{\alpha}=k\boldsymbol{\beta}$，根据向量长度的定义，成立

$$|\boldsymbol{\alpha}|=|k\boldsymbol{\beta}|=|k||\boldsymbol{\beta}|$$

于是

$$|(\boldsymbol{\alpha},\boldsymbol{\beta})|=|(k\boldsymbol{\beta},\boldsymbol{\beta})|=|k(\boldsymbol{\beta},\boldsymbol{\beta})|=|k||\boldsymbol{\beta}|^2=|\alpha||\boldsymbol{\beta}|$$

知命题中的等式成立。

若$\boldsymbol{\alpha}$与$\boldsymbol{\beta}$线性无关，则对任意实数t，$t\boldsymbol{\alpha}-\boldsymbol{\beta}\neq 0$，因而

$$0<(t\boldsymbol{\alpha}-\boldsymbol{\beta},t\boldsymbol{\alpha}-\boldsymbol{\beta})=t^2(\boldsymbol{\alpha},\boldsymbol{\alpha})-2t(\boldsymbol{\alpha},\boldsymbol{\beta})+(\boldsymbol{\beta},\boldsymbol{\beta})$$

上式右边是关于t的二次多项式，且对任何实数t，它都大于零。所以它的判别式必定小于零，即得

$$(\boldsymbol{\alpha},\boldsymbol{\beta})^2-(\boldsymbol{\alpha},\boldsymbol{\alpha})(\boldsymbol{\beta},\boldsymbol{\beta})<0 \tag{7.18}$$

亦即$|(\boldsymbol{\alpha},\boldsymbol{\beta})|<|\boldsymbol{\alpha}||\boldsymbol{\beta}|$。证毕。

不等式（7.17）称为**柯西-许瓦兹（Cauchy-Schwartz）不等式**。下面再给出两向量夹角的概念。

定义 7.11　设$\mathbf{V}$是欧氏空间。对非零向量$\boldsymbol{\alpha},\boldsymbol{\beta}\in\mathbf{V}$，定义$\boldsymbol{\alpha}$与$\boldsymbol{\beta}$的**夹角**$<\boldsymbol{\alpha},\boldsymbol{\beta}>$为

$$<\boldsymbol{\alpha},\boldsymbol{\beta}>=\arccos\frac{(\boldsymbol{\alpha},\boldsymbol{\beta})}{|\boldsymbol{\alpha}||\boldsymbol{\beta}|} \tag{7.19}$$

特别地，当$(\boldsymbol{\alpha},\boldsymbol{\beta})=0$时，称向量$\boldsymbol{\alpha}$与$\boldsymbol{\beta}$是**正交的**（orthogonal），记为$\boldsymbol{\alpha}\perp\boldsymbol{\beta}$。

在欧氏空间中零向量与任何向量均正交；非零向量$\boldsymbol{\alpha}$与$\boldsymbol{\beta}$正交即表示它们是相

互垂直的。一般我们将非零且两两正交的向量组称为**正交向量组**。不难证明，正交向量组是线性无关的。

在 n 维欧氏空间中，我们将由 n 个正交向量构成的一组基称为**正交基**；进一步将由 n 个正交的单位向量构成的基称为**标准正交基**。

类似于第 4 章中向量空间的正交化方法，从 n 维欧氏空间 $\mathbf{V}$ 的任意一组基出发，也可以利用施密特（Schmidt）正交化方法，构造出欧氏空间的一组标准正交基。

施密特正交化方法 设给定 n 维欧氏空间 $\mathbf{V}$ 的一组基

$$\boldsymbol{\alpha}_1,\boldsymbol{\alpha}_2,\cdots,\boldsymbol{\alpha}_n \tag{7.20}$$

第 1 步（正交化） 令

$$\boldsymbol{\beta}_1=\boldsymbol{\alpha}_1$$

$$\boldsymbol{\beta}_2=\boldsymbol{\alpha}_2-\frac{(\boldsymbol{\beta}_1,\boldsymbol{\alpha}_2)}{(\boldsymbol{\beta}_1,\boldsymbol{\beta}_1)}\boldsymbol{\beta}_1$$

$$\boldsymbol{\beta}_3=\boldsymbol{\alpha}_3-\frac{(\boldsymbol{\beta}_1,\boldsymbol{\alpha}_3)}{(\boldsymbol{\beta}_1,\boldsymbol{\beta}_1)}\boldsymbol{\beta}_1-\frac{(\boldsymbol{\beta}_2,\boldsymbol{\alpha}_3)}{(\boldsymbol{\beta}_2,\boldsymbol{\beta}_2)}\boldsymbol{\beta}_2$$

$$\cdots$$

$$\boldsymbol{\beta}_n=\boldsymbol{\alpha}_n-\frac{(\boldsymbol{\beta}_1,\boldsymbol{\alpha}_n)}{(\boldsymbol{\beta}_1,\boldsymbol{\beta}_1)}\boldsymbol{\beta}_1-\frac{(\boldsymbol{\beta}_2,\boldsymbol{\alpha}_n)}{(\boldsymbol{\beta}_2,\boldsymbol{\beta}_2)}\boldsymbol{\beta}_2-\cdots-\frac{(\boldsymbol{\beta}_{n-1},\boldsymbol{\alpha}_n)}{(\boldsymbol{\beta}_{n-1},\boldsymbol{\beta}_{n-1})}\boldsymbol{\beta}_{n-1}$$

容易验证，得到的 $\boldsymbol{\beta}_1,\boldsymbol{\beta}_2,\cdots,\boldsymbol{\beta}_n$ 是欧氏空间 $\mathbf{V}$ 中的正交向量组。

第 2 步（单位化） 令

$$\boldsymbol{\gamma}_1=\frac{\boldsymbol{\beta}_1}{|\boldsymbol{\beta}_1|},\ \boldsymbol{\gamma}_2=\frac{\boldsymbol{\beta}_2}{|\boldsymbol{\beta}_2|},\ \cdots,\ \boldsymbol{\gamma}_n=\frac{\boldsymbol{\beta}_n}{|\boldsymbol{\beta}_n|}$$

则向量组 $\boldsymbol{\gamma}_1,\boldsymbol{\gamma}_2,\cdots,\boldsymbol{\gamma}_n$ 是欧氏空间 $\mathbf{V}$ 的一组标准正交基。

【例 7.20】 对实连续函数空间 $C[-1,1]$，对于例 7.18 中给定的内积，证明函数 $f(x)=x$，$g(x)=\frac{1}{2}(3x^2-1)$ 是正交的，并求它们的长度。

证明 因为 $(f(x),g(x))=\int_{-1}^{1}f(x)g(x)\mathrm{d}x=\int_{-1}^{1}x\cdot\frac{1}{2}(3x^2-1)\mathrm{d}x=\frac{1}{2}\int_{-1}^{1}(3x^3-x)\mathrm{d}x=0$，所以 $f(x)$ 与 $g(x)$ 正交。且 $f(x)$，$g(x)$ 的长度分别为

$$\|f(x)\|=\sqrt{\int_{-1}^{1}f^2(x)\mathrm{d}x}=\sqrt{\int_{-1}^{1}x^2\mathrm{d}x}=\frac{\sqrt{6}}{3}$$

$$\|g(x)\|=\sqrt{\int_{-1}^{1}g^2(x)\mathrm{d}x}=\sqrt{\int_{-1}^{1}\frac{1}{4}(3x^2-1)^2\mathrm{d}x}=\frac{\sqrt{10}}{5}$$

【例 7.21】 在 $R[x]_3=\{a_0+a_1x+a_2x^2\,|\,a_0,a_1,a_2\in\mathbf{R}\}$中定义内积

$$(f,g)=\int_{-1}^{1}f(x)g(x)\mathrm{d}x$$

试求 $R[x]_3$ 在区间$[-1,1]$上关于该内积的一个标准正交基。

解　显然 $\alpha_1=1$，$\alpha_2=x$，$\alpha_3=x^2$ 是$R[x]_3$ 的一个基，下面用 Schmit 正交化方法将它化为标准正交基。容易求出

$$(\alpha_1,\alpha_1)=\int_{-1}^{1}1^2\mathrm{d}x=2$$

$$(\alpha_1,\alpha_2)=\int_{-1}^{1}1\cdot x\mathrm{d}x=0$$

$$(\alpha_1,\alpha_3)=\int_{-1}^{1}1\cdot x^2\mathrm{d}x=\frac{2}{3}$$

(1) 正交化

$$\beta_1=\alpha_1=1$$

$$\beta_2=\alpha_2-\frac{(\beta_1,\alpha_2)}{(\beta_1,\beta_1)}\beta_1=x$$

$$\beta_3=\alpha_3-\frac{(\beta_1,\alpha_3)}{(\beta_1,\beta_1)}\beta_1-\frac{(\beta_2,\alpha_3)}{(\beta_2,\beta_2)}\beta_2=x^2-\frac{1}{3}$$

(2)再单位化

$$\gamma_1=\frac{\beta_1}{\|\beta_1\|}=\frac{1}{\sqrt{2}},\quad \gamma_2=\frac{\beta_2}{\|\beta_2\|}=\frac{\sqrt{6}}{2}x,\quad \gamma_3=\frac{\beta_3}{\|\beta_3\|}=\frac{3\sqrt{10}}{4}(x^2-\frac{1}{3})$$

所求即为求 $R[x]_3$在区间$[-1,1]$上关于该内积的一个标准正交基。

在本节的最后，我们讨论向量内积的计算，为此先引入度量矩阵的概念。

定义 7.12　设 $\boldsymbol{\alpha}_1,\boldsymbol{\alpha}_2,\cdots,\boldsymbol{\alpha}_n$是 n 维欧氏空间 $\boldsymbol{V}$ 的一组基，记

$$(\boldsymbol{\alpha}_i,\boldsymbol{\alpha}_j)=g_{ij}\qquad(i,j=1,2,\cdots,n)\tag{7.21}$$

则称 n 阶矩阵 $\boldsymbol{G}=(g_{ij})_{n\times n}$为基 $\boldsymbol{\alpha}_1,\boldsymbol{\alpha}_2,\cdots,\boldsymbol{\alpha}_n$ 的**度量矩阵**。

显然，欧氏空间中的度量矩阵 $\boldsymbol{G}$ 是 n 阶实对称矩阵；如果 $\boldsymbol{\alpha}_1$，$\boldsymbol{\alpha}_2$，$\cdots$，$\boldsymbol{\alpha}_n$ 为欧氏空间 $\boldsymbol{V}$ 的一组标准正交基，则其度量矩阵 $\boldsymbol{G}$ 是 n 阶单位矩阵。

设 $\boldsymbol{\alpha}_1$，$\boldsymbol{\alpha}_2$，$\cdots$，$\boldsymbol{\alpha}_n$ 是 n 维欧氏空间 $\boldsymbol{V}$ 的一组基，将其度量矩阵记为 $\boldsymbol{G}$，任意给定 $\boldsymbol{V}$ 中两向量 $\boldsymbol{\alpha}=x_1\boldsymbol{\alpha}_1+x_2\boldsymbol{\alpha}_2+\cdots+x_n\boldsymbol{\alpha}_n$ 和 $\boldsymbol{\beta}=y_1\boldsymbol{\alpha}_1+y_2\boldsymbol{\alpha}_2+\cdots+y_n\boldsymbol{\alpha}_n$，则它们的内积为

$$(\boldsymbol{\alpha},\boldsymbol{\beta})=\boldsymbol{y}'\boldsymbol{G}\boldsymbol{x}\tag{7.22}$$

其中 $\boldsymbol{x}=(x_1,x_2,\cdots,x_n)'$，$\boldsymbol{y}=(y_1,y_2,\cdots,y_n)'$。

特别地，当 $\boldsymbol{\alpha}_1,\boldsymbol{\alpha}_2,\cdots,\boldsymbol{\alpha}_n$ 为 n 维欧氏空间 $\boldsymbol{V}$ 的一组标准正交基时，因为度量矩阵是 n 阶单位矩阵，所以 $(\boldsymbol{\alpha},\boldsymbol{\beta})=\boldsymbol{y}'\boldsymbol{x}$，即向量的内积可以用坐标来表示。

第五节　线性变换

线性变换是线性空间映射到自身的一种特殊映射，它保持了加法与数乘运算的对应关系，是一种最基本的映射。本节介绍线性变换的基本概念和性质，在下一节将讨论线性变换与矩阵之间的联系。

定义 7.13　设 $\mathbf{V}$ 是数域 $\boldsymbol{P}$ 上的线性空间，$\boldsymbol{T}$ 是 $\mathbf{V}$ 上映射到自身的一个映射，如果对 $\forall\,\boldsymbol{\alpha}$，$\boldsymbol{\beta}\in\mathbf{V}$，$k\in\boldsymbol{P}$，该映射均保持线性运算的对应，即

(1) $T(\boldsymbol{\alpha}+\boldsymbol{\beta})=T(\boldsymbol{\alpha})+T(\boldsymbol{\beta})$　　　(2) $T(k\boldsymbol{\alpha})=kT(\boldsymbol{\alpha})$

则称映射 T 为线性空间 $\mathbf{V}$ 上的**线性变换**（linear transform）。

【例 7.22】　设 $\mathbf{V}$ 是数域 $\boldsymbol{P}$ 上的线性空间，k 是数域 $\boldsymbol{P}$ 中的一个常数，定义变换 T：

$$T(\boldsymbol{\alpha})=k\boldsymbol{\alpha}\quad(\forall\,\boldsymbol{\alpha}\in\mathbf{V})\tag{7.23}$$

可以验证映射 T 是线性变换，通常称为**数乘变换**。

特别地，当 $k=1$ 时，该变换称为恒等变换；当 $k=0$ 时，变换称为**零变换**。

【例 7.23】　设变换 σ 将 xOy 平面上的向量绕原点按逆时针方向旋转 θ 角度，即对任意的 $\boldsymbol{\alpha}=\begin{pmatrix}x\\y\end{pmatrix}$，记 $\sigma(\boldsymbol{\alpha})=\begin{pmatrix}u\\v\end{pmatrix}$，由平面解析几何可知

$$\begin{cases}u=x\cos\theta-y\sin\theta\\v=x\sin\theta+y\cos\theta\end{cases}$$

令

$$\mathbf{A}=\begin{pmatrix}\cos\theta & -\sin\theta\\ \sin\theta & \cos\theta\end{pmatrix}\tag{7.24}$$

则

$$\sigma(\boldsymbol{\alpha})=\mathbf{A}\boldsymbol{\alpha}\tag{7.25}$$

容易证明，σ 是 $\mathbf{R}^2$ 上的一个线性变换，称为**旋转变换**。下面几个也是 $\mathbf{R}^2$ 上的线性变换，它们和旋转变换都是计算机图形学中常用的变换

$$T_1(x,y)=(ax,by)=\begin{pmatrix}a & 0\\0 & b\end{pmatrix}\begin{pmatrix}x\\y\end{pmatrix}$$

式中，a,b 为实常数。这是 $\mathbf{R}^2$ 中向量 $\boldsymbol{\alpha}=(x,y)'$ 的两个坐标，各按一定比例放大和缩小的变换，称为比例变换。例如：

当 $a=1$，$b=2$ 时，圆 $x^2+y^2=1$[图 7.2(a)]变换成椭圆 $x^2+\dfrac{y^2}{4}=1$[图 7.2(b)]；

当 $a=b=2$ 时，圆变换为半径放大一倍的圆 $x^2+y^2=4$[图 7.2(c)]；

当 $a=1$，$b=-1$ 或 $a=-1$，$b=1$ 时，T_1 是关于 x 轴或者 y 轴的**镜面反射**；

当 $a=1$，$b=0$ 或 $a=0$，$b=1$ 时，T_1 是**将向量投影到 x 轴或者 y 轴的投影**

变换。

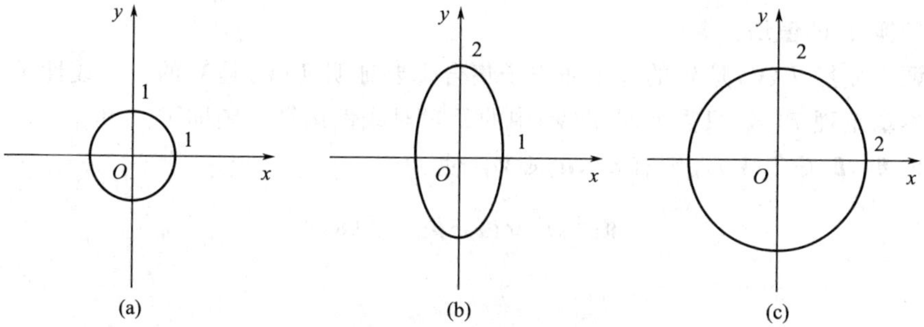

图 7.2　比例变换示意一

$$T_2(x,y)=(x+cy,y)=\begin{pmatrix}1 & c\\0 & 1\end{pmatrix}\begin{pmatrix}x\\y\end{pmatrix}$$

式中，c 为非零实常数。变换 T_2，保持图形的面积不变，如图 7.3。称 T_2 为错切变换。术语“错切”源于力学中的剪切概念。

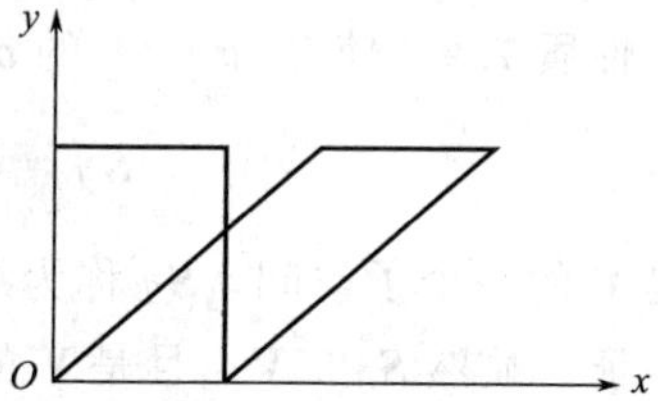

图 7.3　比例变换示意二

【例 7.24】 设 σ 是 $\mathbf{R}^3$ 上一个变换，对任意的 $\boldsymbol{\alpha}=\begin{pmatrix}a_1\\a_2\\a_3\end{pmatrix}$，定义 $\sigma(\boldsymbol{\alpha})=\begin{pmatrix}a_1\\a_2\\0\end{pmatrix}$，可以验证 σ 是 $\mathbf{R}^3$ 上的线性变换。在几何上，变换 σ 是将向量投影到 xOy 平面上的投影变换。

可以证明，$\mathbf{R}^2$ 或者 $\mathbf{R}^3$ 上的任何线性变换把直线变成直线，把平面变成平面，这也正是把变换称为线性变换的几何原因。

【例 7.25】 在线性空间 $R[x]_n$ 中，求导运算

$$D(f(x))=f'(x),\quad f(x)\in R[x]_n$$

由求导法则知，D 是 $R[x]_n$ 的一个线性变换。

【例 7.26】 在连续函数空间 $C[a,b]$ 中，积分运算

$$J(f(x))=\int_a^x f(x)\mathrm{d}x$$

由积分性质知，J 也是 $C[a,b]$ 的一个线性变换。

线性变换 T 具有下述基本性质：

性质 7.5　$T(\mathbf{0})=\mathbf{0},\mathrm{T}(-\boldsymbol{\alpha})=-T(\boldsymbol{\alpha})$　(7.26)

性质 7.6　$T(k_1\boldsymbol{\alpha}_1+k_2\boldsymbol{\alpha}_2+\cdots+k_s\boldsymbol{\alpha}_s)=k_1T(\boldsymbol{\alpha}_1)+k_2T(\boldsymbol{\alpha}_2)+\cdots+k_sT(\boldsymbol{\alpha}_s)$　(7.27)

性质 7.7　若 $\boldsymbol{\alpha}_1,\boldsymbol{\alpha}_2,\cdots,\boldsymbol{\alpha}_s$ 线性相关，则 $T(\boldsymbol{\alpha}_1),T(\boldsymbol{\alpha}_2),\cdots,T(\boldsymbol{\alpha}_s)$ 也线性相关。

这 3 条性质请读者自行证明。注意性质 7.7 的逆命题不一定成立，即线性变换

可能将线性无关的向量组变成线性相关的向量组。

性质 7.8 线性变换 T 的像集合 $T(\mathbf{V})$是线性空间 $\mathbf{V}$ 的一个线性子空间，称为线性变换 T 的**值域**。

证 显然 $T(\mathbf{V})$是 $\mathbf{V}$ 的一个非空子集合，要证明 $T(\mathbf{V})$是 $\mathbf{V}$ 的一个线性子空间，根据本章定理 7.1，只需证明 $T(\mathbf{V})$中的元素对线性运算封闭即可。

设 $\boldsymbol{\beta}_1,\boldsymbol{\beta}_2\in T(\mathbf{V})$，则有 $\boldsymbol{\alpha}_1,\boldsymbol{\alpha}_2\in\mathbf{V}$，使

$$\boldsymbol{\beta}_1=T(\boldsymbol{\alpha}_1),\ \boldsymbol{\beta}_2=T(\boldsymbol{\alpha}_2)$$

从而

$$\boldsymbol{\beta}_1+\boldsymbol{\beta}_2=T(\boldsymbol{\alpha}_1)+T(\boldsymbol{\alpha}_2)=T(\boldsymbol{\alpha}_1+\boldsymbol{\alpha}_2)\in T(\mathbf{V})$$
$$k\boldsymbol{\beta}_1=kT(\boldsymbol{\alpha}_1)=T(k\boldsymbol{\alpha}_1)\in T(\mathbf{V})$$

所以非空子集合 $T(\mathbf{V})$对 $\mathbf{V}$ 上的线性运算封闭，故 $T(\mathbf{V})$是 $\mathbf{V}$ 的一个线性子空间。证毕。

性质 7.9 使 $T(\boldsymbol{\alpha})=0$ 的 $\boldsymbol{\alpha}$ 全体

$$\boldsymbol{S}_T=\{\boldsymbol{\alpha}\,|\,T(\boldsymbol{\alpha})=0,\quad\forall\,\boldsymbol{\alpha}\in\mathbf{V}\}\tag{7.28}$$

也是 $\mathbf{V}$ 的一个子空间，$\boldsymbol{S}_T$ 称为线性变换 T 的**核**。

证 显然 $\boldsymbol{S}_T\subset\mathbf{V}$，且是 $\mathbf{V}$ 的一个非空子集合。类似性质 7.8 的证明，只需它对线性运算封闭即可。

设 $\boldsymbol{\alpha}_1,\boldsymbol{\alpha}_2\in\boldsymbol{S}_T$，即 $T(\boldsymbol{\alpha}_1)=0$，$T(\boldsymbol{\alpha}_2)=0$，则由

$$T(\boldsymbol{\alpha}_1+\boldsymbol{\alpha}_2)=T(\boldsymbol{\alpha}_1)+T(\boldsymbol{\alpha}_2)=0$$

可知 $\boldsymbol{\alpha}_1+\boldsymbol{\alpha}_2\in\boldsymbol{S}_T$；又由

$$T(k\boldsymbol{\alpha}_1)=kT(\boldsymbol{\alpha}_1)=0$$

可得 $k\boldsymbol{\alpha}_1\in\boldsymbol{S}_T$。所以 $\boldsymbol{S}_T$ 是 $\mathbf{V}$ 的一个子空间。证毕。

【例 7.27】 求例 7.24 中 $\mathbf{R}^3$ 上的投影变换 $\sigma\begin{pmatrix}a_1\\a_2\\a_3\end{pmatrix}=\begin{pmatrix}a_1\\a_2\\0\end{pmatrix}$ 的值域与核。

解 显然

$$\sigma(\mathbf{R}^3)=\{(a_1,a_2,0)'\,|\,a_1,a_2\in\mathbf{R}\}$$
$$\boldsymbol{S}_\sigma=\{(0,0,c)'\,|\,c\in\mathbf{R}\}$$

从几何上看，$\mathbf{R}^3$ 上的投影变换的值域就是 xOy 面，核 $\boldsymbol{S}_\sigma$ 就是 z 轴。

如果规定线性变换的加法、数乘和乘法分别为

$$(T_1+T_2)(\boldsymbol{\alpha})=T_1(\boldsymbol{\alpha})+T_2(\boldsymbol{\alpha})\tag{7.29}$$
$$(kT)(\boldsymbol{\alpha})=kT(\boldsymbol{\alpha})\tag{7.30}$$
$$(T_1T_2)(\boldsymbol{\alpha})=T_1(T_2(\boldsymbol{\alpha}))\tag{7.31}$$

可以证明，经过上述运算得到的变换仍然是线性变换。

第六节　线性变换的矩阵表示

本节将讨论线性变换的矩阵表示，线性空间 **V** 上的线性变换其像与原像坐标之间的关系以及在不同基底下线性变换的表示矩阵之间的关系等。

一、线性变换的矩阵

例 7.23 中讲过，$\mathbf{R}^2$ 中的旋转变换 σ

$$\sigma\begin{pmatrix}x\\y\end{pmatrix}=\begin{pmatrix}\cos\theta & -\sin\theta\\ \sin\theta & \cos\theta\end{pmatrix}\begin{pmatrix}x\\y\end{pmatrix}$$

可用二阶方阵

$$\mathbf{A}=\begin{pmatrix}\cos\theta & -\sin\theta\\ \sin\theta & \cos\theta\end{pmatrix}$$

来刻画。例 7.24 中 $\mathbf{R}^3$ 上的投影变换

$$\sigma\begin{pmatrix}a_1\\a_2\\a_3\end{pmatrix}=\begin{pmatrix}a_1\\a_2\\0\end{pmatrix}=\begin{pmatrix}1&0&0\\0&1&0\\0&0&0\end{pmatrix}\begin{pmatrix}a_1\\a_2\\a_3\end{pmatrix}$$

可用三阶方阵

$$\mathbf{A}=\begin{pmatrix}1&0&0\\0&1&0\\0&0&0\end{pmatrix}$$

来表示。这些事实表明，n 维线性空间上的线性变换与 n 阶方阵之间有着一定的联系。下面我们就来讨论这些问题。

设 $\boldsymbol{\alpha}_1,\boldsymbol{\alpha}_2,\cdots,\boldsymbol{\alpha}_n$ 是 n 维线性空间 **V** 的一组基，T 是线性空间 **V** 上的线性变换，那么对于 **V** 中的任一向量都能由 $\boldsymbol{\alpha}_1,\boldsymbol{\alpha}_2,\cdots,\boldsymbol{\alpha}_n$ 来线性表示，即

$$\boldsymbol{\alpha}=x_1\boldsymbol{\alpha}_1+x_2\boldsymbol{\alpha}_2+\cdots+x_n\boldsymbol{\alpha}_n \tag{7.32}$$

根据线性变换的性质，有

$$T(\boldsymbol{\alpha})=x_1T(\boldsymbol{\alpha}_1)+x_2T(\boldsymbol{\alpha}_2)+\cdots+x_nT(\boldsymbol{\alpha}_n) \tag{7.33}$$

这表明我们只要知道 $T(\boldsymbol{\alpha}_1),T(\boldsymbol{\alpha}_2),\cdots,T(\boldsymbol{\alpha}_n)$，就可以得到 **V** 上任何一个向量 $\boldsymbol{\alpha}$ 的像。即只要确定线性变换在一组基下的像，就可以完全确定线性变换 T。

定义 7.14　设 n 维线性空间 **V** 的一组基 $\boldsymbol{\alpha}_1,\boldsymbol{\alpha}_2,\cdots,\boldsymbol{\alpha}_n$ 在线性变换 T 下的像为

$$T(\boldsymbol{\alpha}_j)=a_{1j}\boldsymbol{\alpha}_1+a_{2j}\boldsymbol{\alpha}_2+\cdots+a_{nj}\boldsymbol{\alpha}_n \quad (j=1,2,\cdots,n) \tag{7.34}$$

记矩阵

$$\boldsymbol{A}=\begin{pmatrix} a_{11} & a_{12} & \cdots & a_{1n} \\ a_{21} & a_{22} & \cdots & a_{2n} \\ \cdots & \cdots & \cdots & \cdots \\ a_{n1} & a_{n2} & \cdots & a_{nn} \end{pmatrix} \tag{7.35}$$

并引入形式

$$T(\boldsymbol{\alpha}_1,\boldsymbol{\alpha}_2,\cdots,\boldsymbol{\alpha}_n)=(T(\boldsymbol{\alpha}_1),T(\boldsymbol{\alpha}_2),\cdots,T(\boldsymbol{\alpha}_n)) \tag{7.36}$$

则基向量的像可以写成

$$T(\boldsymbol{\alpha}_1,\boldsymbol{\alpha}_2,\cdots,\boldsymbol{\alpha}_n)=(\boldsymbol{\alpha}_1,\boldsymbol{\alpha}_2,\cdots,\boldsymbol{\alpha}_n)\boldsymbol{A} \tag{7.37}$$

矩阵 $\boldsymbol{A}$ 称为线性变换在基 $\boldsymbol{\alpha}_1,\boldsymbol{\alpha}_2,\cdots,\boldsymbol{\alpha}_n$ 下的**矩阵表示**。

由定义容易求出，恒等变换的矩阵表示为单位矩阵 $\boldsymbol{I}$；零变换的矩阵表示为零矩阵 $\boldsymbol{0}$。例 7.23 中的 $\mathbf{R}^2$ 中的**旋转变换 $\boldsymbol{\sigma}$，比例变换 $\boldsymbol{T_1}$，错切变换 $\boldsymbol{T_2}$** 在基 $\varepsilon_1=(1,0)$，$\boldsymbol{\varepsilon}_2=(0,1)$下的矩阵分别为

$$\begin{pmatrix} \cos\theta & -\sin\theta \\ \sin\theta & \cos\theta \end{pmatrix},\begin{pmatrix} a & 0 \\ 0 & b \end{pmatrix},\begin{pmatrix} 1 & c \\ 0 & 1 \end{pmatrix}$$

注意到 $T(\boldsymbol{\alpha}_i)$在基 $\boldsymbol{\alpha}_1,\boldsymbol{\alpha}_2,\cdots,\boldsymbol{\alpha}_n$ 下的坐标是唯一的，从而在线性空间 $\boldsymbol{V}$ 中取定一组基后，$\boldsymbol{V}$ 上的线性变换 T 就完全被一个矩阵所确定。也就是说由线性变换 $\boldsymbol{T}$ 可以唯一地确定一个矩阵 $\boldsymbol{A}$，反之由一个矩阵 A 也可以唯一地确定一个线性变换 T。

二、像与原像坐标之间的关系

线性空间 $\boldsymbol{V}$ 上的线性变换 T 将 $\boldsymbol{V}$ 中任意一个向量 $\boldsymbol{\alpha}$ 变换到它的像 $T(\boldsymbol{\alpha})$，而 $T(\boldsymbol{\alpha})$也是线性空间 $\boldsymbol{V}$ 中的向量。如果 $\boldsymbol{\alpha}_1,\boldsymbol{\alpha}_2,\cdots,\boldsymbol{\alpha}_n$ 是 $\boldsymbol{V}$ 的一组基，则向量 $\boldsymbol{\alpha}$ 和 $T(\boldsymbol{\alpha})$都可以用它们在该组基下的坐标表示，我们自然要问，它们的坐标之间有什么关系？

定理 7.3 设 $\boldsymbol{\alpha}_1,\boldsymbol{\alpha}_2,\cdots,\boldsymbol{\alpha}_n$ 是 n 维线性空间 $\boldsymbol{V}$ 的一组基，$\boldsymbol{V}$ 中线性变换 T 在该组基下的矩阵表示为 $\boldsymbol{A}$，记向量 $\boldsymbol{\alpha}$ 和它的像 $T(\boldsymbol{\alpha})$在 $\boldsymbol{\alpha}_1,\boldsymbol{\alpha}_2,\cdots,\boldsymbol{\alpha}_n$ 下的坐标分别为

$$\boldsymbol{x}=(x_1,x_2,\cdots,x_n)',\boldsymbol{y}=(y_1,y_2,\cdots,y_n)' \tag{7.38}$$

则 $\boldsymbol{y}=\boldsymbol{A}\boldsymbol{x}$。

证 由向量 $\boldsymbol{\alpha}$ 的坐标 $\boldsymbol{x}=(x_1,x_2,\cdots,x_n)'$，有 $\boldsymbol{\alpha}=(\boldsymbol{\alpha}_1,\boldsymbol{\alpha}_2,\cdots,\boldsymbol{\alpha}_n)\boldsymbol{x}$。根据线性变换保持线性关系不变的性质，所以

$$T(\boldsymbol{\alpha})=T[(\boldsymbol{\alpha}_1,\boldsymbol{\alpha}_2,\cdots,\boldsymbol{\alpha}_n)\boldsymbol{x}]=(\boldsymbol{\alpha}_1,\boldsymbol{\alpha}_2,\cdots,\boldsymbol{\alpha}_n)\boldsymbol{A}\boldsymbol{x}$$

再由像 $T(\boldsymbol{\alpha})$的坐标形式，知 $\boldsymbol{y}=\boldsymbol{A}\boldsymbol{x}$。证毕。

【例 7.28】 已知 $\mathbf{R}^3$ 中的一组基为

$$\boldsymbol{\alpha}_1=\begin{pmatrix}1\\-1\\0\end{pmatrix},\quad \boldsymbol{\alpha}_2=\begin{pmatrix}0\\2\\-1\end{pmatrix},\quad \boldsymbol{\alpha}_3=\begin{pmatrix}0\\1\\-1\end{pmatrix}$$

线性变换 T 将 $\boldsymbol{\alpha}_1,\boldsymbol{\alpha}_2,\boldsymbol{\alpha}_3$ 分别变到

$$\boldsymbol{\beta}_1=\begin{pmatrix}1\\1\\-1\end{pmatrix},\quad \boldsymbol{\beta}_2=\begin{pmatrix}0\\3\\-2\end{pmatrix},\quad \boldsymbol{\beta}_3=\begin{pmatrix}1\\0\\-1\end{pmatrix}$$

求：(1) 线性变换 T 在 $\boldsymbol{\alpha}_1,\boldsymbol{\alpha}_2,\boldsymbol{\alpha}_3$ 下的矩阵表示 $\boldsymbol{A}$；

(2) 求向量 $\boldsymbol{\xi}=(1,-2,1)'$ 以及 $T(\boldsymbol{\xi})$ 在基 $\boldsymbol{\alpha}_1,\boldsymbol{\alpha}_2,\boldsymbol{\alpha}_3$ 下的坐标。

解　(1) 由 $(\boldsymbol{\beta}_1,\boldsymbol{\beta}_2,\boldsymbol{\beta}_3)=(T(\boldsymbol{\alpha}_1),T(\boldsymbol{\alpha}_2),T(\boldsymbol{\alpha}_3))=(\boldsymbol{\alpha}_1,\boldsymbol{\alpha}_2,\boldsymbol{\alpha}_3)\boldsymbol{A}$，得到矩阵方程

$$\begin{pmatrix}1&0&1\\1&3&0\\-1&-2&-1\end{pmatrix}=\begin{pmatrix}1&0&0\\-1&2&1\\0&-1&-1\end{pmatrix}\boldsymbol{A}$$

利用矩阵的求逆运算，可得

$$\boldsymbol{A}=\begin{pmatrix}1&0&1\\1&1&0\\0&1&1\end{pmatrix}$$

(2) 设 $\boldsymbol{\xi}$ 在基 $\boldsymbol{\alpha}_1,\boldsymbol{\alpha}_2,\boldsymbol{\alpha}_3$ 下的坐标为 $\boldsymbol{x}=(x_1,x_2,x_3)^{\mathrm{T}}$，那么

$$\boldsymbol{\xi}=(\boldsymbol{\alpha}_1,\boldsymbol{\alpha}_2,\boldsymbol{\alpha}_3)\boldsymbol{x}$$

即

$$\begin{pmatrix}1\\-2\\1\end{pmatrix}=\begin{pmatrix}1&0&0\\-1&2&1\\0&-1&-1\end{pmatrix}\begin{pmatrix}x_1\\x_2\\x_3\end{pmatrix}$$

解得

$$\boldsymbol{x}=\begin{pmatrix}x_1\\x_2\\x_3\end{pmatrix}=\begin{pmatrix}1\\0\\-1\end{pmatrix}$$

于是 $T(\boldsymbol{\xi})$ 在基 $\boldsymbol{\alpha}_1,\boldsymbol{\alpha}_2,\boldsymbol{\alpha}_3$ 下的坐标为

$$\boldsymbol{y}=\boldsymbol{A}\boldsymbol{x}=\begin{pmatrix}1&0&1\\1&1&0\\0&1&1\end{pmatrix}\begin{pmatrix}1\\0\\-1\end{pmatrix}=\begin{pmatrix}0\\1\\-1\end{pmatrix}$$

三、线性变换在不同基下的矩阵的关系

由于线性变换的矩阵表示依赖于基的选取，同一个线性变换在不同基下的矩阵表示是不同的，因此需要讨论线性变换在不同基下的矩阵表示间的关系。

定理 7.4 设 $\boldsymbol{\alpha}_1,\boldsymbol{\alpha}_2,\cdots,\boldsymbol{\alpha}_n$ 和 $\boldsymbol{\beta}_1,\boldsymbol{\beta}_2,\cdots,\boldsymbol{\beta}_n$ 是 n 维线性空间 $\boldsymbol{V}$ 的两组基，$\boldsymbol{V}$ 中线性变换 T 在这两组基下的矩阵表示分别为 $\boldsymbol{A}$ 和 $\boldsymbol{B}$，且从基 $\boldsymbol{\alpha}_1,\boldsymbol{\alpha}_2,\cdots,\boldsymbol{\alpha}_n$ 到基 $\boldsymbol{\beta}_1,\boldsymbol{\beta}_2,\cdots,\boldsymbol{\beta}_n$ 的过渡矩阵为 $\boldsymbol{P}$，则矩阵 $\boldsymbol{A}$ 和 $\boldsymbol{B}$ 相似，即 $\boldsymbol{B}=\boldsymbol{P}^{-1}\boldsymbol{A}\boldsymbol{P}$。

证 已知

$$T(\boldsymbol{\alpha}_1,\boldsymbol{\alpha}_2,\cdots,\boldsymbol{\alpha}_n)=(\boldsymbol{\alpha}_1,\boldsymbol{\alpha}_2,\cdots,\boldsymbol{\alpha}_n)\boldsymbol{A}$$

$$T(\boldsymbol{\beta}_1,\boldsymbol{\beta}_2,\cdots,\boldsymbol{\beta}_n)=(\boldsymbol{\beta}_1,\boldsymbol{\beta}_2,\cdots,\boldsymbol{\beta}_n)\boldsymbol{B}$$

$$(\boldsymbol{\beta}_1,\boldsymbol{\beta}_2,\cdots,\boldsymbol{\beta}_n)=(\boldsymbol{\alpha}_1,\boldsymbol{\alpha}_2,\cdots,\boldsymbol{\alpha}_n)\boldsymbol{P}$$

于是

$$\begin{aligned}(\boldsymbol{\beta}_1,\boldsymbol{\beta}_2,\cdots,\boldsymbol{\beta}_n)\boldsymbol{B}&=T(\boldsymbol{\beta}_1,\boldsymbol{\beta}_2,\cdots,\boldsymbol{\beta}_n)=T[(\boldsymbol{\alpha}_1,\boldsymbol{\alpha}_2,\cdots,\boldsymbol{\alpha}_n)\boldsymbol{P}]\\&=[T(\boldsymbol{\alpha}_1,\boldsymbol{\alpha}_2,\cdots,\boldsymbol{\alpha}_n)]\boldsymbol{P}=(\boldsymbol{\alpha}_1,\boldsymbol{\alpha}_2,\cdots,\boldsymbol{\alpha}_n)\boldsymbol{A}\boldsymbol{P}\\&=(\boldsymbol{\beta}_1,\boldsymbol{\beta}_2,\cdots,\boldsymbol{\beta}_n)\boldsymbol{P}^{-1}\boldsymbol{A}\boldsymbol{P}\end{aligned}\qquad(7.39)$$

因为线性变换 T 在基 $\boldsymbol{\beta}_1,\boldsymbol{\beta}_2,\cdots,\boldsymbol{\beta}_n$ 下的矩阵表示是唯一的，所以 $\boldsymbol{B}=\boldsymbol{P}^{-1}\boldsymbol{A}\boldsymbol{P}$。证毕。

【例 7.29】 设 D 是线性空间 $R[x]_3$ 上的求导变换，可以证明 D 是一个线性变换，请写出它在基 $1,x,x^2$ 下的矩阵表示 $\boldsymbol{A}$；并求 D 在基 $1+x,2x+x^2,3-x^2$ 下的矩阵表示 $\boldsymbol{B}$。

解 因为 $D(1)=0,D(x)=1,D(x^2)=2x$，所以

$$\boldsymbol{A}=\begin{pmatrix}0&1&0\\0&0&2\\0&0&0\end{pmatrix}$$

从基 1，x，x^2 到基 $1+x$，$2x+x^2$，$3-x^2$ 的过渡矩阵为

$$\boldsymbol{P}=\begin{pmatrix}1&0&3\\1&2&0\\0&1&-1\end{pmatrix}$$

所以求导变换在基 $1+x$，$2x+x^2$，$3-x^2$ 下的矩阵表示 $\boldsymbol{B}$ 即为

$$\begin{aligned}\boldsymbol{B}&=\boldsymbol{P}^{-1}\boldsymbol{A}\boldsymbol{P}\\&=\begin{pmatrix}1&0&3\\1&2&0\\0&1&-1\end{pmatrix}^{-1}\begin{pmatrix}0&1&0\\0&0&2\\0&0&0\end{pmatrix}\begin{pmatrix}1&0&3\\1&2&0\\0&1&-1\end{pmatrix}=\begin{pmatrix}-2&2&-6\\1&0&2\\1&0&2\end{pmatrix}\end{aligned}$$

习题七

1. 填空与选择题

(1) 设 $\boldsymbol{V}$ 是实数域上全体 2×2 阶主对角线上的元素之和等于 0 的矩阵组成的线性空间，则它是____维的，一组基是____________________，任一实矩阵 $\begin{pmatrix} a & b \\ c & -a \end{pmatrix}$ 在此组基下的坐标是____________________。

(2) 从 $\mathbf{R}^2$ 的基 $\boldsymbol{\alpha}_1=(1,0)$，$\boldsymbol{\alpha}_2=(0,1)$ 到基 $\boldsymbol{\beta}_1=(1,-1)$，$\boldsymbol{\beta}_2=(2,1)$ 的过渡矩阵是____________________。

(3) 在欧氏空间 $\mathbf{R}^4$ 中，内积按通常定义，则向量 $\boldsymbol{\alpha}=(1,-1,4,0)$ 与 $\boldsymbol{\beta}=(3,1,-2,2)$ 之间的夹角 $\langle\boldsymbol{\alpha},\boldsymbol{\beta}\rangle=$____________________；向量 $\boldsymbol{\alpha}$ 的长度为____________________。

(4) 在 $\mathbf{R}^3$ 中形如 $(a,\ 0,\ b)$ 的所有向量构成的线性空间的维数是（　　）。

(A) 0　　(B) 1　　(C) 2　　(D) 3

(5) 方程 $x_1+x_2+x_3+x_4=0$ 的全体解向量形成的子空间的维数是（　　）。

(A) 1　　(B) 2　　(C) 3　　(D) 4

2. 检验以下集合对于所指定的加法和数乘运算是否构成线性空间。

(1) 数域 $\boldsymbol{P}$ 上全体 n 阶对称矩阵（或者反对称矩阵、下三角矩阵、对角矩阵）构成的集合，对于矩阵的加法和数乘运算。

(2) 数域 $\boldsymbol{P}$ 上全体 n 阶可逆矩阵构成的集合，对于矩阵的加法和数乘运算。

(3) 设 λ_0 是 n 阶方阵 $\boldsymbol{A}$ 的一个特征值，$\boldsymbol{A}$ 对应于 λ_0 的所有特征向量构成的集合，对于向量的加法和数乘运算。

(4) $\mathbf{R}^3$ 中与向量 $(0,0,1)^{\mathrm{T}}$ 不平行的全体向量构成的集合，对于向量的加法和数乘运算。

(5) 微分方程 $y'''-y''+y'-y=0$ 的所有解构成的集合，对于函数相加和数乘运算。

3. 判别下列子集合是否为 $\mathbf{R}^3$ 的子空间，并说明几何意义。

(1) $W=\{(x_1,x_2,x_3)\mid x_1-x_2+x_3=0\}$　　(2) $W=\{(x_1,x_2,x_3)\mid x_1+x_2=1\}$

(3) $W=\{(x_1,x_2,x_3)\mid x_3\geqslant0\}$　　(4) $W=\{(x_1,x_2,x_3)\mid 6x_1=3x_2=2x_3\}$

4. 求出下列线性空间的维数和坐标：

(1) 设由矩阵

$$\boldsymbol{A}=\begin{pmatrix} 1 & 0 & 0 \\ 0 & 0 & 1 \\ 0 & 0 & 0 \end{pmatrix}$$

构造线性空间 $S(\boldsymbol{A})=\{\boldsymbol{B}\mid\boldsymbol{AB}=\boldsymbol{O},\boldsymbol{B}\in\boldsymbol{R}^{3\times2}\}$；

(2) 由所有实对称二阶方阵构成线性空间 $S=\{\boldsymbol{A}\mid\boldsymbol{A}=\boldsymbol{A}^{\mathrm{T}},\ \boldsymbol{A}\in\mathbf{R}^{2\times2}\}$，求它的一组基；并写出矩阵

$$\begin{pmatrix} 3 & -2 \\ -2 & 1 \end{pmatrix}$$

在该组基下的坐标。

5. 试求齐次线性方程组

$$\begin{cases} 2x_1+x_2-x_3+x_4-3x_5=0 \\ x_1+x_2-x_3+x_5=0 \end{cases}$$

的解空间的维数和一组基。

6. 求 $\mathbf{R}^4$ 的子空间

$$V=\{(x_1,x_2,x_3,x_4)\mid x_1-x_2-x_3+x_4=0\}$$

的基和维数，并将该组基扩充为 $\mathbf{R}^4$ 的基。

7. 在 $\mathbf{R}^3$ 中，求向量 $\boldsymbol{\beta}=(1,3,0)'$ 关于基 $\boldsymbol{\alpha}_1=(1,0,1)'$，$\boldsymbol{\alpha}_2=(0,1,0)'$，$\boldsymbol{\alpha}_3=(1,2,2)'$ 的坐标。

8. 设线性空间 $\mathbf{R}^4$ 中的向量 $\boldsymbol{\xi}$ 在基 $\boldsymbol{\alpha}_1,\boldsymbol{\alpha}_2,\boldsymbol{\alpha}_3,\boldsymbol{\alpha}_4$ 下的坐标为 $(1,0,2,2)'$，若另一组基 $\boldsymbol{\beta}_1,\boldsymbol{\beta}_2,\boldsymbol{\beta}_3,\boldsymbol{\beta}_4$ 可以由基 $\boldsymbol{\alpha}_1,\boldsymbol{\alpha}_2,\boldsymbol{\alpha}_3,\boldsymbol{\alpha}_4$ 表示，有

$$\begin{cases}\boldsymbol{\beta}_1=\boldsymbol{\alpha}_1+\boldsymbol{\alpha}_2+\boldsymbol{\alpha}_4\\ \boldsymbol{\beta}_2=2\boldsymbol{\alpha}_1+\boldsymbol{\alpha}_2+3\boldsymbol{\alpha}_3+\boldsymbol{\alpha}_4\\ \boldsymbol{\beta}_3=\boldsymbol{\alpha}_1+\boldsymbol{\alpha}_2\\ \boldsymbol{\beta}_4=\boldsymbol{\alpha}_2+\boldsymbol{\alpha}_3-\boldsymbol{\alpha}_4\end{cases}$$

写出基 $\boldsymbol{\alpha}_1,\boldsymbol{\alpha}_2,\boldsymbol{\alpha}_3,\boldsymbol{\alpha}_4$ 到基 $\boldsymbol{\beta}_1,\boldsymbol{\beta}_2,\boldsymbol{\beta}_3,\boldsymbol{\beta}_4$ 的过渡矩阵；求向量 $\boldsymbol{\xi}$ 在基 $\boldsymbol{\beta}_1$，$\boldsymbol{\beta}_2$，$\boldsymbol{\beta}_3$，$\boldsymbol{\beta}_4$ 下的坐标。

9. 已知 $\mathbf{R}^3$ 中的两组基：

$\boldsymbol{\alpha}_1=(1,1,1)'$，$\boldsymbol{\alpha}_2=(1,1,0)'$，$\boldsymbol{\alpha}_3=(1,0,0)'$

$\boldsymbol{\beta}_1=(1,0,1)'$，$\boldsymbol{\beta}_2=(0,1,1)'$，$\boldsymbol{\beta}_3=(1,1,0)'$

(1) 求从基 $\boldsymbol{\alpha}_1,\boldsymbol{\alpha}_2,\boldsymbol{\alpha}_3$ 到基 $\boldsymbol{\beta}_1,\boldsymbol{\beta}_2,\boldsymbol{\beta}_3$ 的过渡矩阵；

(2) 试确定一个向量，使它在这两组基下具有相同的坐标。

10. 线性空间 $R[x]_4$ 中的两组基分别为

$$\alpha_1=1,\ \alpha_2=x,\ \alpha_3=x^2,\ \alpha_4=x^3$$

$$\beta_1=1,\ \beta_2=1+x,\ \beta_3=1+x+x^2,\ \beta_4=1+x+x^2+x^3$$

(1) 求由前一组基到后一组基的坐标变换公式；

(2) 求多项式 $1+2x+3x^2+3x^3$ 在后一组基下的坐标；

(3) 若多项式 $p(x)$ 在后一组基下的坐标为 $(1,2,3,4)'$，求它在前一组基下的坐标。

11. 设欧氏空间 $\mathbf{R}^4$ 中的内积 $(\boldsymbol{\alpha},\boldsymbol{\beta})$ 规定为对应分量乘积之和，求向量 $\boldsymbol{\alpha}$ 与 $\boldsymbol{\beta}$ 夹角。

(1) $\boldsymbol{\alpha}=(2,1,3,2)'$，$\boldsymbol{\beta}=(1,2,-2,1)'$　　(2) $\boldsymbol{\alpha}=(1,2,2,3)'$，$\boldsymbol{\beta}=(3,1,5,1)'$

12. 设在 $R[x]_4$ 中规定内积 $(f(x),g(x))=\int_{-1}^{1}f(x)g(x)\mathrm{d}x$，从一组基 $1,x,x^2,x^3$ 出发，求一组标准正交基。

13. 对于本章习题 5 确定的解空间，规定解空间的内积为对应分量乘积之和，求该空间的一组标准正交基。

14. 在 $\mathbf{R}^4$ 中，求一单位向量，使之与向量 $(1,1,-1,-1)'$，$(1,-1,-1,1)'$ 和 $(2,1,1,3)'$ 正交。

15. 设 $\boldsymbol{\alpha}=(x_1,x_2,x_3)'$ 是 $\mathbf{R}^3$ 中任一向量，满足下列条件的变换 T 是否为线性变换。

(1) $T(\boldsymbol{\alpha})=(2x_1,0,0)'$　　(2) $T(\boldsymbol{\alpha})=(x_1x_2,0,x_2)'$

(3) $T(\boldsymbol{\alpha})=(x_1,x_2,-x_3)'$　　(4) $T(\boldsymbol{\alpha})=(1,1,x_3)'$

16. 说明 xOy 平面上变换

$$T\begin{pmatrix}x\\y\end{pmatrix}=\mathbf{A}\begin{pmatrix}x\\y\end{pmatrix}$$

的几何意义，其中

（1）$A=\begin{pmatrix}-1 & 0\\ 0 & 1\end{pmatrix}$　　（2）$A=\begin{pmatrix}0 & 0\\ 0 & 1\end{pmatrix}$

（3）$A=\begin{pmatrix}0 & 1\\ 1 & 0\end{pmatrix}$　　（4）$A=\begin{pmatrix}0 & -1\\ 1 & 0\end{pmatrix}$

17. 设线性变换 T：$\mathbf{R}^3\to\mathbf{R}^3$，对任一向量 $\boldsymbol{\alpha}=(x_1,x_2,x_3)'$，有

$$T(\boldsymbol{\alpha})=(x_1,x_2+x_3,x_2-x_3)'$$

(1)求 T 在标准正交基 $\boldsymbol{\varepsilon}_1=(1,0,0)'$，$\boldsymbol{\varepsilon}_2=(0,1,0)'$，$\boldsymbol{\varepsilon}_3=(0,0,1)'$下的矩阵表示；

(2) 求 T 在基 $\boldsymbol{\beta}_1=(1,0,0)'$，$\boldsymbol{\beta}_2=(1,1,0)'$，$\boldsymbol{\beta}_3=(1,1,1)'$下的矩阵表示。

18. 已知 $\mathbf{R}^3$ 的两组基为 $\boldsymbol{\varepsilon}_1=(1,0,0)'$，$\boldsymbol{\varepsilon}_2=(0,1,0)'$，$\boldsymbol{\varepsilon}_3=(0,0,1)'$；$\boldsymbol{\beta}_1=(-1,1,1)'$，$\boldsymbol{\beta}_2=(1,0,-1)'$，$\boldsymbol{\beta}_3=(0,1,1)'$。线性变换 T 在基 $\boldsymbol{\beta}_1$，$\boldsymbol{\beta}_2$，$\boldsymbol{\beta}_3$下的矩阵表示为

$$\boldsymbol{B}=\begin{pmatrix}1 & 0 & 1\\ 1 & 1 & 0\\ -1 & 2 & 1\end{pmatrix}$$

求线性变换 T 在基 $\boldsymbol{\varepsilon}_1,\boldsymbol{\varepsilon}_2,\boldsymbol{\varepsilon}_3$下的矩阵表示。

19. 设 $\mathbf{R}^3$ 的两组基为 $\boldsymbol{\alpha}_1=(1,0,1)'$，$\boldsymbol{\alpha}_2=(2,1,0)'$，$\boldsymbol{\alpha}_3=(1,1,1)'$；$\boldsymbol{\beta}_1=(1,2,-1)'$，$\boldsymbol{\beta}_2=(2,2,-1)'$，$\boldsymbol{\beta}_3=(2,-1,-1)'$。线性变换 T 由下式确定

$$T(\boldsymbol{\alpha}_i)=\boldsymbol{\beta}_i\quad(i=1,2,3)$$

（1）求由基 $\boldsymbol{\alpha}_1,\boldsymbol{\alpha}_2,\boldsymbol{\alpha}_3$ 到基 $\boldsymbol{\beta}_1,\boldsymbol{\beta}_2,\boldsymbol{\beta}_3$ 的过渡矩阵；

（2）写出 T 在基 $\boldsymbol{\alpha}_1,\boldsymbol{\alpha}_2,\boldsymbol{\alpha}_3$下的矩阵表示；

（3）写出 T 在基 $\boldsymbol{\beta}_1,\boldsymbol{\beta}_2,\boldsymbol{\beta}_3$下的矩阵表示；

（4）求向量 $\boldsymbol{e}=(2,1,3)'$在基 $\boldsymbol{\beta}_1,\boldsymbol{\beta}_2,\boldsymbol{\beta}_3$下的坐标。

课程实验

以第二章、第三章中MATLAB介绍与编程应用部分为基础，针对线性代数学科中各种类型的问题，我们精心选择了以下的编程问题构成后面的两节实验内容，并给出了相应的自我编程练习。

MATLAB编程与应用

实验一　矩阵、行列式、方程组计算与应用问题

一、［实验目的］

(1) 掌握矩阵输入方法，利用MATLAB对矩阵做转置、加、减、乘、乘方、点乘运算，并能求逆矩阵和计算矩阵的行列式；

(2) 会求解一般齐次与非齐次线性方程组，输出齐次方程组的基础解向量，非齐次方程组的有解判定，在有解时输出其特解与通解；

(3) 会解决一些简单的有关方程组的应用性问题。

二、［基本命令］

矩阵［…］一般输入法与特殊矩阵eye，diag，ones，zeros等；矩阵运算“+、-、*、\或/”、“^”与“.^”；逆矩阵inv与行列式det，符号矩阵命令syms；求向量、矩阵维数的命令length与size；

初等行变换函数rref，求核空间（即$\boldsymbol{Ax}=\mathbf{0}$的解空间）标准基的函数null；

符号多项式转换为数值多项式命令sym2poly，多项式方程求根命令roots，符号变量赋值函数subs。

三、［实验内容］

问题1. 用MATLAB相关的函数命令，输入8阶矩阵

$$\begin{bmatrix} 2 & 3 & 0 & 0 & 0 & 0 & 0 & 0 \\ 1 & 2 & 3 & 0 & 0 & 0 & 0 & 0 \\ 0 & 1 & 2 & 3 & 0 & 0 & 0 & 0 \\ 0 & 0 & 1 & 2 & 3 & 0 & 0 & 0 \\ 0 & 0 & 0 & 1 & 2 & 3 & 0 & 0 \\ 0 & 0 & 0 & 0 & 1 & 2 & 3 & 0 \\ 0 & 0 & 0 & 0 & 0 & 1 & 2 & 3 \\ 0 & 0 & 0 & 0 & 0 & 0 & 1 & 2 \end{bmatrix}$$；检查所输入的矩阵阶数，比较A^2与A.^2的不同，

并求其行列式 $\boldsymbol{D}$ 与逆矩阵 $\boldsymbol{A}^{-1}$；

提示：若此问题完全是用手工方法逐个元素输入，工作量太大。现用 MATLAB 中相关的函数命令实现如下：

```
A1=diag(2*ones(8,1)),          % 生成以 2 为对角线元素的一个 8 阶对角阵
A2=diag(1*ones(7,1),-1),       % 生成以 1 为对角线下一斜行元素的矩阵
A3=diag(3*ones(7,1),1),        % 生成以 3 为对角线上一斜行元素的矩阵
A=A1+A2+A3;                    % 3 个矩阵相加
size(A),det(A),inv(A)。        % 检查所矩阵的大小,求其行列式与逆矩阵
```

问题 2. 又输入列向量 $\boldsymbol{b}=[1,1,1,1,-1,-2,-3,-4]'$后，再求解方程组 $\boldsymbol{Ax}=\boldsymbol{b}$。

提示：可以用三种方法求解：

(1) 先输入列向量 $\boldsymbol{b}$，然后再直接输入 x=A \b，或者 x=inv(A) * b；

(2) 用克莱姆法则：把矩阵的第 j 个列向量($j=1,2,\cdots,8$)依次分别用向量 $\boldsymbol{b}$ 来替换，并求替换后的行列式 D_j，再求出 $x_j=\dfrac{D_j}{D}$,$j=1,2,\cdots,8$。具体过程为：

```
D=det(A);                      % 求系数矩阵的行列式
B=A,B(:,1)=b,DD(1)=det(B);
% 把系数矩阵行列式的每一列用 b 来替换
B=A,B(:,2)=b,DD(2)=det(B);
………………………………
B=A,B(:,8)=b,DD(8)=det(B)
```

上述过程在 MATLAB 命令窗口在某一行命令输入并执行后，可以按 ↑ 键多次修改这个命令。接着最后输入

```
x=DD ./ D
```

回车即可。

(3) 如果觉得上面的过程太繁琐，那可以用编程方法解决：按 MATLAB 菜单下的"New-M-File"（即新建空白文档）快捷键，打开 MATLAB 程序编辑窗口。然后输入

```
% prog01. m
% 求解方程组
clear all
clc
A=diag(5*ones(8,1))+diag(1*ones(7,1),-1)+diag(6*ones(7,1),1);
b=[1 1 1 1 -1 -2 -3 -4]';
D=det(A);
For j=1:8
    B=A;B(:,j)=b;
```

```
    DD(j)=det(B);
end
x=DD./D
xx=A\b
```

再按菜单下的"run（执行）"快捷按钮运行这个程序。各种算法的结果是一致的。

问题 3. 用 syms 命令输入下列符号矩阵，求该矩阵的行列式 D

$$\mathbf{A}=\begin{pmatrix} a & b & c & d \\ d & a & b & c \\ c & d & a & b \\ b & c & d & a \end{pmatrix}$$

并用 simple 命令简化所得到的结果；并计算当 a，b，c，d 分别等于 1，2，3，4 时，相应矩阵结果与行列式的值。

提示：输入

```
% prog02.m
% 计算符号行列式
syms a b c d
A=[a b c d;b c d a;c d a b;d a b c]
D=det(A)
D=simple(D)
```

如果将上面的过程复制到程序编辑窗口或者就在程序编辑窗口输入，并保存起来则构成又一个 M 文件。程序中的 simple 命令也可以用 factor 代替。

此外，还可以用替换符号变量的函数命令 subs 替换 a,b,c,d 为 1,2,3,4 这一组具体数值（注意通常赋值语句是无效的!）。在上面程序后添加

```
B=subs(A,{a b c d},{1 2 3 4})
E=det(B)
```

而得到相应的数字矩阵和行列式值。

问题 4. 求解下列齐次线性方程组

$$\begin{cases} x_1+2x_2+x_3+x_4-x_5=0 \\ x_2+x_3+x_4+x_5+x_6=0 \\ x_1+x_2+x_4+2x_6=0 \\ 2x_2+2x_3-x_6=0 \end{cases}$$

提示：你可以先输入系数矩阵 A，然后直接用 null(A)函数命令，得到该齐次方程组的一组单位正交的基础解向量。这跟我们前面课本里的线性无关基础解向量形式不完全相同。

如果你想得到与课本里介绍的线性无关基础解向量形式一致，那你就必须使用初等行变换的函数命令 rref，然后还要有一些适当的过程编程语句。具体用法读者

可以自己去尝试，也可以在命令窗口用 help rref 查阅文本帮助。

问题 5. 求解下列非齐次线性方程组

$$\begin{cases} x_1+x_2+x_3=0 \\ x_1+x_2-x_3-x_4-2x_5=1 \\ 2x_1+2x_2-x_4-2x_5=1 \\ 5x_1+5x_2-3x_3-4x_4-8x_5=4 \end{cases}$$

提示： 先编写一个函数子程序 equation. m 如下

```
function [X,X0]=equation(A,b)
% equation. m
% 解决一般非齐次方程组求解问题，输出其对应齐次方程的基础解向量与其本身的一个特解
% X 是对应齐次方程组的基础解向量（按列）；X0 是非齐次方程的特解
[m,n]=size(A);
b=b(:);Ab=[A,b];            % b 向量列化，并构成增广矩阵 Ab
[R,jr]=rref(Ab);            % 求得简化阶梯形，并给出解未知量序号集合 jr
r=length(jr);
X0=R(:,n+1);                % 得到非齐次方程的特解
jb=setdiff([1:n],jr);       % 自由未知量的序号集合，是两个集合的差集
X(jr,:)=R(1:r,jb);          % 构成对应齐次方程组的基础解向量（按列）
X(jb,:)=eye(n-r);
```

接着建立一个主程序 prog03：

```
% prog03. m
% 解决一般非齐次方程组求解问题
clear all
clc
disp ('非齐次方程的系数矩阵与常数项为:')
A=[1 1 1 0 0;1 1 -1 -1 -2;2 2 0 -1 -2;5 5 -3 -4 -8]
b=[0 1 1 4],b=b(:);         % 将 b 向量列化，并构成增广矩阵 Ab
Ab=[A,b];
if rank(A)~=rank(Ab)        % 判别非线性方程组是否有解
    disp('该线性方程组无解!')
else
    [X,X0]=equation(A,b);
    disp('非齐次方程组的特解为:')
      X0
    disp('对应齐次方程组的基础解向量(按列)为:')
      X
end
```

执行主程序 prog03，即得该非齐次线性方程组的解。

[课外自我练习]

练习 1. 求矩阵

$$\begin{pmatrix} 1+a & 1 & 1 & 1 & 1 \\ 1 & 1+a & 1 & 1 & 1 \\ 1 & 1 & 1+a & 1 & 1 \\ 1 & 1 & 1 & 1+a & 1 \\ 1 & 1 & 1 & 1 & 1+a \end{pmatrix}$$

的逆矩阵。

练习 2. 用 MALAB 编程方法把向量组 $\alpha_1=(0,1,1)^T$，$\alpha_2=(1,1,0)^T$，$\alpha_3=(1,0,1)^T$ 单位正交化。

练习 3. 用 MATLAB 编程方法求向量组：$\boldsymbol{\alpha}_1=(6,4,1,-1,2)$，$\boldsymbol{\alpha}_2=(1,0,2,3,-4)$，$\boldsymbol{\alpha}_3=(1,4,-9,-16,22)$，$\boldsymbol{\alpha}_4=(7,1,0,-1,3)$ 的秩，求出它的一个极大无关组，并把组中其它向量用极大无关组来线性表示。

* **练习 4.** 用 MATLAB 编程方法研究下面的 3 个平面

$$\pi_1: x+y+z=1;\ \pi_2: -x+y=2;\ \pi_3: 2x+t^2z=t$$

当 t 取何值时 3 个平面交于一点？当 t 取何值它们时交于一直线？当 t 取何值时它们没有公共的交点？

实验二　矩阵的特征值、特征向量计算与应用编程

一、[实验目的]

掌握特征值与特征向量的求法；会解决一些与特征值和特征向量有关的、简单的应用性问题。

二、[基本命令]

特征多项式函数命令 poly，特征值与特征向量函数 eig，多项式求根函数 roots，符号多项式转化为数值多项式函数 sym2poly，数值多项式转化为符号多项式函数 poly2sym，数值多项式求值 polyval 等。符号变量赋值函数 subs。

三、[实验内容]

问题 1. 已知 3 阶矩阵 $\boldsymbol{A}$，求其特征值与特征向量，并相似变换矩阵 $\boldsymbol{P}$，使得 $\boldsymbol{P}^{-1}\boldsymbol{AP}=\boldsymbol{D}$，其中

$$\boldsymbol{A}=\begin{pmatrix} 1 & 1 & -1 \\ 1 & 2 & 1 \\ -1 & 1 & 1 \end{pmatrix}$$

$\boldsymbol{D}$ 是由 $\boldsymbol{A}$ 的特征值构成的对角矩阵。

提示：输入命令

```
A=sym([1 1 -1;1 2 1;-1 1 1])
[P,D]=eig(A)
```

则得由特征值构成的对角矩阵 $\boldsymbol{D}$ 以及以特征向量为列所构成的相似变换矩阵 $\boldsymbol{P}$。该矩阵特征值为 1+3^(1/2)，1-3^(1/2)，2，含有无理数特征值，手工计算是很困难或者说几乎是不可能完成的。

问题 2. 设有下列矩阵 $\boldsymbol{A}$，求其特征多项式 $f(x)$。又若已知 2 是矩阵 $\boldsymbol{A}$ 的特征值，试求参数 t 的值，和特征多项式 $f(x)$在 $x=4$ 处的值

$$\boldsymbol{A}=\begin{pmatrix}3 & 0 & 0\\1 & t & 3\\1 & 2 & 3\end{pmatrix}$$

提示：输入命令

```
syms t x
A=[3 0 0;1 t 3;1 2 3];
f=poly(A)
```

则输出其特征多项式 f=(x-3)*(x^2-3*x-t*x+3*t-6)。再输入

```
B=2*eye(3)-A;
d=det(B);
tt=solve(d)
```

则得 tt=8。上面这一段也可以替换为

```
g=subs(f,{x},{2});
tt=solve(g)
```

效果是相同的。接着输入

```
f3=subs(f,{t x},{8 4})
```

则得当 t=8 时，特征多项式 $f(x)$在 $x=4$ 处的值-10。求特征多项式 $f(x)$在 $x=4$ 处的值，也可以这样做

```
g=subs(f,{t},{8});        % 将特征多项式中的参数 t 用 8 来替换
p=sym2poly(g);
% 将符号多项式转化为数值多项式函数（即系数向量 p）
f3=polyval(p,4)           % 求特征多项式在 x=4 处的值
```

问题 3. 已知方阵 $\boldsymbol{A}=\begin{pmatrix}-2 & 0 & 0\\2 & x & 2\\3 & 1 & 1\end{pmatrix}$与 $\boldsymbol{B}=\begin{pmatrix}-1 & 0 & 0\\0 & 2 & 0\\0 & 0 & y\end{pmatrix}$相似，求 x，y 值。

提示：输入命令

```
syms x
A=[-2 0 0;2 x 2;3 1 1];
```

```
d=eig(A)
```

得到

```
d=
        -2
    1/2*x+1/2+1/2*(x^2-2*x+9)^(1/2)
    1/2*x+1/2-1/2*(x^2-2*x+9)^(1/2)
```

易见矩阵 **B** 是对角矩阵，其特征值即为 $-1,2,y$，而相似矩阵必有相同的特征值，所以必有 $y=-2$。并且 **A** 的另外两个特征值 d(2),d(3)就是 -1，2。再输入

```
x1=solve(d(2)-2,d(3)+1,'x')          % 令 d(2)=2 与 d(3)=-1
x2=solve(d(2)+1,d(3)-2,'x')          % 令 d(2)=-1 与 d(3)=2
```

得到 x1=

```
    0
x2=
[empty sym]
```

即只有 $x=0$ 时，矩阵 **A** 的另外两个特征值才是 -1，2。而且此时，因为 **A** 有三个不同的特征值，就是对角矩阵 **B** 的三个特征值，所以 **A** 可对角化，这时 **A** 与 **B** 确实是相似的。

问题 4. 已知矩阵 $\boldsymbol{A}=\begin{pmatrix}4 & -1 & a\\ -1 & 4 & 1\\ 1 & -1 & 2\end{pmatrix}$ 有一个二重特征值，试求 a 的值，并讨论该矩阵是否可以对角化。

提示： 这是一道考研数学试卷中的线性代数综合考题，有一定的难度与计算量。但是如果用 MATLAB 来求解，则相对较为简便。输入命令

```
syms a
A=[4 -1 a;-1 4 1;1 -1 2];
d=eig(A)
```

输出 **A** 的三个特征值

```
d=
          3
    7/2+1/2*(5+4*a)^(1/2)
    7/2-1/2*(5+4*a)^(1/2)
```

A 的二重特征值有可能是 3，但也有可能不是 3。于是再输入

```
a1=solve(d(2)-3)
a1=
    [empty sym]
```

此情况无解。又

```
a2=solve(d(3)-3)
a2=
```

```
−1
d1=subs(d,{a},{−1})
```

输出此时的特征值 d1=3，4，3。又输入

```
B=3 * eye(3)−subs(A,{a},{−1});
r1=rank(B)
```

输出矩阵 **B** 的秩为 r1=1。所以这时矩阵 **A** 的特征值 3 有 3−1=2 个线性无关的特征解向量，从而可以对角化；最后再输入

```
a3=solve(d(2)−d(3))
a3=
−5/4
d2=subs(d,{a},{−5/4})
```

输出此时的特征值 d2=3.0000,3.5000,3.5000

```
B=3.5 * eye(3)− subs(A,{a},{−5/4});
R2=rank(B)
```

输出矩阵 **B** 的秩为 r2=2。所以这时矩阵 **A** 的特征值 3.5 只有 3−2=1 个线性无关的特征解向量，从而不能对角化。

问题 5. 证明任何一元 n 次多项式

$$f=x^n+a_1x^{n-1}+\cdots a_{n-1}x+a_n \qquad (a_0\neq 0)$$

必定是某个 n 阶矩阵的特征多项式。对 4 次多项式 $f=x^4+2x^3-2x^2+3x-1$ 验证结论，并求出多项式方程 $f=0$ 的所有根。

提示： 构造 n 阶矩阵

$$\boldsymbol{A}=\begin{pmatrix} -a_1 & -a_2 & \cdots & -a_{n-1} & -a_n \\ 1 & 0 & \cdots & 0 & 0 \\ 0 & 1 & \cdots & 0 & 0 \\ \cdots & \cdots & \cdots & \cdots & \cdots \\ 0 & 0 & \cdots & 1 & 0 \end{pmatrix}$$

其特征多项式为

$$f(x)=|x*\mathrm{eye}(n)-\boldsymbol{A}|=\begin{vmatrix} x+a_1 & a_2 & \cdots & a_{n-1} & a_n \\ -1 & x & \cdots & 0 & 0 \\ 0 & -1 & \cdots & 0 & 0 \\ \cdots & \cdots & \cdots & \cdots & \cdots \\ 0 & 0 & \cdots & -1 & x \end{vmatrix}$$

将行列式依照最后一列展开，反复递推，不难得到

$$f(x)=x^n+a_1x^{n-1}+\cdots+a_{n-1}x+a_n$$

下面现在对给定的 4 次多项式，用编程方法加以验证：

```
% prog05
P=[1 2 −2 3 −1];                    % 输入 4 次多项式的系数向量
n=length(p);
```

```
if any(p)                          % 如果 p 不是零向量，以下构造矩阵 A
    if n>1 & p(1)~=0
      A=diag(ones(1,n-2),-1);
      A(1,:)=-p(2:n);
    end
end
q=poly(A)                          % 求该矩阵的特征多项式
d=eig(A)                           % 求 A 的所有特征值
```

输出矩阵 **A**，得到

```
A=
  -2   2  -3   1
   1   0   0   0
   0   1   0   0
   0   0   1   0
```

和该矩阵的特征多项式

```
q=
    1.0000   2.0000  -2.0000   3.0000  -1.0000
```

最后输出这个 4 次多项式的所有根

```
d=
   -3.0251
    0.3190+0.8673i
    0.3190-0.8673i
    0.3871
```

或者在命令窗口再输入

```
q1=poly2sym(q)                     % 将 q 转化为符号多项式的形式
q1=
  x^4+2*x^3-2*x^2+3*x-1
```

这与原来的 4 次多项式是一样的。这说明原来的 4 次多项式确实是上面构造的矩阵 **A** 的特征多项式。

实际上 MATLAB 有现成的库函数命令 roots（p）可以直接求出多项式 p 的所有根。但是这些所有根，正是通过构造矩阵 **A**，和转化为求 **A** 的所有特征值而得到的。

[课外自我练习]

练习 1. 已知矩阵

$$\boldsymbol{A}=\begin{pmatrix}1&1&2\\1&1&1\\-1&1&-2\end{pmatrix},\quad \boldsymbol{B}=\begin{pmatrix}2&0&-3\\3&-1&-3\\0&0&-1\end{pmatrix}$$

问：（1）矩阵 **A** 能否对角化，为什么？

（2）矩阵 **A** 与 **B** 是否有相同的特征多项式，从而也有相同的特征值？

（3）矩阵 $\boldsymbol{A}$ 与 $\boldsymbol{B}$ 是否是相似的？

练习 2. 求下列实对称矩阵

$$\boldsymbol{A}=\begin{pmatrix} 2 & 1 & -1 \\ 1 & 2 & 1 \\ -1 & 1 & 3 \end{pmatrix}$$

的特征多项式，将符号多项式转化为数值型的。并求特征值与特征向量以及将其对角化的正交变换矩阵 $\boldsymbol{V}$。

练习 3. 设矩阵

$$\boldsymbol{A}=\begin{pmatrix} 1 & -1 & 1 \\ a & 0 & -1 \\ 0 & 1 & 0 \end{pmatrix}$$

的特征方程有二重根。分别用分析方法与 MATLAB 编程方法，计算参数 a 的值，并讨论 $\boldsymbol{A}$ 是否可相似对角化？

练习 4. 已知二次型 $f(x_1,x_2,x_3)=5x_1{}^2+5x_2{}^2+cx_3{}^2-2x_1x_2+6x_1x_3-6x_2x_3$的秩为 2。试求解下列问题：

（1）求参数 c 及此二次型对应矩阵的特征值；

（2）指出方程 $f(x_1,x_2,x_3)=1$ 表示何种曲面。

* **练习 5.** 判定方程 $5x^2+2y^2+11z^2+20xy+16xz-4yz+30x-12y+30z=9$ 在空间坐标系下表示何种二次曲面。

附录　线性代数编程应用案例

线性代数知识在实际问题中的应用是非常广泛而且重要的。下面将介绍投入产出经济模型，多项式曲线拟合与最小二乘法，体育比赛排名问题，多元函数极值的求法与判定和种群的年龄结构模型这五个应用模型，同时给出这些模型的编程求解方法。

案例一　投入产出模型

投入产出模型是 20 世纪 30 年代由美国经济学家列昂捷夫（W. Leontief）首先提出的，它是研究一个经济系统中各部门（或企业）间“投入”与“产出”平衡关系的线性模型。这里我们通过一个简单的例子，讨论价值形式的投入产出模型。

问题的提出：设某经济系统有 3 个企业：煤矿、电厂和铁路。已知生产价值一元的煤，需消耗 0.25 元的电费和 0.40 元的铁路运输费；生产价值一元的电，需消耗 0.35 元的煤、0.05 元的电费和 0.15 元的运输费；而提供价值一元的铁路运输服务，则需消耗 0.40 元的煤、0.10 元的电费和 0.10 元的运输费。如果在某个月内，除了这三家企业间彼此的需求外，煤矿需要生产价值 5000 万元的煤，电厂需要提供价值 3500 万元的电，铁路要满足价值 2000 万元的运输服务，试问：

(1) 这三家企业在该月份各应完成多少产值才能满足内外需求；

(2) 求出在这个月各企业间的消耗需求，以及各个企业的利润；

问题的分析：设煤矿、电厂和铁路在这个月的生产总值分别为 x_1，x_2，x_3，则根据产品分配的平衡关系，有

$$\begin{cases} 0x_1+0.25x_2+0.40x_3+5000=x_1 \\ 0.35x_1+0.05x_2+0.15x_3+3500=x_2 \\ 0.40x_1+0.10x_2+0.10x_3+2000=x_3 \end{cases} \tag{M.1}$$

方程组（M.1）以价值形式说明了每个企业的总产品都可以表示为中间产品（被系统内的企业消耗）和最终产品（满足外部需求）之和，称之为**分配平衡方程组**。方程组（M.1）可以写成矩阵形式

$$\boldsymbol{AX}+\boldsymbol{Y}=\boldsymbol{X} \quad \text{或} \quad (\boldsymbol{E}-\boldsymbol{A})\boldsymbol{X}=\boldsymbol{Y} \tag{M.2}$$

其中

$$\boldsymbol{A}=\begin{pmatrix}0 & 0.25 & 0.40\\0.35 & 0.05 & 0.15\\0.40 & 0.10 & 0.10\end{pmatrix},\quad \boldsymbol{X}=\begin{pmatrix}x_1\\x_2\\x_3\end{pmatrix},\quad \boldsymbol{Y}=\begin{pmatrix}5000\\3500\\2000\end{pmatrix}$$

在经济学上 $\boldsymbol{A},\boldsymbol{X},\boldsymbol{Y}$ 分别被称为**直接消耗系数矩阵**、**产出向量**和**最终产品向量**，$\boldsymbol{A}$ 的元素 a_{ij} 称为**直接消耗系数**；E 是单位矩阵。

另一方面，如果设 z_1,z_2,z_3 分别为煤矿、电厂和铁路在这个月的新创价值，则根据产品消耗的平衡关系，有

$$\begin{cases}0x_1+0.35x_1+0.40x_1+z_1=x_1\\0.25x_2+0.05x_2+0.10x_2+z_2=x_2\\0.40x_3+0.15x_3+0.10x_3+z_3=x_3\end{cases}\tag{M.3}$$

方程组（M.3）说明每个企业的总产值都等于它对系统内各企业产品的消耗和新创价值（或净产值）之和，称之为**消耗平衡方程组**。方程组（M.3）也可以用矩阵形式表示

$$\boldsymbol{DX}+\boldsymbol{Z}=\boldsymbol{X}\quad 或 \quad (\boldsymbol{E}-\boldsymbol{D})\boldsymbol{X}=\boldsymbol{Z}\tag{M.4}$$

其中

$$\boldsymbol{D}=\begin{pmatrix}0+0.35+0.40 & & \\ & 0.25+0.05+0.10 & \\ & & 0.40+0.15+0.10\end{pmatrix},\quad \boldsymbol{Z}=\begin{pmatrix}z_1\\z_2\\z_3\end{pmatrix}$$

$\boldsymbol{D},\boldsymbol{Z}$ 分别被称为**企业消耗矩阵和净产值向量**，方程组（M.4）反映了在经济系统中生产向量 $\boldsymbol{X}$、净产值向量 $\boldsymbol{Z}$ 和企业消耗矩阵 $\boldsymbol{D}$ 之间的联系。分别将方程组(M.2)和方程组(M.4)的每个方程相加，可得

$$\sum y_i=\sum z_i\tag{M.5}$$

这表明系统外部对各企业产值的需求量的总和，等于系统内部各企业净产值的总和。

根据方程组(M.2)，可以得到产出向量 $\boldsymbol{X}=(\boldsymbol{E}-\boldsymbol{A})^{-1}\boldsymbol{Y}$；再由式(M.4)计算净产值向量 $\boldsymbol{Z}$。

【例 1】 用 MATLAB 软件求解上面的投入产出模型。

解　先输入直接消耗系数矩阵 $\boldsymbol{A}$ 和最终产品向量 $\boldsymbol{Y}$

```
A=[0 0.25 0.4;0.35 0.05 0.15;0.4 0.1 0.1];
Y=[5000;3500;2000];
```

(1) 编写求解方程组(M.2)的程序，计算各企业的总产值

```
%Solve linear equations (6.6)
E=eye (size(A));
X(E-A) \ Y
```

执行后得到模型的产出向量

```
X=
    10276
```

8694.5

7755.3

即为了满足在该月份系统外部的需求向量**Y**，必须生产价值10276万元的煤、8694.5万元的电和提供价值7755.3万元的运输服务。

（2）设X1,X2,X3分别表煤矿、电厂和铁路对系统内部各产品的消耗（或者说投入），计算式为

```
X1=X(1)*A(:,1)
X2=X(2)*A(:,2)
X3=X(3)*A(:,3)
```

计算结果：

```
X1=
        0
   3596.5
   4110.3
X2=
   2173.6
   434.73
   869.45
X3=
   3102.1
   1163.3
   775.53
```

由方程组（M.4）计算各企业的新创价值

```
%Solve linear equations (6.8)
D=diag(ones(1,size(A))*A)
Z=(E-D)*X
```

计算结果为

```
D=
        0.75        0        0
           0      0.4        0
           0        0     0.65
Z=
        2568.9
        5216.7
        2714.3
```

即煤矿、电厂和铁路在这个月的新创价值分别为2568.9万元、5216.7万元和2714.3万元。

除了上面讨论的投入产出的基本模型及求解以外，还可以进一步研究一些推广性问

题，例如：

(1) 如果经过技术改造，电厂价值一元的电对煤的消耗降低了 0.05 元，问生产计划应该如何调整；

(2) 如果该月份电力需求增加 1000 万元，则三家企业的生产计划应该如何改变。

这两个问题可以分别修改直接消耗系数矩阵 **A** 和最终产品向量 **Y** 的元素而得到解决。具体计算过程留给大家自己去完成。

案例二 矛盾方程组求解与多项式曲线拟合

一、 矛盾方程组求解

现设有来自于某个实际问题的、一般形式的线性矛盾方程组 $\boldsymbol{Ax}=\boldsymbol{b}$，即

$$\begin{cases} a_{11}x_1+a_{12}x_2+\cdots+a_{1n}x_n=b_1 \\ a_{21}x_1+a_{22}x_2+\cdots+a_{2n}x_n=b_2 \\ \cdots\cdots\cdots\cdots\cdots\cdots\cdots\cdots \\ a_{m1}x_1+a_{m2}x_2+\cdots+a_{mn}x_n=b_m \end{cases} \tag{M. 6}$$

方程组(M. 6)需要我们去求解。但由于其“准确解”并不存在，因而要转而寻求它在某种意义下的“近似解”。令“误差平方和函数”

$$\begin{aligned} f(x_1,x_2,\cdots,x_n)=&(a_{11}x_1+a_{12}x_2+\cdots+a_{1n}x_n-b_1)^2+ \\ &(a_{21}x_1+a_{22}x_2+\cdots+a_{2n}x_n-b_2)^2+ \\ &\cdots+ \\ &(a_{m1}x_1+a_{m2}x_2+\cdots+a_{mn}x_n-b_m)^2 \end{aligned}$$

显然恒有 $f(x_1,x_2,\cdots,x_n)>0$。如果 $x_1,x_2,\cdots,x_n$ 的一组值使得函数 $f(x_1,x_2,\cdots,x_n)$ 达到其最小值，则这组值就称为矛盾方程组(M. 6)的**最小二乘解**。

由极值理论可知，函数 $f(x_1,x_2,\cdots,x_n)$ 的最小值（实质上是极小值）必须满足条件

$$\frac{\partial f}{\partial x_j}=0 \quad (j=1,2,\cdots,n)$$

又因为

$$\begin{aligned} \frac{\partial f}{\partial x_j}=&2a_{1j}(a_{11}x_1+a_{12}x_2+\cdots+a_{1n}x_n-b_1)+2a_{2j}(a_{21}x_1+a_{22}x_2 \\ &+\cdots+a_{2n}x_n-b_2)+\cdots+2a_{mj}(a_{m1}x_1+a_{m2}x_2+\cdots+a_{mn}x_n-b_m) \\ &=2(a_{1j},a_{2j},\cdots,a_{nj})\begin{pmatrix} a_{11}x_1+a_{12}x_2+\cdots+a_{1n}x_n-b_1 \\ a_{21}x_1+a_{22}x_2+\cdots+a_{2n}x_n-b_2 \\ \cdots\cdots\cdots\cdots\cdots\cdots\cdots\cdots \\ a_{n1}x_1+a_{n2}x_2+\cdots+a_{nn}x_n-b_n \end{pmatrix} \\ &(j=1,2,\cdots,n) \end{aligned}$$

于是整理后可以得到

$$\begin{pmatrix} a_{11} & a_{21} & \cdots & a_{m1} \\ a_{12} & a_{22} & \cdots & a_{m2} \\ \cdots & \cdots & \cdots & \cdots \\ a_{1n} & a_{2n} & \cdots & a_{mn} \end{pmatrix} \begin{pmatrix} a_{11}x_1+a_{12}x_2+\cdots+a_{1n}x_n-b \\ a_{21}x_1+a_{22}x_2+\cdots+a_{2n}x_n-b_2 \\ \cdots\cdots \\ a_{m1}x_1+a_{m2}x_2+\cdots+a_{mn}x_n-b_m \end{pmatrix}=\mathbf{0} \quad (M.7)$$

称它为矛盾方程组（M. 6）的**正规方程组或法方程组**。法方程组还可以简写为

$$\boldsymbol{A}^{\mathrm{T}}(\boldsymbol{Ax}-\boldsymbol{b})=\mathbf{0} \quad 或 \quad \boldsymbol{A}^{\mathrm{T}}\boldsymbol{Ax}=\boldsymbol{A}^{\mathrm{T}}\boldsymbol{b} \quad (M.8)$$

可以证明法方程组总是有解的（证明留给大家去考虑）。

上面求最小二乘解的过程称为**最小二乘法**。在 MATLAB 中，如果所求解的线性方程组 $\boldsymbol{Ax}=\boldsymbol{b}$ 是矛盾方程组，则由求解命令 $x=A\backslash b$ 给出的即为其最小二乘解。

二、 多项式曲线拟合

下面再将矛盾方程组求解与最小二乘法思想运用于多项式曲线拟合问题。

问题的提出：设有一未知函数曲线，其性态大体上符合某 n 次多项式的变化规律，即

$$y(x)=c_0+c_1x+c_2x^2+\cdots+c_nx^n \quad (M.9)$$

又通过测量等方法得到曲线上的 m（$\gg n$）个近似值点 (x_i,y_i)，$(i=1,2,\cdots,m)$，试确定多项式的系数。

问题的分析：如果测量得到的数据是“准确”的，即点在多项式曲线上，则应该有

$$\begin{cases} c_0+c_1x_1+c_2x_1{}^2+\cdots+c_nx_1{}^n=y_1 \\ c_0+c_1x_2+c_2x_2{}^2+\cdots+c_nx_2{}^n=y_2 \\ \cdots\cdots \\ c_0+c_1x_m+c_2x_m{}^2+\cdots+c_nx_m{}^n=y_m \end{cases} \quad (M.10)$$

于是多项式函数系数的确定就归结为关于未知量 c_0，c_1，c_2，…，c_n 的上述方程组的求解问题。但因为测量误差一般是不可避免的，所以上述方程组实际上通常是一个不相容方程组（即矛盾方程组）。多项式曲线拟合问题就归结到一个最小二乘问题。

【例 2】 设有一组数据（表 M. 1），求一个 3 次代数多项式函数曲线拟合这组数据。

表 M. 1 数据表

x_i	-1	1	2	3	4	6
y_i	0	4	3	2	-1	4

解法一 本题上表中给出了曲线上的 6 个近似值点 $(x_i,y_i)(i=1,2,\cdots,6)$，设拟合多项式为 $y(x)=c_0+c_1x+c_2x^2+c_3x^3$，于是和式(M. 10)对应的不相容方程组 $\boldsymbol{Ax}=\boldsymbol{b}$ 为

$$\begin{pmatrix}1 & -1 & (-1)^2 & (-1)^3\\1 & 1 & 1^2 & 1^3\\1 & 2 & 2^2 & 2^3\\1 & 3 & 3^2 & 3^3\\1 & 4 & 4^2 & 4^3\\1 & 6 & 6^2 & 6^3\end{pmatrix}\begin{pmatrix}c_0\\c_1\\c_2\\c_3\end{pmatrix}=\begin{pmatrix}0\\4\\3\\2\\-1\\4\end{pmatrix}$$

其正规方程组或法方程组 $\boldsymbol{A}^{\mathrm{T}}\boldsymbol{A}\boldsymbol{x}=\boldsymbol{A}^{\mathrm{T}}\boldsymbol{b}$ 为

$$\begin{pmatrix}1 & 1 & 1 & 1 & 1 & 1\\-1 & 1 & 2 & 3 & 4 & 6\\(-1)^2 & 1^2 & 2^2 & 3^2 & 4^2 & 6^2\\(-1)^3 & 1^3 & 2^3 & 3^3 & 4^3 & 6^3\end{pmatrix}\begin{pmatrix}1 & -1 & (-1)^2 & (-1)^3\\1 & 1 & 1^2 & 1^3\\1 & 2 & 2^2 & 2^3\\1 & 3 & 3^2 & 3^3\\1 & 4 & 4^2 & 4^3\\1 & 6 & 6^2 & 6^3\end{pmatrix}$$

$$\begin{pmatrix}c_0\\c_1\\c_2\\c_3\end{pmatrix}=\begin{pmatrix}1 & 1 & 1 & 1 & 1 & 1\\-1 & 1 & 2 & 3 & 4 & 6\\(-1)^2 & 1^2 & 2^2 & 3^2 & 4^2 & 6^2\\(-1)^3 & 1^3 & 2^3 & 3^3 & 4^3 & 6^3\end{pmatrix}\begin{pmatrix}0\\4\\3\\2\\-1\\4\end{pmatrix}$$

即

$$\begin{pmatrix}6 & 15 & 67 & 315\\15 & 67 & 315 & 1651\\67 & 315 & 1651 & 9075\\315 & 1651 & 9075 & 51547\end{pmatrix}\begin{pmatrix}c_0\\c_1\\c_2\\c_3\end{pmatrix}=\begin{pmatrix}12\\36\\162\\882\end{pmatrix}$$

可解得

$$\begin{pmatrix}c_0\\c_1\\c_2\\c_3\end{pmatrix}=\begin{pmatrix}0.2106\\-1.5917\\1.9970\\3.7244\end{pmatrix}$$

从而拟合多项式为

$$y(x)=0.2106-1.5917x+1.9970x^2+3.7244x^3$$

将最小二乘法应用于由曲线拟合问题引出的矛盾方程组(M.7)的求解，从理论上来说不会有任何困难，但有一定的计算工作量。需要说明的是，在 MATLAB 中多项式曲线拟合的最小二乘法求解过程已经编程实现在函数命令 polyfit 中了，因而直接调用是非常方便的。

解法二 编程求解过程如下：

```
%   求多项式拟合曲线并作图
X=[-1  1  2  3  4  6]                    % 输入拟合点的横坐标
Y=[ 0  4  3  2  -1  4]                   % 输入拟合点的纵坐标
P=polyfit(X,Y,3)                         % 计算并输出拟合多项式系数
x=min(X)-1:0.1:max(X)+1;                 % 确定 x 轴上的作图范围与步长
y= polyval(P,x);                         % 计算拟合多项式在 x 处的函数值
plot(X,Y,'o',x,y)                        % 描点与作图
end
```

程序执行结果为：

拟合多项式系数

P=0.2106　-1.5917　1.9970　3.7244

拟合多项式曲线如图 M.1 所示。

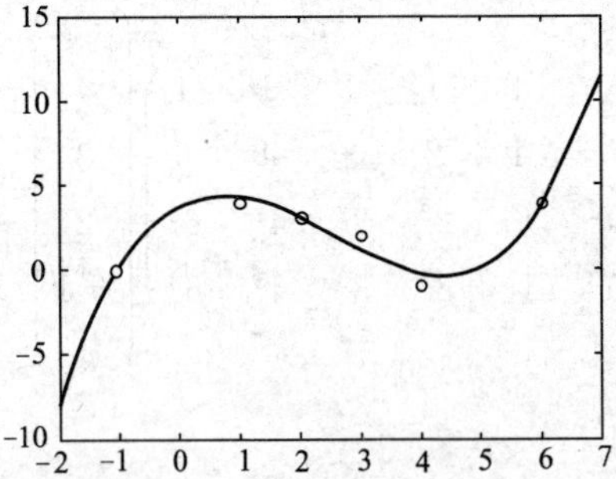

图 M.1　例 2 拟合多项式曲线

对于更一般的非多项式曲线拟合问题，那就要用到“运筹学与最优化”等学科的知识，有兴趣的读者可以自己查阅相关文献。

案例三　比赛排名问题

问题的提出：设有 6 名网球选手(A,B,C,D,E,F)参加单循环比赛，已知他们比赛的结果为：选手 A 胜 B,D,E,F；选手 B 胜 D,E,F；选手 C 胜 A,B,D；选手 D 胜 E,F；选手 E 胜 C,F；选手 F 胜 C。试排出这 6 名选手的名次。

问题的分析：为了直观起见，我们可以用图来描述比赛结果，如图 M.2 所示。用平面上的 6 个点 v_1,v_2,v_3,v_4,v_5,v_6 表示选手 A,B,C,D,E,F,称这 6 个点表示的集合为**顶点集**，记为 $\boldsymbol{V}=\{v_1,v_2,v_3,v_4,v_5,v_6\}$。如果某一选手在比赛中胜了另一名选手，就在他们对应的顶点间画一条连接这两个顶点的有向弧。例如选手 B 胜了选手 D，就从顶点 v_2 出发画一条到顶点 v_4 的有向弧，用有序点对(v_2,v_4)表示该弧。记弧的集合为 $\boldsymbol{A}$，则比赛结果可以用由顶点集 $\boldsymbol{V}$ 和弧集 $\boldsymbol{A}$ 构成的有向图

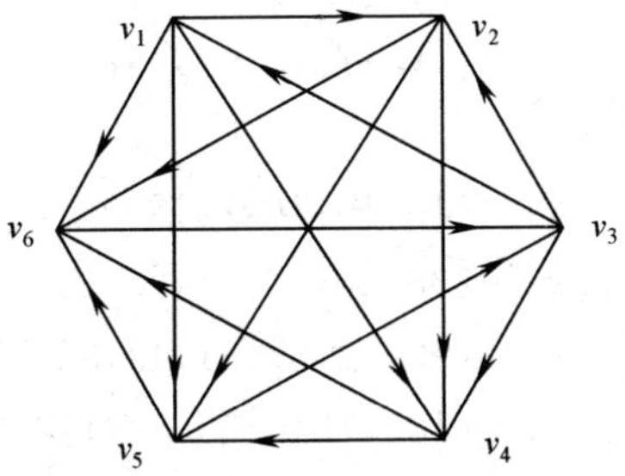

图 M.2

D 表示，记为 $D=(\boldsymbol{V},\boldsymbol{A})$，见图 M.2。而且像这样任何两个顶点之间有一条有向弧连接的图称为**竞赛图**。

为了研究的方便，竞赛图的结构可以用一个**邻接矩阵** $\boldsymbol{M}=(a_{ij})_{n\times n}$ 来表示，即

$$\boldsymbol{M}=\begin{pmatrix}0&1&0&1&1&1\\0&0&0&1&1&1\\1&1&0&1&0&0\\0&0&0&0&1&1\\0&0&1&0&0&1\\0&0&1&0&0&0\end{pmatrix}\tag{M.11}$$

其中

$$a_{ij}=\begin{cases}1,(v_i,v_j)\in\boldsymbol{A}\\0,(v_i,v_j)\notin\boldsymbol{A}\end{cases}\tag{M.12}$$

式中，n 为图中顶点的数目，它是一个元素为 0 或 1 的整数矩阵，而且其对角线元素全为 1。

在竞赛图中，邻接矩阵 M 的每一行代表一位选手的比赛胜负情况，每一行的和等于对应选手取胜的次数。如果胜一场比赛得 1 分，负一场比赛得 0 分，排出比赛名次的方法是计算每位选手的得分，根据得分的高低排出比赛名次。根据邻接矩阵可以求出上述 6 名选手的得分向量为

$$\boldsymbol{s}_1=\boldsymbol{M}\cdot\boldsymbol{e}=(4,3,3,2,2,1)'$$

式中，$\boldsymbol{e}$ 表示所有元素都是 1 的列向量。

根据得分情况，可以初步确定选手 A 排名第一，选手 F 排名末尾，但不能区分选手 B 与 C 及 D 与 E 之间的名次。为此我们引入第二级得分向量

$$\boldsymbol{s}_2=\boldsymbol{M}\cdot\boldsymbol{s}_1=\boldsymbol{M}^2\cdot\boldsymbol{e}=(8,5,9,3,4,3)'$$

其中每位选手的第二级得分是他们战胜的选手的得分之和。根据第二级得分，选手 C 的名次应该在 B 之前，同样选手 E 的名次应该在 D 之前。但是注意到选手 C 战胜的对手的得分之和甚至还超过了选手 A，而且可以认为与第一级得分向量相比，第二级得分向量更有理由作为排名的依据，那么是不是说选手 C 的名次就一定应

该提到选手 A 之前呢？如果继续这个过程，由

$$\boldsymbol{s}_k=\boldsymbol{M}\cdot\boldsymbol{s}_{k-1}=\boldsymbol{M}^k\cdot\boldsymbol{e} \tag{M. 13}$$

计算各级得分向量

$$\boldsymbol{s}_3=(15,10,16,7,12,9)'$$
$$\boldsymbol{s}_4=(38,28,32,21,25,16)'$$
$$\boldsymbol{s}_5=(90,62,87,41,48,32)'$$
$$\boldsymbol{s}_6=(183,121,193,80,119,87)'$$
$$\cdots$$

由计算得到的各级得分向量中的前几个，选手 C 与选手 A 在竞争排名第一的位置，这是否意味着根据得分向量序列最终都无法确定比赛的名次呢？答案是否定的。实际上，根据图的理论可以得到下面著名的 Perron-Frobenius 定理。

定理 1 设 M 为竞赛图 D 的邻接矩阵，D 的得分向量由 $\boldsymbol{s}_k=\boldsymbol{M}^k\cdot\boldsymbol{e}$ 给出，这里 $\boldsymbol{e}$ 是所有元素均为 1 的列向量。如果 D 至少有 4 个顶点，且是强连通（即有向图中任意两个顶点之间都存在一条有向路）的，则 $\boldsymbol{M}$ 的具有最大绝对值的特征值是正实数，记为 r，并且 M 有对应于 r 的正特征向量 $\boldsymbol{s}$，而且成立

$$\lim_{k\to\infty}\left(\frac{\boldsymbol{M}}{r}\right)^k\cdot\boldsymbol{e}=\boldsymbol{s} \tag{M. 14}$$

定理 1 表明，在一定条件下，竞赛图的各级得分向量序列将收敛到一个固定的向量，然后根据这个最终的极限向量各分量的大小来确定每个选手的排名。这就给出了在任何循环比赛中排列选手名次的一个方法。具体求出得分向量极限 $\boldsymbol{s}$ 的方法有两种：

(1)直接计算邻接矩阵 $\boldsymbol{M}$ 的最大特征值，及其对应的特征向量 $\boldsymbol{s}$，并根据特征向量 $\boldsymbol{s}$ 确定选手的名次排列；

(2)依次计算各级得分向量，并对他们进行归一化处理（使向量各分量绝对值的和为 1），直至相邻两次计算的结果小于指定的精度，并根据最后的得分向量 $\boldsymbol{s}$ 确定选手的名次排列。

【例 3】 用 MATLAB 软件求解上面的名次排列问题。

解 先输入邻接矩阵 $\boldsymbol{M}$，然后再利用不同的方法求出最终得分向量。

```
M=[0  1  0  1  1  1;0  0  0  1  1  1;1  1  0  1  0  0;…
   0  0  0  0  1  1;0  0  1  0  0  1;0  0  1  0  0  0]
```

方法 1：直接计算邻接矩阵 $\boldsymbol{M}$ 的最大特征值 r 和特征向量 $\boldsymbol{s}$。

```
% method I
[V,D]=eig(M);
eig_val=diag(D)
[r,i]=max(abs(eig_val))
s=V(:,i)/sum(V(:,i))
```

在命令窗口执行后，得到如下结果：

```
eig_val=
```

```
  2.2324
 -0.4062+1.7057i
 -0.4062-1.7057i
 -0.4716+0.2885i
 -0.4716-0.2885i
 -0.4767
r=
  2.2324
i=
  1
s=
  0.2379
  0.1643
  0.2310
  0.1135
  0.1498
  0.1035
```

eig _ val 为邻接矩阵 $\boldsymbol{M}$ 的特征值，其中最大的特征值 $r=2.2324$，它对应的特征向量

$$\boldsymbol{s}=(0.2379,\ 0.1643,\ 0.2310,\ 0.1135,\ 0.1498,\ 0.1035)'$$

方法 2：计算各级得分向量的归一化向量，并根据指定误差确定最终得分向量。

```
% method II
e=ones(6,1);epi=1.e-12;
k=1;M0=M/r;
Mk0=M0^k*e;Mk1=M0^(k+1)*e;
while(max(Mk1-Mk0)>=epi)
  Mk0=Mk1;Mk1=M0*Mk1;k=k+1;
end
s=Mk1/sum(Mk1),k
```

执行后得到与方法 1 相同的结果：

```
s=
  0.2379
  0.1643
  0.2310
  0.1135
  0.1498
  0.1035
k=
```

113

方法 2 计算到得分向量 s_{113} 时，满足指定的精度要求，得到与最大特征值对应的特征向量相同的得分向量。根据计算结果，6 位选手的最终排名从先到后为：A—C—B—E—D—F。

值得进一步指出的是：当部分选手之间没有举行比赛，因而竞赛图连接矩阵是"残缺的"，这时的运动选手排序问题更富有实际意义。对此有兴趣的读者也可以参见有关数学建模方面的专著。

案例四　多元函数极值的判定与求法

问题的提出：对于 n 元函数 $y=f(x_1,x_2,\cdots,x_n)$ 的极值甚至最大、最小值问题在以前的课程中应该曾经讨论过。设函数 $y=f(x_1,x_2,\cdots,x_n)$ 在点 $a=(a_1,a_2,\cdots,a_n)$ 附近有连续的二阶偏导数，则已经知道该函数在点 $a=(a_1,a_2,\cdots,a_n)$ 处取得极值的必要条件是

$$\left.\frac{\partial f(x_1,x_2,\cdots,x_n)}{\partial x_j}\right|_{x=a}=0\quad(j=1,2,\cdots,n)\tag{M. 15}$$

不过，这个必要条件不是充分的，即驻点未必是极值点。那么怎样去判定驻点 a 是否为函数的极值点呢？对 $n=2$ 的情形，高等数学教材中给出了一个充分条件；但对 $n>2$ 的情形未作探讨。

问题的分析：这个问题需要用到 n 元函数的泰勒公式（高等数学中仅提到 $n=2$ 的情形）。现设 $\Delta x_i=x_i-a_i(j=1,2,\cdots,n)$，则类似于一元函数的泰勒公式，有

$$\begin{aligned}
&f(x_1,x_2,\cdots,x_n)-f(a_1,a_2,\cdots,a_n)\\
&=\Delta x_1\frac{\partial f(a_1,a_2,\cdots,a_n)}{\partial x_1}+\cdots+\Delta x_n\frac{\partial f(a_1,a_2,\cdots,a_n)}{\partial x_n}\\
&+\frac{1}{2!}\Big[(\Delta x_1)^2\frac{\partial^2 f(a_1,a_2,\cdots,a_n)}{\partial x_1{}^2}\\
&+2(\Delta x_1)(\Delta x_2)\frac{\partial^2 f(a_1,a_2,\cdots,a_n)}{\partial x_1\partial x_2}+\cdots\\
&+2(\Delta x_1)(\Delta x_n)\frac{\partial^2 f(a_1,a_2,\cdots,a_n)}{\partial x_1\partial x_n}\\
&+2(\Delta x_2)(\Delta x_3)\frac{\partial^2 f(a_1,a_2,\cdots,a_n)}{\partial x_2\partial x_3}+\cdots\\
&+(\Delta x_n)^2\frac{\partial^2 f(a_1,a_2,\cdots,a_n)}{\partial x_n{}^2}\Big]+o(\rho^3)
\end{aligned}\tag{M. 16}$$

其中 $\rho=\sqrt{(\Delta x_1)^2+(\Delta x_2)^2+\cdots+(\Delta x_n)^2}$。若令

$$\Delta x=(\Delta x_1,\Delta x_2,\cdots,\Delta x_n)^{\mathrm{T}}$$

$$\nabla f(x)=\left(\frac{\partial f(x)}{\partial x_1} \quad \frac{\partial f(x)}{\partial x_2} \quad \cdots \quad \frac{\partial f(x)}{\partial x_n}\right)^{\mathrm{T}}$$

和 n 阶矩阵

$$H(x)=\left(\frac{\partial^2 f(x)}{\partial x_i \partial x_j}\right)_{n\times n}=\begin{pmatrix} \frac{\partial^2 f(x)}{\partial {x_1}^2} & \frac{\partial^2 f(x)}{\partial x_1 \partial x_2} & \cdots & \frac{\partial^2 f(x)}{\partial x_1 \partial x_n} \\ \frac{\partial^2 f(x)}{\partial x_2 \partial x_1} & \frac{\partial^2 f(x)}{\partial {x_2}^2} & \cdots & \frac{\partial^2 f(x)}{\partial x_2 \partial x_n} \\ \cdots & \cdots & \cdots & \cdots \\ \frac{\partial^2 f(x)}{\partial x_n \partial x_1} & \frac{\partial^2 f(x)}{\partial x_n \partial x_2} & \cdots & \frac{\partial^2 f(x)}{\partial {x_n}^2} \end{pmatrix}$$

其中$\nabla f(x)$即函数在 x 点处的**梯度向量**；而由函数的所有二阶偏导数所构成的矩阵 $H(x)$称为函数 $f(x_1,x_2,\cdots,x_n)$在 x 点处的**海森(Hessian)矩阵**，它是 n 阶实对称矩阵。从而**多元泰勒公式**(M. 16)可以简写为

$$f(x)-f(a)=\nabla f(a)^{\mathrm{T}}\Delta x+\frac{1}{2!}(\Delta x)^{\mathrm{T}}H(a)\Delta x+o(\rho^3) \qquad \text{(M. 17)}$$

注意到在极值点处梯度向量$\nabla f(a)=0$；而上式右端第二项中$(\Delta x)^{\mathrm{T}}H(a)\Delta x$ 是以 Δx 为变量，以海森矩阵 $H(x)$为系数矩阵的二次型，所以有下面的结论。

定理 2　设 n 元函数 $y=f(x_1,x_2,\cdots,x_n)$在点 $a=(a_1,a_2,\cdots,a_n)$ 的邻域内有连续的二阶偏导数，若

$$\left.\frac{\partial f(x_1,x_2,\cdots,x_n)}{\partial x_j}\right|_{x=a}=0 \quad (j=1,2,\cdots,n)$$

则：(1) 当函数在 a 点处的海森矩阵 $H(a)$为正定矩阵时，a 点即为其极小值点；

(2) 当函数在 a 点处的海森矩阵 $H(a)$为负定矩阵时，a 点即为其极大值点；

(3) 当函数在 a 点处的海森矩阵 $H(a)$为不定矩阵时，a 点一定不是其极值点。

定理的证明过程请大家自己去考虑。

特别地，对于二元函数 $f(x_1,x_2)$，有

$$H(a)=\begin{pmatrix} \frac{\partial^2 f(a)}{\partial {x_1}^2} & \frac{\partial^2 f(a)}{\partial x_1 \partial x_2} \\ \frac{\partial^2 f(a)}{\partial x_2 \partial x_1} & \frac{\partial^2 f(a)}{\partial {x_2}^2} \end{pmatrix} \triangleq \begin{pmatrix} A & B \\ B & C \end{pmatrix}$$

因为 $H(a)$的一阶、二阶顺序主子式分别为

$$\Delta_1=A, \quad \Delta_2=|H(a)|=AC-B^2$$

所以若利用顺序主子式方法判定海森矩阵 $H(a)$的正定性时，则所得到的结论与高等数学中已给出的充分性条件是一致的。

此外，不论所给函数多么复杂，原则上都可以用 MATLAB 中的库函数命令 jacobian 来计算函数的梯度与海森矩阵。

【例 4】 用编程方法求三元函数 $f(x,y,z)=x^2+y^2+z^2+xy+zx-y-z$ 的极值。

解 求解过程如下：

```
%求三元函数的极值
syms x y z                                  % 符号变量说明
f=x^2+y^2+z^2+x*y+z*x-y-z;
g=jacobian(f,[x;y;z])                       % 求函数的梯度
G=jacobian([g(1);g(2);g(3)],[x;y;z])        % 求海森矩阵
[x0,y0,z0]=solve(g(1),g(2),g(3));
a=[x0,y0,z0]                                % 求函数的驻点 a
g0=subs(g,{x,y,z},a)                        % 求函数驻点 a 处的梯度
G0=subs(G,{x,y,z},a)                        % 求函数驻点 a 处的海森矩阵
D=eig(G0)                                   % 求驻点 a 处海森矩阵的特征值
```

程序执行的结果为：

```
驻点 a= [-1, 1, 1] 处的海森矩阵 G0= [2 1 1; 1 2 0; 1 0 2] 的特征值
D=
    0.5858
    2.0000
    3.4142
```

全部为正数，所以海森矩阵是正定矩阵，从而三元函数 $f=x^2+y^2+z^2+xy+zx-y-z$ 有极小值 $f(-1,1,1)=-3$。

案例五 种群的年龄结构模型

问题的提出：种群的变化是一类重要的实际研究课题。物种种群的数量主要由种群的固有增长率决定，但是不同年龄段的种群的繁殖率和死亡率有明显的不同，为了更好地描述种群数量的变化规律，我们讨论按年龄分组的种群增长模型。由于种群是通过雌性个体的繁殖而增长的，所以我们利用种群中雌性个体的数量变化来研究种群的增长，下面提到的种群数量均指其中的雌性数量。

模型的分析：设以每 m 岁为一个年龄组，将种群分为 n 个年龄组，时间也离散为若干个时间段 t_k，每个时间段的长度为 m。第 i 年龄组的年龄区间为

$$[(i-1)m,im]\quad(i=1,2,\cdots,n-1)$$

记时间段 t_k 时第 i 年龄组的种群数量为 $x_i(k)$；第 i 年龄组的繁殖率为 b_i，即第 i 年龄组每个（雌性）个体在一个时间段内平均繁殖的数量；第 i 年龄组的死亡率为 d_i，即第 i 年龄组在一个时间段内死亡数与总数之比，将 $s_i=1-d_i$ 称为存活率；同时假定繁殖率 b_i 和存活率 s_i 是稳定的，不随时间段 t_k 变化。根据繁殖率和存活率的实际意义可知，繁殖率 b_i 满足 $b_i\geqslant 0$，且至少有一个 $b_i>0$；存活率 s_i 满足 $0<s_i\leqslant 1$。

$x_i(k)$的变化规律可以描述为：在时间段t_{k+1}，第1年龄组的种群数量是时间段t_k中各年龄组繁殖数量之和，即

$$x_1(k+1)=\sum_{i=1}^{n} b_i x_i(k) \tag{M.18}$$

第$i+1$年龄组的种群数量是时间段t_k中第i年龄组存活下来的数量，即

$$x_{i+1}(k+1)=s_i x_i(k)\quad (i=1,2,\cdots,n-1) \tag{M.19}$$

模型的建立：记时间段t_k中种群按年龄组的数量分布向量为

$$\boldsymbol{x}(k)=(x_1(k),x_2(k),\cdots,x_n(k))'$$

记矩阵

$$\boldsymbol{L}=\begin{pmatrix} b_1 & b_2 & \cdots & b_{n-1} & b_n \\ s_1 & 0 & \cdots & 0 & 0 \\ & s_2 & \ddots & \vdots & \vdots \\ & & \ddots & 0 & 0 \\ 0 & & & s_{n-1} & 0 \end{pmatrix}$$

称为**莱斯利（Leslie）矩阵**，则从时间段t_k到时间段t_{k+1}种群的数量变化可以表示为

$$\boldsymbol{x}(k+1)=\boldsymbol{L}\boldsymbol{x}(k)(k=0,1,2,\cdots) \tag{M.20}$$

当矩阵$\boldsymbol{L}$和按年龄组的初始数量分布向量$\boldsymbol{x}$（0）已知时，就可以预测任意时间段t_k时种群按年龄组的数量分布

$$\boldsymbol{x}(k)=\boldsymbol{L}^k\cdot\boldsymbol{x}(0)(k=1,2,\cdots) \tag{M.21}$$

根据$\boldsymbol{x}(k)$可以方便地计算出在时间段t_k时种群的总数。

经过充分长的时间（即$k\to\infty$）之后，种群数量分布向量$\boldsymbol{x}(k)$的稳定性完全由莱斯利矩阵$\boldsymbol{L}$决定，关于$\boldsymbol{L}$矩阵，我们不加证明地给出下列定理。

定理 3　$\boldsymbol{L}$矩阵有唯一的正特征值λ_1，它对应于正特征向量

$$\boldsymbol{X}_1=\left(1,\ \frac{s_1}{\lambda_1},\ \frac{s_1 s_2}{\lambda_1^2},\ \cdots,\ \frac{s_1\cdots s_{n-1}}{\lambda_1^{n-1}}\right)' \tag{M.22}$$

且$\boldsymbol{L}$的其它$n-1$个特征值均满足$|\lambda_k|\leqslant\lambda_1$。

定理 4　记$\boldsymbol{L}$矩阵唯一的正特征值λ_1，对应的特征向量为$\boldsymbol{X}_1$，若$\boldsymbol{L}$矩阵的第一行有两个顺序元素b_i，$b_{i+1}>0$，则式(M.21)确定的向量$\boldsymbol{x}(k)$满足

$$\lim_{k\to\infty}\frac{\boldsymbol{x}(k)}{\lambda_1^k}=c\boldsymbol{X}_1 \tag{M.23}$$

式中，c是由b_i，s_i和$\boldsymbol{x}(0)$决定的常数。

根据定理3和定理4，我们可以对种群按年龄组的数量分布向量$\boldsymbol{x}(k)$进行分析。

由式(M.23)知，当k充分大时，有

$$\boldsymbol{x}(k)\approx c\lambda_1^k\boldsymbol{X}_1 \tag{M.24}$$

这表明随着 k 的增加，种群按年龄组的数量分布 $\boldsymbol{x}(k)$ 趋于稳定，其各年龄组数量占总量的比例，与特征向量 $\boldsymbol{X}_1$ 中对应分量占总量的比例是相同的，即可用 $\boldsymbol{X}_1$ 来表示种群按年龄组数量的稳定分布状况。

进一步，由式(M.24)又可得到

$$\boldsymbol{x}(k+1)\approx\lambda_1\boldsymbol{x}(k) \quad 或 \quad x_i(k+1)\approx\lambda_1 x_i(k) \quad (i=1,2,\cdots,n) \tag{M.25}$$

这表明 k 充分大时，种群的增长也趋向于稳定，其各年龄组的数量都是上一时间段同一年龄组数量的 λ_1 倍，也就是说种群的增长完全由 $\boldsymbol{L}$ 矩阵的最大特征值 λ_1 决定。当 $\lambda_1>1$ 时种群数量增加；$\lambda_1<1$ 时种群数量减少；$\lambda_1=1$ 时种群数量不变，所以特征值 λ_1 也被称为种群的固有增长率。

种群的年龄结构模型不仅适用于描述动物种群的数量增长，也可以用来表示人口变化的规律。

【例 5】 某饲养场的某种动物所能达到的最大年龄为 4 岁，1996 年观测的雌性数据如表 M.2 所示。求：

(1) 2001 年各年龄组的动物数量及分布比例为多少？

(2) 在这 5 年中总数的增长率为多少？20 年后各年龄组的数量占总数的比例是多少？

表 M.2 1996 年饲养的动物数据

年龄	1	2	3	4
头数	150	200	150	100
生育率	0	2	2	1
存活率	0.4	0.4	0.3	0

解 设根据年龄将动物分为 4 个年龄组，每个时间段为 1 年。根据表格可以得到 1996 年该类动物按年龄的数量分布向量和莱斯利矩阵为

$$\boldsymbol{x}(0)=\begin{pmatrix}150\\200\\150\\100\end{pmatrix},\quad \boldsymbol{L}=\begin{pmatrix}0&2&2&1\\0.4&0&0&0\\0&0.4&0&0\\0&0&0.3&0\end{pmatrix}$$

先在 MATLAB 中输入上述数据

```
x0=[150;200;150;100];
L=[0 2 2 1;0.4 0 0 0;0 0.4 0 0;0 0 0.3 0];
```

(1) 由式（M.21）计算 2001 年的年龄分布向量

```
x=L^5 * x0
x_num=sum(x)
x_percent=x/x_num
```

变量 x_num 表示 2001 年动物总头数，x_percent 表示各年龄组的数量比例。计算结果为

```
x=
        712
```

209.28

113.92

15.6

x _ num=

1050.8

x _ percent=

0.67758

0.19916

0.10841

0.014846

2001 年动物总头数约为 1050.8 头；其中小于 1 岁的有 712 头，约占总数的 67.8%，1～2 岁的有 209 头，约占总数的 19.9%；2～3 岁的有 114 头，约占总数的 10.8%；3～4 岁的有 15 头，约占总数的 1.5%。

(2) 计算 5 年的增长率

rate=(x_num－sum(x0))/sum(x0)

变量 rate 表示增长率。计算结果为

rate=

0.75133

这 5 年总数的增长率为 75.13%。

莱斯利矩阵的最大特征值和对应的归一化后的特征向量为

eig _ num=

1.0684

eig _ ver=

0.64354

0.24093

0.090199

0.025327

计算 20 年后的动物年龄分布

xk=L^20 * x0;

xk _ percent=xk/sum (xk)

其中变量 xk 为 20 年后的动物按年龄组的分布数量，xk _ percent 为 20 年后按年龄组数量的比例。执行后得到如下结果，其各分量的比例与最大特征值的特征向量的比例几乎相同，表明基本达到稳定状态。

xk _ percent=

0.64355

0.24093

0.0902

0.025326

通过以上五个线性代数应用案例问题的求解，使我们对数学知识应用的广泛性与对如何使用 MATLAB 软件去解决工程应用性问题有了更多的认识。MATLAB 软件的作用应该不仅体现在本课程的学习过程中，在你今后的专业理论学习和实际工作中，它同样能够成为你的好帮手。

部分习题参考答案

习题一

1. (1) $-abcd$　(2) 24　(3) -1　(4) -6　(5) 4

2. (1) (D)　(2) (C)　(3) (B)　(4) (A)（提示：用第 3 行的 -1 倍，b 倍分别加到第 2，第 1 行上去，行列式等于 $b(1-a^3)$）；(5) (C)

3. (1) 1　(2) $(a-b)^2$　(3) 0

(4) $2x^3-6x^2+6$　(5) $a_{14}a_{23}a_{32}a_{41}$　(6) $abcd+ab+cd+ad+1$

4. (1) $-2(a^3+b^3)$　(2) 0　(3) $\begin{vmatrix}1 & 2\\ 3 & 4\end{vmatrix}\cdot\begin{vmatrix}-1 & -3\\ 3 & 1\end{vmatrix}=-16$

(4) -15　(5) 160　(6) x^4+4x^3

6. (1) 1　(2) 2

7. (1) $(-1)^{n+1}n!$　(2) $x^n+(-1)^{n+1}y^n$

(3) $(-1)^{n-1}m^{n-1}(x_1+x_2+\cdots+x_n-m)$　(4) $(-1)^{n-1}\dfrac{(n+1)!}{2}$

(5)（提示：依最后一列展开）$1+(-1)a_1+(-1)^2a_1a_2+\cdots+(-1)^na_1a_2\cdots a_n$

9. (1) 12　(2) $(a+b=c)(b-a)(c-a)(c-b)$

10. (1) $(1,5,-5,-2)$　(2) $(1,-1,0,2)$

11. $k_1=-1$，$k_2=4$　**12.** $a_0=2$，$a_1=-5$，$a_2=0$，$a_3=7$

13. $a=\pm\dfrac{4\sqrt{6}}{9}$

习题二

1. (1) $\boldsymbol{B}^2=\boldsymbol{E}$　(2) $r(\boldsymbol{A})=1$；$\boldsymbol{A}^n=3^n\boldsymbol{A}$　(3) $\boldsymbol{AB}=\boldsymbol{BA}$

(4) $\boldsymbol{X}=\begin{pmatrix}1 & 0 & 0 & 0\\ 1 & 1 & 0 & 0\\ 1 & 1 & 1 & 0\\ 1 & 1 & 1 & 1\end{pmatrix}$　(5) $\boldsymbol{A}^{-1}=\begin{pmatrix}0 & 0 & 0 & 1/4\\ 0 & 0 & 1/3 & 0\\ 0 & 1/2 & 0 & 0\\ 1 & 0 & 0 & 0\end{pmatrix}$　(6) $-4\boldsymbol{A}$

2. (1) (D)　(2) (B)　(3) (D)　(4) (A)　(5) (D)

3. $\begin{pmatrix}-3 & 11 & 3\\ -2 & -6 & 5\\ -3 & 22 & 8\end{pmatrix}\begin{pmatrix}-3 & -5 & -24\\ -24 & 11 & -34\\ -7 & 14 & -19\end{pmatrix}$

4. (1) $\begin{pmatrix}2 & 10\\ 10 & 7\end{pmatrix}$　(2) $\begin{pmatrix}5\\ 1\\ 1\end{pmatrix}$　(3) $\begin{pmatrix}-1 & 1 & 0 & 2\\ -2 & 2 & 0 & 4\\ -3 & 3 & 0 & 6\\ -4 & 4 & 0 & 8\end{pmatrix}$

(4) 18　　(5) $\sum\limits_{i,\ j=1}^{3} a_{ij}x_ix_j$

5. (1) $\begin{pmatrix} \cos 2\theta & -\sin 2\theta \\ \sin 2\theta & \cos 2\theta \end{pmatrix}$　　(2) $\begin{pmatrix} 1 & n \\ 0 & 1 \end{pmatrix}$

(3) $4^k \begin{pmatrix} 1 & -1 & -1 & -1 \\ -1 & 1 & -1 & -1 \\ -1 & -1 & 1 & -1 \\ -1 & -1 & -1 & 1 \end{pmatrix}$，$n=2k+1$；$4^k\boldsymbol{E}_4$，$n=2k$（$k$ 是正整数）

(4) $\begin{pmatrix} a^3 & 3a^2 & 3a & 1 \\ 0 & a^3 & 3a^2 & 3a \\ 0 & 0 & a^3 & 3a^2 \\ 0 & 0 & 0 & a^3 \end{pmatrix}$

6. (1) $\begin{pmatrix} a & b \\ c & d \end{pmatrix}$，其中 $a-d=0$，$c=0$，b 为任意常数

(2) $(x_{ij})_{3\times 3}$，其中 $x_{21}=x_{31}=x_{32}=0$，$x_{11}=x_{22}=x_{33}$，$x_{12}=x_{23}$

9. $\begin{cases} z_1=-4x_1+6x_2-2x_3 \\ z_2=2x_1-2x_3 \end{cases}$

10. (1) 右乘 $\begin{pmatrix} 0 \\ 1 \\ 0 \end{pmatrix}$　(2) 左乘 $(1\quad 0\quad 0)$　(3) 左乘 $\begin{pmatrix} 1 & 0 & 0 \\ 0 & 1 & 0 \end{pmatrix}$

(4) 左乘 $(1\quad 1\quad 1)$，右乘 $\begin{pmatrix} 1 \\ 1 \\ 1 \end{pmatrix}$

13. (1) $\begin{pmatrix} -2 & 1 \\ 3/2 & -1/2 \end{pmatrix}$　　(2) $\begin{pmatrix} 1 & -1/2 & -3/2 \\ 0 & 1/2 & 1/6 \\ 0 & 0 & 1/3 \end{pmatrix}$

(3) $\begin{pmatrix} 1/3 & 0 & 1/3 \\ 2/5 & -1/5 & 0 \\ 2/15 & -2/5 & 1/3 \end{pmatrix}$　　(4) $\begin{pmatrix} 1 & 0 & 0 & 0 \\ -1 & 1 & -1 & 0 \\ 0 & 0 & 1 & 0 \\ 0 & 0 & -1 & 1 \end{pmatrix}$

15. (1) $\begin{pmatrix} 1 & -1 & 0 & \cdots & 0 & 0 \\ 0 & 1 & -1 & \cdots & 0 & 0 \\ 0 & 0 & 1 & \cdots & 0 & 0 \\ \cdots & \cdots & \cdots & \cdots & \cdots & \cdots \\ 0 & 0 & 0 & \cdots & 1 & -1 \\ 0 & 0 & 0 & \cdots & 0 & 1 \end{pmatrix}$　　(2) $\begin{pmatrix} 0 & 0 & \cdots & 0 & 1/a_n \\ 1/a_1 & 0 & \cdots & 0 & 0 \\ \cdots & \cdots & \cdots & \cdots & \cdots \\ 0 & 0 & \cdots & 1/a_{n-1} & 0 \end{pmatrix}$

16. $\begin{pmatrix} -3 & 1 & 1 \\ -4 & 1 & 2 \\ -8 & 3 & 2 \end{pmatrix}$；$\begin{pmatrix} -3 & 1 & 1 \\ -8 & 3 & 2 \\ -4 & 1 & 2 \end{pmatrix}$

17. $-\dfrac{16}{27}$　　**18.** $\dfrac{1}{2}(\boldsymbol{A}-3\boldsymbol{E})$

19. (1) $\begin{pmatrix} 1/4 & 1/4 & 1/4 \\ -3/4 & 1/4 & 1/4 \\ -1/2 & 1/2 & -1/2 \end{pmatrix}$ (2) $\begin{pmatrix} -1/2 & 1/4 & 3/4 \\ -3/2 & 3/4 & 5/4 \\ 1/2 & 1/4 & -1/4 \end{pmatrix}$

(3) $\begin{pmatrix} -1/2 & 0 & 0 & -1/2 \\ 1/2 & -1/2 & 0 & 0 \\ 0 & 1/2 & -1/2 & 0 \\ 0 & 0 & 1/2 & -1/2 \end{pmatrix}$ (4) $\begin{pmatrix} 1 & -a & 0 & -2a^3 \\ 0 & 1 & -a & 0 \\ 0 & 0 & 1 & -a \\ 0 & 0 & 0 & 1 \end{pmatrix}$

20. $\boldsymbol{B}=\begin{pmatrix} 5 & -2 & -2 \\ 4 & -3 & -2 \\ -2 & 2 & 3 \end{pmatrix}$ **21.**. 40 **22.** $\begin{pmatrix} 5 & -2 & -1 \\ -2 & 2 & 0 \\ -1 & 0 & 1 \end{pmatrix}$

23. (1) $\begin{pmatrix} 9 \\ 7/3 \\ -11/3 \end{pmatrix}$ (2) 只有零解

24. (1) $\begin{pmatrix} 1 & 4 \\ 2 & 5 \\ 3 & 6 \end{pmatrix}$ (2) $\begin{pmatrix} 2 & 7 & -10 \\ -1 & -23 & 33 \end{pmatrix}$

25. 提示：在 $\boldsymbol{R}$ 矩阵左右两边分别乘上矩阵

$$\boldsymbol{P}=\begin{pmatrix} \boldsymbol{E}_n & \boldsymbol{O} \\ -\boldsymbol{C}\boldsymbol{A}^{-1} & \boldsymbol{E}_m \end{pmatrix},\ \boldsymbol{Q}=\begin{pmatrix} \boldsymbol{E}_n & -\boldsymbol{A}^{-1}\boldsymbol{B} \\ \boldsymbol{O} & \boldsymbol{E}_m \end{pmatrix}$$

26. 编程如下

```
% 用符号运算计算行列式的值
clear all
syms a b c d                                        % 符号变量说明
A= [1 1 1 1; a b c d; a^2 b^2 c^2 d^2; a^4 b^4 c^4 d^4];   % 矩阵输入
disp ('行列式的值为:')
d1=det (A)                                          % 计算行列式的值
disp ('简化表达式是:')
d2=factor (d1)          % 简化表达式 d1，也可以用 simple、pretty 等
```

程序执行结果是

```
d2=
    - (d-c) (b-c) (b-d) (-c+a) (a-d) (a-b) (a+d+c+b)
```

习题三

1. (1) $a=2b$ (2) $\boldsymbol{x}=(1,1,-1)$ (3) $k\neq1$ (4) 4

(5) 提示：即求矩阵 $\boldsymbol{P}$，使得 $(\boldsymbol{\beta}_1,\boldsymbol{\beta}_2)=(\boldsymbol{\alpha}_1,\boldsymbol{\alpha}_2)\boldsymbol{P}$，所以

$$\boldsymbol{P}=(\boldsymbol{\alpha}_1,\boldsymbol{\alpha}_2)^{-1}(\boldsymbol{\beta}_1,\boldsymbol{\beta}_2)=\begin{pmatrix} 0 & -1 \\ 1 & 2 \end{pmatrix}$$

(6)$\boldsymbol{E}_r$，即 r 阶单位矩阵

2. (1)(B)　(2)(B)　(3)(A)　(4)(B)　(5)(C)　(6)(A)

3. $(6,11,-2)$　**4.** $(1,2,3,4)$

5. (1) 相关　(2) 无关　(3) 相关　(4) 无关

6. $\boldsymbol{\beta}=(b_1-b_2)\boldsymbol{\alpha}_1+(b_2-b_3)\boldsymbol{\alpha}_2+(b_3-b_4)\boldsymbol{\alpha}_3+b_4\boldsymbol{\alpha}_4$

10. 利用范德蒙行列式(参照第一章例 1.11)　**11.** 线性无关

14. (1) 秩为 3；$\boldsymbol{\alpha}_1,\boldsymbol{\alpha}_2,\boldsymbol{\alpha}_3$；$\boldsymbol{\alpha}_4=5\boldsymbol{\alpha}_2-3\boldsymbol{\alpha}_1-\boldsymbol{\alpha}_3$

(2) 秩为 2；$\boldsymbol{\alpha}_1,\boldsymbol{\alpha}_2$；$\boldsymbol{\alpha}_3=\frac{5}{9}\boldsymbol{\alpha}_2-\frac{11}{9}\boldsymbol{\alpha}_1$，$\boldsymbol{\alpha}_4=\frac{2}{3}\boldsymbol{\alpha}_1+\frac{1}{3}\boldsymbol{\alpha}_2$

(3) 秩为 3；$\boldsymbol{\alpha}_1,\boldsymbol{\alpha}_2,\boldsymbol{\alpha}_4$；$\boldsymbol{\alpha}_3=3\boldsymbol{\alpha}_1+\boldsymbol{\alpha}_2$，$\boldsymbol{\alpha}_5=\boldsymbol{\alpha}_4-\boldsymbol{\alpha}_1-\boldsymbol{\alpha}_2$

(4) 秩为 3；$\boldsymbol{\alpha}_1,\boldsymbol{\alpha}_2,\boldsymbol{\alpha}_4$；$\boldsymbol{\alpha}_3=2\boldsymbol{\alpha}_1-\boldsymbol{\alpha}_2$

16. $\boldsymbol{V}_1$ 是 $\mathbf{R}^n$ 的子空间；$\boldsymbol{V}_2$ 不是 $\mathbf{R}^n$ 的子空间　**17.** $\boldsymbol{\alpha}_1,\boldsymbol{\alpha}_2$ 或 $\boldsymbol{\alpha}_2,\boldsymbol{\alpha}_3$ 或 $\boldsymbol{\alpha}_1,\boldsymbol{\alpha}_3$

18. 坐标为 $(-1,2,1)$　**19.** (1) 秩为 3　(2) 秩为 3　(3) 秩为 3　(4) 秩为 4

21. (1) $k=1, 5$　(2) $k=\pm 1$

22. (1) $\boldsymbol{\eta}_1=\left(\frac{3}{5},0,\frac{4}{5}\right)$，$\boldsymbol{\eta}_2=\left(-\frac{4}{5},0,\frac{3}{5}\right)$，$\boldsymbol{\eta}_3=(0,1,0)$

(2) $\boldsymbol{\eta}_1=\left(\frac{1}{\sqrt{2}},0,\frac{1}{\sqrt{2}}\right)$，$\boldsymbol{\eta}_2=\left(\frac{1}{\sqrt{3}},\frac{1}{\sqrt{3}},-\frac{1}{\sqrt{3}}\right)$，$\boldsymbol{\eta}_3=\left(-\frac{1}{\sqrt{6}},\frac{2}{\sqrt{6}},\frac{1}{\sqrt{6}}\right)$

27. (1) 是　(2) 不是

28. 编程如下：

```
%求带参数的矩阵的秩
syms a
A= [1 0 a; a -1 2; 1 2 -a]
d=det(A)        t=solve(d)        k=length(t);
for i=1: k
      disp('当 a 的值为:')
         t(i)
      disp('时，矩阵的秩为:')
         r(i) =rank(subs(A, {a}, {t(i)})); r(i)
end
disp('其它情况下，矩阵为满秩矩阵!')
```

29. 按照传统的向量单位化方法，所产生的基因间的“距离”为

	爱斯基摩人	班图人	英国人	朝鲜人
爱斯基摩人	0°	17.8°	8.5°	16.3°
班图人	17.8°	0°	10.1°	16.6°
英国人	8.5°	10.1°	0°	15.1°
朝鲜人	16.3°	16.6°	15.1°	0°

可见，最小的基因“距离”不再是班图人和英国人之间的“距离”，而是爱斯基摩人与英国人的距离。而爱斯基摩人和班图人之间的基因“距离”仍然是最大的。

习题四

1. (1) $k(1,1,\cdots,1)'$，k 是任意实数　　(2) $a_1+a_2+a_3+a_4=0$

(3) $k_1\boldsymbol{A}_1+k_2\boldsymbol{A}_2+k_3\boldsymbol{A}_3$，$\boldsymbol{A}_1,\boldsymbol{A}_2,\boldsymbol{A}_3$是 $\boldsymbol{A}$ 的三个列向量，k_1,k_2,k_3是任意实数

(4) $\lambda\neq1$　　(5) $x=\boldsymbol{\alpha}_1+k[2\boldsymbol{\alpha}_1-(\boldsymbol{\alpha}_2+\boldsymbol{\alpha}_3)]=(2,0,0,8)'+k(2,0,0,5)'$

2. (1) (C)　(2) (A)　(3) (A)　(4) (D)　(5) (B)

3. (1) $\begin{pmatrix}4\\-9\\4\\3\end{pmatrix}$；$k\begin{pmatrix}4\\-9\\4\\3\end{pmatrix}$，$k$ 为任意常数

(2) $\begin{pmatrix}-\frac{3}{2}\\\frac{7}{2}\\1\\0\end{pmatrix}$，$\begin{pmatrix}-1\\-2\\0\\1\end{pmatrix}$；$k_1\begin{pmatrix}-\frac{3}{2}\\\frac{7}{2}\\1\\0\end{pmatrix}+k_2\begin{pmatrix}-1\\-2\\0\\1\end{pmatrix}$，$k_1,k_2$为任意常数

(3) 只有唯一零解

(4) $\begin{pmatrix}1\\-2\\1\\0\\0\end{pmatrix}$，$\begin{pmatrix}1\\-2\\0\\1\\0\end{pmatrix}$，$\begin{pmatrix}5\\-6\\0\\0\\1\end{pmatrix}$；$k_1\begin{pmatrix}1\\-2\\1\\0\\0\end{pmatrix}+k_2\begin{pmatrix}1\\-2\\0\\1\\0\end{pmatrix}+k_3\begin{pmatrix}5\\-6\\0\\0\\1\end{pmatrix}$，$k_1,k_2,k_3$为任意常数

4. (1) $\begin{pmatrix}5\\-3\\0\end{pmatrix}+k\begin{pmatrix}7\\-5\\1\end{pmatrix}$；$k$ 为任意常数

(2) $\begin{pmatrix}8\\0\\0\\-10\end{pmatrix}+k_1\begin{pmatrix}-9\\1\\0\\11\end{pmatrix}+k_2\begin{pmatrix}-4\\0\\1\\5\end{pmatrix}$，$k_1,k_2$为任意常数

(3) $\begin{pmatrix}\frac{1}{2}\\0\\0\\0\end{pmatrix}+k_1\begin{pmatrix}-\frac{1}{2}\\1\\0\\0\end{pmatrix}+k_2\begin{pmatrix}\frac{1}{2}\\0\\1\\0\end{pmatrix}$，$k_1,k_2$为任意常数

(4) 无解

5. (1) $\lambda=-2$ 时无解，$\lambda\neq-2$，1 时有唯一解，$\lambda=1$ 时有无穷多解，全部解为

$$\begin{pmatrix}1\\0\\0\end{pmatrix}+k_1\begin{pmatrix}-1\\1\\0\end{pmatrix}+k_2\begin{pmatrix}-1\\0\\1\end{pmatrix}，k_1，k_2\text{为任意常数}$$

(2) $\lambda\neq1$，-2 时无解，$\lambda=1$ 时有无穷多解，全部解为 $\begin{pmatrix}1\\0\\0\end{pmatrix}+k_1\begin{pmatrix}1\\1\\1\end{pmatrix}$，$k_1$ 为任意常数；$\lambda=-2$ 时有无穷多解，全部解为 $\begin{pmatrix}2\\2\\0\end{pmatrix}+k_2\begin{pmatrix}1\\1\\1\end{pmatrix}$，$k_2$ 为任意常数

6. (1) $a=1$，$b\neq\frac{1}{2}$ 时无解，$a=1$，$b=\frac{1}{2}$ 时有无穷多解，其通解为 $\begin{pmatrix}2\\2\\2\end{pmatrix}+k\begin{pmatrix}-1\\0\\1\end{pmatrix}$，$k$ 为任意常数；$b=0$ 时无解，$a\neq1$，$b\neq0$ 时有唯一解，解为

$$x_1=\frac{1-2b}{b(1-a)}，x_2=\frac{1}{b}，x_3=\frac{4b-2ab-1}{b(1-a)}$$

(2) $a=1$，$b\neq-1$ 时无解，$a\neq1$ 时有唯一解 $\begin{pmatrix}x_1\\x_2\\x_3\\x_4\end{pmatrix}=\begin{pmatrix}\frac{b-a+2}{a-1}\\\frac{a-2b-3}{a-1}\\\frac{b+1}{a-1}\\0\end{pmatrix}$，$a=1$，$b=-1$ 时有无穷多解，其通解为 $\begin{pmatrix}-1\\1\\0\\0\end{pmatrix}+k_1\begin{pmatrix}1\\-2\\1\\0\end{pmatrix}+k_2\begin{pmatrix}1\\-2\\0\\1\end{pmatrix}$，$k_1$，$k_2$ 为任意常数

7. (1) 当 $a=-1$；且 $b\neq0$ 时；(2) 当 $a\neq-1$ 时。

8. 是　　**11.** $(a_1+a_2+a_3+a_4，a_2+a_3+a_4，a_3+a_4，a_4，0)'+k(1，1，1，1，1)'$

习题五

1. (1) -4，7　(2) 0　(3) -1，2，5　(4) 6，$(1，1，1)'$　(5) -8

2. (1) (A)　(2) (B)　(3) (D)　(4) (C)　(5) (C)

3. (1) $\lambda_1=\lambda_2=2$，$k\begin{pmatrix}1\\0\end{pmatrix}$，　$k\neq0$

(2) $\lambda_1=-1$，$\lambda_2=\lambda_3=1$，$k_1\begin{pmatrix}-1\\0\\1\end{pmatrix}$，$k_2\begin{pmatrix}1\\0\\1\end{pmatrix}+k_3\begin{pmatrix}0\\1\\0\end{pmatrix}$，$k_1\neq0$，$k_2$，$k_3$ 不全为 0

(3) $\lambda_1=1$，$\lambda_2=\lambda_3=2$，$k_1\begin{pmatrix}0\\1\\1\end{pmatrix}$，$k_2\begin{pmatrix}1\\1\\0\end{pmatrix}$，$k_1\neq0$，$k_2\neq0$

(4) $\lambda_1=a_2$，$i=1,2,\cdots,n$。特征向量分别为

$$\boldsymbol{\varepsilon}_1=\begin{pmatrix}1\\0\\\vdots\\0\end{pmatrix}，\boldsymbol{\varepsilon}_2=\begin{pmatrix}0\\1\\\vdots\\0\end{pmatrix}，\cdots，\boldsymbol{\varepsilon}_n=\begin{pmatrix}0\\0\\\vdots\\1\end{pmatrix}$$

4. 1，3，-1

9. $\boldsymbol{B}$ 的特征值为-4，-6，-12，$|\boldsymbol{B}|=-288$

$\boldsymbol{A}-5\boldsymbol{E}$ 的特征值为-4，-6，-3，$|\boldsymbol{A}-5\boldsymbol{E}|=-72$

12. $x=1$，$y=3$　　**13.** $\frac{1}{3}\begin{pmatrix} 2+4^{100} & -1+4^{100} \\ -2+2\times 4^{100} & 1+2\times 4^{100} \end{pmatrix}$

14.（1）不能；（2）能，$\boldsymbol{P}=\begin{pmatrix} -1 & 1 & 0 \\ 0 & 0 & 0 \\ 1 & 1 & 1 \end{pmatrix}$，$\boldsymbol{P}^{-1}\boldsymbol{A}\boldsymbol{P}=\boldsymbol{\Lambda}=\begin{pmatrix} -1 & & \\ & 1 & \\ & & 1 \end{pmatrix}$；（3）不能

15. $\frac{1}{3}\begin{pmatrix} -1 & 0 & 2 \\ 0 & 1 & 2 \\ 2 & 2 & 0 \end{pmatrix}$

16.（1）$\boldsymbol{Q}=\begin{pmatrix} \frac{1}{3} & \frac{2}{3} & \frac{2}{3} \\ \frac{2}{3} & \frac{1}{3} & -\frac{2}{3} \\ \frac{2}{3} & -\frac{2}{3} & \frac{1}{3} \end{pmatrix}$，$\boldsymbol{Q}^{-1}\boldsymbol{A}\boldsymbol{Q}=\begin{pmatrix} -2 & & \\ & 1 & \\ & & 4 \end{pmatrix}$

（2）$\boldsymbol{Q}=\begin{pmatrix} \frac{1}{\sqrt{2}} & \frac{1}{\sqrt{6}} & \frac{1}{\sqrt{3}} \\ -\frac{1}{\sqrt{2}} & \frac{1}{\sqrt{6}} & \frac{1}{\sqrt{3}} \\ 0 & -\frac{2}{\sqrt{6}} & \frac{1}{\sqrt{3}} \end{pmatrix}$，$\boldsymbol{Q}^{-1}\boldsymbol{A}\boldsymbol{Q}=\begin{pmatrix} 0 & & \\ & 0 & \\ & & 3 \end{pmatrix}$

17. $a=b=0$，$\boldsymbol{Q}=\begin{pmatrix} \frac{1}{\sqrt{2}} & 0 & \frac{1}{\sqrt{2}} \\ 0 & 1 & 0 \\ -\frac{1}{\sqrt{2}} & 0 & \frac{1}{\sqrt{2}} \end{pmatrix}$　　**18.** $\boldsymbol{A}=\begin{pmatrix} 3 & 1 & 1 \\ 1 & 0 & 2 \\ 1 & 2 & 0 \end{pmatrix}$

习题六

1.（1）$\begin{pmatrix} 1 & -2 & -3 \\ -2 & 2 & 2 \\ -3 & 2 & -3 \end{pmatrix}$　　（2）$\begin{pmatrix} x_1 \\ x_2 \\ x_3 \end{pmatrix}=\begin{pmatrix} 1 & 1 & -4 \\ 1 & -1 & 5 \\ 0 & 0 & 1 \end{pmatrix}\begin{pmatrix} y_1 \\ y_2 \\ y_3 \end{pmatrix}$

（3）3　　（4）2　　（5）$y_1^2-y_2^2$

2.（1）（B）　（2）（B）　（3）（A）　（4）（C）　（5）（D）

3.（1）$(x,y,z)\begin{pmatrix} 1 & 1 & 2 \\ 1 & 2 & 3 \\ 2 & 3 & 3 \end{pmatrix}\begin{pmatrix} x \\ y \\ z \end{pmatrix}$　（2）$(x_1,x_2,x_3,x_4)\begin{pmatrix} 1 & \frac{1}{2} & -1 & 0 \\ \frac{1}{2} & 3 & \frac{3}{2} & 0 \\ -1 & \frac{3}{2} & -1 & 0 \\ 0 & 0 & 0 & 0 \end{pmatrix}\begin{pmatrix} x_1 \\ x_2 \\ x_3 \\ x_4 \end{pmatrix}$

6. (1) $f=y_1{}^2+4y_2{}^2$　　(2) $f=5y_1{}^2+5y_2{}^2-4y_3{}^2$

7. (1) 作可逆线性变换 $\begin{pmatrix}x_1\\x_2\\x_3\end{pmatrix}=\begin{pmatrix}1&-1&2\\0&1&-2\\0&0&1\end{pmatrix}\begin{pmatrix}y_1\\y_2\\y_3\end{pmatrix}$，则 $f=y_1{}^2+y_2{}^2$

(2) 作可逆线性变换 $\begin{pmatrix}x_1\\x_2\\x_3\end{pmatrix}=\begin{pmatrix}1&1&3\\1&-1&-1\\0&0&1\end{pmatrix}\begin{pmatrix}y_1\\y_2\\y_3\end{pmatrix}$，则 $f=2y_1{}^2-2y_2{}^2+6y_3{}^2$

8. 秩为 3，符号差为 1　　**9.** (1) 不合同；(2) 不合同；(3) 合同

12. (1) 正定；(2) 不正定，负定

15* (1) 椭圆型曲线；(2) 不能因式分解。因为二次函数的二次项

$$f(x_1,x_2)=x_1{}^2+x_2{}^2+x_1x_2$$

对应的二次型的矩阵 $\boldsymbol{A}=\begin{pmatrix}1&1/2\\1/2&1\end{pmatrix}$ 的特征值为 $\frac{1}{2}$，$\frac{3}{2}$，二次型的秩等于 2，符号差等于 2，所以 $f(x_1,x_2)=0$ 代表椭圆型曲线；该二次函数一定不能因式分解。

习题七

1. (1) 3，$\begin{pmatrix}1&0\\0&-1\end{pmatrix}$，$\begin{pmatrix}0&1\\0&0\end{pmatrix}$，$\begin{pmatrix}0&0\\1&0\end{pmatrix}$，$(a\quad b\quad c)'$　　(2) $\begin{pmatrix}1&2\\-1&1\end{pmatrix}$

(3) $\pi-\arccos\frac{1}{3}$，$3\sqrt{2}$　　(4) (C)　　(5) (C)

2. (1)、(3)、(5) 是线性空间　　**3.** (1)、(4) 是线性子空间

4. (1) 4 维；　(2) $\boldsymbol{\alpha}_1=\begin{pmatrix}1&0\\0&0\end{pmatrix}$，$\boldsymbol{\alpha}_2=\begin{pmatrix}0&0\\0&1\end{pmatrix}$，$\boldsymbol{\alpha}_3=\begin{pmatrix}0&1\\1&0\end{pmatrix}$；$(3,\ 1,\ -2)'$

5. 解空间是 3 维的，一组基 $\boldsymbol{\alpha}_1=(0,1,1,0,0)'$，$\boldsymbol{\alpha}_2=(-1,1,0,1,0)'$，$\boldsymbol{\alpha}_3=(4,-5,0,0,1)'$

6. 3 维，一组基 $\boldsymbol{\alpha}_1=(1,1,0,0)'$，$\boldsymbol{\alpha}_2=(1,0,1,0)'$，$\boldsymbol{\alpha}_3=(1,0,0,-1)'$，扩充 $\boldsymbol{\alpha}_4=(1,0,0,0)'$

7. $(2,5,-1)'$

8. $\boldsymbol{P}=\begin{pmatrix}1&2&1&0\\1&1&1&1\\0&3&0&-1\\1&1&0&-1\end{pmatrix}$，$(1,0.5,-1,-0.5)'$　**9.** (1) $P=\begin{pmatrix}1&1&0\\-1&0&1\\1&-1&0\end{pmatrix}$；(2) $(2,1,1)'$

10. (1) $\begin{pmatrix}1&1&1&1\\0&1&1&1\\0&0&1&1\\0&0&0&1\end{pmatrix}$；(2) $(-1,-1,0,3)'$；(3) $(10,9,7,4)'$

11. (1) 90°；(2) 45°　　**12.** $\frac{\sqrt{2}}{2}$，$\sqrt{\frac{3}{2}}x$，$\frac{3}{4}\sqrt{10}\left(x^2-\frac{1}{3}\right)$，$\frac{5}{4}\sqrt{14}\left(x^3-\frac{3}{5}x\right)$

13. $\left(0,\ \frac{\sqrt{2}}{2},\ \frac{\sqrt{2}}{2},\ 0,\ 0\right)'$，$\left(\frac{-\sqrt{10}}{5},\ \frac{\sqrt{10}}{10},\ \frac{-\sqrt{10}}{10},\ \frac{\sqrt{10}}{5},\ 0\right)'$，

$\left(\frac{\sqrt{35}}{15},\ \frac{-2\sqrt{35}}{35},\ \frac{2\sqrt{35}}{35},\ \frac{13\sqrt{35}}{105},\ \frac{\sqrt{35}}{21}\right)'$

14. $\pm(4\sqrt{26},\ 0,\ 1\sqrt{26},\ -3\sqrt{26})'$　　**15.** (1)、(3) 是线性变换

16. (1) 关于 y 轴对称；(2) 投影到 y 轴；(3) 关于直线 $y=x$ 对称；(4) 逆时针旋转 90°

17. (1) $\begin{pmatrix}1&0&0\\0&1&1\\0&1&-1\end{pmatrix}$　(2) $\begin{pmatrix}1&0&-1\\0&0&2\\0&1&0\end{pmatrix}$　**18.** $\begin{pmatrix}-1&1&-2\\2&2&0\\3&0&2\end{pmatrix}$

19. (1) $\boldsymbol{P}=\begin{pmatrix}-2&-3/2&3/2\\1&3/2&3/2\\1&1/2&-5/2\end{pmatrix}$　(2) $\boldsymbol{P}$　(3) $\boldsymbol{P}$　(4) $(-8,\ 22/3,\ -7/3)'$

实验练习解答与提示

实验一

练习 2：可以按照第七节中施密特正交化方法公式去自我编程实现，也可以直接调用 MATLAB 中的函数命令 orth。

* **练习 5**：理论分析如下

(1) 设

$$\boldsymbol{A}=\begin{pmatrix}1&1&1\\-1&1&0\\2&0&t^2\end{pmatrix},\ \boldsymbol{b}=\begin{pmatrix}1\\2\\t\end{pmatrix}$$

当系数行列式 det(A)≠0 时，rank(A)=rank(A,b)=3，这时三个平面有唯一交点；

(2) 当系数行列式 det(At)=0 时，3>rank(A)⩾2 是显然的。又

(i)当 rank(A)=rank(A,b)=2 时，这时三个平面有一条交线；

(ii)当 rank(At)<rank(At;bt)时，这时三个平面没有公共的交点或交线。

所以，解题与编程的关键是什么时候系数行列式 det(At)=0，而这是不难做到的。

编程如下：

```
% prog04. m
% 解决当 t 取何值时 3 个平面交于一点？当 t 取何值时交于一直线？当 t 取何值时没有公共的交点？
clear all
clc
disp ('方程组的系数矩阵与常数列为：')
syms tt
At= [1 1 1; -1 1 0; 2 0 tt^2]                % 输入系数矩阵，tt 为符号参数
bt= [1; 2; tt]
D=det (At);
```

```
p=sym2poly (D);                          % 符号多项式转换为数值多项式
y=roots (p);                             % 求系数矩阵行列式的零点
m=length (y);                            % 求多项式的零点个数
if m>=1
    disp ('———————————————————————————————')
    disp ('当系数矩阵 At 中参数的值不等于:')
      y
disp ('时，三平面有唯一交点!，交点为:')
      x=At \ bt
disp ('')
for i=1: m
        disp ('———————————————————————————————')
        disp ('当系数矩阵 At 中参数的值为:')
          t=y (i)
        A=subs (At, tt, t)          % 计算系数矩阵
        b=subs (bt, tt, t)          % 输入常数向量
        ifrank (A) ==rank (A, b)
             [X, X0] =equation (A, b);     % 调用齐次线性方程组求解的子程序!
            disp ('三平面有一条交线，该交线过点:')
                X0
            disp ('交线的方向向量为:')
                X
      else
            disp ('此时，三平面没有公共的交点!')
      end
    end
  end
```

实验二

练习 1：输入矩阵 $\boldsymbol{A}$，并求其特征值与特征向量

```
A=sym ( [1 1 2; 1 1 1; -1 1 -2] );
[P, D] =eig (A)
```

得到 P=

```
        [-1, 1]
        [0, 1]
        [1, 0]
    D=
        [-1, 0, 0]
        [0, -1, 0]
        [0, 0, 2]
```

因为矩阵 $\boldsymbol{A}$ 只有两个线性无关的特征向量，所以它不能对角化；又输入矩阵 $\boldsymbol{B}$，同样求出其特

征值与特征向量

```
B= [20-3; 3 -1-3; 0 0-1];
  [V, S] =eig (B)
```

输出

```
V=
        0  0.7071  0.7071
   1.0000  0.7071       0
        0       0  0.7071
S=
  -1  0   0
   0  2   0
   0  0  -1
```

因为 $\boldsymbol{A}$ 与 $\boldsymbol{B}$ 有相同的特征值，从而也有相同的特征多项式；但是因为 $\boldsymbol{B}$ 有 3 个线性无关的特征向量，$\boldsymbol{B}$ 可以对角化，但 $\boldsymbol{A}$ 不能，所以 $\boldsymbol{A}$ 与 $\boldsymbol{B}$ 不相似。

这个问题如果不用 MATLAB 计算，而是用理论分析的方法，那就很麻烦了。

练习 2：

输入

```
A= [2 1 -1; 1 2 1; -1 1 3]
p=poly (A)
[V, S] =eig (A)
```

即可。该矩阵有无理数特征值 $2\pm\sqrt{3}$。

又问：A= [2 1 -1; 1 2 1; -1 1 3] 改为 A=sym ([2 1 -1; 1 2 1; -1 1 3])，上述结果有什么不同呢？

练习 3：参见问题 4。

练习 4：先求出 $c=3$；再求特征值，从而得到二次型的标准形。结论：椭圆柱面。

***练习 5**：方程左端记为 $F(x,y,z)$，其中的二次齐次部分 $f(x,y,z)=5x^2+2y^2+11z^2+20xy+16xz-4yz$ 是个二次型，其矩阵为

$$\boldsymbol{A}=\begin{pmatrix}5 & 10 & 8\\ 10 & 2 & -2\\ 8 & -2 & 11\end{pmatrix}$$

它的特征值为 −9，9，18。对应的可逆相似变换矩阵为

$$\boldsymbol{P}=\begin{pmatrix}-1 & -1/2 & 1\\ 1 & -1 & 1/2\\ 1/2 & 1 & 1\end{pmatrix}$$

令线性变换 $\begin{pmatrix}x\\ y\\ z\end{pmatrix}=\boldsymbol{P}\begin{pmatrix}x'\\ y'\\ z'\end{pmatrix}$，代入，则得

$$F(x,y,z)=-\frac{81}{4}x'^2+\frac{81}{2}y'^2+\frac{81}{4}z'^2-27x'+54y'+27z'$$

交叉乘积项已经消去。原方程即为

$$-\frac{81}{4}x'^2+\frac{81}{2}y'^2+\frac{81}{4}z'^2-27x'+54y'+27z'=9$$

即 $$9x'^2-18y'^2-9z'^2+12x'-24y'-12z'=-4$$

再配方则得 $$-\frac{9}{4}\left(x'+\frac{2}{3}\right)^2+\frac{9}{2}\left(y'+\frac{2}{3}\right)^2+\frac{9}{4}\left(z'+\frac{2}{3}\right)^2=1$$

作坐标平移 $x''=x'+\frac{2}{3}$，$y''=y'+\frac{2}{3}$，$z''=z'+\frac{2}{3}$，即得

$$-\frac{9}{4}x''^2+\frac{9}{2}y''^2+\frac{9}{4}z''^2=1$$

这表示中心点在 $\left(-\frac{2}{3},-\frac{2}{3},-\frac{2}{3}\right)$ 处的**单叶双曲面**。

其中部分求解计算的过程，特别是将线性变换代入化简部分，可以交给 MATLAB 去做：

```
% prog06
% 化二次曲面方程为标准型
clear all
clc
A=sym([5 10 8; 10 2 -2; 8 -2 11])
[P, D] =eig(A)                      % 注意，相似变换矩阵 P 的结果不是唯一的!
syms x1 y1 z1
X=P*[x1; y1; z1]
x=X(1); y=X(2); z=X(3);
f=[x y z]*A*[x; y; z]+30*x-12*y+30*z-9
F=simplify(f)
```